国家出版基金项目
NATIONAL PUBLICATION FOUNDATION

"十三五"国家重点图书出版规划项目

Precision
Medicine

精准医学出版工程

精准医学基础系列

总主编 詹启敏

基因组学与精准医学

Genomics and Precision Medicine

于 军 等

编著

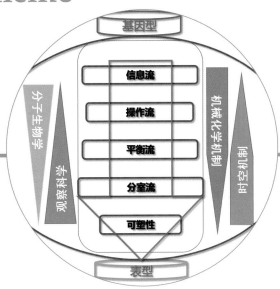

上海交通大学出版社
SHANGHAI JIAO TONG UNIVERSITY PRESS

内容提要

  基因组是指细胞或者其生命体所携带的全部DNA序列总和。因为DNA分子通常与蛋白质等形成复合体,所以也指细胞染色质或染色体的总和。基因组学或基因组生物学是研究基因组结构、动态和功能的科学。基因组学研究为疾病分类、诊断、治疗、预后和药物研发等提供理论和技术支持。本书系统介绍了基因组学及其核心技术——DNA测序和生物信息学的发展及其在精准医学方面的应用实例与最新研究成果,为相关科研人员、医务工作者和专业学生提供最新知识信息的同时,也启迪人们对新兴的精准医学研究和发展的思考。

图书在版编目(CIP)数据

基因组学与精准医学/于军等编著. —上海:上海交通大学
出版社,2017
精准医学出版工程
ISBN 978 - 7 - 313 - 18183 - 1

Ⅰ.①基… Ⅱ.①于… Ⅲ.①人类基因－基因组 Ⅳ.①Q987

中国版本图书馆 CIP 数据核字(2017)第 236731 号

基因组学与精准医学

编　　著:于　军等
出版发行:上海交通大学出版社　　　　　　　　　　地　　址:上海市番禺路 951 号
邮政编码:200030　　　　　　　　　　　　　　　　电　　话:021-64071208
出 版 人:谈　毅
印　　制:苏州市越洋印刷有限公司　　　　　　　经　　销:全国新华书店
开　　本:787mm×1092mm　1/16　　　　　　　印　　张:22.25
字　　数:373 千字
版　　次:2017 年 12 月第 1 版　　　　　　　　　印　　次:2017 年 12 月第 1 次印刷
书　　号:ISBN 978 - 7 - 313 - 18183 - 1/Q
定　　价:228.00 元

《基因组学与精准医学》
编　委　会

主　编

于　军（中国科学院基因组科学与信息重点实验室、中国科学院北京基因组研究所研究员，中国科学院大学教授）

副主编

胡松年（中国科学院基因组科学与信息重点实验室主任、中国科学院北京基因组研究所研究员，中国科学院大学教授）

肖景发（中国科学院基因组科学与信息重点实验室、中国科学院北京基因组研究所研究员，中国科学院大学教授）

吴双秀（中国科学院基因组科学与信息重点实验室、中国科学院北京基因组研究所副研究员）

编　委
（按姓氏拼音排序）

顾明亮（中国科学院基因组科学与信息重点实验室、中国科学院北京基因组研究所高级工程师）

华　沙（上海交通大学医学院附属瑞金医院卢湾分院主治医师）

黄绮梦（中国科学院重庆绿色智能技术研究院助理研究员）

康　禹（中国科学院基因组科学与信息重点实验室、中国科学院北京基因组研究所副研究员）

孟庆姝(中国科学院基因组科学与信息重点实验室、中国科学院北京基因
　　组研究所助理研究员)

舒　畅(中国科学院基因组科学与信息重点实验室、中国科学院北京基因
　　组研究所助理研究员)

王德强(中国科学院重庆绿色智能技术研究院精准医疗单分子诊断技术
　　研究中心主任,研究员)

吴　浩(瑞典哥德堡大学萨尔格林斯卡医院助理研究员)

张永彪(中国科学院基因组科学与信息重点实验室、中国科学院北京基因
　　组研究所助理研究员)

张哲文(中国科学院北京基因组研究所生命与健康大数据中心助理研
　　究员)

主编简介

于军，1956年出生。美国纽约大学医学院生物医学专业博士，现为中国科学院特聘研究员，中国科学院基因组科学与信息重点实验室、中国科学院北京基因组研究所博士生导师，中国科学院大学教授。主要研究方向包括基因组学、生物信息学和精准医学仪器设备研发。1983年毕业于吉林大学化学系生物化学专业；同年，在中国科学院生物物理研究所攻读硕士学位并考取CUSBEA奖学金；次年赴美国纽约大学（New York University）医学院攻读生物医学博士学位，师从生物化学与细胞生物学家孙同天教授，从事表皮细胞分化分子生物学研究；1990年毕业，获得AFUD博士研究者奖并留校任研究助理教授。1993—1998年加入华盛顿大学（西雅图）基因组科学系Maynard V. Olson教授主持的人类基因组研究中心，参与国际人类基因组计划，创建了"多酶全消化基因组物理图谱制作法"，从事规模化人类基因组物理图谱制作、基因测序和生物信息数据分析。1998年回国后，先后主导创立了中国科学院遗传所"人类基因组中心"、"华大基因（BGI）"、中国科学院北京基因组研究所（BIG）等。策划并参与主持了国际人类基因组计划（中国部分）及超级杂交水稻、家蚕、枣椰、鲤鱼等动植物基因组研究计划，主持了国家重大科学研究计划"小型猪和小鼠等医学实验哺乳动物模型建立与基础数据集成"和"以细胞为单元的人类基因转录组与蛋白质组的关联性研究"。曾获香港求是科技基金会"求是杰出科技成就奖"（2002年）、中国科学院杰出科技成就奖（2003 年）、第三世界科学院农业科学贡献奖（TWAS，2012 年）等。现任中国遗传学会常务理事、基因组学分会主任委员，*Genomics* 和 *Proteomics and Bioinformatics* 杂志主编。迄今已在包括 *Nature*、*Science* 等同行评议科学期刊发表科学论文 300 余篇。

"精准"是医学发展的客观追求和最终目标,也是公众对健康的必然需求。"精准医学"是生物技术、信息技术和多种前沿技术在医学临床实践的交汇融合应用,是医学科技发展的前沿方向,实施精准医学已经成为推动全民健康的国家发展战略。因此,发展精准医学,系统加强精准医学研究布局,对于我国重大疾病防控和促进全民健康,对于我国占据未来医学制高点及相关产业发展主导权,对于推动我国生命健康产业发展具有重要意义。

2015 年初,我国开始制定"精准医学"发展战略规划,并安排中央财政经费给予专项支持,这为我国加入全球医学发展浪潮、增强我国在医学前沿领域的研究实力、提升国家竞争力提供了巨大的驱动力。国家科技部在国家"十三五"规划期间启动了"精准医学研究"重点研发专项,以我国常见高发、危害重大的疾病及若干流行率相对较高的罕见病为切入点,将建立多层次精准医学知识库体系和生物医学大数据共享平台,形成重大疾病的风险评估、预测预警、早期筛查、分型分类、个体化治疗、疗效和安全性预测及监控等精准防诊治方案和临床决策系统,建设中国人群典型疾病精准医学临床方案的示范、应用和推广体系等。目前,"精准医学"已呈现快速和健康发展态势,极大地推动了我国卫生健康事业的发展。

精准医学几乎覆盖了所有医学门类,是一个复杂和综合的科技创新系统。为了迎接新形势下医学理论、技术和临床等方面的需求和挑战,迫切需要及时总结精准医学前沿研究成果,编著一套以"精准医学"为主题的丛书,从而助力我国精准医学的进程,带动医学科学整体发展,并能加快相关学科紧缺人才的培养和健康大产业的发展。

2015 年 6 月,上海交通大学出版社以此为契机,启动了"精准医学出版工程"系列图书项目。这套丛书紧扣国家健康事业发展战略,配合精准医学快速发展的态势,拟出版一系列精准医学前沿领域的学术专著,这是一项非常适合国家精准医学发展时宜的事业。我本人作为精准医学国家规划制定的参与者,见证了我国"精准医学"的规划和发展,欣然接受上海交通大学出版社的邀请担任该丛书的总主编,希望为我国的"精准医学"发展及医学发展出一份力。出版社同时也邀请了刘彤华院士、贺福初院士、刘昌效院士、周宏灏院士、赵国屏院士、王红阳院士、曹雪涛院士、陈志南院士、陈润生院士、陈香美院士、金力院士、周琪院士、徐国良院士、董家鸿院士、卞修武院士、陆林院士、乔杰院士、黄荷凤院士等医学领域专家撰写专著、承担审校等工作,邀请的编委和撰写专家均为活跃在精准医学研究最前沿的、在各自领域有突出贡献的科学家、临床专家、生物信息学家,以确保这套"精准医学出版工程"丛书具有高品质和重大的社会价值,为我国的精准医学发展提供参考和智力支持。

编著这套丛书,一是总结整理国内外精准医学的重要成果及宝贵经验;二是更新医学知识体系,为精准医学科研与临床人员培养提供一套系统、全面的参考书,满足人才培养对教材的迫切需求;三是为精准医学实施提供有力的理论和技术支撑;四是将许多专家、教授、学者广博的学识见解和丰富的实践经验总结传承下来,旨在从系统性、完整性和实用性角度出发,把丰富的实践经验和实验室研究进一步理论化、科学化,形成具有我国特色的"精准医学"理论与实践相结合的知识体系。

"精准医学出版工程"是国内外第一套系统总结精准医学前沿性研究成果的系列专著,内容包括"精准医学基础""精准预防""精准诊断""精准治疗""精准医学药物研发"以及"精准医学的疾病诊疗共识、标准与指南"等多个系列,旨在服务于全生命周期、全人群、健康全过程的国家大健康战略。

预计这套丛书的总规模会达到 60 种以上。随着学科的发展,数量还会有所增加。这套丛书首先包括"精准医学基础系列"的 11 种图书,其中 1 种为总论。从精准医学覆盖的医学全过程链条考虑,这套丛书还将包括和预防医学、临床诊断(如分子诊断、分子影像、分子病理等)及治疗相关(如细胞治疗、生物治疗、靶向治疗、机器人、手术导航、内镜等)的内容,以及一些通过精准医学现代手段对传统治疗优化后的精准治疗。此外,这套丛书还包括药物研发,临床诊疗路径、标准、规范、指南等内容。"精准医学出版工程"将紧密结合国家"十三五"重大战略规划,聚焦"精准医学"目标,贯穿"十三五"始终,力求打造一个总体量超过 60 本的学术著作群,从而形成一个医学学术出版的高峰。

本套丛书得到国家出版基金资助，并入选了"十三五"国家重点图书出版规划项目，体现了国家对"精准医学"项目以及"精准医学出版工程"这套丛书的高度重视。这套丛书承担着记载与弘扬科技成就、积累和传播科技知识的使命，凝结了国内外精准医学领域专业人士的智慧和成果，具有较强的系统性、完整性、实用性和前瞻性，既可作为实际工作的指导用书，也可作为相关专业人员的学习参考用书。期望这套丛书能够有益于精准医学领域人才的培养，有益于精准医学的发展，有益于医学的发展。

此次集束出版的"精准医学基础系列"系统总结了我国精准医学基础研究各领域取得的前沿成果和突破，内容涵盖精准医学总论、生物样本库、基因组学、转录组学、蛋白质组学、表观遗传学、微生物组学、代谢组学、生物大数据、新技术等新兴领域和新兴学科，旨在为我国精准医学的发展和实施提供理论和科学依据，为培养和建设我国高水平的具有精准医学专业知识和先进理念的基础和临床人才队伍提供理论支撑。

希望这套丛书能在国家医学发展史上留下浓重的一笔！

北京大学副校长

北京大学医学部主任

中国工程院院士

2017 年 11 月 16 日

本书是"精准医学出版工程·精准医学基础系列"图书的一个分册。应邀撰写本分册各章的作者均为基因组学、生物信息学和临床研究中经验丰富的资深科研人员，大家精心写作，以展示国际、国内该领域最新和最激动人心的研究成果、研究方法和应用案例为基本目标。虽然有些概念、技术和方法还不能完全解决精准医学将要面对的种种问题，尤其是诸多复杂疾病的精准诊疗问题，但是作者们希望这些知识和线索能引导相关科研和医务人员开拓思路、大胆尝试。

走进精准医学是生物医学发展的必然，是基因组生物学与生命科学要素系统细分、精炼，以及攀登知识新高峰历程中的又一个里程碑。从基因组结构到基因组生物学，最后到疾病生物学和健康保障科学与技术——这就是人类基因组计划和精准医学计划延续走来的路线图。在这个路线图下，精准医学纵向整合各类技术，横向整合各类"组学"数据，将"大数据"推向新的疾病分类和基础科学研究，形成整合数据、信息和知识的回路，如此循环。

精准医学始于科学项目，通过学科建设和成果应用，进一步拓展生物医学研究的视野，增强科学发现对社会的直接影响力。首先是研究对象的前移，从模式生物系统到真正的患者群体，从原理和机制的研究到临床实际应用；其次是研究范围的拓宽，从罕见病到常见病，从诊断到治疗和药物研发；最后是数据收集在时间轴上的拓展，从医院收集到患者生活圈收集，从染病时段收集到正常生活收集。这样，精准医学就必然走向精准医疗和精准健康。最终，生物医学研究和其他生命科学相关研究将汇聚到健康保障体系里面。

精准医学成为基因组学的新时代标签。30 年来的基因组学研究，为这一时代打下了坚实的基础,使人们可以直接面对恶性肿瘤、神经系统疾病、心血管疾病、代谢性疾病等复杂疾病——也就是多基因疾病,提出科学问题,为这些疾病的诊断和治疗提供科学依据。从 2011 年"精准医学"概念的提出到各国启动类似大研究项目,充分肯定了这个思路的正确性。我国在 2015 年也启动了精准医学的多个项目,体现了国家的高度重视。这些项目的短期目标是提高恶性肿瘤的基因诊断和个体化治疗的准确性和疗效,长远目标是在这一过程中推动对各类复杂疾病起因、发病机制、预防和治疗的深入理解,探索各种疾病的新型临床诊断技术和标准,建立疾病和健康知识库,制定诊疗规范和指南等。这些任务和目标的实现,必将为我国的医学科学和医疗体系的发展带来新的变革,同时也在相关知识的理论储备、学科交叉、技术革新、发展趋势和实践应用等方面给相关科研人员和医务工作者提出了更高的要求。

在这种大背景下,由詹启敏院士和上海交通大学出版社一起推动了"精准医学出版工程"系列图书的出版,以期为科研人员、医务工作者和相关专业学生提供系统而全面的最新理论知识、技术方法、信息资源和应用实例,成为他们开展科学研究和指导临床诊断治疗的得力工具书,推动精准医学发展和早日实现应用。首批出版的丛书以支撑性和基础性为主,涵盖精准医学总论、生物样本库、多个组学分册、大数据及新技术等方面的内容。

本书共分 9 章。在前两章里,我们系统地介绍了基因组学和基因测序技术的发展及从基因组学到精准医学的转折。后面七章逐一介绍基因组学各方面的最新进展和部分研究成果及其在精准医学中的应用,内容涵盖基因组科学与信息的主要分支领域(转录组研究部分将在《转录组学与精准医学》分册中阐述),并举例说明主要成就和事件、方法和技术细节、国际国内主要基因组研究计划等,深入浅出地描述了基因组学在精准医学中的可能应用。本书还分章叙述了基因组生物信息学、群体遗传学、肿瘤及其他复杂疾病、药物基因组学、微生物宏与泛基因组学、比较基因组学在精准医学研究框架下的理论基础、研究方法和应用实例。其中,许多章节都提到了相同的国内外主要相关基因组研究计划,部分章节还提到了相同的公共数据库资源信息,本书并没有对这些看似重复的内容做删减,因为每一部分对这些项目和数据有着不同的写作侧重,尤其是在不同案例中的实际应用。这些信息无疑对加深读者印象和拓展思路是有益的。

精准医学不仅仅是一个新概念,也是基因组学研究路线图的终极目标。我们已经尽可能地收集和梳理当前与此相关的最新研究成果和研究方法,集中展示于本书中,达到了构思本书时的既定目标。

　　本书由中国科学院北京基因组研究所于军研究员主持编著，编写组由中国科学院北京基因组研究所、中国科学院重庆绿色智能技术研究院、瑞典哥德堡大学萨尔格林斯卡医院、上海交通大学医学院附属瑞金医院卢湾分院的研究人员组成。其中第 1 章由于军执笔，第 2 章由王德强、黄绮梦、于军执笔，第 3 章由肖景发、张哲文、时硕、孟庆仁执笔，第 4 章由张永彪执笔，第 5 章由舒畅执笔，第 6 章由顾明亮执笔，第 7 章由吴双秀执笔，第 8 章由吴浩、华沙、康禹执笔，第 9 章由孟庆姝、胡松年执笔。吴双秀对本书文字进行了校对工作。

　　本书引用了一些作者的论著及其研究成果，在此向他们表示衷心的感谢！

　　由于作者水平有限，对于书中存在的缺点甚至错误，恳请读者批评指正。

编著者

2017 年 11 月于北京

目录

3 基因组信息学在精准医学中的应用 ································ 062

1 生物医学：从"人类基因组计划"到"精准医学计划"

精准医学的概念、策划和实施已经有数年的历史，已经为科学界和社会所熟知，不仅是美国和英国等发达国家早已动作频频，中国医学界也在积极布局，设计具有中国特色的研究方向、研究内容和研究团队。本章主要从精准医学的历史沿革、学科地位和研究内容三个基本方面简要叙述精准医学的概念和内含，为其他章节的详细论述开篇明义。

1.1　生物医学：学科汇聚的必然产物

数百年来，生物学和更广义些的生命科学——与其他基础科学发展相似——经历了由观察性研究到分子水平研究的深刻变迁。这是生命科学过去两三百年来"合久必分"的大趋势。这个趋势最终会引领生命科学诸领域走进"延伸纳米空间"：0.1～1 000 nm(1 μm)的细胞内空间。在这个空间里，分子机器的自组装和分子、分子基之间的相互作用成为新的研究命题。十余年后，生命科学还将延续分子水平的研究，并且走出以单一细胞种类为对象的研究，走向组织和器官的构建研究，并从局部观走向整体观，不断整合遗传学、表观遗传学和两者与环境的互动。这个互动就是可塑性，包括表型可塑性和行为可塑性两个大方向。在那时，生命科学"分久必合"时代就到来了。

随着科学与技术的进步，人类社会将不断面对新的挑战。生命科学从来没有像现在这样需新的思考、彻底的变革和不断的努力，因为人们有能力获取生命基本单元——细胞中的重要组分之一 DNA 的全部序列信息，也能部分地、间接地获取 RNA 和蛋白质的定量信息。人们距离有绝对能力完全掌握获取细胞物质定量信息技术的那一天已经不远了。在微观化、规模化和数字化时代里，科学家们将继续推动一系列大科学计划（见表 1-1），将生命科学推向新的高度。

表 1-1　基因组水平相关大科学计划与（可能）完成时间节点

研究计划	时间	项目研究内容
人类基因组计划（Human Genome Project，HGP）	1993—2003 年	测定一个人类参照基因组
精准医学计划	2015—2025 年	测定千万人基因组，关联基因型（疾病基因）与表型（常见疾病），界定遗传变异与疾病的关系
细胞 RNA 组计划	2020—2030 年	测定人体所有细胞种类（生理与病理状态）的 RNA 组
人类细胞表观组计划	2025—2030 年	测定人体所有细胞种类（生理与病理状态）的表观组正常状态和偏离
人类细胞代谢组计划	2020—2030 年	测定人类所有细胞种类代谢组在细胞内、细胞外和体液中的精准分布、浓度差和信号传导
人类发育与器官组计划	2025—2035 年	测定人类发育过程中细胞的分化系列的组学特征

从 20 世纪 40 年代开始，生物医学科学（biomedical sciences，简称生物医学）作为一门整合性科学逐渐壮大，成为与健康保障（healthcare）体系和医学教育直接相关的基础研究学科，其学科建设基础是医学院的非医学博士学位（生物医学科学博士）培养计划和相关疾病学会或协会的资助计划。虽然由于基础科学研究的资助力度有限，其早期的发展步伐较慢，但是后来由于社会需求不断加大，比如对抗癌症、烈性传染病，实现罕见遗传病的诊断和治疗等，尤其是随着资助力度的快速增加，生物医学的学科队伍逐渐壮大起来。

20 世纪 50 年代后，尽管有朝鲜战争和越南战争等局部战争的发生，以及冷战时期的剑拔弩张，但是科学还是在不断发展和进步，尤其是一些与军备相关的科学，比如原子能武器、航空航天技术、汽车工业、电子工业、半导体工业、计算机工业等。同时，人类社会一直在追求改变生活的新技术革命，翘首疾病控制和治疗知识的飞跃，期盼健康长寿来尽情享受没有战争的和平、富足的生活。在生命科学各领域，随着 DNA 双螺旋结构的发现［詹姆斯·沃森（James Watson）和弗朗西斯·克里克（Francis Crick），共同获得 1962 年的诺贝尔生理学或医学奖］，基因水平的分子操作技术迅猛发展，分子生物学和细胞学技术也应运而生，这些无一不使人类对生命的认识和理解产生飞跃，无一不对生命科学的技术汇聚产生深刻的影响。

生物医学就是生命科学各领域聚焦医学，为社会健康保障提供科学基础和技术支持的学科，其概念和技术不仅包括新兴的细胞生物学和分子生物学，也包括一部分传统遗传学、生物化学、微生物学等主要生物学分支和领域，同时也包括医学基础研究领域如生理学、药理学、免疫学、病理学、毒理学等。显然，生物医学是生命科学与医学科学的融合与延伸，而绝不是又一个所谓的"边缘学科"（20 世纪七八十年代我国教育界常用的杜撰名词）或"交叉学科"（交叉也不是一个很好的名词，应该是学科间概念、方法和技术的汇聚）。目前，很多人对生物医学这个学科认识不足，其原因是没有真正理解这个学科的历史和真实内涵（https：//en. wikipedia. org/wiki/biomedical_sciences）。

除了中医学以外，传统上讲，中国的医学教育和医疗系统与美国等西方国家还有诸多不同。比如，我国的绝大部分医生是本科毕业（近年来有所改革），而美国则是医学博士，相当于研究生学位和博士后教育，还有一套耗时长、专业细分的教育培训体系，包括住院医生和专科进修医生培训。另外，美国大型医学院一般是和综合性大学联合在一起的研究型大学，有相当的规模和很强的研究实力。按取得美国国立卫生研究院（National Institutes of Health，NIH）的研究经费数量进行排序，排在前 3 名的研究型大学有约翰·霍普金斯大学、哈佛大学和华盛顿（西雅图）大学，这些学校已经高居榜首数十年，每年的研究经费都在 10 亿～20 亿美元，而这样水平的大学在美国有数十家之多。尽管目前在中国很多医学院已经合并到综合性大学里面，但是两个体系——卫生和教育——的无缝对接还要假以时日，尤其是医学科研体系的建立。目前，中国的生物医学领域急需地域性布局（不仅仅在北京和上海）的国家健康保障研究院（所）和世界一流的研究型大学，高力度投入和培养具有国际竞争力的学生和研究人员，同时加大实际研究经费的投入。

那么，生物医学科学是在何时、怎样形成的呢？应该如何界定、支撑和平衡这个学科的科学与技术需求？如何推动生物医学与其他相关学科、领域和前沿的交叉融合、交汇互动？如何凝聚大科学计划，描绘有价值、阶段性、可实现的目标？如何识别、夯实和发展生物医学的新领域和生长点？如何利用社会力量，有效使用政府资源、调动非政府资源和企业的积极性？如何协调和调动科学界的合力？这些都是政界、科学界和全社会的智囊、智库和有识之士应该共同思考的问题。毫无疑问，生物医学科学的发展不仅领导生命科学前沿，其发展也是国家的紧迫需求，其作用更是经济发展主战场的重要组成部分。

1.1.1 生物医学是生命科学的核心学科

几百年来,现代人类社会正确地选择了生物医学作为生命科学的核心学科。这是从政治和经济结构以及社会共同利益考虑的合理而长远的布局。各个国家醒悟过来的时期不太一样,这个共识在美国是从20世纪40年代后期到70年代初期逐渐形成的。以美国为例,NIH和国家自然基金(National Science Foundation,NSF)是两个重要的国家级科研基金。前者有很长的可追溯历史,1930年正式更名为NIH(那时叫National Institute of Health,是Institute,不是现在的Institutes),但是那时的年度研究经费很少,只有几百万美元。生物医学研究从20世纪40年代才开始得到重视,到1966年时其年度经费预算已达到10亿美元。后者成立于1950年,其1969年的研究经费预算只有400万美元。尽管前者仅资助生物医学研究(每年近400亿美元),后者支持几乎所有的学科,但是目前NIH和NSF年度预算的比例是6∶1。NIH年度预算增加速度非常快的时期是1945年以后,到1980年已经增加了2 000倍。无论是作为发展中的大国,还是作为10年后的科技大国和20年后的科技强国,中国到目前为止还没有认识到建立一个统一的国立生物医学科研体系的重要性,因此,美国NIH的发展史显然是有借鉴意义的。虽然,人们还可以从不同角度思考和探讨建立生物医学科研体系的必要性和可行性,但是认识这个体系的实质和特征是首要的。中国必须要整合目前的"九龙戏水"局面,建立强大的国立卫生研究院系统,承接国家的医疗保障研究任务并主持系统内和系统外健康保障研究和经费使用。此外,还有两个并行体系,一个是基础研究的支柱——科教融合的研究性大学(研究所加大学),另一个是非营利机构的产业研究院和营利性质的研发企业构成的工业与经济发展支撑体系。

生物医学发展的标志,除了经费外,还有有组织的"大科学项目"。虽然在其他领域已经有了几个大项目,比如制造原子弹的"曼哈顿计划"和人类登月的"阿波罗计划",但是生物医学的学科基础建设的确是从"向癌症开战(the War on Cancer)"开始的(https://en.wikipedia.org/wiki/Mary_Lasker)。在经费允许的情况下,有计划、有目的地组织大科学项目,解决关键科学问题,推动技术革命,是十分必要的。譬如美国的NIH每年都有2亿美元左右的机动经费支持大科学项目的启动和运行。但是,组织好大科学项目、提出和确立大科学项目不是一件容易的事,尤其是生物医学的大项目,需要具备好多条件。

第一，是认识到学科建设的重要性、学科不断发展和更新的必要性，不能让学科本身的发展成为科学发展的桎梏。无论是在发达国家还是较明智的欠发达国家，全民健康保障的预算均占国家总 GDP 的 10% 左右，是除了军费之外最大的一笔预算。如何将社会需求与科学发展接轨，成为显而易见的命题。美国作为资本主义强国，二战后重新评估了社会的消费焦点和资本流向，确定了生物医学研究的热点和大方向，以启动一系列大科学研究项目为契机，以汇聚社会资源并在世界范围内广纳人才为目的，将生物医学研究一步一步地推向科学巅峰。

第二，通过有组织、有阶段、有高潮的项目和运动聚集资源（包括人才和资金），同时启动学科的基础建设。"向癌症开战"经历了近 20 年的努力——从肯尼迪总统（1960—1963 年）到尼克松总统（1969—1974 年）时代——才形成了后来由尼克松总统签署的"国家癌症法案"。其实，美国国家癌症研究所（National Cancer Institute，NCI）在 1937 年就成立了，不过在这个新的法律下不仅成立了 15 个国家癌症研究中心，同时还赋予了 NCI 更多的权利（比如，NCI 预算可以直接送交总统，不用上级——NIH 的主任——批准）和 3 年超级预算：15.9 亿美元。此后，NCI 的年度研究经费预算增加至 NIH 总经费的 10% 以上。NCI 的研究经费从 1953 年的 430 万美元到 2016 年的 52.1 亿美元。就人才而言，从 20 世纪 80 年代初到 90 年代末的 20 年里，美国生物医学的项目负责人（principal investigators，PI）增加了 2 倍（从 1 万人增加到 3 万人）。相应的资本（仅计算直接科研基金）投入为每年 50 亿～100 亿美元，与政府的实际投入（平均 2 亿多美元）相比大了很多。多出的部分是研究部门（学校和非国立研究所）和民营企业自筹的经费。尽管对于科研人员而言基金申请的变数似乎多了些，但是对于学科总体发展却留有了充分的余地。"向癌症开战"这个生物医学运动的发起不仅有著名的社会活动家玛丽·莱斯克夫人（Mrs. Mary W. Lasker）的推波助澜，也有全美癌症学会主席西尼·法勃（Sidney Farber）这样医生的振臂高呼。虽然 45 年来这个计划（以立法的形式）饱受诟病和争议，但仍然是支持者众多，也有诸多较中肯的历史性评价[1]。更重要的是，科学界和社会各界逐渐达成了基本共识，看清了理想与现实之间的差距。不容忽视的是，科学家和社会各界人士从心理上、组织上积累了经验，为理性地确立攻克癌症的路线图奠定了坚实的基础，才有了后来的"人类基因组计划"和这个时代（1983—2013 年；1983 年和1984 年酝酿"人类基因组计划"；2011—2013 年酝酿"精准医学计划"）的成功。

第三，解决当前可以解决的问题。对于启动和设计大科学计划的人而言，一定要设计一个有限目标,绝不能是个无底洞。比如,"人类基因组计划"的目标是测定一个高质量的人类参照基因组。当时的 DNA 测序技术已经有升级和突破的可能性,物理图谱的制作也有从大片段染色体到中等片段的酵母人工染色体(yeast artificial chromosomes,YAC),再到可以直接用于测序的噬菌体和质粒载体。从历史的角度看,是詹姆斯·沃森(1928—)和弗朗西斯·克里克(1916—2004)那一代人对下一代的影响,使他们选择了解读"生命的密码":测定基因组 DNA 的序列。我们这一代和下一代科学家所面临的是解读 RNA 组和蛋白质组的所有"生命密码"。

第四,识别和不断推动关键技术突破。一个技术从实验室模式到搭建生产型仪器一般需要十年磨炼,而科学发展往往是以技术突破为先导和主线的。先导就是出发点,主线就是技术升级和更新。"人类基因组计划"后期的"国际人类基因组单体型图计划"(International Haplotype Map Project,"HapMap"计划)就受到了 DNA 测序仪没有及时更新换代的影响而没有实现预期的成果和影响力。人类基因组多态性的研究和基于医学需求的大规模 DNA 测序,一定要感谢下一代测序技术(next generation sequencing,NGS)的发明。那么支持下一代生物医学科学家的关键技术还有哪些呢? 显然是解读 RNA 和测定蛋白质结构与功能的技术。然而,这两项都是操作流的研究范畴,需要结构、高通量和相互作用研究,也需要前瞻性科技、前沿技术的汇聚。

第五,不断创新科学意识。现代社会的科学发展已经走出了传统的研究模式,意识、理念和模式都发生了翻天覆地的变化。新的意识要包括项目立意创新、项目规模创新、管理模式创新。比如,"向癌症开战"计划是美国人的计划,而"人类基因组计划"就变成了国际基因组计划,5 个参与国不仅积极推动,而且都做出了实质性贡献。历史上的"向某种疾病开战"项目,规模都有限,但是也促进了生命科学技术的发展,引起了社会的关注,为启动更大科学项目奠定了基础、积累了经验、统一了思想。

第六,创新研究理念和模式。一般这类创新应该是科学界本身的事情,而且经常是某种平衡或组合,并且新理念能轻易取代旧的理念。比如,传统的研究模式是假说导向,新的"基因组模式"是发现导向(或称为数据导向)。假说导向也好,发现导向也好,都需要数据和假说,只是时间顺序有所不同而已。实际上,任何实验设计都需要有很多假设,只是后者并不拘泥,前者更希望聚焦而已。一般说来,发现导向的研究更具规模,更需要合作,尤其是国际性合作。

第七，调动全社会的力量。只有调动全社会的力量，才能达到"四两拨千斤"的效果，"人类基因组计划"也好，其他大科学计划也好，一般期待是得到数百倍甚至上千倍的社会效益和经济效益[2]。

1.1.2 大科学计划的成功范例与生物医学路线图

"人类基因组计划"这个具有划时代意义大科学计划的完成，使生物医学研究走进了一个新的阶段，真正找到了正确的目标、策略和路线图（本书有专门的章节讨论细节）。"人类基因组计划"确立了一个大项目的既定的"四位一体"模式。首先，是预见基本组织结构和学科的产生。随着人类基因组计划产生的是两个学科：基因组学和生物信息学。其次，是选择了一个可实现的目标，需要制定一个实现这个目标的详细计划，建立一系列国际合作模式和原则等。再次，是开发实现既定目标的技术手段，冲破技术壁垒。最后必将创造一个新的业态，技术和成果要最后体现为社会效益。"人类基因组计划"最成功的地方就是造就了 DNA 测序技术和市场，同时丰富了体外诊断内容，尤其是下一代测序技术，为下一个大科学计划的实施铺平了道路。

经过近十年的思考和准备，这个新的大科学计划就是"精准医学计划"。这个计划的首要目的是要以测定百万人的基因组为既定目标，结合患者群体、疾病机制等研究，攻克常见疾病的诊断和治疗难关。它的既定目标是要编织一个生物医学与临床医学交叉的关于疾病和健康的知识网络，夯实基础和临床医学研究，不断促进临床实践规范化和疾病诊断、治疗过程的细分，积累和整合有效临床资源，凝练以疾病分类为命题的大科学目标和方向，有效地为全社会提供"从实验室到病床""从实验室到家庭（个人）"的公共卫生与个人健康保障。

至此，一个新时代的生物医学从基础研究到健康保障的路线图已经基本形成。这个路线图包括了很多深层次的内容。首先是生物医学研究的基本内容和范围，"人类基因组计划"解决了人类参照基因组的序列问题。从基因组多态性来讲，它解决了罕见疾病研究和诊断的问题，因为可以不再依赖家系的大小和数量了，散发病例的测序也可以帮助人们解决罕见遗传病的"病根"问题。"精准医学计划"将引领人们走进罕见疾病的研究。另外，精准医学还要解决从表观遗传到细胞异质化、表型可塑性、认知可塑性等问题，推动创新思维，包括新概念、新假说和新理论。精准医学也要依赖新技术和新方法的开发。

生物医学的路线图还会涉及哪些基本科学目标呢？表 1-1 列举了几个可能的后续规模化精准医学研究计划。可以从 4 个层面来考虑：多流生物学系统（multi-track biology）层面、"组学"（omics）层面、细胞学层面和疾病生理学层面。首先是多流生物学系统层面，界定多流的目的是要整合生命科学的 3 个基本研究领域或称板块（见图1-1），使这些板块的概念、研究对象和研究目的统一起来（后面有有关多流生物学系统较详细的论述）。在这个层面上，基因组水平的基因型-表型关联计划、表观遗传机制-表型可塑性关联计划、连接组-行为或认知可塑性计划等都可以适时启动。这个层面有好多种其他说法，比如系统生物学或者多系统生物学。系统其实不是一个很好的词汇，它预示着系统的非自身性。其实，人们要看到和理解的是生命自身，最多是自身的某些非自身属性，比如遗传学规律的统计学属性、分子相互作用的物理学属性等。但是生命系统是唯一的，不是数理化可以完全、彻底描述的东西。在组学层面，主要是 RNA 组（ribogenomics），包括转录组（transcriptomes，所有细胞种类的特定转录本）、修饰组（modomes，所有共价修饰和在转录本上的分布）和校对组（editomes，所有要校对的转录本和校对位点），主要解决的科学问题是细胞在转录水平的基因表达和表达调控机制。蛋白质组次之，但也非常重要。再下一个是细胞表观基因组（epigenomics）计划，主要是解决 DNA 分子-染色体的化学修饰和空间结构与基因表达调控的关系。在细胞学层面，可以有细胞组（cellomes）计划，研究细胞正常状态（发育与分化）和病理状态之间的差异，即细胞异质化问题；还可以有神经细胞的连接组（connectomes）计划，将神经细胞之间的连接搞清楚，为大脑的行为和认知可塑性研究铺平道路。人类微生物组

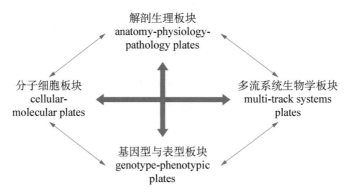

图 1-1　多流生物学系统与 3 个基本生命科学研究板块的整合

(microbiomes)计划也可在这个层面开展。在疾病生理学层面上，可以重启癌症研究计划，彻底地解决机制、诊断和治疗问题，也可以启动心血管疾病、神经退行性疾病、代谢性疾病等常见疾病研究计划。

要实现这一系列重要研究计划，就需要有相应的技术积累和新技术研发。生物医学和生命科学相关技术开发主要是引进其他领域的前沿技术，包括微纳加工、微流控、超分辨、纳米孔、单分子光学等技术。比如，直接测定RNA序列（包括共价化学修饰）就需要纳米孔技术，用纳米孔直接读取RNA序列和RNA上的化学修饰。单细胞水平的研究工具也很重要，因为细胞才是生命活动的最小单元。这些技术应用的共同特征为高通量和精准定量。

1.1.3　生物医学必须直接聚焦人类社会的健康保障需求

政府最重要的社会责任之一是公民的健康保障。除了与政府共建基础设施和教育体系外，生物医学和健康保障从业者的责任就是促进新知识的迅速认识、验证和接受，并协助立法机构和政府建立新法律和法规保障科学成果向社会效益迅速转化。社会对科学界和医疗界的有效支持会使科学研究更"接地气"，更高速、更健康地发展。

健康保障的投入是除国防外最大的研发（research and development，R&D）支出。以美国为例，在过去十年里，国家的平均研发投入中（1 500多亿美元），除50％用于国防外，NIH占余下最大的一份，有近25％（300多亿美元）。在中国，国家的研发投入逐年增加，尤其是生物医学研究方向，因此需要有一个有相应规模的研究载体，类似于美国的NIH。然而，中国目前最大的研究机构——中国科学院却没有明确的生物医学研究集群，只有几个相关的研究所。国家卫生和计划生育委员会掌管的中国医学科学院、中国中医科学院、国家计划生育委员会科学技术研究所等也都不具规模和疾病研究的布局。这个巨大的缺位，一定要在不久的将来全部补上。总之，中国需要大刀阔斧的教育和科技改革，重新界定研究领域和政府的管理链条，才能借力生物医学一个甲子的高速学科发展和累累成果。

尽管美国社会的健康保障是一个庞大的社会核心运作体系，涉及医疗保障和医疗保险体系等，但是其研发，尤其是生物医学研发的投入部分还是很清晰的。科研机构和大学的研发投入约占总研发投入的一半以上，企业约占另一半。中国与之相比，企业的投入部分不是很清晰，今后无疑应该制定相应政策（如特殊行业资助和免除研发投入税等),积极鼓励企业投入。显然企业的参与是不容忽视的,企业必须要成为研发的主体、创新的主体,才能够保证经济效益的产生,使研发投入完成一个在国家经济发展中起到决定作用的闭环。此外,生物医学研究与其他生命科学研究在经费和研究布局的平衡在于兼顾农林牧渔业发展、环境保护和生物能源利用,但这些领域在北美和欧洲的布局很简单——加在一起也不及生物医学一个领域的投入额度高。

1.2　基因组学和精准医学研究技术的发展轨迹

纵览生物医学诞生和发展的历史,从医学到生物医学是一个整合的过程;就技术和方法学发展而言,生物医学技术是一个不断革新、汇聚的过程。虽然科学也有新的思考,甚至也放弃错误的观察,但是总体是个积累的过程,而技术的发展往往会毫不留情地抛弃旧的东西,而采纳全新的东西。技术有好多特征,但是最重要的是技术的网状结构,联合不同的关键技术,技术的新结构单元代表"新",其他单元的新旧有时并不重要。其次是技术所兑换价值的产品(数据也是产品之一)质量和生命力。质量不一定是唯一的生命力,有时是数量,有时是可积累性和时效性。

生命科学起源于生物学和医学的必然交融。两个学科都各自经历了数百年的演变,最终在细胞和分子层面上相遇了。生物学的变化更多一些,从"合久必分"的学科细分,到现代分子生物学的"分久必合"——系统整合。这里最要感谢的是现代生物技术的飞速发展,X光衍射、DNA重组、寡聚核苷酸合成、DNA测序、DNA聚合酶链反应(polymerase chain reaction,PCR)、单克隆抗体等技术,无一不带动生命科学领域新的飞跃。分子生物学和细胞生物学在这些技术的支撑下不断发展,成为生命科学领域的新增长点,基因序列和功能的研究也不断深入,对解读整个人类基因组的需求也就提上日程,这就是后来的"人类基因组计划"。

回顾历史,非常有必要细数各种技术发明的诞生,探讨它们的使用价值和使用寿命,对一些基本技术平台发展轨迹的梳理也尤为重要。这里举例浏览一下基因操作技术,深耕一下DNA测序技术(详见第2章),评价一下未来技术汇聚的趋势和基本技术平台的进化。其基本规律是生物学原理的使用将会越来越少,物理学和工程学原理的使用将会越来越多(见表1-2)。

表 1-2　DNA 测序技术分类和相关技术

代表技术	第一代 双脱氧链终止法 DNA 测序技术	第二代 微阵列 DNA 测序技术	第三代 单分子实时 DNA 测序技术	第四代 直接读取 DNA 测序技术
分子杂交	√	√	√	√
酶触反应	√	√	√	
荧光标记	√	√	√	
PCR 扩增	√	√		
电泳/微流控	√	√	√	
微纳加工		√√	√√	√√
单分子荧光			√√	√√
光学超分辨			√√	√√
光谱增强				√√
超微流控				√√
实时监测			√√	√√

注："√"代表传统生物化学技术；"√√"代表前沿光学、半导体技术

1.2.1　基本基因操作技术的发展轨迹

关键基因操作技术在经历了半个世纪的洗礼后,只有几个坚强地生存下来了(见表 1-3),大有"十年磨一剑"的感觉。

表 1-3　主要基因操作技术和仪器

时间	主要基因操作技术和仪器
1975	DNA 印迹法(Southern blotting)
1977	双脱氧链终止法和 Maxam-Gilbert 化学降解法 DNA 测序
1980	自动化寡聚核苷酸合成仪(多款仪器,如德国 K&A 公司系列和美国 ABI 公司系列)
1985	聚合酶链反应(polymerase chain reaction,PCR)
1992	原位合成"基因芯片"(Affymatrix,USA)
1995	荧光标记 DNA 测序仪(Applied Biosystems,USA)
2006	第二代 DNA 测序仪(Illumina,USA)
2011	SMRT 单分子测序仪(Pacific Biosciences,USA)
2015	生物纳米孔测序仪(Oxford Nanopore Technologies,UK)
2017	基于 TIRF 的单分子测序仪(Direct Genomics,瀚海基因,中国)

DNA 分子杂交技术是生命力最强的技术，因为它反映了 DNA 的基本化学和生物学性质[3]，因此还会被各种形式的技术和方法学反复使用。

第 2 个比较有生命力的技术是 DNA 的化学合成。尽管化学合成法比较简单，合成长度也有限，但是作为寡聚核苷酸引物的主要合成手段，这项技术还会保留下去。由于作为商品的价格偏低，目前对这个技术的开发还不是很到位，因此市场上可用的仪器种类并不多。

第 3 个是聚合酶链反应（polymerase chain reaction，PCR）技术。凯瑞·穆利斯（Kary Mullis）在 1983 年发明了这项非常容易操作的技术，并于 1993 年获得诺贝尔化学奖。PCR 是一个用途很广、具有较长生命力的技术，可以用于扩增痕量（可以具有单个拷贝的分辨率）的 DNA，只有将来单分子技术崛起的时候，才会受到一定的挑战。

第 4 个关键技术是微阵列（microarray）和微流控（microfluid），它们是两个相互关联的技术，简单的固体表面阵列将会被完全淘汰。它的缺点非常明显，比如直接点样和原位合成都会有样本不均一性存在；由于点样依赖的是简单吸附，所以信号的动态范围也会有限。这些缺点都会在微流控技术层面部分克服，比如微球的使用可以使引物吸附面积增加。随着微流控技术不断成熟，基于微球的 DNA 捕获会有很好的前景。

第 5 个关键技术是 DNA 测序技术[4, 5]。最初的发明是两个独立的 DNA 测序技术，同时获得诺贝尔化学奖：双脱氧链终止法（又称桑格法）和化学法。桑格法对早期 DNA 测序贡献非常大，从放射标记的手动测序到四色荧光的自动化测序，从平板电泳到毛细管电泳，有力地支持了人类基因组计划的实施。但是桑格法测序现在的市场已经很小了，退出了主流的高通量测序。目前的市场是由 NGS 或第二代测序仪主导，其每台机器的通量可以达到数百 Gb。基于微纳加工和纳米技术的第三代测序仪目前不多，有一个也已经进入市场（Pacific Biosciences 公司的 SMRT 技术），但由于通量的限制，目前的市场竞争力有限。

第 6 个关键技术是纳米技术。纳米技术首先应用于 DNA 测序，也可以用于直接测定 RNA 序列。纳米技术在基因操作层面还会有很多用途，如直接测定 DNA 和 RNA 分子上共价修饰核苷酸的序列。此外，纳米孔还可以测定 DNA 链上的定位标记，用于物理图谱的制作和拷贝数变化研究。

1.2.2　生物医学规模化技术的兴与衰

回顾近几十年来生物技术发展的历史，首先看到的是技术的不断演变，有些技术

"过客"不仅消耗了大量的科研经费，同时究其产生的数据也没有多大保留价值。那么，为什么科学家明明知道这些技术的软肋和数据生命力的极限，却还要不遗余力地去争取经费，一定要蜂拥而上呢？

首先是评价体系的压力，没有文章就没有经费，就不能晋升职称。不"跟风"就很难发表高影响因子的文章。这方面，杂志和出版商也有很大的影响力，他们的"口味"也在影响着科学界。其次是对新技术的优势和局限认识不足。比如，表达序列标签（expressed sequence tag，EST）的研究和运用就有很多浪费。一方面在使用对象上可以无限拓展，另一方面所获取数据由于覆盖度的局限常被后续研究抛弃。再次是资助部门的认知和协调滞后，没有组织好系统评价和方向上的引导。一拥而上的 EST 研究和一拥而上的 miRNA 研究等如出一辙。在基因表达研究方面，人们已经淘汰了好多技术，也花了很多冤枉钱。早期基于桑格法测序的基因差异表达展示（differential display of gene expression）、EST、基因表达系列分析（serial analysis of gene expression，SAGE），以及后来的各种类型微阵列（microarray）等，其生成的数据基本上都被淘汰了。原因很简单，此类方法学的共同软肋是数据的碎片化和片面化导致数据的系统偏离。比如，基于简单固相吸附微阵列技术的软肋是它们的动态范围很窄，无法分辨基因表达的真实倍数差异。真实的基因表达研究要在高分辨率（单分子）和单细胞的水平上才能够实现数据的永生。因此，可以预言 PCR 技术与精准医学的真正需求是有一定差距的。也可以预言，非扩增的 DNA 和 RNA 定量技术会部分，甚至大部分取代目前的 PCR 甚至等温扩增技术。当人们知道未来的发展方向和真实需求时，新技术开发的投入就应该开始了。

1.2.3　未来生物医学技术的愿景

回顾一下分子生物学实验基本技术平台的进化历程就知道未来的投入方向和目标了，可以将其分为如下几个阶段。第 1 个阶段是"试管时代"，不言而喻，用的是试管和试管架，通量在个位和十位数。第 2 个阶段是"96 孔板时代"，大约从 20 世纪 80 年代开始，很多配套设备都以这个排列形式为主体，通量都在百位数左右。第 3 个阶段是"微阵列时代"，它的通量可以达到数千，甚至上万、十万、百万。第 4 个阶段，也是目前的阶段，是"微流控时代"。这个时代与前几个时代的不同点就是这个实验平台不再是一个固相容器和平面，而是具有流动部分、光电整合部分，而且可以有光谱（如拉曼光谱）甚至物理力(pN 水平)的实际测量。这时,这个平台的通量就可以达到 10^9,可测定的目标也会拓展,包括化学反应推动的光电变化、物理力的微小变化、高分辨率的化合物指纹图谱、自动化、人工智能等。这个系统的终极目标可以是单分子、高通量和自动化。

另一个技术水平是生物学的极限——单细胞。细胞是生命的最小单元,细胞内含物在时间轴上(细胞周期和生命周期)的生物学、化学和物理学组分及参数的变化是测量的基本对象。未来生物医学研究的手段和方法要与这些组分和参数的变化紧密接轨。单细胞"组学"或将应运而生。因此,生命科学技术的最后时代将是精准的"单细胞与单分子时代"。

1.3 走向成熟:用历史的眼光看"人类基因组计划"

1.3.1 人类基因组计划的时代背景

"人类基因组计划"(Human Genome Project,HGP)的成功并不是偶然的。它不仅是科学发展的必然,也是科学要素具备和时机逐渐成熟的体现。科学发展至少要具备 4 个基本要素:人才与科学思想、技术与实验方法、资源与素材组织、管理与项目实施。虽然成功与这 4 个要素息息相关,但是各自的权重却有所不同。人才与科学思想的提出无疑是首要的。大科学项目尤其需要有威望、有能力的领导者和一代既能脚踏实地工作,又能协调共进的坚定支持者[6]。此外,基因组学应属于分子生物学范畴,其学科的真正起点是 1953 年 DNA 双螺旋结构的发现和 20 世纪 70 年代初期 DNA 序列解读技术的发明。因此,也可以说人类基因组计划是 50 年来生命科学与技术发展的最重要结晶。

人类基因组计划的成功还在于充分调动和利用了政府、社会、企业的力量。由于政府主导和支持了这一计划,科研成果和技术研发又为企业注入了新的知识产权,也为企业发展提供了明确的方向。因此,据有关统计和评估,十几年来,人类基因组计划为美国社会创造了超过 200 倍的经济回报、超过 30 万个工作机会,同时也实现了美国在相关高科技领域的持续性主导,如 DNA 测序领域、高端分子检测领域、生物信息领域、生物制药领域等。美国的民营企业[如塞莱拉公司(Celera Genomics)]也曾经与人类基因组计划成功竞争,不仅测定了果蝇基因组,也测定了小鼠和人的全基因组序列,取得很好的科学、经济与社会效果。尽管这两方面的努力似乎有些浪费资源，但最终"官"和"民"的竞争还是达到了和解。这一竞争归根结底对科学、社会和企业的发展和进步都产生了正能量。

1.3.2 人类基因组计划与其划时代意义

2016 年，是中、美、日、德、法、英 6 国科学家联合宣布完成人类基因组测序 13 周年。选择 2003 年结束这个计划其实既不是因为这一年第 1 个人类基因组的测序工作确实到达了"终点"，也不是因为人类基因组序列"完成版"的实际结束时间。这个日子的选择首先是为了纪念沃森和克里克在 *Nature* 杂志上发表了他们著名的科学论文，发现 DNA 双螺旋结构 50 周年[7]，也是庆祝生命科学研究进入分子水平半个世纪。其次是感谢沃森博士这位不遗余力推动这一宏大计划实施的早期有力领导者和持续支持者。他不仅用科学发明和思想影响了一代人，也曾在 1989—1992 年担任美国国家人类基因组研究中心（National Center for Human Genome Research）的主任，也就是现在美国 NIH 国家人类基因组研究所（National Human Genome Research Institute，NHGRI）的前身。最后才是这一计划就完成全基因组测序而言确实已近尾声，剩下的有限信息也不足以改变已有的科学基因组信息和科学结论。

一次性解读人类基因组全部 DNA 序列是在 20 世纪 80 年代初由一些有远见卓识的科学家们集体提出的。虽然其原因是多方面的，但是基本上可以归纳为以下 3 点。第一是 DNA 测序技术和相关分子生物学技术日趋成熟。随着 DNA 双螺旋结构的解析，自 20 世纪 70 年代起，生物化学家们发明了一系列重要分子生物学技术，特别是 80 年代初基因组遗传图谱和物理图谱的制作、荧光标记法 DNA 测序仪的研发等，有效地推动了分子生物学和细胞生物学的发展。第二是生物医学发展的迫切需求。未知基因序列的不断解读，遗传疾病相关变异的定位克隆（positional cloning），新转录因子和信号传导通路的不断发现，都使 DNA 测序技术和需求被推到了科学界关注的焦点。当大家都在争取基金，计划测定自己感兴趣的基因时，一个重要观点的提出赢得了广泛的支持：与其各测各的基因，不如集中攻关测定全基因组的序列[6]。集中攻关的特点就是可以使操作专业化和规模化。尤其是在技术飞速发展的情况下，非专业的技术操作不仅浪费资源，在落后平台被迅速淘汰时，非专业的操作也一定会被迅速淘汰，这个原则在 DNA 测序领域一直适用至今。另外，当时遗传学和基因组学等学科的发展也遇到了新的瓶颈。比如,对全基因组遗传图谱和物理图谱的迫切需求,对大片段 DNA 克隆的迫切需求等。第三是启动国际合作,调动全球各方资源的必要性。比如,人类基因组研究会涉及世界各国的人类遗传资源,与其在美国集中收集(虽然美国是个移民国家,但是就人类学的标准而言,异地取样往往是不被接受的),不如让这些国家直接参加一个共同的合作项目,同时他们所代表的国家还可以给予资金的支持。

1983 年和 1984 年美国能源部(Department of Energy,DOE)和 NIH 分别组织了相关领域的科学家,进行了启动大规模人类基因组测序计划可能性的研讨,这就是人类基因组计划的酝酿阶段[8]。有几位科学家参加了这两个会议,比如目前仍是美国系统生物学研究所所长的李·胡德(Leroy E. Hood)博士和华盛顿大学退休教授梅纳·欧森(Maynard V. Olson)博士。胡德博士领导的团队后来成功研发并商业化了荧光 DNA 自动测序仪[9],欧森提出了序列标签位点(sequence-tagged site,STS)的概念[10]并领导他的团队用新发明的酵母人工染色体(yeast artificial chromosomes,YAC)为材料开启了人类基因组精细物理图谱制作的先河。1988 年智库 NCR 发表了《测定和绘制人类基因组图谱》的报告,宣布人类基因组计划进入具体实施阶段,随后第一个五年计划(1991—1995 年)开始实施。伴随人类基因组遗传图谱制作完成,第一代荧光自动测序仪顺利问世,人类基因组计划进入真正的规模化数据获取阶段,于 2001 年发表了人类基因组序列草图[11],2004 年发表了完成图[12]。国际"人类基因组计划"最终由美、英、法、德、日、中 6 国逾千名科学家实际参与,用时 15 年,耗资数十亿美元共同完成。不仅可以与 1939 年美国斥资 20 亿美元(相当于 2013 年 260 亿美元的价值)制造原子弹的"曼哈顿计划"媲美,也可以与美国斥资 254 亿美元(1973 年美元价值)的"阿波罗登月计划"争艳。据最新的估计,人类基因组计划为美国所创造的经济效益已经达到 1 万亿(1 trillion)美元[13]。

那么,这样一个大型科学研究计划是如何得到政府的支持并真正产生了这样大的社会效益呢?究其原因是它不仅满足了科研界的普遍需求,同时也顾及全社会的共同利益。首先,大型科学计划必须具有普遍的引领性,亦即可行、可控、可实现的科学性。人类基因组计划正是这样一个计划,以高质量测定一个人的基因组为具体目标,以发展 DNA 测序技术和规模化操作为手段,以国际合作为成功保障。这样的计划和管理模式显然也适用于其他物种的基因组计划和人类基因组多态性的深入研究。其次,大型科学计划要具有可计划性,计划的主体是人才与技术。人类基因组计划的实际领导者很多来自其他领域，他们的可信任度来自做事情有始有终的历史纪录。比如，英国的约翰·苏斯顿(John Sulston，获 2002 年度诺贝尔生理学或医学奖)博士和美国的罗伯特·华特斯顿(Robert Waterston)博士被选为人类基因组计划基因组测序的主要领导者，分别领导了英国和美国最大的测序中心，他们早年其实是研究线虫生物学的专家。再次，大科学计划要有始有终，亦即具有阶段性和可操作性的目标，不能是开放式(open-ended)或结果无法量化的。当然，所谓的量化不是用文章和专利的多少、培养学生的多少来衡量，而是用社会效益来衡量，由独立咨询机构调研和报告的。人类基因组计划不仅要有一个清楚的路线图(科学领域发展的路线图往往是指研究活动的终极目标和操作过程)，而且还要有共同的原则和实施方案。比如，人类基因组计划著名的"百慕大原则"(Bermuda Principles)要求所有测序数据必须在产出后 24 小时之内投放到公共数据库里，使珍贵的数据得到实际和及时的共享。

建立人类基因组计划科研成果与社会利益的关系，以及为保护和弘扬这些成果和利益所建立起来的法律保障体系都至关重要。没有这些利益的保障，利益也就不存在。在美国，科研成果和社会利益保障关系的建立可以追溯到著名的 Bayh-Dole Act，即 1980 年美国通过的知识产权法(P. L. 96-517，Amendments to the Patent and Trademark Act)[14]。这项法律旨在保护来自政府研究或研发基金资助的非营利组织和小型企业产出的发明专利权，来鼓励发生在研究领域、小企业和成熟企业之间的知识产权转让、合作与合资。中国科学家虽然参与了人类基因组计划，承担了 1% 的任务，但是人类基因组计划在中国社会所产生的实际效益非常有限，比如技术研发成果不多，专业性企业凤毛麟角等。除了华大基因研究院和中国科学院北京基因组研究所还在不同的管理框架下(民营与地方政府支持以及国家基金与科学院的常规支持)寻求不断发展外，国家人类基因组南方、北方研究中心的发展皆面临谁来"再输血"(持续支持)的问题。就一个寻求对人类科学进步和社会发展有所贡献的大国而言，如何利用科研基础和实力，为技术密集型企业提供实用技术和知识产权，值得国人深入思考和实践。

人类基因组计划的传奇还在以惊人的气势和速度继续着。早在人类基因组计划完成之前，时任美国 NIH 基因组研究所所长的弗朗西斯·考林斯(Francis Collins)博士就提出了"从基因组结构到基因组生物学，再到疾病生物学和医学科学"的路线图，意在以最快的速度将这一计划所产生的成果转移到产生经济和社会效益上。发明第一代荧光自动测序仪的著名科学家李·胡德博士也曾提出"4P"(predictive 预测，preventive 预防，personalized 个性化和 participatory 参与)医学的思想，旨在指引基因组学成果的具体应用。可见，基因组学走向精准医学是科学为社会需求服务的历史必然。

在这里，"精准医学"是对以规模化为研究特征的基因组学提出了新的内涵，而"4P"强调的则是应用方向和趋势，没有真正形成共识的至少还有 4 个问题。第一是学科的内涵问题，也就是说精准医学所依赖的精准数据都有哪些，如何来获取。第二是路线图的继续问题，也就是说当基因组的序列精准测定后，人们还需要如何往前走，或者说是解决问题的时间表。第三是关键技术的识别。比如，代谢组学的技术应该有哪些突破，转录组学技术需要有哪些突破，这些技术突破的起点是什么技术或是什么技术的组合。第四是大科学项目的提出和领导者的问题。比如，代谢组学、转录组学、细胞组学、器官组学等从何做起，由谁来组织和领导，基本目标是什么等。这些都是人们在未来的10年里要讨论和解决的基本问题。

1.4　后"人类基因组计划"探索性项目的缘由和沿革

1.4.1　国际人类基因组单体型图计划和千人基因组计划

国际人类基因组单体型图(HapMap)计划是继人类基因组计划后的另一个国际合作项目，该项目的宗旨是初步认识人类基因组多态性在不同群体的分布(https://en.wikipedia.org/wiki/International_HapMap_Project)。由于测序技术的瓶颈效应，下一代测序技术还没有准备好，HapMap 计划最终被千人基因组计划(the 1 000 Genome Project，https://www.ncbi.nlm.nih.gov/variation/tools/1000genomes/)所取代，就如现在的精准医学项目马上取代了千人基因组计划一样。这些"投石问路"项目的重要性在于初步了解方法学和技术的需求，本身的科学意义并不突出。这些早期数据和走过的弯路为后来的大数据处理和避免犯没有必要的错误奠定了不可替代的基础。

这两个项目的初衷是尽量、尽快解决遗传学研究的需求。比如，提供最基本的遗传标记，推动基因分型商业化进程等。但是，遗传学并不是生物学的全部，甚至不是最主要的内容，仅仅是一个研究内容和方向而已，其思考和研究可归结为信息流以及它与其他各流的关系。过去由于对遗传学重视程度和学科本身认识的局限及权威误导，遗传学的发展受到很大影响。在科学足够发达的今天，人们有必要认真回顾和思考所走过的道路，去粗取精、去伪存真。未来，所有人类基因组多态性数据不仅会被整合，而且会被无条件共享。尽管目前似乎还有些商机，但是由于隐私和法律等问题不会被无条件公开。人类遗传学家最终会拥有绝大多数人类基因组的变异信息，也会轻易找到一些变异的群体特征，但是这并不是目的，尤其不是社会目的。

1.4.2 人类基因组 DNA 元件百科全书计划

人类基因组 DNA 元件百科全书计划（the Encyclopedia of DNA Elements Project，ENCODE 计划，https://www.genome.gov/10005107/encode-project/）是美国国立卫生研究院的国家人类基因组研究所（National Human Genome Research Institute，NHGRI）主导的国际合作项目，2003 年启动，2007 年基本结束，其目的是要注释人类基因组序列元素的分子功能及其与功能的关联性。这个项目其实是在研究所谓人类表观遗传学。表观遗传学，顾名思义，是非严格遗传的部分，至少是有机生命体或物种非固定遗传的部分。它不仅包括以 DNA-染色质为主体的研究对象，也包括参与染色体复制、维稳、激活等生命活动的 RNA、DNA 化学修饰、结合蛋白（如组蛋白）及修饰等诸多因素。目前，已知所谓表观遗传的主要部分包括传代性（transgenerational）遗传和表型可塑性，以及遗传学界定的一些不完全遗传效应等概念。

ENCODE 计划无疑推动了表观遗传学的发展，尤其是各类技术和相关方法学的发展，如 RNA-Seq 和 ChIP-Seq 等各类染色体沉降法都是依赖下一代测序技术的种种方法学产物。这类研究有待于测序分辨率的增加和单细胞技术的发展。原因很简单，所谓表观遗传就是不完全遗传，其特征是谱系、物种乃至细胞的特异性。粗放性的研究在分子水平是无意义的研究。

1.4.3 医学测序的必要性

疾病相关的研究项目其实就是所谓的医学测序（medical sequencing），以遗传学研究为先导。医学测序启动于 2008 年左右，人群样本不足、关联研究价格昂贵等因素制约了这类项目的发展。这类项目不仅囊括了所有的罕见疾病，也包括了一些较常见且遗传因素复杂的疾病，如孤独症、神经病、家族性近视眼等。当然，针对特殊癌症的项目也有不少，但是大都不了了之，主要原因是对癌症生物学的复杂性估计不足。

显然，在精准医学项目推进之前，医学测序目标具有很多盲目性。但是问题却凸显出来。首先是患者样本不足,临床医学并没有系统地收集患者的所有信息,更不用说包括病理和对照样本的群体或队列了。其次是研究的盲目性,尤其是对遗传学的迷信。最近的一个例子就是所谓的"遗传超级英雄"(genetic super-heroes)[15],指的是最近的一个发现:在分析了 589 306 个个体的基因型后发现有 13 个预期囊性纤维化(cystic fibrosis)患者其实并没有症状。媒体"轰炸"的是这些"超级遗传英雄"抵抗了遗传疾病本身,但是科学的解释还有待后续研究来揭示。从科学角度来看,这些现象其实是必然的,因为人们过去的医学遗传学实践有问题:人们从来也没有做过"盲筛",即对随机人群患遗传病概率进行普查。患病人群的遗传学研究是根据家系,也就是表型来跟踪研究的。精准医学将改变这一切。

1.5 "精准医学计划":"人类基因组计划"真正的续集

1.5.1 精准医学概念的提出

"精准医学"这一概念的提出并不是偶然的。在过去的半个世纪里,生物医学有了长足的发展。人们完成了一个人的基因组测序(人类基因组计划),也完成了数百人的基因组多态性检测(HapMap 计划)。"下一代"或 NGS 测序技术解决了通量和部分价格问题(富人不介意付,穷人难付得起的价格),剩下的可实现目标就只有两个了:每个人的基因组和特定人群的基因组。也就是说,实现基因组研究的个性化或者个体化已经不是问题了。因此,以个体化基因组为研究命题的项目已经失去意义,人们要向新的目标迈进了。

2011 年,美国基因组学与生物医学界的智库又发表了《迈向精准医学:建立生物医学与疾病新分类学的知识网络》,宣示基因组学的研究成果和手段如何可以促成生物医学和临床医学研究的交汇,从而编织新的知识网络。华盛顿大学欧森博士是唯一一位既参加了起草 1987 年"人类基因组计划"宣言性报告,也参加了这个精准医学报告撰写的科学家。他对精准医学的解释是:"'个性化'其实就是医学实践的正常形式,而分子水平信息的正确使用则会使医学更精准",因而成为其恰如其分的目的性描述。学医出身的博士后,也是目前 NIH 基因组研究所所长的艾瑞克·格林(Eric Green)博士,正在坚决地实践着欧森 30 年来的一贯思想:大科学项目一定要有始有终,要有直接造福于社会的目的性。只有这样，主流科学家、政府、社会和民众才能坚定地支持这样耗时十多年、耗资几十亿、集科学思想与技术集成为一体的大科学项目。

实现精准医学需要在两个大领域——基础生物医学与临床医学——建立实际的转化研究和紧密的接轨机制。人们已经看到了诸多"转化中心"（包括基因组中心和精准医学中心等）的成立，也看到了各类"转化研究"的启动。2014 年开始，"精准医学"发展成为一个新学科和大项目[16]。其实，这个科学思维框架下的蓝图早在几年前就已经规划了，《迈向精准医学：建立生物医学与疾病新分类学的知识网络》的报告就直接建议了几个可实施的大项目，比如"百万美国人基因组计划""糖尿病代谢组计划""暴露组（exposome）研究计划"等。就百万人基因组测序而言，其 DNA 测序价格就在 10 亿美元以上。鉴于英国的医学临床资源规范而且丰富，首相卡梅伦 2015 年斥资 1 亿英镑率先启动了"十万人基因组计划"。然而，尽管精准医学的提出同时给基础研究和临床研究指出了共同发展之路，但是它们面临的挑战和问题却各有不同。

1.5.2 走向精准医学：构建生物医学和疾病新分类法的知识网络

《迈向精准医学：建立生物医学与疾病新分类学的知识网络》报告是 2010 年底开始撰写，2011 年完成并发表的[16]，是奥巴马在 2015 年宣布实施的。其实，实际的技术性准备工作在 2008 年就开始了。早在 1995 年，人类基因组计划正式走进规模化测序时，笔者和同事在导师欧森博士的引导下就有过关于精准医学的深刻讨论。那时候人们称生物测量的关键为"中间检测实验"（intermediate assays），只有界定好检测，才能实现定性和定量的分析。比如，基因组物理图谱的制作方法有指纹法和片段排序法。前者只关注片段识别，而后者更关注片段排序。目前，就基因组 DNA 序列而言，精准的遗传学表述就是序列本身，但是表观遗传学表述则不同，还要包括化学修饰位点和核小体占位问题，甚至染色质的特定构象和拓扑定位。按照这样的逻辑，精准医学的起点是遗传学，但是涵盖的内容则包罗万象。技术的"推手"是探索各种检测原理，理论"推手"是分解和归类生命科学的原初要素（primary elements）。

疾病的新分类法是精准医学项目的最终目标，生物医学研究是精准医学的知识来源和基础，两者之间的桥梁是通过从数据到信息再到知识的过程和这个过程的成果——知识网络。那么如何认知、组织和主持这样的研究项目呢？人们过去研究实践的缺点、弱点及其缺失的是什么呢？

1.5.3 当前精准医学的研究目标

第一，精准医学是以患者为起点和终点的生物医学研究。过去的生物医学研究有片段化和机械论的嫌疑。比如，生物化学关注组分，分子生物学关注分子间相互作用和信号传导，细胞生物学关注模式体系（生物）等，这些往往导致研究方向的偏见和临床医学研究资源的匮乏，以及技术的缺位。精准医学就是要改变这一切，将以患者和患者样本为基础，并从样本出发设计实验，将结果尽快运用到治病救人和健康保障上。

第二，人类疾病的遗传学研究迅速完成从罕见病到常见复杂病的飞跃。过去的医学遗传学多以罕见疾病为研究对象，以收集家系、定位克隆、功能验证等实验为基础。近期的全基因组关联分析（genomewide association studies，GWAS）为常见疾病研究做了相当多的理论和技术铺垫，但是常见病研究要求的规模和群体样本的进一步层次化都向样本的结构设计提出新挑战。一类介于罕见病和常见病之间的多发性疾病也会成为主要的研究对象。

第三，挑战当前科学目标的局限，脱离遗传学的束缚。以常见疾病为研究对象就意味着人们要关注遗传以外的因素。这个因素绝不是环境和表观遗传学的借口，而是实实在在的分子机制和环境机制，可测量、可验证、可建模。当前研究的重点应该是界定相关因素，建立研究体系，而不是急于求成，"孤军深入"，如寻找关键遗传变异本身。一个新的思路就是打通"遗传-环境-可塑性"的思路，寻找可塑性研究对象和机制。

第四，承认细胞的异质化与复杂性，突破单细胞水平研究技术。生命由细胞组成，每一个细胞都是一个独立生命单元，它们和谐地构成生命体本身。细胞水平的研究应该从细胞周期、细胞分化和凋亡等基本现象出发。然而，细胞的转录组、蛋白质组、代谢组等动态研究就有一定难度，尤其是在单细胞水平上。人们目前的基本技术主要有流式细胞仪和DNA测序等，不能够解决很多单细胞水平的研究。因此，新技术的开发就成为决定因素，包括超分辨显微光学技术、微流控技术、单细胞扩增和实时监测技术等。

第五，拓展时间轴上的数据。人们常规的医学研究往往是等患者来临，以后的研究就要从正常人开始，甚至从生命之始起步，可以研究包括生命周期、生殖周期、昼夜节律等生命现象。从婴儿期到青春期，从更年期到健康老龄，其实都应该是生物医学研究的命题。生物医学的基础研究和临床研究其实应该有分工和合作，共同沟通和深入。

1.6 生物医学的新思考

走进 21 世纪，也就是走进生物医学的一个新世纪——精准世纪。这个世纪的特征首先是面对复杂疾病，复杂疾病问题其实就是健康问题。因此，面对所有复杂性，对生命有机体的深入研究，对健康因素的种种评价和探讨，以及新的思考和研究方法等都至关重要。

1.6.1 生命系统的复杂性

生命科学已经进入新的境界，有了新的思考，生物医学也不例外。但是生物医学新境界、新思考的特殊性也非常明确。首先是研究对象的问题，也就是人类健康和人类疾病的问题。以人为对象的研究，难度增加了，重心也发生了转移。比如，基础研究就要配合疾病研究，实验模式也要更接近人类和人类疾病。其次，研究对象的复杂度增加了，从罕见（遗传）疾病到复杂疾病，从消除疾病到保障健康。最后，治病和临床研究模式发生改变，以前是"头痛医头，脚痛医脚"的"断面式"医病，患者拿着病历到处跑；现在是精确诊断、医患挂钩式治疗，加上实时跟踪、多科会诊、"大数据"积累等，以确保康复为目的。时间轴上的连续性和延伸性将是对医学和治疗模式的新挑战。当然，细数起来还有很多看得到的标志，也有好多将要改变的东西，这里仅举些例子而已。

生物医学新境界必须要汇聚来自 4 个层面的概念和知识。第一是医学本身的分科，包括生理、解剖和组织学的分层（"12＋1"体系中的 12：骨骼系统、呼吸系统、肌肉系统、血液系统、泌尿系统、男性生殖系统、女性生殖系统、内分泌系统、皮肤系统、神经系统、消化系统、循环系统；"12＋1"体系的 1：人体微生物组），以及医学基础教育的跨解剖系统分科（如病理学、药理学、肿瘤学、传染病学等）。第二是传统生物学学科，包括遗传学、发育生物学、胚胎学、生态学、进化论等。在这个方面的选择显然是相关性，即与生物医学的关系。第三是生物实验科学，包括生物化学、分子生物学、细胞生物学、生物物理学等。对于这些强调技术性的领域而言，显然实效性是关键。比如分子生物学已经很难作为一个学科存在了。第四是新生的各类"组学"，包括基因组、转录组、蛋白质组、代谢组、表观组等。这方面的重点是分子证据与表型证据的关联，但是这些关联角度会很简单。

那么,人们需要什么样的"共同语言"将这 4 个方面的知识关联起来呢? 这个共同语言的首选一定是基因。因为基因是生命体系的基本功能元素之一,基因既可以遗传,又有功能,还可以被修改,它的序列变化还记录了自身的历史。这里的基因包括了染色体上的结构:DNA 序列上的座位和细胞内的时空关系,也包括它的转录产物 RNA 和翻译产物蛋白质。其次是细胞,它是生命的基本单元(依赖宿主生存的病毒和噬菌体只是广义的生命单元),这里也包括细胞内除了广义基因以外的所有物质。是不是说,人们将基因和其他物质装在一个细胞空间它们就"活了",就是生命了呢? 显然不行,生命单元很难单独存在,一定会异化,从而形成互斥和(或)互利关系,共同生存。但是,人们可以从基因和细胞出发,来界定其他的次要因素。比如基因在染色体上的分布特征;又如细胞的"感知"能力和生态,包括物质的转运和信号的传导。

因此,我们必须要延伸、限定和拓展基因和细胞的概念,形式多样:有的抽象,有的是物质基础,有的是互动和运动的,有的是时空关联,有的是适应性和可塑性。没有这些思想和概念,人们就无法将研究对象分解成足够的层次,使机制交叉的功能或生命现象成为各学科的共同研究对象。人们目前使用的概念过于简单,比如强调简单的线性相关性,忽略了生命调控的多种模式:阈值、平衡、抑制、拮抗、协同等单重或多重关系。这里人们强调基因与细胞,就是强调基因特征的重要性——基因型和分子机制;也强调细胞特征的重要性——表型和胁迫反应(细胞的胁迫反应是所有宏观胁迫反应的基础,包括细胞应激、过敏和免疫)。

生物医学对生命科学的主导还有很长的路要走,只有走得正确,才会不走弯路和邪路。首先,不走弯路的关键是深刻地理解技术的能力和局限。本书的后续章节会进行更深入的讨论。其次,不走邪路的关键是不走捷径,或顺藤摸瓜,或投石问路,或迷途知返。不断地反思和讨论是非常重要的。目前,科学界缺少的是积极、公开、坦诚的讨论,科学命题也好,新技术也好,互通有无、互相照亮是关键。

1.6.2 多系统生物学的新思考:多流生物学

所谓多系统生物学(systems biology)也是值得讨论的。李·胡德博士在提出这个概念时的解释是多学科的合作,而且他讲的是大合作:跨越生物、数学、物理、计算机、电子工程等远距离体系。这个没错,但是这里强调的是生物系统内部的多系统,首先清理生命科学自己的"门户"。至少要界定这个基本系统,它既不是系统分类的系统,也不是生理、解剖、组织的医学系统，更不是基因型-表型相关联的遗传学系统，而是可以用来整理和分析分子、细胞、个体发生、群体、生态体系等多层面信息和知识的新系统。这个系统的特点是并不摒弃原有的生命科学领域和系统，而是有序地对它们予以界定，并且有机地将它们整合起来。"流"的运用是强调系统的内部性和密不可分性。比如，教育系统可以分为教师流、学生流、学科流、教(学)辅(助)流、生活流等，各成体系，又是一个整体的各个部分。生物系统就是个"多流"体系，目前可以分为五流(见图1-2)。

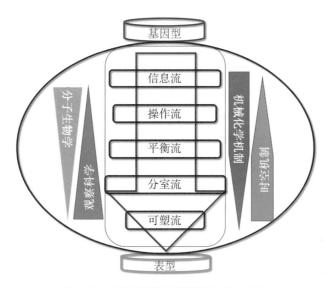

图 1-2 生物系统"多流"体系关系图解

第一是信息流(informational track)，主要研究对象是 DNA、RNA 和蛋白质的序列信息，强调这些分子结构单元序列的信息性质和特征。克里克提出的"中心法则"其实强调的就是信息流，因此具有片面性。信息流的相关研究领域包括分子遗传学、群体遗传学、分子进化、比较基因组学、生态学等。信息流的研究素材主要是基因组 DNA/RNA序列、基因组群体多态性和表型信息。尽管基因型与表型的关系从传承来讲是遗传学的研究内容，但是有些表型还是可分到可塑性的研究范畴。简单地将基因变异(编码部分)与复杂的生物学现象相关联已经不能够完全解决重要生物学问题。例如，金-威尔森(King-Wilson)在 1975 年提出的"两个调控水平"假说，简单地认为基因调控序列本身的不同决定了基因调控的不同，从而导致近缘物种间的种种表型不同[17]，但是最近发现这些调控区的不同有的其实是由组蛋白调控差异所引起的[18]，并不是序列本身变异。那么信息流还有哪些可以深入研究的内容呢？这里举几个例子。首先是基因座(gene locus)序列的界定。到目前为止,人类基因座的界定还非常粗糙,不仅不全,也不够精准,如基因外显子、启动子和多聚腺嘌呤尾巴的选择剪接界定需要有真实的、高质量的基因表达数据。基因组学的发展从某种意义来讲,就是取决于基因注释的真实性和可靠性。其次是脊椎动物基因组共线性的问题。脊椎动物虽然经历了基因组加倍和多倍体化(从鱼类到两栖类),但是却保持了很好的共线性。这个特征目前只在脊椎动物和有花植物两个谱系中保持,其分子机制可以归结为基因簇的稳定性[19-21]。但是人们并没有认真注释这些基因簇,探讨基因簇稳定性存在的原因。还有一个很重要又与精准医学相关的例子,那就是如何界定某一个基因突变与疾病的关联。这里有基因型和表型的关联分析问题,有编码变异与蛋白质功能关系问题,也有非编码序列与基因调控关系的问题。

第二是操作流(operational track),它的研究对象包括生理学、细胞生物学和分子生物学研究的主要实验内容和生物学命题。操作流是个比较复杂的体系,包括以 DNA(epigenomics,表观组学)、RNA(ribogenomics,RNA 组学)和蛋白质(proteomics,蛋白质组学)为主体的各种复杂的调控机制研究。操作流强调染色体和两个基因产物——RNA 和蛋白质——之间的机械化学相互作用(mechano-chemical interaction)。比如,染色体的三维结构就是表观组的操作流问题。细胞的分子机制也是操作流的命题,包括 DNA 修复与复制机器、RNA 转录与加工机器、非编码 RNA 调控、蛋白质翻译机器等。操作流的进化也是一个很重要的命题,因为机制的保守性是要跨物种和谱系分析的;这样的分析其实是利用了信息流的工具。换句话讲,这个研究也可以归结为信息流问题的研究范畴。

第三是平衡流(homeostatic track),主要是药理学和生物化学等学科的研究精华。平衡流包括 3 个基本部分:物质(material)、能量(energy)和信号传导(signaling)。重要的物质流研究对象包括血红素(如血红素与生物节律的关系)、生物激素(如生长激素与发育的关系)、神经递质(如生物递质与神经发育的关系)等。重要的能量流的物质研究对象包括 dNTP、NTP、多聚磷酸、各类单糖、各类多糖等。DNA、RNA 和蛋白质等作为主要细胞组分也会与能量流和物质流密切相关。比如,人类的生命周期(发育、更年、衰老等)和生殖周期的生理学就是这个"流"所要研究的部分基本内容。病理状态,如人群中高发的代谢性疾病和神经退行性疾病等也在其中。信导流,也就是信号传导,显然已经是分子生物学家几十年来的研究对象。

第四是分室流（compartmental track），涵盖发育生物学、解剖学、生命起源等领域所涉及的核心科学问题。分室流将以单细胞和细胞群为研究对象，揭示细胞分化、个体发生和发育、组织形成等分子机制。由于生命起源是由简单到复杂，由单细胞到多细胞，所以分室流也将揭示生命起源和细胞器形成等分子机制。干细胞研究也属于分室流研究的范畴，主要是在分子水平上解释胚胎、诱导干细胞、特定组织干细胞等的差别和如何解释干细胞的自然发生、诱导发生、定向分化及异常分化。同时，也要建立测定干细胞分化定向性和定向分化潜能的维持和诱导因素。

第五是可塑流（plasticity track），主要是研究表型和行为的可塑性。前者囊括生态学与环境生物学的研究内容，后者包括神经生理和心理学等研究内容在分子水平的命题。举一个例子，就是生物节律之一的休眠，如哺乳动物常见的冬眠（如棕熊和黑熊）和夏眠（如热带蝙蝠）。冬眠其实是一个由中枢神经系统参与的主动行为，也是一个复杂的生理过程，同时又受环境因素的严格制约。动物的迁徙和休眠行为在进化的框架下，既有趋同进化，也有趋异进化，也具有相当强的表型和行为可塑性以及两者的交织和重叠。揭开表型和行为的可塑性之谜显然不是简单的遗传和遗传多态性的问题，而是要集成生命科学各个领域最新的概念和技术，尤其是表观遗传学和神经生物学。

提出"五流说"的目的并不是标新立异，而是从根本上找到一系列新概念和研究起点，进一步揭示和合理阐述生命的本质。要深刻描述生命本质，人们必须要建立一个基本的理论框架（"五流说"即是此类尝试之一），并在五流的框架下提出一系列具体定理。这里举几个例子来进一步说明五流思想的指导意义。第一个例子关系到信息流框架下的"DNA-染色质-细胞核"定理。DNA序列的研究主要属于信息流范畴，染色质的结构与功能属于操作流范畴，细胞核中染色质的构象与细胞分化研究属于平衡流和分室流范畴。这里，DNA信息流定理包括：基因座（基因的序列属性）定理，一般说来是以线性核苷酸（碱基是其可区别的部分）序列的形式排列在染色质分子上的。基因座可以趋簇（clustering）存在，也可以逆簇（counter-clustering）存在。比如，脊椎动物属于前者，而节肢动物属于后者。另一个例子是转座子。转座子（transposons）并不全是非编码序列，有的会编码转座酶（transposase），有的甚至会参与新基因的创造，但是它们的基本功能是创造所谓的生物学定义的重复序列（BDR，biologically-defined repeats），增加染色质的质量，但是对信息流的贡献却并不多。因此，重复序列属于操作流研究的范畴，尽管人们主要使用的是信息流工具。

此外，这个"五流"是否涵盖了生命科学的全部内容呢？答案是否定的。知识在不断高速积累，科学要不断发展和提高，概念和理论必须不断更新，第一步一定要走出去。生物医学最后的堡垒是要将细胞内和细胞间所有物质——无论是大分子还是小分子——的关系梳理清楚，起点是基因和基因产物（包括所有的信息流和操作流定义），终点是可界定的细胞表型或功能，中间是系统（途径、网络和调节步骤）和系统参数（定性、定量、定时、定位参数和关联系数）。因此，人们思考的方式是细分与拓展相伴随，汇聚与整合共努力，在多维度（空间与时间）、多方向（路径与目的）、多层次（整体与局部）、多功能（目标与实施）、多谱系（跨越物种和相关谱系）的框架下建立实验和数据分析平台。

1.6.3　多流生物学的应用

这里可以举几个多流生物学应用的例子。首先举两个分室流命题的例子：脊椎动物心脏的进化和早期胚胎发育。脊椎动物心脏是从鱼类简单的管状两心室结构，经过三心室的转折，到最后哺乳动物的四心室结构[22]。人们可以研究基因表达变化在这个过程中的作用，考察可能的自然选择机制。早期胚胎发育一直是生物医学研究的热点，这里有分室流的命题（一个到数千个细胞），也有操作流（比如细胞早期分化过程中的DNA甲基化作用）的命题，还有平衡流的命题（如能量来源和消耗）。

可塑流的例子也很多，如细胞应激反应和能量的管控。过去人们没有对信号传导、刺激时间、先后顺序和变化程度做精细的衡量，没有全面考虑机制问题，更多地考虑了应激对基因表达的调控。另外是生殖的（表型）可塑性问题，如低等脊椎动物（如拉马克鱼）的性别变化模式与灵长类的生殖模式（季节性和连续性）的根本差别和基因调控问题。

平衡流的例子更多些，如线粒体与细胞质之间的物质交流、钠钾盐的细胞内外平衡、细胞信号传导模式等。此外，很多生物学现象是多流命题的。比如，认知的可塑性，其物质基础是神经元的信号传递网络（平衡流）和基因表达调控网络（操作流）；又如，免疫系统本身是可塑流命题，是由细胞应激反应（可塑流）、炎症反应（可塑流和平衡流）、细胞分化（分室流）等命题组成。

1.7　生命科学和生物医学的整体观问题

基于基因结构和序列变化的基因组学研究无疑必须转入以生物学和医学核心命题

为目标的研究。基因组学技术和规模化的特征将会延续并发扬，都在不断地催生新的科研思路和新的思维境界。从"DNA 到 RNA 再到蛋白质"和各类"组学"研究，最终将汇集在一个或者数个生物学命题下（如癌症、代谢性疾病、脑发育与认知、生殖力的可塑性等），形成一种整合性、更高层次的"数据—信息—知识"消化和理解过程。20 多年前胡德博士提出的"多系统生物学"开辟了新的思维和方法，但是他并没有将其研究内容具体化、思维框架化。尽管他的思想追随者们开发了很多高通量技术，产生了很多蛋白质-蛋白质相互作用的数据、基因表达关联数据，还开发了网络分析方法等，但是一个既宽容又有序的思维框架还是呼之欲出，若隐若现。

1.7.1 生物医学的研究对象

首先，基因组学在新形势下已经完成了从基因组学（以 DNA 序列为研究主体）到基因组生物学（以生物学命题为研究主体）再到基于谱系的基因组生物学（以生物谱系如哺乳动物为研究主体）的"凤凰涅槃"。未来会有诸多物种的基因组序列在名目繁多的理由下被不断测定，数据迅速积累成为必然。比如，人类基因组在过去 500 代（假设20 年为一代人）里积累的群体多态性会在未来的 5 年内全部被找出来，这些多态性与人类疾病的关系也会在未来的 10 年里基本搞清楚，模式哺乳动物（如小鼠和大鼠）基因组的相关信息也会逐渐全部获取。又比如，DNA 测序可以用来确定 DNA 分子上的种种共价修饰，这些共价修饰可以用来评价基因表达调控机制；DNA 测序可以用来评估染色体的构象，而染色体构象与个体发育和细胞分化都密切相关；DNA 测序可以用来研究单个细胞的基因表达，而单细胞里单个基因的表达是基因功能调控的最基本信息；DNA 测序可以用来评价染色体的物理状态，如核小体的定位和组分蛋白质（如组蛋白）的共价修饰等，这些信息与基因在高层次的调控有关。可见，DNA 测序将不再停留在测定基因组本身的序列和多态性，会延伸到其他相关"组学"领域的研究。

无论如何，生命是一个整体，生命的最小单元——细胞也是一个整体，就连基因这一生命编码的最小功能单元也是由不同的序列和相互作用元件组成。因此，五流既各自可分，在分子水平研究基因与基因产物的功能；也可合，在细胞水平和个体（甚至群体）水平研究基因的相互作用和产生的结果。将不同的"流内"要素关联起来至少要考虑一些基本参数，如时、空、量、域等。"流间"要素也会有诸多的关联，有的可能会分不开，有的可能只是范围的界定。比如，通用内含子（universal introns）的大小和 GC 含量的变化在人群多态性的水平上就很难分开,大部分的插入与高 GC 含量呈现正相关[23-25]。生命科学研究的真正挑战在于如何将这些基于不同概念界定的、由不同技术和方法获取的、被不同领域科学家们收集的、停留在各个不同理论和信息层面上的知识编织成一个有机的网络或系统。而这恰恰就是生命的特点,也可以说是揭示生命本质的终极途径。生物医学研究与临床医学实践的精准度也正是由这些学科研究前沿的进步决定的。

1.7.2　生物医学研究的模式生物

回顾基因组学的研究历史,人们充分意识到模式生物研究的重要性。人类基因组计划的报告《人类基因组的物理作图与测序》(*Mapping and Sequencing the Human Genome*)最终描述了要测定酵母、线虫和果蝇等小型模式生物基因组。当然,后来也测定了小鼠、大鼠等模式哺乳动物的基因组。60 年的分子遗传学和基因组学研究告诉人们借助模式系统进行生物研究,尤其是基因功能的研究是一条很好的途径。同时,人们也意识到模式生物的选取存在很多问题,主要是它们的局限性。

首先是谱系特异性问题。人们知道脊椎动物谱系与节肢动物谱系在基因组的结构(如基因排列和基因组加倍)和细胞学机制上(如转录本剪接)上都有很多差别。因此,在精准医学框架下的生物学研究,首选是人的细胞和材料,其次是灵长类和哺乳类。灵长类模式生物尤为重要,哺乳类作为人类的某些器官和组织特征性研究模型也很重要,比如猪的皮肤(人工皮肤和再生模型)和豚鼠的眼睛(近视眼)。

其次是基因功能研究问题。基因功能研究的最佳捷径是基因敲除,利用小鼠或者斑马鱼,尤其是建立基因变异与功能模型。有时基因功能研究也可以用人类细胞,甚至低等生物模型(如酵母、线虫、果蝇等)。

还有表观(遗传)组学问题。一般说来,表观组学的研究对象大多是谱系特异,甚至是物种特异的。比如,性别决定就是趋同进化,而不是趋异进化,物种间差异很大。基因调控网络的细节也有很多种间差异,如诱导干细胞技术在小鼠和人以外的物种间差别很大,有的甚至起相反作用。

再就是疾病模型问题。难度较大的是建立人类疾病模型,尤其是代谢性疾病和免疫性疾病模型。大型哺乳动物疾病模型一般成本都比较高,小型哺乳动物会好些,但是材料少。目前使用化学诱变、敲进和敲除比较多,将来可以用 CRISPR-Cas9〔成簇的、规律间隔的短回文重复序列（clustered regulatory interspaced short palindromic repeat，CRISPR)-CRISPR 相关系统 9(CRISPR associated system9，Cas9)）系统和干细胞操作制作疾病模型，效率会更高。

1.7.3　中国生物医学的学科发展

中国科学家适时参加了人类基因组计划，并承担了 1% 的任务，后来还参加了相关的国际性基因组研究计划，比如"人类基因组单体型图计划"和"千人基因组计划"，目前在积极策划和启动中国特色的"精准医学"计划等。但是这些科学计划的参与并没有在中国科学界和社会引起足够的觉醒，大多数人并没有意识到中国为什么要参与这些国际合作计划，最应该从国际同行学习什么，现在最应该做什么。当很多人还沉醉在发表被 SCI 收录论文、文章的署名顺序、发表论文数量的排名、文章的新闻效应等的时候，人们更需要的是思考，要深刻思考：中国如何在生物医学领域占有一席之地，并且有朝一日能够引领生物医学前沿？如何迅速转化科研成果，让社会能够获得实际收益。人们需要的是科学研究的正确方向，规模化科学研究的计划性，学界、同行在科学发展方向上的共识，而不是无休止的基金申请，无规则、无标准、无常态的答辩和评审。

40 多年前，"文化大革命"结束，当时用"百废待兴"描述中国社会的需求。40 多年后，中国成为世界第二大经济体，该使用的资源都用上了，用到家了；该兑现的红利都已经兑现了，温饱似乎是解决了，但是还没有彻底消灭贫穷；科学发展了，但是中国还没有成为科学大国和强国。用"百业待改"来形容我们的处境，看起来也并不为过，经改、政改、军改、医改等，都似乎要排在科技和教育改革的前面。实际呢，只有并行的改革才是有效的，各个部门的协调改革才最有效。改革需要彻底性和决心。改革的目的是要振兴中国的科学发展，有效地解放科学的生产力。

首先要摒弃一些中国式的"恶习"，比如各种名目的评奖和排名次。大学也好，杂志也好，有些排名不仅经不起推敲，还造成很多误导。又比如扭曲的（大）同行评审体系。一般来讲，同行评议的"同行"尤为重要，指的是"小同行"（同领域，做相似工作)，而不是"大同行（同学科，但不同领域)"。还有科研经费的低份额（年度经费不够雇用一个全职人员）和单位配套问题（事业单位多拒绝出钱）。

中国的基础科学研究，尤其是生物医学的基础研究，应该早日走向正轨，成为举足轻重的一个大学科。尽管生物医学不是基础研究的所有，但的确是与社会发展最接轨的研究领域，也是与国民经济及每个公民的健康保障息息相关的。按照"人类基因组计划"开拓的"四位一体"思想，中国需要有一个与中国科学院目前规模相当，甚至更大的生物医学体系（研究院），使生命科学基础和应用研究结合，与医学院校的医学科研及教育紧密结合，与医院和患者的临床研究和应用需求接轨。

同时，还要凝练和布局以疾病和生理系统为命题的大科研项目，提高自主创新、合作创新、协同创新的能力，实现全面创新的理想。最后还要不断改革现行生物医学、临床医学和健康保障教育体系，办好有特色、有国际竞争力、有规模、以疾病为对象的临床创新中心。目前，世界银行对中国健康保障系统支出的最新估计值是每人每年 367 美元（2013 年统计）。同样的数据在发展中国家约为 1 000 美元，在发达国家为 9 000 美元。可见中国健康保障的支出潜力还是巨大的，必须要"好钢用到刀刃上"，建立强有力的研发体系，用于支撑全民健康的未来。

生物医学未来发展的基本趋势还是可以一目了然的。首先要编制生物学基础知识和临床医学实践知识的综合性知识网络，不断运用生物医学领域的科学新概念和实验、检测新技术分类和解析疾病，认识疾病的本质，研制有效药物，为全民健康保障系统提供坚实的科学和技术基础。

要实现精准医学，首先是检测技术和手段的精准。DNA 测序已经精确到单个核苷酸，因此单细胞和单分子（或超微量）技术，将会引领未来体外诊断技术的发展。DNA 测序、RNA 直接测序、蛋白质质谱、液体微流控、电荷耦合器件（the charge coupled device，CCD）摄像、超分辨技术、微纳加工等技术的国内空白和国际竞争都亟待填补和"充电"。

其次是数据的获取、挖掘和共享能力的建设。国家必须要建立安全、高效、全面、网络化的信息收集、管理、挖掘、共享的专业信息体系。未来的世界是以信息为中心的世界，是以信息的商业化为过程的世界。健康保障、科学教育、产业发展等都需要开展政府引领的专业信息化过程。尽管中国的超级计算机运算曾经可以展示为领先国际水平，但是实际的领域应用程度却远远落后于国际同行，公共数据库建设也远远落后于美国和欧洲。美国的国家生物技术信息中心（National Center for Biotechnology Information，NCBI）和欧洲的欧洲生物信息研究所（European Bioinformatics Institute，EMBL-EBI）都是有着 30 余年历史的生物信息管理研究单位，一直在共享数据，满足本地域的研究需求。我国老一代科学家、中生代科学家和新一代科学家都一直在呼吁建立国家信息体系，但是目前还没有得到回应，以至于目前还没有一个国家信息中心，数据检索仍以国外数据库为主。国际性大型文献收集和检索库（如 PubMed）都在不断扩张和更新，大型可共享 DNA 序列数据库、大型基因和蛋白质注释数据库等，在我国还大多空白。

再次是临床和病例资源的收集和信息挖掘。临床医学的大数据内容和含义都很多，其中除了复杂性和数量外，是在时间轴上的延伸，包括长时间连续积累的数据。具有接力性质的，以获取生命周期水平（数十年乃至百年）数据的大项目应该是最好的开端。最后是这些大项目的策划和实施，人们正在研讨和积累经验，只有经过缜密的思考和深入的研讨，才能启动足够规模、具有划时代科学意义的大项目，这一天一定会到来。

1.8 小结

"人类基因组计划"和"精准医学计划"与美国 20 世纪 70 年代启动的"向癌症开战"计划的根本不同在于两点。第一，这两个新的计划都是"四位一体"，既有学科和机构的建立，也有可完成的项目，更有新技术和新业态的创新。第二，在布局上实现规模化，在实施策略上走向国际化。人类基因组计划最终是以六个国家的参加成为一个划时代的国际合作楷模，并充分实现了数据有序的获取和彻底的共享。精准医学的布局与人类基因组计划相似，只是各个国家的国情、需求和医疗境况不同，不能够同步实施。但是，完全可以想象未来数据共享所产生的巨大优势和空前实效。在本书的后续章节里，我们将讨论精准医学在基因组学框架下的实施细节和技术储备。

参考文献

[1] Rettig R A. Cancer Crusade—Story of the National Cancer Act of 1971 [M]. Princeton: Princeton University Press, 1977.

[2] Tripp S G M. Gauging the economic impact of the Human Genome Project [J]. Hum Gene Ther, 2011, 22(7): 777-779.

[3] Southern E M. Detection of specific sequences among DNA fragments separated by gel-electrophoresis [J]. J Mol Biol, 1975, 98(3): 503-517.

[4] Zhou X G, Ren L F, Li Y T, et al. The next-generation sequencing technology: A technology review and future perspective [J]. Sci China Life Sci, 2010, 53(1): 44-57.

[5] Feng Y, Zhang Y, Ying C, et al. Nanopore-based fourth-generation DNA sequencing technology [J]. Genomics Proteomics Bioinformatics, 2015, 13(1): 4-16.

［6］ Delisi C. The Human Genome Project ［J］. Am Sci，1988，76（5）：488-493.

［7］ Watson J D，Crick F H C. Molecular structure of nucleic acids—a structure for deoxyribose nucleic acid ［J］. Nature，1953，171（4356）：737-738.

［8］ Dulbecco R. A turning point in cancer-research-sequencing the human genome ［J］. Science，1986，231（4742）：1055-1056.

［9］ Smith L M，Sanders J Z，Kaiser R J，et al. Fluorescence detection in automated DNA-sequence analysis ［J］. Nature，1986，321（6071）：674-679.

［10］ Olson M，Hood L，Cantor C，et al. A common language for physical mapping of the human genome ［J］. Science，1989，245（4925）：1434-1435.

［11］ Lander E S，Linton L M，Birren B，et al. Initial sequencing and analysis of the human genome ［J］. Nature，2001，409（6822）：860-921.

［12］ Collins F S，Lander E S，Rogers J，et al. Finishing the euchromatic sequence of the human genome ［J］. Nature，2004，431（7011）：931-945.

［13］ Cook-Deegan R. The Gene Wars：Science，Politics，and the Human Genome ［M］. New York City：W. W. Norton & Company，1994.

［14］ Schacht W. The bayh-dole act：selected issues in patent policy and the commercialization of technology ［R］. Washington D. C. ：CRS Report for Congress，2012.

［15］ Chen R，Shi L S，Hakenberg J，et al. Analysis of 589，306 genomes identifies individuals resilient to severe Mendelian childhood diseases ［J］. Nat Biotechnol，2016，34（5）：531-538.

［16］ 美国科学院研究理事会. 基因组科学的甲子"羽化"之路——从人类基因组测序到精准医学［M］. 于军，任鲁风，杨宇，等译. 北京：科学出版社，2016.

［17］ King M C，Wilson A C. Evolution at 2 Levels in Humans and Chimpanzees ［J］. Science，1975，188（4184）：107-116.

［18］ Stern J L，Theodorescu D，Vogelstein B，et al. Mutation of the TERT promoter，switch to active chromatin，and monoallelic TERT expression in multiple cancers ［J］. Gene Dev，2015，29（21）：2219-2224.

［19］ Yang L，Yu J. A comparative analysis of divergently-paired genes（DPGs）among Drosophila and vertebrate genomes ［J］. Bmc Evol Biol，2009，9（55）：1-19.

［20］ Cui P，Liu W，Zhao Y，et al. Comparative analyses of H3K4 and H3K27 trimethylations between the mouse cerebrum and testis ［J］. Genomics Proteomics Bioinformatics，2012，10（2）：82-93.

［21］ Cui P，Liu W，Zhao Y，et al. The association between H3K4me3 and antisense transcription ［J］. Genomics Proteomics Bioinformatics，2012，10（2）：74-81.

［22］ Victor S，Nayak V M，Rajasingh R. Evolution of the ventricles ［J］. Tex Heart I J，1999，26（3）：168-175.

［23］ Yu J，Yang Z，Kibukawa M，et al. Minimal introns are not "junky" ［J］. Genome Res，2002，12（8）：1185-1189.

［24］ Wang D P，Yu J. Both size and GC-content of minimal introns are selected in human populations ［J］. PLoS One，2011，6（3）：e17945.

［25］ Zhu J，He F H，Wang D P，et al. A novel role for minimal introns：routing mRNAs to the cytosol ［J］. PLoS One，2010，5（4）：e10144.

2 走向精准医学：DNA 测序技术的现状和未来

1865 年，Johann Mendel 通过豌豆杂交实验解释了分离定律和自由组合定律，提出生物的生殖细胞中含有控制性状发育的"因子"（factor），这类因子世代相传并具有遗传特性[1]。Mendel 的发现奠定了遗传学的基础，此后科学家们迅速开始对遗传的物质基础及遗传机制展开深入的研究。1869 年，Friedrich Miescher[2]在研究伤口脓细胞化学成分的过程中发现核素，其后 Albrecht Kossel[3]发现了核酸中的嘌呤和嘧啶。1880 年，Walther Flemming[4]在细胞核中发现染色体；20 世纪初，Phoebus Levene[5]确定以核苷酸连接为基础的核酸一级结构；Torbjörn Caspersson[6]等证明染色体含核酸和蛋白质。1902 年，Theodor Boveri[7]获得证据支持染色体为遗传的物质基础；1910 年，Thomas Morgan[8]丰富和发展了染色体的遗传学说。基于当时遗传物质的研究现状，1922 年，Hermann Muller[9]（1946 年诺贝尔生理学或医学奖获得者）对遗传分子的基本性质进行了归纳总结，并指明这一类遗传分子在遗传过程中的不确定性。著名的物理学家 Erwin Schrödinger[10]在其著作 *What is Life?* 中也对这种通过共价键存储遗传信息的不稳定晶体做出了一定的预测。

当时，虽然人们对于核酸的属性有了一定的了解和认识，但始终没有确定携带遗传信息的物质基础就是 DNA。直到 1944 年，Oswald Avery[11]通过肺炎双球菌的转化实验首次证明 DNA 是遗传信息的载体。而后在 1952 年，Alfred Hershey[12]和 Martha Chase[13]用放射性同位素示踪原子技术，通过噬菌体侵染细菌的著名实验才最终确定基因的本质是 DNA 而不是蛋白质。此后，DNA 是遗传的物质基础这一概念进一步刺激科学家对其结构及机制开展深入研究。1952 年，Rosalind Franklin[14]利用 X 射线拍摄了第一张 DNA 晶体的衍射照片。1953 年，James Watson[15]和 Francis Crick[16]受到 Franklin 实验数据的启发,推断出 DNA 的双螺旋结构,并因此获得诺贝尔生理学或医学奖。DNA 的双螺旋结构直接确定了核酸作为遗传信息的结构基础,从而开创了分子生物学时代。

DNA 蕴含了整个生物体的遗传信息,快速和准确地获取生物体遗传信息对于生命科学研究具有深远的意义。DNA 测序技术能够真实地反映基因组上的遗传信息,进而较为全面地揭示基因组的复杂性和多样性。近年,随着民众对自身健康关注度的增加,基因测序更是逐渐从实验室走入临床,苹果公司创始人之一史蒂夫·乔布斯和影星安吉丽娜·朱莉都曾采用基因测序方法希望抵御癌症的侵袭。DNA 测序在临床诊断和医学研究中的应用逐渐受到重视,成为全球科学界的热门话题。

2.1　第一代 DNA 测序技术

DNA 测序技术引人瞩目的进展超越了人类的任何预言。1965 年,Robert Holley 利用 RNA 序列测定技术,完成了酵母丙氨酰-tRNA 的 76 个核苷酸序列的测定[17]。1971 年,吴瑞博士通过引物-延伸的测序策略,成功地测定了含有 12 个核苷酸长度 λ 噬菌体黏性末端的 DNA 序列[18]。然而,通过小片段重叠法测序方法获得的大多是短序列(小于 600 个核苷酸),且会产生大量的测序空白区,无法提供足够的生物学信息。要实现大片段 DNA 克隆的完整测序工作,需先将此 DNA 片段亚克隆到更小、更容易管理的载体上。通过随机测序片段,然后对特定的亚克隆进行定向测序将片段定位到具体的空白区域,并对不同亚克隆的重叠区域进行重复测序以得到准确的测序结果,最后通过 DNA 双链的测序验证结果的准确性,从而实现包含众多重复序列的大型 DNA 片段测序。亚克隆方法的日渐成熟激发了 DNA 大片段测序的可能,第一代 DNA 测序技术登上历史舞台。

2.1.1　化学降解法

化学降解法又称为 Maxam-Gilbert 化学降解法[19],由哈佛大学的 Allan Maxam 和 Walter Gilbert 发明。在该方法中,5′端磷酸基被放射标记的 DNA 分子通过一系列处理生成长度不同、含有放射性标记的 DNA 分子片段。通过聚丙烯酰胺凝胶电泳分离这些以特定碱基结尾的片段,再使用放射自显影方法检测各片段末端碱基,得出待测 DNA 的碱基序列。其测序原理如图 2-1 所示。

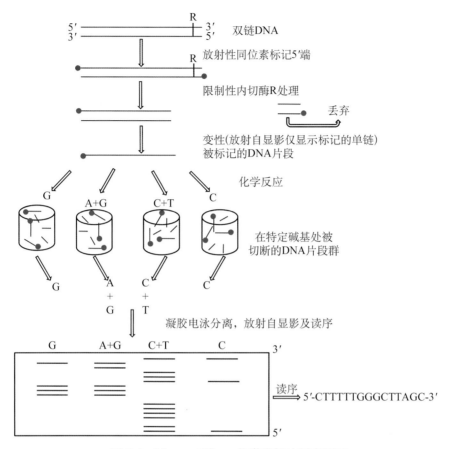

图 2-1　Maxam-Gilbert 化学降解法测序原理

　　化学降解法可以对没有经过复制的 DNA 片段进行测序，尤其适用于那些含甲基腺嘌呤(mA)或 G、C 序列较多的 DNA 片段。因准确性较好，易为普通研究人员所掌握，化学降解法被大范围地运用。随着技术的发展，由于双脱氧链终止法测序操作相对简便、快速，逐渐取代了化学降解法。

2.1.2　双脱氧链终止法

　　双脱氧链终止法是由剑桥大学医学研究中心的 Frederick Sanger 课题组开发的一种酶测序方法，又称为 Sanger 法[20]。该方法成功地引入双脱氧核苷三磷酸(ddNTP)，由于没有 $3'$-OH，可以导致 DNA 聚合反应的终止，再通过在单脱氧核苷三磷酸进行放射性[32]P 标记。反应终止后，分 4 个泳道进行电泳。由于每一反应管中只加入一种 ddNTP(如 ddATP)，所以该管中各种长度的 DNA 片段都终止于该种碱基(如 A)处，所以凝胶电泳中每个泳道不同条带 DNA 的 3′ 端均为同一种双脱氧碱基。根据凝胶电泳之后，所有 DNA 小片段的位置，可以最终读取出所测量 DNA 片段的碱基序列。双脱氧链终止法测序原理如图 2-2 所示。

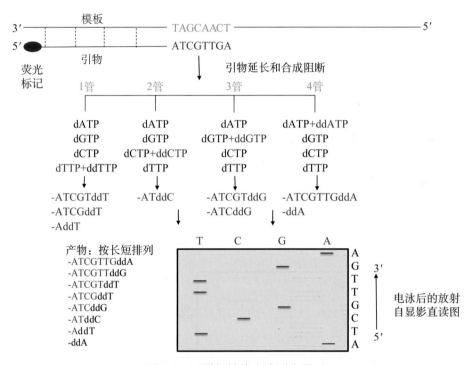

图 2-2　双脱氧链终止法测序原理

双脱氧链终止法操作简便，重复数据少，在分子生物学研究上发挥过重要的作用，现在也依然是 DNA 测序的主流方法。后来在此基础上发展出多种 DNA 测序技术，其中最重要的就是荧光自动测序技术。

2.1.3　荧光自动测序技术

1985 年，Lloyd Smith 等提出通过荧光标记替代同位素标记，发展了荧光自动测序技术[21-23]。以不同颜色的荧光基团标记 4 种双脱氧核苷酸，这些荧光基团可以被激光激发发光，这样可以在一个反应管中同时进行 4 个末端的终止反应，然后进行电泳分离，通过图像分析就可以得到所测 DNA 片段的序列信息[21]。这种测序方法将测序速度提高到 8 000 bp/h，比常规电泳的测序速度提高了 9 倍，从而显著提高了 DNA 测序的速度和准确性。

James 和 Kryn 联合提出将毛细管电泳技术和荧光标记技术相结合进行测序的思想[22]。1992 年，Richard Mathies 实现了阵列化毛细管电泳技术（capillary array electrophoresis）。这种技术可以同时对 25 支毛细管并列进行电泳分析检测，单个毛细管每 3 个小时可以实现 DNA 信息读出 700 bp，分析效率达 6 000 bp/h。1995 年，Adam Wooley 研究组将四色荧光标记联用阵列毛细管电泳技术运用在 DNA 测序上，并将毛细管长度调整至 3.5 cm，该技术能够在 9 min 内读取 150 bp，并将准确率提升到 97%[23]。

利用毛细管电泳和荧光标记技术，应用生物系统公司（Applied Biosystems，ABI）推出了第一款半自动 DNA 测序仪——ABI 3730。在随后的 20 年中，该测序仪的性能得到极大的提升。ABI 3730 XL 测序仪的毛细管数量达到 96 个，不同的荧光基团标记在不同的碱基上，可以产生不同的荧光信号，通过 CCD 可以直接得到待测 DNA 的序列信息。ABI 3730 测序仪对完成人类基因组计划起到非常关键的作用，由于其读长长和原始数据质量高的特点，目前很多领域都还在使用。

2.1.4 杂交测序技术

杂交法测序（sequencing by hybridization，SBH）是 20 世纪 80 年代末出现的一种测序方法[24]，它主要是利用 DNA 杂交原理。首先，将已知 DNA 序列信息的 DNA 片段固定在基底上；然后，通过不同 DNA 片段与模板进行杂交，这样就可以得到待测 DNA 片段的序列信息。杂交测序检测速度快，通过采用标准化的高密度寡核苷酸芯片能够大幅度降低检测的成本，初步实现了高通量测序，但这个方法存在比较大的实验误差，而且在实验重复性上存在较大争议。

第一代测序技术在历史舞台上最大的贡献，在于完成第一份人类基因组序列草图的绘制，标志着人类基因组计划的完成。该计划由美国科学家于 1985 年率先提出，在 1990 年正式启动。美国、英国、法国、德国、日本和中国的科学家共同参与了这一预算达 30 亿美元的国际合作项目。作为生命科学的"登月计划"，人类基因组计划与曼哈顿原子弹计划、阿波罗计划并称为三大科学计划。2000 年 6 月 26 日，参加人类基因组计划的 6 国科学家共同宣布成功完成了人类基因组草图的绘制。通过人类基因组计划，人类对自身遗传信息的了解和掌握有了前所未有的进步。可以预测，在完成第一个人类基因组测序之后，必然会出现对各人种、群体进行再测序和精细基因分型的热潮。随着将来对基因组的深入了解,新的知识会使医学和生物技术的发展更为迅速。

2.2 第二代 DNA 测序技术

随着人类基因组计划的完成,基因组学研究进入了后基因组时代。后基因组时代也称为功能基因组时代,这一时期不断涌现的新型分子生物学技术极大地促进了分子生物学的发展。随之而来的对基因变异、RNA 表达、蛋白质和 DNA 的相互作用及对染色体构象等生物学的探索刺激科学家去求证更为详细的 DNA 信息。然而,传统测序方法由于在读长和效率上的限制,无法满足深度测序和重复测序等大规模基因组测序的需求,促使第二代 DNA 测序技术应运而生。第二代测序技术又被称为新一代测序技术,其核心思想是边合成边测序(sequencing by synthesis),即通过聚合酶或连接酶不断地延伸引物而获得模板序列,最后对每一轮反应的结果进行荧光图像采集,分析,获得序列结果。

具有代表性的第二代测序技术测序仪产品包括美国 Roche Applied Science 公司的 454 基因组测序仪、美国 Illumina 和 Solexa 公司合作开发的 Genome Analyzer 及美国应用生物系统公司研制的 SOLID 测序仪。这些测序仪都使用了循环芯片测序法(cyclic array sequencing)这一测序策略,通过在高密度的芯片上进行重复的 DNA 聚合酶反应和荧光读取,获得待测 DNA 的序列信息。

高通量是第二代测序技术最显著的特点,所以它能够对几百万条 DNA 分子片段序列进行读取,从而对一个物种的整个基因组进行测序。第二代测序技术测序方法的基本流程如下。首先,在待测 DNA 片段两端连接上接头。其次,通过扩增方法得到几百万个固定的模板,使得随后进行的引物杂交和酶延伸反应均能大规模平行进行。对每个延伸反应的荧光标记进行成像检测,并获得所要测量碱基的信息。最后,循环进行 DNA 聚合反应和成像检测,并最终获得待测 DNA 片段序列信息。

2.2.1 454 测序技术

454 测序仪采用的是焦磷酸测序法(pyrosequencing)[25]。其实早在 20 世纪 90 年代中期,焦磷酸测序技术就已被用于在微量滴定板(microtiter plate)上进行基因分型的工作。由于该技术在初期时受读长限制,只能应用于基因分型方面的研究。而且焦磷酸测序只能简单地对已知位点的碱基进行检测,所以也无法实现从头测序工作,因为从头测序需要对每一个尤其是第一个碱基都能准确地区分清楚，而且从头测序所要求的测序长度也远超焦磷酸测序的能力范围。

如图 2-3 所示，焦磷酸测序是通过检测单个碱基加入待测单链 DNA 模板时释放的焦磷酸（PPi）经过系列化学反应发出的荧光进行测序的。换一种说法，焦磷酸测序仪可以舍弃传统测序仪的电泳设备，能够缩小（减）到只需要检测光源就足以实现其功能。因为发光检测方法支持多路平行操作，所以可以将要测量的 DNA 模板及相关反应试剂固定，做成小型化的芯片，就可以获得能实现多路并行处理的"小型"测序仪。

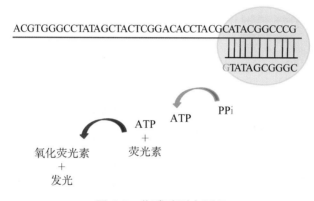

图 2-3　焦磷酸测序原理

图中红色 DNA 代表单链模板，黑色 DNA 片段表示引物，绿色椭圆形表示 DNA 聚合酶。比如图中蓝色的 G，加入到 DNA 模板上，PPi 就会释放出来。在蓝色箭头焦磷酸酶的作用下 PPi 转化为 ATP。在红色箭头萤光素酶的作用下，将萤光素转化为氧化萤光素，并发出荧光

454 测序仪正是采用这种模式，测序模板准备和焦磷酸测序反应步骤都是在固态芯片上完成。每一个芯片上含有几百万个尺度在微米量级的小孔，每一个小孔的反应都是单独进行的，相互独立，互不干扰，反应的过程通过 CCD 记录下来（见图 2-4）。454 独特的芯片结构如同集成电路一样可以同时处理数百万个测序反应。此外，454 测序仪的另一个变革体现在试剂的使用方法上。通过对单个固相支持物进行包裹（隔离）的方式实现借助微量滴定板上的独立小孔进行隔离测序这一目的。在每一个单独封闭的反应系统中，通过精确调节反应试剂和产物扩散等参数，可以有效控制聚合反应速度和发光速度。为了有效地使反应试剂进入每一个单独的反应体系，并洗掉多余的反应试剂，454 使用了芯片表面层流的方式添加反应试剂。

2005 年，454 生命科学公司使用第二代测序平台 Genome Sequencer 20 测定了支原体 *Mycoplasma genitalium* 的基因组。2007 年，该公司花费大约 100 万美元，完成沃森

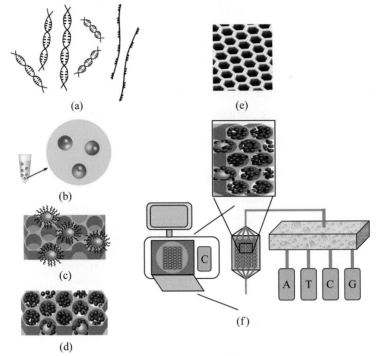

图 2-4 454 测序技术概况

(a)将分离的基因组 DNA 切割成小片段,并在每个片段两端添加接头序列,然后变性形成单链;(b)在每一个微珠上连接一个(a)中的单链 DNA 分子,并将连接 DNA 分子的微珠在乳液中包裹成油包水的小液滴,一个液滴中仅有一个微珠小球,然后通过乳液 PCR 扩增,使得微珠带有大量待测的 DNA 模板分子;(c)破坏反应后的液滴,然后将收集的微珠摆放在芯片的小孔内;(d)将含有反应所需酶的小微珠放在小孔内;(e)芯片小孔的 SEM 图像;(f)454 测序仪系统结构示意图,主要包括反应试剂、反应池、成像系统和计算机控制系统

(James Watson)的个人基因组测序并公布了序列。454 测序仪的先行者地位使它成为整个第二代测序技术中的领军人物。这一时期,大部分人类遗传学、代谢组学、生态学、进化学及古生物学的科学研究都是使用 454 测序仪开展的。

2.2.2 Solexa 测序技术

剑桥大学的 Solexa 公司发明了 Solexa 测序技术[26]。在 2007 年 Illumina 公司以 6 亿美元的价格收购 Solexa 测序技术,该技术是当时性价比最高、应用最广泛的测序技术。Solexa 的测序原理也是基于边合成边测序技术,核心技术包括 DNA 簇(DNA cluster)和可逆性末端终结(reversible terminator)。测序的基本流程包括以下阶段:①提取待测物的基因组,打断成 100～200 bp 的 DNA 片段,并在末端加上接头,从而构建成所需要的测序文库;②将解链后的单链 DNA 片段两端分别固定于芯片上,形成桥状结构,进行桥式 PCR 扩增。Solexa 测序技术原理如图 2-5 所示。

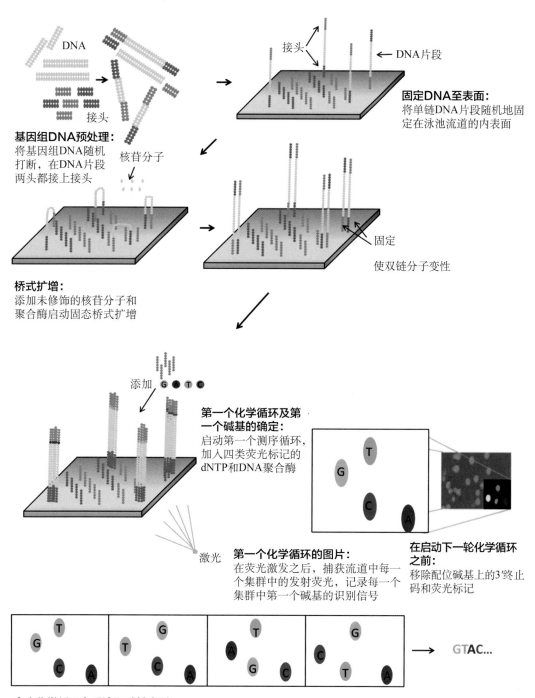

DNA

基因组DNA预处理：
将基因组DNA随机打断，在DNA片段两头都接上接头

接头

核苷分子

桥式扩增：
添加未修饰的核苷分子和聚合酶启动固态桥式扩增

接头 ← DNA片段

固定DNA至表面：
将单链DNA片段随机地固定在泳池流道的内表面

固定

使双链分子变性

添加 G C T C

第一个化学循环及第一个碱基的确定：
启动第一个测序循环，加入四类荧光标记的dNTP和DNA聚合酶

激光

第一个化学循环的图片：
在荧光激发之后，捕获流道中每一个集群中的发射荧光，记录每一个集群中第一个碱基的识别信号

在启动下一轮化学循环之前：
移除配位碱基上的3'终止码和荧光标记

GTAC...

多次化学循环之后读取碱基序列：
重复测序循环从而以单次单碱基的方式判断待测片段的碱基序列

图 2-5 Solexa 测序原理

基于 Solexa 测序技术的第二代分析系统 Genome AnalyzerIIx,在当时是应用比较广泛的一代测序系统,在操作便捷度、读长读取、通量和数据准确性上都有较大的优势。具体参数如下:测序读长为 75×2 bp,运行数据量达 $14 \sim 18$ GB/次。在 $100 \times$ 覆盖的情况下,对于 $4 \sim 5$ Mb 的基因组,该测序系统可确保每个基因组测序量达到 400 Mb。由于其可以同时完成基因组学和功能基因组学研究,满足了当时遗传分析和功能基因组等研究的需要。

2.2.3 SOLiD 测序技术

SOLiD 测序技术是美国应用生物系统公司在 2007 年推出的新一代测序平台[27]。SOLiD 全称为 Sequencing by Oligonucleotide Ligation and Detection,拥有第二代测序系统中的最高通量。SOLiD 测序技术的独特之处是在边合成边测序过程中引入四种不同荧光标记的寡核苷酸,反应过程中没有 PCR 反应,能够实现对待测的单拷贝 DNA 片段进行规模化、高通量并行测序。

该系统的测序反应在 SOLiD 玻片表面进行。首先,需要在 SOLiD 玻片表面以共价键的方式将含有 DNA 模板的磁珠固定下来。然后,在连接反应中,将 8 碱基单链荧光探针混合物与单链 DNA 模板进行配对。根据“双碱基编码矩阵”规定,将编码区的 16 种碱基对和 4 个不同探针颜色的关系分别对应起来。根据一定的编码规则通过不同的颜色得到对应的序列信息。SOLiD3 系统在当时具有非常大的进步,其单次运行就可以产生约 50 GB 的数据,可以覆盖人类基因组约 17 倍。而且该系统在准确性、可靠性及扩展性方面都具有较大的优势。

总体而言,第二代测序技术相比于第一代测序技术的整体优势在于通量高、耗资少。但需要指明的是,不同原理的测序产品各有所长。如 SOLiD 4 每次运行产生 300 GB 可定位的序列数据,每个碱基需要测序 2 次,所以带来了 99.99% 的准确率;在新一代测序技术中 454 的读长仍最具优势,目前已增至 400 bp 以上;Solexa 较 454 具有读长相对较短、通量高、成本低的特点,适合于微 RNA(microRNA)、转录组等小片段核苷酸的测序。我国在测序仪器开发方面起步较晚,目前为止较为成熟的是中国科学院北京基因组研究所和吉林中科紫鑫科技有限公司共同开发的 BIGIS 测序仪。BIGIS 测序仪在成本和读长上都具有很大的优势。该设备成本低于同类进口设备的一半以上,测序读长也可以达到 1 000 bp,对于序列分析的原始准确率为 99%,通过校正后计算准确率可以达到 99.9%。

2.3 第三代 DNA 测序技术

第三代 DNA 测序技术主要采用单分子技术，不需要进行额外的 PCR 扩增。第三代 DNA 测序技术主要包括 Heliscope Genetic Analysis System 的单分子荧光测序技术、基于波导的 SMRT 技术（Pacific Biosciences）和生物纳米孔单分子技术（Oxford Nanopore Technologies）[24]。其中 Oxford Nanopore Technologies 公司的生物纳米孔单分子技术的测序原理是基于碱基通过纳米孔时所产生的离子电流信号不同进行序列检测。

2.3.1 Helicos 单分子测序技术

HeliScope 测序仪是由 Helicos 公司设计开发的[28]，是市场上最早出现的单分子测序仪。但是，HeliScope 实际上也是一种循环芯片测序设备，同样基于边合成边测序的思想。HeliScope 测序仪的最大特点是无须对测序模板进行扩增，而是通过采用一项全内反射显微镜技术（total internal reflection microscopy，TIRM），实时记录单个碱基添加到模板上时产生的荧光信号。先通过 poly(T) 和 poly(A) 杂交，将切割成无数个随机小片段的 DNA 分子，固定在基底上。之后，将基因组 DNA 切割成随机的小片段 DNA 分子，并用末端转移酶在 3′ 末端加上 poly(A)。然后通过 poly(A) 尾和固定在芯片上的 poly(T) 杂交，将待测模板固定到芯片上，制成测序芯片。其后，利用聚合反应将单个核苷酸引入反应的模板上（见图 2-6），通过反应过程中的荧光信号判断添加上去的碱基类型。最后，通过重复的单个核苷酸反应，就可以获得整个待测 DNA 的序列信息，其读长可以达到 25 bp 或更长一些。

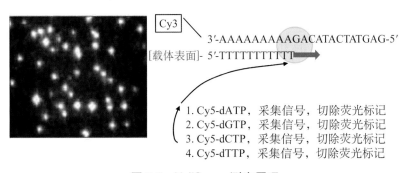

图 2-6　HeliScope 测序原理

HeliScope 虽然实现了单分子 DNA 和诚信好的检测和记录,但其准确度远低于第二代测序仪对扩增后的 DNA 簇合成反应的检测。较弱的检测能力导致 HeliScope 极易发生缺失的检测错误,加之对同核苷酸重复序列检测敏感性不佳,HeliScope 依然无法彻底取代相对成熟的第二代测序技术。

2.3.2　Pacific Biosciences 单分子测序技术

Pacific Biosciences 公司主要还是基于零模波导单分子实时测序技术(single molecule real time,SMRT)进行 DNA 序列测定的[29]。SMRT 芯片基于零模波导(zero-mode waveguide,ZMW)的纳米金属薄膜结构实时检测 DNA 的合成。

在 2003 年,Levene[30]等首先设计出这种 ZMW 结构并且证明这种结构可以简单高效地在微摩尔级浓度和毫秒级时间的精度范围内对单分子动力学进行研究,并成功地利用这种 ZMW 结构观察了 DNA 聚合酶的活动。2009 年,来自 Pacific Biosciences 公司的 Eid 等设计出了一种通过运用 ZMW 结构观察 DNA 聚合酶不间断使用带荧光标记的 4 种脱氧核糖核苷三磷酸(dNTP)合成 DNA 过程的单分子实时测序技术。通过运用 ZMW 结构,这种测序技术可同时观察上千个单分子测序反应。并且,这种技术的准确度可达到 99.3%,还可排除除了自荧光误差之外的其他系统错误。

之后,Pacific Biosciences 公司在 2011 年发布了 SMRT 测序技术的第一个商业化版本。这个版本测序仪器的读取长度大约在 1 100 bp。为了提高测序技术的效率,Pacific Biosciences 公司继续研究如何提高测序读长,并在 2012 年初发布测序读长能够达到 2 500~2 900 bp 的新测序工具。随后,在 2012 年末发布的 XL 测序工具测序读长提高到约 4 300 bp。2013 年发布的 P4 测序工具测序读长可以达到 7 000 bp 左右[10]。当然,测序技术的效率也受到 SMRT 芯片内 ZMW 孔数量的影响。为此,Pacific Biosciences 公司的 SMRT 测序技术从最初测试模型的每个芯片 3 000 个 ZMW 孔提高到 2015 年 Sequel System 的 100 万个 ZMW 孔。

如图 2-7 所示,用于测序的 SMRT 芯片内的 ZMW 结构中每一个 ZMW 孔的底部都有一个 DNA 聚合酶和一个作为合成模板的待测 DNA 序列。用于 DNA 合成的每一种 dNTP 的磷酸基团都标记了一种独特的发光染料。由于每种碱基所携带的荧光基团不同,在外部激光激发下就会发出不同的荧光信号,从而可以判断出碱基的种类。通过聚合酶反应就可以将这些游离的单个 dNTP 合成到待测的 DNA 模板上,与此同时碱基

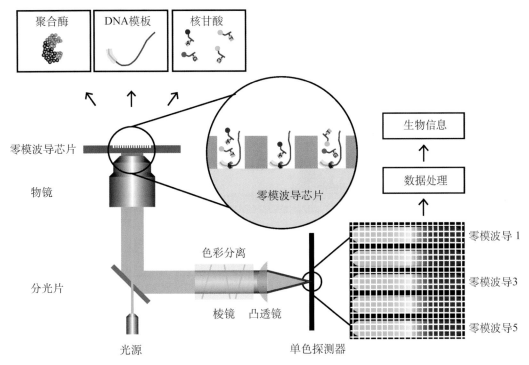

图 2-7 Pacific Biosciences 单分子测序技术测序原理

所携带的荧光基团就会脱离碱基，通过重复不断的实验，就可以得到待测 DNA 模板的序列信息。

2.3.3 牛津生物纳米孔测序技术

在 20 世纪 70 年代初期，离子通道电物理学家们成功实现了对人工合成的平面磷脂双分子层中蛋白质离子通道的监测。这项发明推动了纳米孔生物物理学的建立并且让科学家们意识到纳米孔基因测序技术的巨大潜力。之后，科学家们开始对纳米孔展开大量的基础研究。这些基础研究可以大致分为两部分：不同纳米孔中的离子运输和影响离子运输的因子，以及纳米孔中生物分子的行为研究[31-33]。

第一部分关于不同纳米孔中的离子运输和影响离子运输的因子的研究主要包括不同纳米孔中离子运输的电信号和噪声的研究、纳米孔的精度对电信号的影响、生物分子在纳米孔中被抓取时对电信号的影响和纳米孔中生物分子运输动态对电信号的影响。大量实验证明，当分析物通过纳米孔会影响纳米孔的导电性并造成电流的变化从而产生相应的电信号（见图 2-8）；且科学家发现不同的分析物通过纳米孔产生的电信号都不同。因此,通过分析电流受影响的时间长度、受影响的幅度和其他电流变化的特征(如电流噪声的提高),就可以获取关于分析物的信息。例如,分析物的浓度就可以通过分析电信号发生的频率获得。这种关于电信号的测量技术有一个显而易见的优点就是简单,相关分析物的识别只需要一个测量元素就可以达到。这一点也是纳米孔基因测序所必需的。

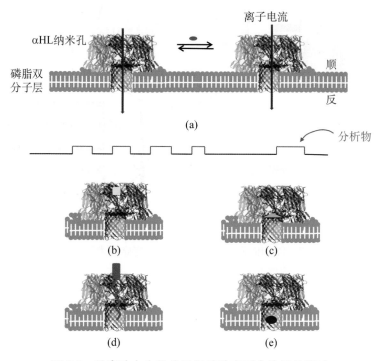

图 2-8 纳米孔中生物分子运输动态对电信号的影响

第二部分关于纳米孔中生物分子的行为研究主要包括单链核酸进入 α-溶血素方向的研究,纳米孔对核酸聚合物(nucleic acid polymers)区分的研究,致力于复式解离双链DNA 的研究,在溶液中探测分子间反应和动态的研究,探测内部核酸结构和修饰碱基的研究,针对生物分子传感和传输的选择性工程纳米孔的研究。通过这些研究,科学家发现通过生物纳米孔的只会是单链 DNA 而不会是双链 DNA。并且,单链 DNA 进入纳米孔的方向(5′或 3′端)也是可以确定的。值得注意的是,这些研究表明单链 DNA 会很快通过纳米孔(单链 DNA 中每个核苷酸通过纳米孔的时间在 1~10 μs),这对高通量测序来说是有益的。

牛津纳米孔技术(Oxford Nanopore Technologies,ONT)公司开发出一种纳米孔单分子测序技术并且已经开始在部分实验室进行试用。ONT 所采用的纳米孔单分子技术是基于电信号测序的技术，将 α-溶血素纳米孔放置在脂质双分子层中并实时监测给定电压下通过纳米孔的离子电流。双链 DNA 会在核酸外切酶的作用下解离成单链 DNA 并进入纳米孔（见图 2-9）。在纳米孔上放置的链霉抗生物素蛋白（streptavidin）可以通过与单链 DNA 的碱基共价结合捕获待测的 DNA 从而实现读取不同单碱基的信息。由于碱基会影响流过纳米孔的离子电流强度并因此产生相应的电信号，通过分析电信号的特征就可以对四种碱基进行区分。

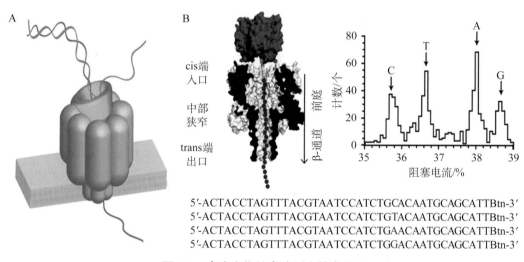

5′-ACTACCTAGTTTACGTAATCCATCTGCACAATGCAGCATTBtn-3′
5′-ACTACCTAGTTTACGTAATCCATCTGTACAATGCAGCATTBtn-3′
5′-ACTACCTAGTTTACGTAATCCATCTGAACAATGCAGCATTBtn-3′
5′-ACTACCTAGTTTACGTAATCCATCTGGACAATGCAGCATTBtn-3′

图 2-9　牛津生物纳米孔测序技术原理

纳米孔单分子测序技术中存在较为关键的两项技术。一是精确可靠的外切酶固定方式，确保被切除的核苷酸能够严格、单一地落入并通过纳米孔。二是 DNA 中 4 种碱基的识别和区分。Ashkenasy 等证实 α-溶血素纳米孔能够对固定 DNA 链段里的 4 种碱基进行鉴别（discrimination）。2006 年，在非 DNA 链段里成功地区分鉴定 4 种碱基为纳米孔技术提供了巨大的动力。很快，Bayley 课题组和 Schmidt 课题组成功地识别出固定在链霉抗生物素蛋白上的单链 DNA 中的 4 种碱基。研究也发现现有的纳米孔不能够生成简单的一个碱基一个电流的输出信号。简单来说，生成的信号不仅仅属于一个碱基密码而且还包含了其他碱基密码的信息。所以具体的测序结果需要更加复杂的解密方法。

此外，要实现对碱基序列的精确读取还需要单链 DNA 通过纳米孔的速度达到测量精度的要求。Ghadiri 课题组使用 DNA 聚合酶成功完成以单个碱基的模式解离（base-by-base ratcheting）DNA。这项研究也在 2010 年由 Akeson 课题组和 Ghadiri 课题组完成优化。通过使用核酸外切酶控制双链 DNA 的移动，免除科学家控制单链 DNA 的麻烦。通过施加电压，在纳米孔内的单链 DNA 部分会在其自身构象的灵活性范围内被拉直。而双链 DNA 部分会在酶的作用下以毫秒级的速度解离并使单链 DNA 部分持续进入纳米孔，因此碱基分析的精度能够得到相应的保证。

毋庸置疑，纳米孔单分子测序技术是可行的，但要将其商业化还需要对这项技术进行并行化以达到一个有竞争力的测序高通量。因为一个纳米孔如果以 10 ms/bp 的速度工作的话，完成一个人类基因组测序需要 20 年。所以达到系统并行化是纳米孔技术商业推广的前提。牛津纳米孔技术公司开发出的 MinION 仪器使用了一个包含 2 000 个活跃高分子的芯片。这个芯片中使用了一种微孔膜结构代替脂质双分子层，并且 37% 的膜结构中都含有纳米孔。因此这项技术可以使几百个纳米孔同时工作以达到高效的测序。2014 年 6 月 11 日，伯明翰大学的 Loman 课题组公开了第一份 MinION 数据，其中分享了从铜绿假单胞菌 910 菌株（*Pseudomonas aeruginosa*，strain 910）中识别出的 8 476 个碱基数据（见图 2-10）。最近，Loman 课题组又展示了由 MinION 一次

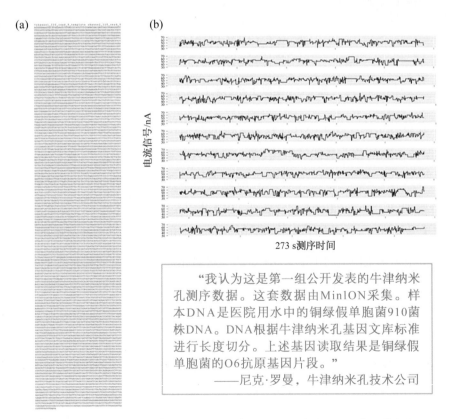

(a)　　　　(b)

电流信号/nA

273 s测序时间

"我认为这是第一组公开发表的牛津纳米孔测序数据。这套数据由MinION采集。样本DNA是医院用水中的铜绿假单胞菌910菌株DNA。DNA根据牛津纳米孔基因文库标准进行长度切分。上述基因读取结果是铜绿假单胞菌的O6抗原基因片段。"

——尼克·罗曼，牛津纳米孔技术公司

图 2-10　MinION 从铜绿假单胞菌 910 菌株中识别出的 8 476 个碱基数据

读取出的整个大肠杆菌(*Escherichia coli*)基因组数据。

第三代测序技术相比于第二代测序技术，无论是在读长、通量还是试剂成本上都有显著的优势；唯一不足体现在测序的错误率要比第二代测序技术略高，但这一负面影响随着科学技术的进步可以逐步消除。不难预见，第三代测序技术带来的高通量分析技术会在未来生物学领域的各项研究中得到更为普遍的运用。

2.4　第四代 DNA 测序技术

虽然第三代测序技术已从研发走向了应用，但其测序通量和成本依然与 100 美元测一个人基因组的宏伟目标存在很大距离。提高测序的通量、降低测序的成本依然是技术研发人员不懈的追求，第四代测序技术即固态纳米孔测序技术的研究应运而生。

2.4.1　可能利用的测序原理

作为单分子测序技术，生物纳米孔在稳定性、电流噪声等方面的缺陷一定程度上限制了其发展。相比于生物纳米孔，固态纳米孔测序在稳定性、电流噪声、工艺集成方面有着显著的优势，因而被认为是最具前景的 DNA 测序技术[34]。固态纳米孔主要是以氮化硅、二氧化硅以及新型二维石墨烯、二硫化钼等材料为基础，利用电子束、聚焦氦离子束等在薄膜表面制作出纳米尺度的孔洞，再进一步对孔的形状和大小进行修饰而成。固态纳米孔测序原理与生物纳米孔相似，以电阻脉冲技术为原型，纳米孔测序法通过在一定电压下检测分析物通过纳米孔时产生的电流变化判断分析物的结构特性。固体薄膜可以起到很好的绝缘作用，可以将密封容器里的电解质溶液分隔成两部分，仅通过镶嵌在薄膜上的纳米孔将薄膜两边的电解质溶液连接起来。在一定电压下，DNA 通过纳米孔时，C、A、T、G 四种碱基化学性质的差异会使得它们引发不同的电学参数变化。通过收集 DNA 过孔期间的离子电流信号则可以判断不同时刻过孔碱基的类型，从而推断出该 DNA 分子的序列。

常用的利用电学信号实现纳米孔技术对 DNA 序列进行检测的方法有 3 种。第1 种方法是离子电流检测法。当 DNA 等分子在电压作用下单向通过纳米孔时，会阻塞部分纳米孔，这时电解质溶液中的离子通量降低，离子电流减弱，因此可以根据离子电流的大小检测 DNA。第 2 种方法是隧道电流检测法。对于传统的纳米孔，离子电流法不能直接检测 DNA 上单个碱基的信息,所以可以在固态纳米孔上嵌入电极并施加电压,根据检测到的隧道电流识别单个碱基。第 3 种方法是电容检测法,即通过碱基经过纳米孔时引起的纳米电容的电荷量变化进行 DNA 测序。此类应用在国际上取得了一定的进展,如 Cees Dekker 等利用光学钳子控制 DNA 进入纳米孔和在纳米孔内的移动;Xinsheng Sean Ling 使用磁学镊子控制 DNA 在纳米孔内的运动。与生物纳米孔类似的是,固态纳米孔也需要解决 DNA 过孔速率太快导致信号难以分析的困扰。

2.4.2 固态纳米孔加工工艺

随着半导体工业技术的飞速发展,固态纳米孔逐渐展露出其在 DNA 测序领域的巨大优势[35]。固态纳米孔的基底材料主要有氮化硅、二氧化硅以及新型二维石墨烯、二硫化钼等,其制作方法一般通过电子束刻蚀和击穿电压打孔两种方式,利用离子束或者电子束在薄膜材料上制备出纳米尺度的空洞,再进一步对孔的形状和大小进行修饰。虽然纳米孔结构简单,但要实现纳米孔直径大小的精度控制,并实现高重复性、规模化制造的要求,是学术界和企业界都在迫切寻找的答案。对于高校研究所的基础前沿探索研究来说,利用透射电子显微技术(TEM),氦离子束显微技术(HIM)等前沿技术可以实现灵活多样的实验需求。在 2001 年,Jene Golovchenko 课题组利用 3 KeV 的氩离子束和氩修饰在氮化硅薄膜上制作出第一个直径为 1.8 nm 的纳米孔。2003 年,Cees Dekker 研究组利用透射电子显微镜在 SiO_2 薄膜上制作出了直径为 2 nm 的固态纳米孔。Gregory Timp 和 Cees Dekker 几乎同时提出利用透射电子显微镜在氮化硅和二氧化硅薄膜上制作纳米孔的方法。中科院物理所陆兴华小组和王鹏业课题组也对利用聚焦离子束制备基于氮化硼薄膜的纳米孔进行了研究。然而对于未来的市场化工业化应用而言,固态纳米孔加工工艺需要和大规模 CMOS 半导体生产技术相兼容,从而降低生产成本。中国科学院重庆绿色智能技术研究院王德强研究员所在的课题组率先制作出与 CMOS 工艺相兼容的多层纳米孔结构-DNA 晶体管,并在 8 in* 的半导体生产线上流片成功,纳米孔的直径控制在(18±2)nm(见图 2-11)。值得一提的是,由于纳米孔形成在几十纳米的绝缘薄膜上面,薄膜的寄生电容将会严重影响 DNA 通过纳米孔的相应速度,降低纳米孔的检测灵敏度,王德强课题组利用电学模型对单层和多层的纳米孔结构

---

  * in,英寸,长度的非法定单位,1 in=2.54 cm。

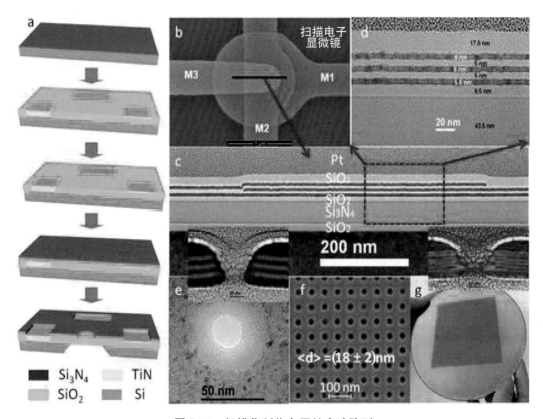

图 2-11 规模化制作多层纳米孔阵列

(a)工艺流程图；(b)含有 3 个金属电极的扫描电子显微镜俯视图；(c)和(d)透射电子显微镜的截面图，沿着图(b)中的黑线部分；(e)单个纳米孔的透射电子显微镜俯视图和截面图；(f)纳米孔阵列的扫描电子显微镜照片，纳米孔的直径为(18±2)nm；(g)在工艺线上制作的含有纳米孔阵列的 8 in 硅片照片

进行了不同频率的噪声测量，提取纳米孔的特性参数，提出了优化的模型结构，并进行了实验制作和验证。纳米孔制备技术的长足发展使得在不同材料上制备各种尺寸纳米孔的工艺得以实现，新型材料的研发也让纳米孔薄膜材料的选择更加多样化。如今，研究人员通过各种先进的微纳米加工技术和方法，在不同的材料上面，如 SiNx、SiO₂、SiC、Al₂O₃等，制备出直径小于 5 nm 的各种形状的固体纳米孔。此外，二维石墨烯薄膜材料由于其具有的单原子层超薄结构和特殊的电子特性也作为薄膜材料的一种新选择，而且十分适合隧道电流的测量。

2.4.3 面临的挑战和发展的前景

作为最终一代测序技术强有力的候选者，固态纳米孔测序技术具有非常明显的优势。要实现固态纳米孔在 DNA 测序领域的应用需要攻克减慢 DNA 过孔速率、提高纳米孔的空间灵敏度等一系列的技术瓶颈,其最终的目的是实现单碱基识别。研究表明,通过对纳米孔表面做出一定的化学修饰或者改变缓冲溶液的黏稠度可以有效地减缓 DNA 的过孔速率。例如,将一种特殊设计的化学分子通过其本身的自组装性能修饰在纳米孔的内表面,形成单分子层。通过这个单分子层改变纳米孔内表面的疏水和亲水特性来减慢 DNA 通过纳米孔的速度。在亲水和疏水的纳米孔内,DNA 平均的传输时间分别为0.40 ms 和 0.15 ms,得到亲水状态 DNA 通过纳米孔的速度减慢为疏水状态的约 1/3(见图 2-12)。此外,在保证溶液盐浓度不变的情况下,通过加入不同比例的甘油改变溶液的黏度也可以有效地对 DNA 过孔速度进行调整。对于在同一个纳米孔下,同一种单链 DNA[Poly(dA)$_{5000}$]通过三种不同黏度(0、20%、50%)的 1 mol/L KCl 溶液,获取 DNA 的传输时间分别为0.24 ms、1.12 ms 和 6.43 ms。相比于黏度为 0 的溶液,50%的甘油溶液可以将 DNA 的平均传输速度从 1 bp/48 ns 减慢为 1 bp/1 290 ns(见图 2-13)。

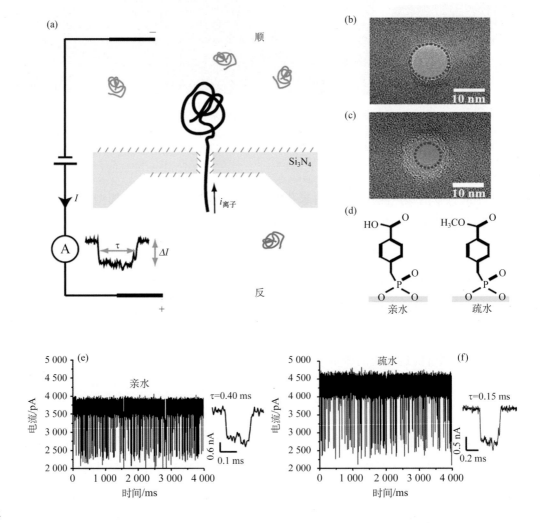

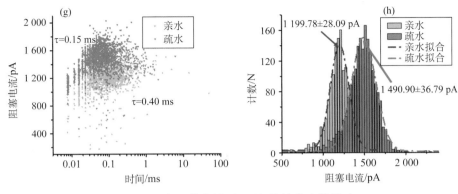

图 2-12 自组装分子对 DNA 传输速度的影响

(a)纳米孔 DNA 测量系统的装置图；氮化硅纳米孔内无(b)和有(c)自组装分子的透射电子显微镜照片；(d)给出自组装分子在亲水和疏水两种状态下的结构图；长度为 2 000 bp 的双链 DNA 分别通过亲水(e)和疏水(f)两种状态纳米孔的典型电流信号；获得 DNA 在两种状态下的时间和振幅的散点图(g)与对应的振幅柱状图(h)

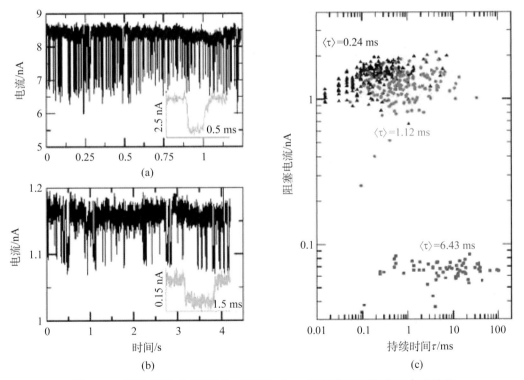

图 2-13 单链 DNA 分子通过一直径为 6 nm 的纳米孔时的离子电流信号

(a)纯水中的单链 DNA 分子过孔信号；(b)在 50％甘油-水混合溶液中单链 DNA 分子的过孔信号；(c)在纯水(黑色三角)、20％甘油-水混合溶液(红色圆点)和 50％甘油-水混合溶液(蓝色方块)中单链 DNA 分子的过孔停留时间散点分布

受限于半导体工艺制造水平，固态纳米孔的制造目前为止还较为复杂与昂贵，尚未有行之有效的方法可以快速制备出尺寸均一的纳米孔。此外，纳米电极的制作在测序用纳米孔制造工艺中也是一项重要的挑战。纳米电极的形状、与纳米孔重合度的好坏直接影响到电流信

号的好坏;然而要在纳米尺度制作出形状规则、电学特性良好的电极并不容易。随着半导体工艺技术的飞速发展,小型化、高速度、大通量的纳米孔测序芯片的实现已经成为可能。

2.5 单细胞测序

测序技术水平的提高促进了千人基因组计划(the 1000 Genomes Project)、癌症基因组图谱(The Cancer Genome Atlas,TCGA)计划、人类肠道菌宏基因组(Metagenomics of the Human Intestinal Tract,MetaHIT)计划等重大国际合作项目的开展,基因组研究日益被推向高潮,人类对遗传、疾病(如癌症)的理解也日渐加深。不过,迄今为止,测序的研究对象都是数百万甚至更多细胞的混合 DNA 样本。细胞群体的研究难免会掩盖细胞之间的异质性。尽管新的测序技术可以检测出大部分经常出现的突变,但是无法判断出突变来源于哪种细胞,更难以对只存在于少数细胞(如早期癌细胞)中的突变进行研究。由于循环肿瘤细胞、组织微阵列和早期发育的胚胎细胞等无法进行培养,而传统的 DNA 检测又无法对极少量的样品进行全基因组分析。因此,单细胞测序(single cell sequencing,SCS)技术受到了越来越多的关注。在单个细胞水平上对基因组进行测序,不仅测量基因表达水平更加精确,还可以检测到微量的基因转录本或者罕见的非编码 RNA,这对于研究在许多复杂生物系统内存在的细胞异质性非常重要。自然期刊的子刊 *Nature Methods* 将单细胞测序列为 2011 年度值得期待的技术之一[36]。*Science* 杂志也将单细胞测序列为 2013 年度最值得关注的六大领域之一[37]。

2.5.1 单细胞测序的基本路线

近年发展起来的各类细胞筛选和切割技术为单细胞测序创造了得以实现的基础。单细胞测序技术正逐渐从实验研究方法转化为临床应用的有力工具。总体而言,单细胞测序主要是通过分析单个细胞中 DNA 和 RNA 的序列得出每个细胞的基因组和转录组的不同和变化[38, 39]。

1) 单细胞全基因组测序

单细胞全基因组测序的关键技术瓶颈一方面在测序技术本身,另一方面则在对单细胞中极微量的 DNA 进行高质量、大幅度扩增上。传统的全基因组微量 DNA 扩增(whole genome amplification,WGA)技术主要分为两种类型:一种是基于热循环以

PCR 为基础的扩增技术，如简并寡核苷酸引物 PCR（the degenerate-oligonucleotide-primed PCR，DOP-PCR）、连接反应介导的 PCR（ligation mediated PCR，LM-PCR）、扩增前引物延伸反应（primer extension preamplification，PEP）等；另一种是基于等温反应、不以 PCR 为基础的扩增技术，如多重置换扩增（multiple displacement amplification，MDA）和基于引物酶的全基因组扩增（primase-based whole genome amplification，pWGA）。

虽然有 PCR 反应参与的扩增技术具有很高的灵敏度，但对于不同的基因序列，PCR 扩增的效率有很大不同，一些基因的扩增次数可能是另一些的数十亿倍。对于不同序列的扩增偏向问题，MDA 给出了很好的解决方法，对全基因组能够保持较高程度高保真的均匀扩增。但是 MDA 在特异扩增方面还有很大提升空间，对于实验中的标准空白样品也会扩增出大量无用的 DNA。

可以说，传统的全基因组微量 DNA 扩增都存在一定的局限性，难以高质量地实现大幅度的 DNA 扩增。多次退火环状循环扩增技术（multiple annealing and looping-based amplification cycles，MALBAC）能够提供稳定可靠的单细胞测序技术。由于 MALBAC 技术使用的引物在末端可以互补成环，这样可以有效防止 DNA 模板的指数性扩增变向，使基因组测序的模板需求从 μg 级别降至单细胞水平。MALBAC 技术原理如图 2-14 所示。

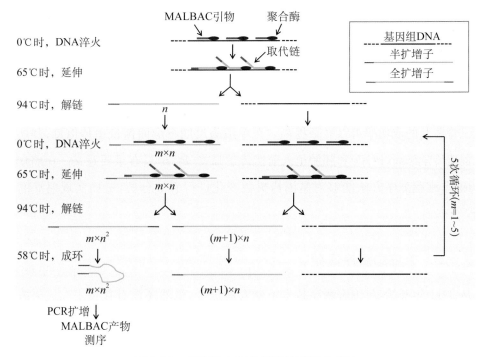

图 2-14　多次退火环状循环扩增技术方法

理想的单细胞全基因组扩增是实现基因组上各位点的同等大幅度扩增,而且脱扣率为零。目前,现在还没有哪种技术能够实现这一理想目标。MALBAC 作为新兴的全基因组微量 DNA 扩增技术,虽然仍不完美,其单细胞全基因组扩增质量已足以满足部分科研和临床应用需求。

2) 单细胞转录组测序

单细胞转录组所获序列信息有着非常广泛的应用。在疾病状况的监控方面,可以用于连续追踪基因表达的动力学变化。亚细胞成分的基因表达图谱,对细胞的生物学功能有着非常重要的作用。通过将单细胞转录组和活细胞影像系统相结合,可以研究细胞分化和重编码等相关的整个基因调节网络。随着不断优化和解决单细胞转录组测序技术覆盖率低、需要反转录和扩增等问题,人们会不断深入地对单细胞转录组进行研究。

2.5.2 单细胞测序的应用及成果

单细胞测序能够解决因组织样本测序或样本量少而无法解决的细胞异质性难题,为从单核苷酸水平深入研究癌症发生、发展机制及其诊断和治疗提供新的研究思路,并且开辟了新的研究方向。此外,这一新方法还可被广泛用于其他重要的生物研究领域,如组织器官内细胞基因组的异质性研究、干细胞的异质性研究、生殖细胞的遗传重组研究、胚胎的植入前遗传学诊断研究、法医学少量 DNA 测序等。

目前来看,单细胞测序最常见的应用是在生殖遗传和癌症研究上。随着生育障碍人群的扩大,试管婴儿技术越来越受到关注。目前,试管婴儿的活胎分娩率在 40% 左右,如在胚胎植入前对其进行遗传学筛查和诊断,选择无染色体异常的健康胚胎植入,那么试管婴儿的成功率可以显著提高。在单细胞尺度下全面衡量遗传信息,开展胚胎植入前遗传学诊断(PGD)和胚胎植入前遗传学筛查(PGS)具有重要意义。在癌症的诊断方面,单细胞测序方法能够对基因拷贝数变化进行有效分析,进而实现癌症的早期诊断[40]。

2.5.3 单细胞测序展望

从 2011 年开始,单细胞测序技术不断发展进步,虽然还没有在技术和成果方面实现大规模应用,但是部分研究成果已经从实验室走向了临床,并且取得了一些成绩。未来单细胞测序技术的发展前景非常光明，会进一步加深对组织器官内细胞的异质化、生殖细胞遗传重组及干细胞异质化等方面在基因组层面的认识和研究。

2.6 小结

疾病预防、诊断、治疗和预后等方面的需求将极大促进单细胞水平上单分子测序技术的发展。如上所述，人们虽然已经在单分子 DNA 测序方面取得了一些研究成果，但是还不能满足人类在健康各方面日益增长的需求，需要通过各种半导体技术、人工智能技术、分子生物技术、物理学和化学等相关学科和技术的汇聚，实现单分子 DNA、RNA 和蛋白质自身和化学修饰的直接测序，最终开启下一次生物学技术革命。

参考文献

[1] De Castro M. Johann Gregor Mendel：paragon of experimental science [J]. Mol Genet Genomic Med，2016，4(1)：3-8.

[2] Dahm R. Discovering DNA：Friedrich Miescher and the early years of nucleic acid research [J]. Hum Genet，2007，122(6)：565-581.

[3] Jones M E. Albrecht Kossell，a biographical sketch [J]. Yale J Biol Med，1953，26(1)：80-97.

[4] Paweletz N. Walther Flemming：pioneer of mitosis research [J]. Nat Rev Mol Cell Biol，2001，2(1)：72-75.

[5] Levene P A. The structure of yeast nucleic acid [J]. J Biol Chem，1919，40(2)：415-424.

[6] Klein G，Klein E. Torbjörn Caspersson，15 October 1910-7 December 1997[J]. Proc Am Philos Soc，2003，147(1)：73-75.

[7] Baltzer F. Theodor Boveri [J]. Science，1964，144(3620)：809-815.

[8] Morgan T H. Six limited inheritance in drosophila [J]. Science，1910，32(812)：120-122.

[9] Muller H J. The relation of recombination to mutational advance [J]. Mutat Res-Fund Mol M，1964，1(1)：2-9.

[10] Schrödinger E. What Is Life? [M]. Cambridge：Cambridge University Press，1944.

[11] Avery O T，Macleod C M，McCarty M，et al. Studies on the chemical nature of the substance inducing transformation of pneumococcal types：induction of transformation by a desoxyribonucleic acid fraction isolated from pneumococcus type III [J]. J Exp Med，1944，79(2)：137-158.

[12] Hershey A D，Chase M. Independent functions of viral protein and nucleic acid in growth of bacteriophage [J]. J Gen Physiol，1952，36(1)：39-56.

[13] Van Valen D，Wu D，Chen Y J，et al. A single-molecule Hershey-Chase experiment [J]. Curr Biol，2012，22(14)：1339-1343.

[14] Zallen D T. Despite Franklin's work，Wilkins earned his Nobel [J]. Nature，2003，425(6953)：15.

[15] Watson J D, Crick F H C. Molecular structure of nucleic acid [J]. Nature, 1953,171(4356): 709-756.

[16] Cochran W, Crick F H C. Evidence for the pauling-corey α-helix in synthetic polypeptides [J]. Nature, 1952,169(4293): 234-235.

[17] Holly R W, Apgar J, Everett G A, et al. Structure of a ribonucleic acid [J]. Science, 1965,147 (3664): 1462-1465.

[18] Xue Y, Wang Y, Shen H. Ray Wu, fifth business or father of DNA sequencing? [J]. Protein Cell, 2016,7(7): 467-470.

[19] Maxam A M, Gilbert W. A new method for sequencing DNA [J]. Proc Natl Acad Sci U S A, 1977,74(2): 560-564.

[20] Sanger F, Coulson A R. A rapid method for determing sequences in DNA by primed synthesis with DNA polymerase [J]. J Mol Biol, 1975,94(3): 441-448.

[21] Smith L M, Fung S, Hunkapiller M W, et al. The synthesis of oligonucleotides containing an aliphatic amino group at the 5'terminus: synthesis of fluorescent DNA primers for use in DNA sequence anal [J]. Nucleic Acids Res, 1985,13(7): 2399-2412.

[22] Jorgenson J W, Lukace K D. Capillary zone electrophoresis [J]. Science, 1983,222(4621): 266-272.

[23] Woolley A T, Mathies R A. Ultra-high-speed DNA fragment seperations using microfabricatied capillary array electrophoresis chips [J]. Proc Natl Acad Sci U S A, 1994,91(24): 11348-11352.

[24] Drmanace S, Kita D, Labat I, et al. Accurate sequencing by hybridization for DNA diagnostics and individual genomics [J]. Nat Biotechnol, 1998,16(1): 54-58.

[25] Ronaghi M, Karamohamed S, Petterson B, et al. Real-time DNA sequencing using detection of pyrophosphate release [J]. Anal Biochem, 1996,242(1): 84-89.

[26] Bennett S. Solexa Ltd [J]. Pharmacogenomics, 2004,5(5): 433-438.

[27] Edwards J B, Delort J, Mallet J. Oligodeoxyribonucleotide ligation to single-stranded cDNAs: a new tool for cloning 5'ends of mRNAs and for constructing cDNA libraries by in vitro amplification [J]. Nucleic Acids Res, 1991,19(19): 5227-5232.

[28] Pushkarev D, Neff N F, Quake S R. Single-molecule sequencing of an individual human genome [J]. Nat Biotechnol, 2009,27(9): 847-850.

[29] Fang G, Munera D, Friedman D I, et al. Genome-wide mapping of methylated adenine residues in pathogenic Escherichia coli using single-molecule real-time sequencing [J]. Nat Biotechnol, 2012,30(12): 1232-1239.

[30] Levene M J, Korlach J, Turner S W, et al. Zero-mode waveguides for single-molecule analysis at high concentrations [J]. Science, 2003,299(5607): 682.

[31] Bayley H, Cremer P S. Stochastic sensors inspired by biology [J]. Nature, 2001,413(6852): 226-230.

[32] Kasianowicz J J, Brandin E, Deamer D W, et al. Characterization of individual polynucleotide molecules using a membrane channel [J]. Proc Natl Acad Sci U S A, 1996, 93 (24): 13770-13773.

[33] Mathé J, Aksimentiev A, Meller A, et al. Orientation discrimination of single-stranded DNA inside the α-hemolysin membrane channel [J]. Proc Natl Acad Sci U S A, 2005,102(35): 12377-12382.

[34] Wanunu M. Nanopores: A journey towards DNA sequencing [J]. Phys Life Rev, 2012,9(2):

125-158.

[35] Feng Y X，Zhang Y C，Wang D Q，et al. Nanopore-based fourth-generation DNA sequencing technology [J]. Genomics Proteomics Bioinformatics，2015,13(1)：4-16.

[36] Navin N，Kendall J，Troge J，et al. Tumour evolution inferred by single-cell sequencing [J]. Nature，2011,472(7341)：90-94.

[37] Pennisi E. Single-cell sequencing tackles basic and biomedical questions [J]. Science，2012,336 (6084)：976-977.

[38] Ballantyne J，Hanson E K. Whole genome amplification strategy for forensic genetic analysis using single or few cell equivalents of genomic DNA [J]. Anal Biochem，2015,346(2)：246-257.

[39] Zong C，Lu S，Xie X S，et al. Genome-wide detection of single-nucleotide and copy-number variations of a single human cell [J]. Science，2012,338(6114)：1622-1626.

[40] Junker J P，Vanoudenaarden A. Every cell is special：genome-wide studies add a new dimension to single-cell biology [J]. Cell，2014,157(1)：8-11.

3

基因组信息学在精准
医学中的应用

基因组学研究可以帮助研究人员从最本质层面理解生命运作的方式。2001年,美国向全世界宣布"人类基因组计划"已经完成人类基因组草图,该计划的实施使得人们对人类基因组序列和人类遗传规律都有了深刻认识。在此基础上,美国又先后启动了"国际人类基因组单体型图计划""癌症基因组图谱计划""DNA元件百科全书计划"、"千人基因组计划"及"精准医疗计划"。英国在"人类基因组计划"完成后,则率先启动了"十万人基因组项目"。这些大科学计划与项目的相继开展大力推动了高通量测序技术和生物信息技术的突破与迅猛发展。现今,基于基因结构和序列变化的基因组学研究无疑已经转入以生物学和医学为核心命题的研究。基因组学技术和规模化的特征将会延续并发扬,科研人员正在逐步建立使用基因组和遗传信息指导健康生活和医疗的路线图。期望在不久的将来,人类可以把握基因组学发展的脉络,顺应人类基因组学研究和发展的规律,真正实现精准医疗的设想。

3.1　基因组信息学

3.1.1　基因组信息学简介

美国人类基因组计划中将基因组信息学定义为:它是一个学科领域,包含着基因组信息的获取、处理、储存、分配、分析和解释的所有方面。这一定义一方面是要求发展有效的信息分析工具,构建适合于基因组研究的数据库,以用于搜集、管理、使用人类基因组和模式生物基因组的巨量信息;另一方面是配合实验研究确定约30亿个碱基对的人类基因组完整核苷酸顺序,找出全部人类基因在染色体上的位置及包括基因在内的各种 DNA 片段的功能,释译人类基因组。

3.1.2 基因组信息学在精准医学中的重要作用

基因组信息学在精准医学中有着不可或缺的地位。基因组信息学的关键包括基因组核苷酸序列的解析和基因表达调控机制的研究。序列的解析主要是对全部基因在染色体上的确切位置以及各 DNA 片段的功能进行深入研究,并在此基础上通过对新基因进行蛋白质空间结构的模拟和预测,了解新基因的功能,进而根据特定功能设计药物。通过了解基因表达的调控机制,人类可以更好地描述人类疾病诊断和治疗的内在规律,从而揭示"基因组信息结构的复杂性及遗传语言的根本规律"。鉴于基因与疾病有非常密切的关联,人类通过基因组信息学方法,对基因组计划产生的大量基因及基因多态性数据进行分析挖掘,同时关联分析对应的临床医学检验数据,从而可以最终实现精准诊断和治疗,彻底改变医院目前的诊断、治疗和预防疾病的方式。在不久的将来,医院可以通过测序与基因组信息学分析,确定患者的疾病本质,从而对症下药。

3.2 人类基因组解析

人类基因组 DNA 序列的解析是精准医学顺利开展的重要基础,个体基因组解析可以在识别疾病风险基因型和疾病相关遗传变异方面发挥重要作用,群体基因组的解析则会帮助人们深入了解人类群体的进化和变迁,同时还可以解析环境适应性、遗传性疾病的易感性和发病机制等。

3.2.1 个体基因组解析

20 世纪 80 年代初,一批科学家集体提出一次性解读人类基因组全部 DNA 序列的计划。这一计划的提出和推动主要原因可以归纳为 3 点:第一是 DNA 测序技术和相关分子生物学技术日趋成熟。随着 DNA 双螺旋结构的解析,自 20 世纪 70 年代起,DNA 测序、寡聚核苷酸合成、DNA 杂交、分子克隆、聚合酶链反应(PCR)等一系列的重要分子生物学技术被发明。尤其是 20 世纪 80 年代初荧光标记法 DNA 测序仪的研发和即将问世。第二是生物医学发展的迫切需求。未知基因序列的不断解读,遗传疾病相关变异的定位克隆,新转录因子和信号传导通路的不断发现,都使 DNA 测序技术和需求被推到了科学界关注的焦点。当大家都在争取基金,计划测定自己感兴趣的基因时,一个重要观点的提出赢得了广泛的支持——与其说各测各的基因,不如集中攻关测定全基因组的序列。集中攻关的特点就是可以使操作专业化和规模化。第三是启动国际合作,调动全球各方资源的必要性。比如,人类基因组研究会涉及世界各国的人类遗传资源,与其说在美国集中收集,不如让这些国家直接参与一个共同的合作项目,同时他们所代表的国家还可以给予资金的支持[1]。综上所述,个体人类基因组解析的时机已经成熟,而且这一解析对人类也具有重要意义。人类基因组的解析可以为单基因遗传疾病的基因诊断和治疗奠定基础,同时也为多基因疾病的研究提供线索。另外,人类基因组的解析也推动了生物技术、制药工业及社会经济的发展。

1)人类基因组计划

1984 年,在美国犹他州的 Alta White 和 Mendelsonhn 受美国能源部的委托主持召开了一个小型专业会议,讨论测定人类整个基因组 DNA 序列的意义和前景。1985 年 5 月,在加州 Santa Cruz 由美国能源部的 Sinsheimer 主持的会议上提出了测定人类基因组全序列的动议,形成了美国能源部的"人类基因组计划"草案[2]。1986 年 3 月,在新墨西哥州的 Santa Fe 讨论了这一计划的可行性,随后美国能源部宣布实施这一计划。1986 年 3 月 7 日,Dulbecco 在 *Science* 杂志上发表了一篇有关开展人类基因组计划的短文[3],引起整个欧洲乃至全世界的强烈反响,不仅推动了美国,也推动了全世界"人类基因组计划"的发展;1987 年初,美国能源部和国立卫生研究院为人类基因组计划下拨了启动经费 550 万美元,全年 1.66 亿美元;1988 年 2 月,国家科学研究委员会的专家成立了"国家人类基因组研究中心",由沃森任第一任主任;1990 年 10 月 1 日,经美国国会批准,美国人类基因组计划正式启动,总体计划在 15 年内投入至少 30 亿美元进行人类全基因组的分析。这一计划与曼哈顿原子弹计划和阿波罗登月计划并称为三大科学计划。

1994 年,中国的人类基因组计划在吴旻、强伯勤、陈竺、杨焕明等几位科学家的大力倡导下启动。最初在国家自然科学基金会和 863 高科技计划的支持下,先后启动了"中华民族基因组中若干位点基因结构的研究"和"重大疾病相关基因的定位、克隆、结构和功能研究";1998 年,在国家科技部的领导和牵线下,在上海成立了南方基因中心;1998 年,在北京成立了北方人类基因组中心;1999 年 7 月,在国际人类基因组注册,得到完成人类 3 号染色体短臂上一个约 30 Mb 区域的测序任务,该区域约占人类整个基因组的 1%，称为"1%计划"。1999 年 9 月 1 日，国际公共领域测序计划接纳中国，杨焕明教授领回任务。

人类基因组计划的分阶段目标主要有如下几项[4]（见表 3-1）。

表 3-1　人类基因组计划的目标和完成情况

领域	目标	完成情况	完成时间
遗传图谱	完成包含 600～1 500 个标签的遗传图谱，标签分辨率为 2～5 cM	完成包含 3 000 个标签的遗传图谱，标签分辨率为 1 cM	1994 年 9 月
物理图谱	完成具有 30 000 个 STS 的物理图谱	完成了具有 52 000 个 STS 并覆盖人类基因组大部分区域的连续克隆系的物理图谱	1998 年 10 月
DNA 序列测定	人类基因组序列中 95% 的基因序列被测定且精确度为 99.99%	人类基因组序列中超过 98% 的基因序列被测定且精确度为 99.99%	2003 年 4 月
完成测序量和花费	每年测序 500 Mb，每个完成碱基花费小于 0.25 美元	每年测序超过 1 400 Mb，每个完成碱基花费小于 0.09 美元	2002 年 11 月
人类基因组序列变异、基因识别和模式生物	测定 100 000 个人类单核苷酸多态性位点，测人类全长 cDNA，测定大肠埃希菌、酿酒酵母、秀丽线虫及黑腹果蝇全基因组	3 700 000 个单核苷酸多态性位点得到测定，完成 15 000 个人类全长 cDNA 测序。完成大肠埃希菌、酿酒酵母、秀丽线虫及黑腹果蝇全基因组测序。完成广杆属线虫、拟暗果蝇、小鼠和大鼠的草图基因组测序	2003 年 4 月
功能分析	发展基因组技术	高通量寡聚核苷酸的合成 DNA 微阵列 标准化和消减 cDNA 文库 真核(酵母)全基因组敲除技术 大型化双杂交定位	1994 年 1996 年 1996 年 1999 年 2002 年

(表中数据来自参考文献[4])

遗传图谱的绘制：遗传图谱又称连锁图谱，它是以具有遗传多态性(在一个遗传位点上具有一个以上的等位基因位点，在群体中的出现频率皆高于 1%)的遗传标记为"路标"，以遗传学距离(在减数分裂事件中两个位点之间进行交换、重组的百分率，1% 的重组率称为 1 cM)为图距的基因组图。遗传图谱主要是用遗传标签确定基因在染色体上的排列。遗传图谱的建立有利于基因识别和基因定位。6 000 多个遗传标记将人的基因组分成 6 000 多个区域，科研人员可以通过连锁分析法寻找到某一疾病的或表型对应的基因与某一标记邻近（紧密连锁）的证据，从而将基因定位至已知区域，方便对基因进行进一步分离和研究。然而，需要注意的是遗传图谱仅给出"路标"在基因组上的相对位置，而不是物理位置或真实距离。对于疾病研究而言，关键在于寻找基因和分析基因。1994 年 9 月，人类基因组计划完成包含 3 000 个（原计划为 600～1 500 个）标签、分辨率为 1 cM 的遗传图谱的绘制。

物理图谱的绘制： DNA 物理图谱是指 DNA 链的限制性内切酶酶切片段的排列顺序，即酶切片段在 DNA 链上的定位。限制性内切酶会以特异序列为基础在 DNA 链上形成切口，因此，核苷酸序列不同的 DNA，经酶切后自然会产生不同长度的 DNA 片段，构成独特的酶切图谱。DNA 物理图谱是 DNA 分子结构的特征之一。物理图谱可以标注各种标记在基因组上的精确物理位置。DNA 测序工作的第一步即是物理图谱制作。制作 DNA 物理图谱的方法有多种，部分酶解法是其中一种较为简便和常用的方法，基本原理是将 DNA 先"敲碎"，再拼接，以 Mb、kb、bp 作为图距，以 DNA 探针的序列标签位点（sequence tags site，STS）序列作为路标。1998 年，完成了具有 52 000 个 STS（原计为 30 000 个）并覆盖人类基因组大部分区域的连续克隆系的物理图谱。构建物理图谱的一个主要内容是把含有 STS 对应序列的 DNA 克隆片段连接成相互重叠的"片段重叠群（contig）"。用"酵母人工染色体（YAC）作为载体构建的载有人 DNA 片段的文库已经包含了总体覆盖率为 100％、具有高度代表性的片段重叠群"，近几年来又发展了可靠性更高的细菌人工染色体（bacterial artificial chromosome，BAC）库、P1 人工染色体（P1 artificial chromosome，PAC）库或黏粒（cosmid）库等（https：//baike. baidu. com/item/％E4％BA％BA％E7％B1％BB％E5％9F％BA％E5％9B％A0％E7％BB％84％E8％AE％A1％E5％88％92？ func＝retitle）。

序列测定： 主要是指通过测序得到基因组的序列。截至 2003 年 4 月，人类基因组计划已经测定人类基因组序列的 98％（原来预计为 95％），精确度为 99.99％。

辨别序列中的个体差异： 人类基因组计划发布的基因组序列是少量匿名捐赠人基因组的组合，并没有精确反映单独个体的基因序列。为鉴定不同个体间的基因组差异，人类基因组计划的阶段性主要工作是鉴定不同个体间包含的单核苷酸多态性。截至 2003 年 2 月，已有约 3 700 000 个单核苷酸多态性位点得到测定。

基因鉴定： 以获得全长的人类 cDNA 文库为目标。到 2003 年 3 月，已获得 15 000 个全长的人类 cDNA 文库。人类基因组计划最开始的目标是以最小的错误率检测出人类基因所有 30 亿个碱基对，并且从大量数据中确认出所有的基因及其序列。这一部分计划正在进行中，目前的数据显示在人类基因组中只有 20 000～25 000 个蛋白编码基因。

基因的功能性分析：如果只由有经验的生物学家对海量的数据进行注释分析，将耗费大量的人工和时间，所以一些特定的对 DNA 序列进行判别的计算机程序正在被越来越多地应用在基因注释工作中。当前，分析注释序列的最佳技术是利用 DNA 序列和人类语言之间并行性的统计模型，采用类似于计算机科学中形式文法的概念。但是，自动标注的注释的准确度仍不理想。而且计算机程序的自动判定会复制已有注释中的错误，从而扩大错误。对于这些错误的纠正是一个非常巨大的工程。所以，这一阶段的另一个目标是研发出更快、更有效的方法进行 DNA 测序和序列分析，并把这一技术加以产业化。已获得开发的技术包括高通量寡聚核苷酸的合成（1994 年）、DNA 微阵列（1996 年）、标准化和消减 cDNA 文库（1996 年）、真核（酵母）全基因组敲除技术（1999 年）、大型化双杂交定位（2002 年）等（https：//zh. wikipedia. org/wiki/％E4％BA％BA％E7％B1％BB％E5％9F％BA％E5％9B％A0％E7％BB％84％E8％AE％A1％E5％88％92♯cite_note-NIH-HGP-6）。

2）不同人种参考基因组测序

依据人类的黑、白、黄、棕 4 种肤色，人种可以大致分为尼格罗人种、高加索人种、蒙古人种和澳大利亚人种。人类基因组计划测序人种为高加索人种，该人种基因组是人类的标准参考基因组，采用"克隆法"测序和分析。在人类基因组计划实施的同时，美国塞莱拉公司的科学家则采用与人类基因组计划不同的"霰弹法"进行测序和分析，"霰弹法"也叫"全基因组鸟枪法"或"打机关枪法"，该技术是先将 DNA 从细胞核中分离出来，然后利用超声波将每条染色体分为极小的片段（约 6 000 万个片段），再把每一片段插入机器进行高速解码，随后超级计算机会将破译结果重新组装成人的 23 对染色体。人类基因组计划采用的"克隆法"，是先复制更大段的人类基因序列，再将其绘制到基因组的适当区域。该方法需要研究人员在早期的克隆和绘制草图上花费大量时间和精力，而塞莱拉公司的方法则需要在后期做大量的计算工作。

塞莱拉公司研究组的科学家们从 5 位志愿者（3 女 2 男）体内提取了 DNA 样品，这5 位志愿者分别是非洲裔、亚裔、拉美裔和白种（2 人）美国人。但塞莱拉公司前总裁文特尔曾在接受采访时指出，他本人的基因对这份测序图贡献最大。

塞莱拉公司采用全基因组鸟枪法测定人类基因组常染色体部分 2 910 000 000 bp

的一致性序列。14 800 000 000 bp DNA 序列由 27 271 853 个高质量的测序读段产生，覆盖人类基因组的 5.11 倍。拼接主要采用两个策略：全基因组拼接和区域染色体拼接，每个策略都结合了塞莱拉公司数据和公共基金支持的基因组测序结果。公共数据被分解为 550 bp 的片段，从而产生已经测序基因组区域 2.9 倍的覆盖，不包含公共基金支持小组使用的在克隆和拼接过程中固有的偏差。这使得拼接的有效覆盖达到 8 倍，与 5.11 倍覆盖的最终拼接结果相比，减少了缺口的数目和大小。两种拼接策略产生了非常相似的结果，与独立的比对数据大体一致。拼接结果有效覆盖了人类染色体的常染色体区域。超过 90% 的基因组被 100 000 bp 或更长的拼接大片段（scaffolds）覆盖，25% 的基因组被 10 000 000 bp 或更大的拼接大片段覆盖。对人类基因组序列分析显示：有强有力的证据支持人类基因组拥有 26 588 个蛋白编码转录本；另外约 12 000 个通过计算获得的拟基因，与小鼠的基因匹配或者有其他较弱的证据支持它们为基因。虽然基因密度簇是明显的，但仍有将近一半的基因散在于低（G＋C）序列区域，被大片明显的非编码序列分离。在整个基因组中 1.1% 被外显子跨越，24% 的区域为内含子，75% 为基因间区。基因组中片段区块的重复大小可达染色体的长度，这些重复在整个基因组中广泛存在，预示演化史的复杂。比较基因组学分析表明脊椎动物基因组扩张与神经元功能、组织特异性发育调节及止血和免疫系统相关的基因有关。将一致性序列与公共基金支持的基因组数据的 DNA 序列进行比较，共找到 2 100 000 个单核苷酸多态性位点。随机的一对人类单倍体基因组的差异比例为平均每 1 250 bp 有 1 bp 差异，但是整个基因组的多态性水平却存在异质性。所有 SNP 中仅有不足 1% 在蛋白水平引起变异，但是要确定是哪个 SNP 决定了功能性后果仍然是一个悬而未决的挑战[5]。

　　虽然人类基因组计划及塞莱拉公司已经对以高加索人种为主的人类基因组进行了测序研究，并且获得了人类标准参考基因组，但是由于每个人种都存在特异性，人们又相继开展了不同人种的基因组测序工作，从而有助于精准医学计划的实施（见表 3-2）。2008 年，美国加州 Illumina 生物技术公司首次对一位匿名的尼日利亚约鲁巴人男性进行了完整的基因组测序，这是全人类的第一个非洲人基因组测序。Illumina 公司采用短序列二代测序技术获得平均覆盖基因组 40.6× 的读段序列，并识别出 4 000 000 个 SNP 位点和 400 000 个结构变异。在识别出的 SNP 中 74% 可以匹配到已有的 dbSNP 数据库。该约鲁巴人基因组比欧洲血统基因组含有更多的多态性。其常染色体杂合度为 9.94×10^{-4}（每 1 006 bp 有一个 SNP），远高于先前测序的高加索人（常染色体杂合度为 7.6×10^{-4}）[6]。

表 3-2　人类不同人种个体基因组测序

基因组研究	人类基因组计划	塞莱拉公司测序计划	Illumina生物技术公司	深圳华大基因研究院"炎黄一号"	韩国首尔国立大学	都柏林大学康威研究所	暨南大学"华夏一号"
年代	2001	2001	2008	2008	2009	2010	2016
测序对象	4个人	5个人	约鲁巴人	南方汉人	韩国人	爱尔兰人	中国人
测序人种	高加索人种	高加索人种为主	尼格罗人种	蒙古人种	蒙古人种	高加索人种	蒙古人种
测序方法	逐个克隆法	全基因组鸟枪法	短序列二代测序技术	短序列二代测序技术＋全基因组鸟枪法	短序列二代测序技术＋全基因组鸟枪法	短序列二代测序技术	长读长三代测序技术＋短序列二代测序技术（序列矫正）
覆盖深度	6～10倍	5.1倍	40.6倍	36倍	27.8倍	10.6倍	103倍
拼接总长度/覆盖参考基因组长度	2.8 Gb	2.9 Gb	2.8 Gb	5.1 Gb	3.0 Gb	2.8 Gb	2.9 Gb
N50	38.5 Mb	—	—	484 kb（单体型 N50）	—	—	8.3 Mb

注:N50 是指把所有 scaffold 逐个相加,达到总长度一半时的 scaffold 长度

同年,深圳华大基因研究院在 *Nature* 杂志发表封面文章,展示了首个中国人基因组序列研究成果。该研究被定名为"炎黄一号"。该项研究测序共获得 3.3×10^9 个高质量的读段,测序数据总量约为 1.177×10^{11} bp,基因组平均测序深度达到 36 倍,有效覆盖率高达 99.97%,变异检测精度达 99.9%以上。通过与 NCBI 人类基因组参考序列比较,科学家在中国人基因组序列中共识别大约 3×10^6 个 SNP 位点(其中 13.6%在 dbSNP 数据库中找不到)和 2 682 个结构变异。个体基因组测序最初目的是为了识别疾病风险基因型。科研人员在在线人类孟德尔遗传数据库(OMIM)中调查了"炎黄一号"基因组 116 个基因的 1 495 个等位基因位点,发现在 *GJB2* 基因中存在一个突变,这一突变与隐性耳聋疾病相关。这个等位基因位点是杂合子,所以在测序个体中并未表现出来,但是却提高了该个体后代患病的概率。科研人员还在 OMIM 数据库中初步搜索了普遍的复杂的表型或疾病相关的基因和变异,识别到几个基因型与烟草上瘾和阿尔兹海默病相关。"炎黄一号"基因组测序 DNA 的捐献者是一个重度烟民,这与烟草成

瘾研究中个体存在相似基因型的结果一致。在确定的 16 个阿尔兹海默病风险基因等位位点中,"炎黄一号"中有 9 个(56.3%),包含 2 个 APOE 基因等位位点和 7 个基因 SORL1 等位位点。这一发现表明该个体有较高的患病风险,但是由于没有任何家族成员的数据,并不知道是否存在阿尔兹海默病的家族病史。"炎黄一号"作为中国人参照基因组序列,从基因组学角度解释了中国人与其他种族在疾病易感性和药物反应方面的显著差异,对中国人的医学健康事业发展具有重要的指导意义[7]。

2009 年,韩国首尔国立大学的科研人员公布了一个高度注释的韩国人全基因组序列,即 AK1。AK1 的基因组是通过一种严格的综合研究方法确定的,通过包括全基因组鸟枪法测序(27.8×)、BAC 测序及含有超过 24 M 探针的个性化芯片在内的方法进行高分辨率比较基因组杂交(comparative genomic hybridization,CGH)。通过将几个不同进化分支种群与 NCBI 上的参考序列比对,发现了近 3.45×10^6 个 SNP,其中包括 10 162 个非同义突变,170 202 个插入缺失标记(InDel)。在整个基因组范围内,SNP 和 InDel 的密度之间有很强的关联性。本研究还应用严格的标准发现了很多有临床意义的基因拷贝数变异(copy number variation,CNV)突变。研究人员发现的这些 SNP、编码区的 InDel 和结构变异也解释了一些潜在的医学性状。通过整合几个不同进化分支种群的人类全基因组序列,将有助于对遗传祖先、迁徙模式和种群瓶颈的理解[8]。

2010 年,都柏林大学康威研究所的研究人员在生物医学中心公布了首个爱尔兰人全基因组测序结果并深入分析了这一种群的家族进化史。测序 DNA 样本选自一个健康的爱尔兰男性,采用 Illumina 的短序列二代测序技术,构建 9 个 DNA 文库(4 个单端和 5 个双端),共产生 32.9 Gb 的测序数据。91% 的读段可以唯一比对到参考基因组(build 36.1),总体上参考基因组 99.3% 的碱基可以被至少一个读段所覆盖,基因组的平均覆盖度为 10.6 倍。通过与参考基因组的比较,科研人员在该爱尔兰人基因组中共识别到 3 125 825 个 SNP,其中 13% 的 SNP 是新发现的。这些新发现的 SNP 有可能成为爱尔兰祖先的特异性标记物或疾病指示性标记物。此外,研究人员还描述了一种新方法:采用来自人类基因组多样性研究的单体型数据促进 SNP 在低基因组覆盖率中的准确性,并鉴定了基因重复事件的过程。基因重复事件可能可以展示人类世系最近出现的正向选择。结果表明,通过构建全基因组序列展示人类生物学一般事件以及特定事件非常有用。爱尔兰种群基因组信息对于生物医学研究人员来说十分重要,主要原因是他们处于孤立的地理环境,他们的后裔受祖先影响,而且这个种群对一些疾病有较高的患病率[9]。

2016 年,暨南大学与多家科研单位合作完成"华夏一号"(HX1)项目。该项目基于 PacBio 平台的第三代单分子实时测序技术,对一个成年中国男性的 DNA 样本进行了测序,共产出 44.2 Mb 子序列(subreads),这些子序列平均长度 7.0 kb,*N50* 长度达到 12.1 kb。科研人员用修正和改善的 FALCON 软件对这些长子序列进行从头(*de novo*)组装,获得 5 843 个片段重叠群(*N50*=8.3 Mb),总拼接长度达 2.9 Gb,覆盖基因组 103×。同时该项目基于 BioNano 的光学图谱分析平台,产出覆盖基因组超过 101×的数据,使 Scaffold *N50* 达到 22 Mb。与人类基因组参考序列版本 GRCh38 相比,HX1 组装结果填补 GRCh38 全部或部分的缺口 274 个(28.4%),并且发现了 12.8 Mb HX1 独有基因组序列,其中 4.1 Mb 为首次在亚洲人基因组发现。参比 GRCh38 基因组拼接结果,科研人员在 HX1 中识别到 9 891 个缺失和 10 284 个插入。个体基因组测序的一个主要应用是识别疾病相关的遗传变异。通过与 GRCh38 的 Illumina 读段比较,科研人员在 HX1 中共找到 3 518 309 个单核苷酸变异(single nucleotide variants,SNV)和 625 690 个 InDel。为了识别有临床意义的遗传学变异,科研人员通过 ClinVar 数据库注释了 HX1 中的变异。有 2 432 个变异(包括 2 357 个 SNV 和 75 个 InDel)在 ClinVar 中有记录信息,其中还包括 20 个被分类为致病的变异。然而,通过手工检查方式简单地过滤等位基因频率,科研人员发现在 20 个致病变异中,有 18 个变异在千人基因组计划中的次要等位基因频率大于 1%,不太可能是高度外显疾病的因果变异。另外两个变异,一个是在 *MSMB* 基因位置上游的变异,该变异被注释为遗传性前列腺癌的致病变异,一个是在 *DUOXA2* 基因内的终止获得(stop-gain)变异,该变异被注释为甲状腺激素生成障碍疾病的致病变异。科研人员又手工回顾了 ClinVar 数据库记录中引用的文献,发现这两个变异都是错误的数据库记录。因此,在 HX1 中没有真实存在的已知致病变异。这一分析表明,通过变异数据库解释致病变异要极其小心,并且建议通过频率过滤和手工检查剔除假阳性结果[10]。HX1 基因组的发布填补了中国人群疾病研究缺少精准参考基因组的不足,相信随着后续研究的深入,HX1 基因组将在中国人群基因组学研究、遗传疾病研究、精准医疗应用等领域发挥巨大作用。

3.2.2 群体基因组解析

1)国际人类基因组单体型图计划

国际人类基因组单体型图计划(International Haplotype Map Project,HapMap 计

划,http://hapmap. ncbi. nlm. nih. gov/)是一个多国参与的合作项目,旨在确定和编目人类遗传的相似性和差异性,并且使这些信息免费共享。HapMap 获得的信息,将帮助研究人员发现与人类健康、疾病及对药物和环境因子的个体反应差异相关的基因,从而有助于诊断工具的开发,增强人们对治疗干预目标选择的能力[11]。HapMap 是 Haplotype Map 的简称,Haplo 在基因组中专指来自父母的一对染色体中的一条,而 Haplotype 则是指单条染色体中的一段,译作单体型或单倍型,可以用来描述遗传差异。众所周知,DNA 由 4 种核苷酸单个连接而成,基因组最常见的多态性就是单核苷酸多态性(single nucleotide polymorphism,SNP),指在群体中染色体的某一位点上由不同的核苷酸构成。目前已有超过 1 000 万个 SNP 位点在人类基因组中被发现。在人群中,染色体上每一二百个核苷酸就存在一个 SNP 位点。单体型描述的是由 SNP 位点的顺序排列组成的一段单条染色体上的序列差异。根据邻近 SNP 的连锁特性(即连锁不平衡),单体型上的多个 SNP 还可以由少数几个标签(tag)SNP 代表。Haplotype Map 是单体型图谱,该图谱展示了在全基因组上所有 DNA 序列的 SNP 分布和人群频率、标签 SNP、连锁性质与规律等[12]。这一计划主要由来自多国(日本、英国、加拿大、中国、尼日利亚和美国等)的科学家和资助机构共同合作完成。HapMap 计划共收集了来自 270 个人的 DNA 样本。其中,尼日利亚伊巴丹市的约鲁巴人提供了 30 组样本,每组包括父母和他们的一个成年孩子[这样的一组样本称为一个三体(trio)家系];日本东京市和中国北京市各自提供了 45 个不相关的独立个体样本;另外有 30 个三体家系的样本由祖籍为欧洲西部和北部地区的美国居民提供。这些 DNA 样本被转化成细胞系并储存在非营利的 Coriell 医学研究所。

国际 HapMap 计划为研究人员发现与疾病及个体治疗反应相关的遗传多态性位点提供了充分资源。变异位点的发现将帮助研究人员深入了解疾病的起因从而找到更多、更有效的预防、诊断和治疗方法。这一项目的目标并不是直接确定与疾病相关的基因,而是通过确定单体型,使单体型图成为用于进行关联研究的一个工具。在关联研究中,研究人员通过比较健康人(对照)与患者的单体型,找到经常在患者中出现的单体型,从而查找在该单体型内部或附近可能影响该疾病的基因。很多常见的疾病(如癌症、脑卒中、心脏病、糖尿病、忧郁症和哮喘等)是多个遗传变异位点与环境因子共同作用的结果。国际 HapMap 计划不仅可以帮助科研人员利用单体型图更详尽地了解常见疾病和基因之间的关系,而且 HapMap 计划还将促进未来产生目前难以预料的知识进展。详尽了解患者的遗传构成,将使未来实现个体化医疗成为可能,治疗效果和药物的不良反应与现状相比也将得到极大改善。HapMap 计划将给人类的精准医疗事业带来新的挑战与不可预料的空前机遇。

2) 千人基因组计划

2008 年,千人基因组计划(the 1000 Genomes Project,1 KGP,http://www.1000 genomes.org/)正式启动,开启对超大规模的人类个体样本进行全基因组测序。虽然已经实施人类基因组计划和 HapMap 计划,但启动千人基因组计划仍具有重要意义。首先,人类基因组计划测定的是 5 个健康志愿者的基因组混合序列,注重的是人类基因组的共性,而千人基因组计划将分析 2 500 人(来自非洲、亚洲、欧洲和美洲的 14 个民族)的基因组,该计划强调的是个体基因组的个性。其次,无论任何民族,身处任何地域,人与人之间超过 99% 的基因都相同,罕见变异发生的频率仅为 1% 或更少,但这些变异与疾病易感性、药物环境敏感性都有关系。然而,现有的图谱还不够详细,如果绘制出一张涵盖低频突变位点(所有在人群中的出现频率不高于 1% 的变异,以及那些出现频率还不到 0.5% 的位于基因之内的变异)的高分辨率人类基因变异图谱,将有助于探索人类疾病中表型与基因型之间的特定联系。为开发和比较高通量测序平台全基因组测序的不同策略,千人基因组计划在先期试点阶段主要进行了 3 个项目:对 3 个人群的 179 人按低覆盖度进行全基因组测序;对 2 个由"母亲—父亲—孩子"组成的三体家系按高覆盖度进行测序;对来自 7 个人群的 697 人进行外显子测序。该研究描述了约 1 500 万个单核苷酸多态性的位置、等位基因频率和局部单体型结构以及 100 万个短的插入缺失,2 万个结构变异,其中多数是先前未描述过的。由于研究人员已经编目过绝大多数的普通变异,在任何一个个体中发现的现有可以获得的变异超过 95% 都已经在数据集中。平均而言,在已注释的基因中每个人被发现携带 250~300 个丧失功能的变异体并且其中 50~100 个变异体与遗传性疾病相关。从 2 个三体家系中,研究人员直接估计了从头的遗传性碱基替代突变率,每一代每碱基对大约为 10^{-8}。研究人员在分析数据时,考虑到了自然选择的特征,并且识别到邻近基因间遗传性突变的明显减少,归因于对连接位点的选择。这些方法和公共数据将支持下一阶段的人类遗传研究[13]。

2012 年,一个多国科学家研究小组报告称完成了千人基因组计划的第 1 个阶段,他们获取了来自 14 个不同群体总共 1 092 个人的样本(见表 3-3),并对他们进行了低覆盖度的全基因组测序和外显子组测序。研究人员获得了一个经过验证的单体型图谱,包含3 800万个单核苷酸多态性、140万个短的插入缺失和多于1.4万个更大的缺失。科研人员发现来自不同群体的个人携带不同的罕见和常见变异[在超过5%的样本中见到的变异归类为常见变异(common variant),出现在0.5%～5%个体中的变异归类为低频率突变,少于样本0.5%的变异归类为罕见变异],并且低频变异呈现出大量的地理分化,这一现象被净化选择进一步加强。

表3-3　千人基因组计划涉及的群体名称、缩写及样本数量

群体	编码	分析小组	阶段1	阶段3
非洲血统				
埃桑人	ESN	AFR		99
冈比亚人	GWD	AFR		113
卢希亚人	LWK	AFR	97	99
门迪人	MSL	AFR		85
约鲁巴人	YRI	AFR	88	108
巴贝多人	ACB	AFR/AMR		96
美国西南方的非洲血统美国人	ASW	AFR/AMR	61	61
美洲血统				
哥伦比亚人	CLM	AMR	60	94
墨西哥血统美国人	MXL	AMR	66	64
秘鲁人	PEL	AMR		85
波多黎各人	PUR	AMR	55	104
东亚血统				
傣族	CDX	EAS		93
中国北京汉族	CHB	EAS	97	103
中国南方汉族	CHS	EAS	100	105
日本人	JPT	EAS	89	104
越南人	KHV	EAS		99
欧洲血统				
犹他州居民	CEU	EUR	85	99
英国人	GBR	EUR	89	91
芬兰人	FIN	EUR	93	99
西班牙人	IBS	EUR	14	107

（续表）

群体	编码	分析小组	阶段1	阶段3
托斯卡纳人	TSI	EUR	98	107
南亚血统				
孟加拉人	BEB	SAS		86
吉吉拉特人	GIH	SAS		103
泰卢固人	ITU	SAS		102
旁遮普人	PJL	SAS		96
泰米尔人	STU	SAS		102
总数			1 092	2 504

（表中数据来自参考文献[14]）

　　科研人员的研究表明进化的保守性和编码结果是净化选择强度的关键因素，不同生物学途径下罕见变异负荷变化显著，并且在保守位点上每一个个体都包含了上百个稀有非编码变异。例如，在转录因子结合位点上的基序干扰改变。这些数据资源涵盖了不同群体基因组中携带1%以上的SNP，其中覆盖度达98%以上[15]。人们认为，了解诸如癌症、心脏疾病和糖尿病等常见复杂疾病遗传病因的秘密取决于这些罕见变异。自千人基因组计划先期试点阶段研究成果公布以来，千人基因组计划的数据库已经广泛应用于各种遗传性疾病和癌症基因组等研究，而第1阶段更加详尽和精确的研究结果，以及在不同群体个体中发现的与功能相关的罕见、低频及常见变异信息，将会进一步促进该数据库的利用，为其他人类医学疾病研究提供基础。2015年，千人基因组计划宣告完成，科研人员结合低覆盖度的全基因组测序、深度外显子组测序和密集微阵列基因型分析技术，重建了来自26个不同群体的2 504个个体基因组（见表3-3）。研究获得超过8 800万个变异，包括8 470万个SNP、360万个短插入缺失和6万个结构变异。该研究将人类基因组中已知变异位点增加了1倍多，为日后广泛的人类生物学和医学研究及深入认识DNA遗传变异促成疾病风险及药物反应的机制奠定了基础。研究表明，来自非洲血统群体的个体拥有最多的变异位点数目，这与人类是从非洲走出的人类起源模型预测一致。来自近期混合人群的个体变异位点的数目变化巨大，与最近非洲血统群体基因组中的变异程度大致呈正比[14]。与此同时，科研人员还研究了2 504个样本中的基因组结构变异。结构变异与许多疾病相关，由大量的基因组中变化的核苷酸所组成。研究人员描述了一套完整的包含平衡和不平衡变异的8种结构变异类别。

在群体分层中研究人员识别到大量的基因交叉结构变异和天然存在的纯合基因敲除，这表明各种各样人类的基因存在分散性。通过 GWAS 和数量性状基因座存在表达富集的结果，科研人员证实了结构变异在单体型上富集。此外，还揭示了相当可观的在不同尺度上结构变异的复杂性，包括重复的重排群的基因位点和存在多个断点的复杂结构变异，这些变异可能通过个体突变事件形成。这些研究结果将为科研人员将来开展结构变异人口统计、功能影响研究和疾病相关性研究奠定基础[16]。千人基因组计划的研究目标，是绘制出最详尽的、最有医学应用价值的人类基因组遗传多态性图谱，为全人类提供基因组遗传变异的参考标准。在不久的将来，这一参考数据集必然会被应用到人类遗传疾病研究，尤其是复杂疾病的研究，也能应用到个人基因组的分子诊断和人类健康指导，将极其有助于全人类精准医疗的实施。

3）英国万人基因组计划

2012 年英国启动万人基因组计划（UK10K，http://www.uk10k.org/），旨在挖掘与罕见疾病相关的基因突变，并分析与疾病相关联的风险因素。实施 UK10K 的主要目的包括：评估遗传变异对肥胖、糖尿病、心血管疾病、血生化以及血压的影响，并对个体衰老、出生、心功能、肺功能、肝功能及肾功能进行动态监测。对此，研究者对来自欧洲两个家系的 3 781 个健康个体进行了全基因组测序（平均深度达到 $7\times$），发现了超过 2 400 万个新 SNV。通过对低频和稀有突变的评估，发现了 27 个相关的独立位点，其中 2 个以前从未报道过（一个是与脂联素水平下降相关的 ADIPOQ 基因内含子区的低频突变，另一个是与血浆甘油三酯水平相关的 APOC3 稀有突变）。其他 25 个位点包括常见突变、低频突变、罕见突变，与已知的脂联素水平、脂质特征、血红蛋白水平及空腹血糖相关。该研究并没有发现经典的脂代谢等位基因低频突变发生，这表明在研究人员考虑的广泛性状中，将罕有更强效应的低频突变在欧洲人群中被发现。

25 个新发现的遗传突变与 5 种疾病有关，其中 14 个遗传突变与纤毛运动相关疾病有关，7 个遗传突变与神经肌肉障碍疾病有关，2 个遗传突变与眼畸形有关，1 个遗传突变与先天性心脏病有关，1 个遗传突变与智力缺陷病有关。对于肥胖、孤独症及精神分裂症的分析，研究者并没有发现重要突变。研究者还发现对于一些疾病，携带者的突变频率比疾病患者的频率更高，这表明在未来的研究中我们需要关注突变的外显率及其在人群中频率的准确估计。此外，研究者对 5 182 名个体进行了平均深度达 $80\times$ 的全外显子测序，发现了 842 646 个 SNV 和 6 067 个 InDel。2.3% 的个体所携带的致病突变,能在美国医学遗传学与基因组学学会(American College of Medical Genetics and Genomics,ACMG)认证的56个有重要医学价值的基因中找到。研究者还使用了定制的参考面板,在超过22 000个样本中寻找与调节相关的突变或更低频的突变,并发现了两个新的低密度脂蛋白相关位点[17]。基于该计划的研究还发现一个位于非编码区域的低频突变对骨密度有很大影响,该突变可导致骨质疏松[18]。另外,研究人员在研究过程中还开发了新基因组浏览器,该浏览器能容易地检索到研究中分析变异基因与疾病的关联结果[19]。

4)虚拟中国人动态基因组数据库

虚拟中国人动态基因组数据库(Virtual Chinese Genome Database,VCGDB)是基于国际千人基因组计划中来自两个中国人群体的194个全基因组序列数据构建的,该数据库提供了一系列动态基因组学信息,包括3 500万个单核苷酸变异位点信息、50万个基因组插入删除片段信息、2 900万个罕见发生概率的变异位点信息,以及与这些位点和序列片段相关的基因组注释信息[20]。

VCGDB是"虚拟"的数据库。虚拟中国人基因组是源于对几百个中国人个体的TB级大规模数据进行综合分析的结果,不属于或代表任何一个真实存在的中国人个体。同时,该虚拟数据库可以描述中国人群体的遗传变异特性和各个位点上的碱基偏好性。VCGDB又是"动态"的数据库,科研人员从样本和人群等多个水平,使用信息熵等方法来分析和评估中国人个体之间及人群之间各个单核苷酸变异位点、插入删除信息、结构变异信息的动态变化水平和发生率。VCGDB将动态变异与个体特征及基因组注释信息,如相关的基因信息、基因组重复片段信息和GWAS临床特征信息等进行了有机整合,汇总得到与中国人群体相关的所有动态信息。VCGDB同时提供高度交互并融合多种新功能的虚拟中国人基因组浏览器(VCGBrowser)。该浏览器具有高度的兼容性,支持网页直接浏览、客户端使用及本地跨平台使用。VCGBrowser为用户提供了一个全方位的视角和统一的坐标系,可以在单个群体内或是多个群体之间展示和比较全基因组水平的所有动态变异信息。VCGBrowser还具有高度灵活性,可以对动态基因组进行实时、无极缩放,不仅可以展示某个基因组区域的动态变异分布信息,也可以展示各位点的动态变异细节信息。由于虚拟中国人基因组数据库经过了高度结构化和索引优化,VCGBrowser可以由浏览器点击触发实时搜索,并返回细节信息[21]。

通过网址 http://vcg.cbi.ac.cn/可以访问虚拟中国人基因组数据库,数据库网站主页如图3-1所示。

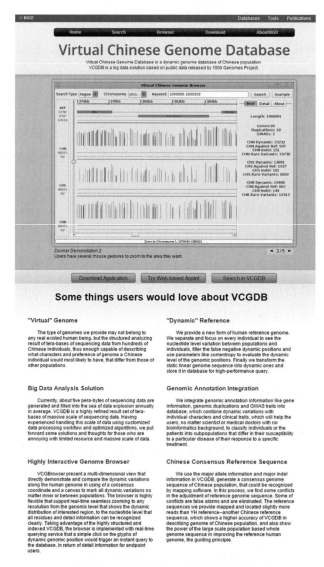

图 3-1　虚拟中国人基因组数据库

　　数据库主要包括网络搜索引擎、虚拟中国人基因组浏览器及数据下载 3 个页面。数据库网络搜索页面如图 3-2(a)所示，用户可以通过输入一个基因组区域、一个基因的描述或是一个 GWAS 特征信息实现对数据库的搜索。搜索后用户可以获取一系列相关的 VCGDB 数据表，包括动态基因组位点信息、主要基因型及插入删除和参考基因组不同信息、罕见变异信息、相关基因信息、基因组重复区域信息及 GWAS 临床和疾病特征信息等。在搜索结果列表的最后一列"browse"，都添加了超链接，用户通过点击可以直接实现用虚拟中国人基因组浏览器展示感兴趣的基因组片段［见图 3-2(b)］。该浏览器主要包括五大模块：控制模块、基因组浏览器模块、统计信息模块、细节信息模块及运行进度模块，从而可以实现在同一个平面上表现基因组某个区域各个动态位点的动态变化。如果用户想要获取离线的与数据库相关的应用程序和数据，可以通过虚拟中国人动态数据库数据下载页面得到［见图 3-2(c)］。该下载页面提供的下载数据包括两部分。其一是客户端版本的 VCGBrowser，包括支持 Windows 和 Linux 操作系统、32 位和 64 位平台下及不包含 JRE 的简化版和包含 JRE 的整合版等不同版本。此外，依据数据库数据构建的中国人各个群体的基因组参考序列，即中国人群体(CHN)、中国南方汉族中国人(CHS)、中国北京汉族中国人(CHB) 3 个群体的主要基因型一致性基因组参考序列，都在该页面中提供下载。

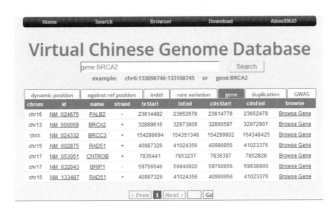

(a)

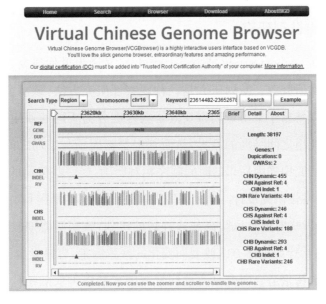

(b)

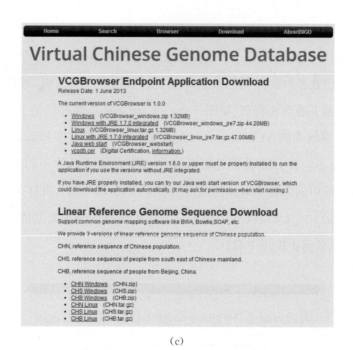

（c）

图 3-2　虚拟中国人动态基因组数据库

(a)数据库网络搜索页面；(b)虚拟中国人基因组浏览器页面；(c)虚拟中国人动态数据
库数据下载页面

总体上，虚拟中国人基因组数据库实现了对国际千人基因组计划海量数据的高效利用和成功展示，并且将在数据持续增长的情况下提供稳定、有效的资源，以求对基因组学及其他与疾病相关领域，特别是个体化基因组方面的研究有所帮助。

3.2.3　人群队列研究

人群队列研究（cohort study 或 panel study），又译为世代研究、群组研究、定群研究、追踪研究、梯次研究等。队列研究是一种观察性研究方法，该研究方法将一个范围明确的人群按是否暴露于某可疑因素及其暴露程度分为不同的亚组，通过追踪其各自的结局比较不同亚组之间结局的差异，从而判定暴露因子与结局之间有无因果关联及关联大小。队列研究中先因后果的时间顺序相对明确，受一些偏倚的影响小，证据强度更高，优于其他观察性研究设计。队列研究尤其适用于某些暴露和疾病结局的研究，如亚临床疾病期长、发病时死亡风险高或病程短的疾病，致病潜隐期较长的暴露因素，会因个体疾病状态、治疗或生活方式改变而变化的暴露因素，容易发生回忆偏倚的暴露因素等。队列研究也特别适合研究具有共同暴露因素的多种疾病结局。总之，队列研究在病因学研究中具有不可替代的地位和作用[22]。

1) 弗雷明汉心脏研究

国外早期最经典的前瞻性人群队列研究当属 1948 年开始的美国弗雷明汉心脏研究(Framingham Heart Study, FHS, https://www.framinghamheartstudy.org/),历经 3 代人群队列(起始时间分别为 1948 年、1971 年和 2002 年),确定了心脏病、脑卒中和其他疾病的重要危险因素,带来预防医学的革命,改变了医学界和公众对疾病起源的认识。

到 20 世纪 40 年代,心血管疾病一直是美国人的主要死因(占所有死因的一半)。由于对预防和治疗心血管疾病认识甚少,大部分美国人认为死于心脏病是不可避免的。富兰克林·德拉诺·罗斯福总统(1933—1945)同样无法幸免,由于未明确诊断和进行危险因素治疗最终导致心衰。在一批有识之士的倡议下,1948 年美国联邦政府赞助美国国立心脏、肺和血液研究所(National Heart, Lung, and Blood Institute, NHLBI)启动了弗雷明汉心脏研究。弗雷明汉是美国一个小镇,位于美国东北部马萨诸塞州,距离波士顿约 50 km。当时选择这个小镇,主要是由于小镇上当时的居民基本为中产阶级白种人,人口数量多,包括各种种族,而且人口相对稳定,便于长期随访;小镇附近拥有完善的医疗中心和卫生部门;小镇还曾经成功开展过一项近 30 年的肺结核研究。FHS 研究人员在弗雷明汉镇招募了 5 209 名 30~62 岁男性和女性进行第 1 次体检和生活方式记录,以便以后分析相关心血管疾病发展的共同模式。

自 1948 年开始,参与者每两年回到研究组,持续接受详细的医学史记录、体格检查和实验室检查。1971 年,该研究纳入了第 2 代人群——原参与者的成年子女及其配偶 5 124 人(Offspring Study),参加类似的检测。每 3 年随访一次。1994 年纳入了一个更多样化的弗雷明汉小镇居民群体,称为"Omni 队列",观察亚、非、拉裔少数民族与拉丁裔人群心血管疾病的异同,现已募集 500 人以上(FHS 现有 64 989 人,少数民族为 11 464人)进行研究。2002 年 4 月的研究进入了一个新阶段,纳入第 3 代参与者——原队列参与者的孙子和孙女们。这一步非常重要,以增加心脏病和脑卒中对家庭影响的了解。在子代参与者的帮助下,研究可能应用新的和更好的方法预防、诊断和治疗心血管疾病。第 3 代研究的第 1 阶段已于 2005 年 7 月完成,约 4 095 人参加。每 2~4 年,研究参与者均会接受详细的医疗检查包括病史采集、抽血化验及检查,如骨扫描、眼科检查和超声心动图等,多方面评估他们的健康状况。

自 1948 年 FHS 启动以来，在过去的超过 65 年时间里，FHS 帮助人们理解肥胖、2 型糖尿病、前驱糖尿病、代谢综合征、非酒精性脂肪肝及这些疾病与人类整体和心血管疾病病死率之间的关联。在为期 12 年的研究中，FHS 发现肥胖是患心血管疾病的一个危险因素。肥胖的个体与体重正常个体相比，发展为心绞痛和冠心病的风险会高出不止 2 倍。在随后高达 44 年的研究中，FHS 发现与正常的 BMI 相比，超重和肥胖与易发性高血压、2 型糖尿病和心绞痛相关。增加的 BMI 会增加心力衰竭和新发心房纤维性颤动的风险。过去 10 年间，伴随科学技术的发展，遗传筛查被引入 FHS 研究中。GWAS 这种高通量、无偏倚的方法使得识别大量在内脏脂肪组织、皮下脂肪组织、心包脂肪、脂肪肝和肾窦内脂肪等区室的脂肪沉积关联基因成为可能。FHS 还为在肥胖的遗传研究中识别全新位点做出了贡献，并且提出脂肪组织、脂质生物学和体内脂肪分布间关系的新见解。同肥胖一样，在 FHS 早期的研究中，2 型糖尿病也被看作是心血管疾病的一种重要风险因子。通过 GWAS，许多空腹血糖和 2 型糖尿病相关的基因被识别。为了测试这些遗传位点的知识能否促进人们预测哪些人将发展为 2 型糖尿病，利用 18 个先前验证的与 2 型糖尿病相关的单核苷酸多态性对在 FHS 登记的 2 377 个个体进行基因分型。一个人的基因型评分知识并不能改进在 FHS 中以前开发的简单临床模型。利用技术可以实现从血液样本分析获得代谢状态的高通量分析，在 FHS 中开展了通过代谢分析预测 2 型糖尿病发展潜在性的研究。研究发现，测量异亮氨酸、苯丙氨酸和酪氨酸 3 种氨基酸的组合可以提高未来 2 型糖尿病的预测能力，这一组合水平在高四分位数的人比在最低四分位数的人患 2 型糖尿病的风险高 5～7 倍。这一发现随后在一个大型欧洲队列中被验证。与单独依靠临床变量相比，结合遗传和代谢特征可以适当提高易感性 2 型糖尿病的预测能力[23]。

今天的 FHS 已经和原来完全不同，大部分工作主要集中在遗传学和基因组学方面，研究人员在不断增加的大样本人群中进行全基因组 DNA 测序、外显子组测序及基因组的广泛关联研究，从而进一步获知整个人类基因组常见遗传变异与疾病的关联。研究还将从 DNA 水平过渡到 RNA 水平，探讨 RNA 表达变化相关的各种表型和疾病；还将进行 microRNA、DNA 甲基化及蛋白质组学和代谢组学方面的研究，将大量的高通量组学技术应用于人口水平，更好地识别疾病或预知疾病。

2）美国护士健康研究

护士健康研究（Nurses' Health Study，NHS）是目前最大的关于女性主要慢性疾病危险因素的前瞻性调查研究之一。美国卫生和人类服务部前部长称 NHS 是女性健康方面开展的最重大的研究之一(http://nurseshealthstudy.org/)。

NHS 是 Frank Speizer 博士在 1976 年建立的,并由美国 NIH 连续资助。这项研究的主要目的是探讨口服避孕药潜在的长期后果,研究在数百万妇女中开展。这项研究选择护士作为研究对象,主要是她们接受过护理教育,有对健康的知识并且有对各种疾病提供完整和准确信息的能力。NHS 的创始人预料和发现护士能够以高精确度回答简明的技术措辞的问卷。而且她们相对易于追踪并且对参加长期研究充满动力。由于当时对避孕药具使用问题的敏感性,研究队列仅限于已婚女性。1976 年,研究队列人员来自 11 个人口最多的州,是年龄为 30～50 岁的已婚注册护士,她们的护士董事会同意向 NHS 提供其成员姓名及地址,如果她们回复 NHS 的基线调查问卷,将有被登记到队列中的资格。起初涉及的州有加利福尼亚州、康涅狄格州、佛罗里达州、马里兰州、马萨诸塞州、密歇根州、新泽西州、纽约州、俄亥俄州、宾夕法尼亚州和得克萨斯州。1972 年,在州护士董事会的批准下,科研人员从美国护士协会获得 238 026 名符合资格标准的护士的姓名和地址。每个护士都被立即分配到唯一的识别号,以确保严格保密。通过一个系列的 3 封基线问卷调查邮件,科研人员建立了 NHS 队列。第一封邮件在 1976 年 6 月发送给所有 238 026 名护士,最后一封邮件在 1976 年 12 月发给无回音的被调查人。总体上,共有 121 700 名护士返回并完成问卷调查。去除 65 613 份无法送达的调查问卷,总的回复响应率约为 71%(172 413 份中有 121 700 份回应)。这项研究最初主要关注避孕方法、吸烟、癌症和心脏疾病几个方面,但是随着时间的推移,研究扩展到很多其他生活方式因素,包含行为、个人特征以及 30 种以上疾病。每隔 2 年,队列成员会收到一份包含吸烟、激素使用和绝经状态等有关疾病和健康相关话题的跟踪问卷调查。由于调查人员认为饮食和营养在慢性疾病的发展中可能发挥了重要作用,为收集饮食信息,科研人员在 1981 年又增加了每间隔 4 年邮寄一次食物频率问卷调查。此外,有关生活质量的补充在 1992 年首次纳入问卷调查并在一个规律的间隔后重新执行。大量的补充问卷调查被发送给选定的参与者,从而为特殊的研究问题提供额外的数据,并且对报道的疾病进行了更好的描述和定义。在大部分的问卷调查跟踪周期中,都至少获得了 90% 的回应率。由于饮食的某些方面不能由问卷调查来测量,如来自于食物生长土壤中的矿物质,在 1982—1984 年的问卷调查中,63 000 名护士提供了脚趾甲样本。在 1989—1990 年,为识别激素水平和遗传标记等生物标志物,将近 33 000 个参与者提供了血液样本。随后,在 2000—2002 年,18 700 个原参加人提供了第 2 份血液和尿液样本。这些样本被储存用于研究各种生物标志物和疾病风险之间的关系。在 2001—2004 年,从额外的 33 000 个妇女的面颊细胞中提取了 DNA。

护士健康研究 Ⅱ(NHS Ⅱ)由 Walter Willett 博士和他的同事在 1989 年建立,资金来源于 NIH,主要在比原来的 NHS 队列更年轻的人群中研究口服避孕药、饮食和生活方式等风险因素。这些年轻一代的护士包括在青春期期间口服避孕药和在早期生育生活中被最大限度暴露的女性,研究对象为 25~42 岁。起初的目标是登记 125 000 名女性。基线问卷调查发送给 517 000 名护士,最终有 116 430 名女性加入 NHS Ⅱ 研究。每隔两年,队列成员会收到跟踪问卷调查,问题涉及疾病和健康相关的话题,包括吸烟、激素使用、妊娠史及绝经状态。NHS Ⅱ 的问卷调查响应率每个两年周期为 85%~90%。2010 年,Walter Willett 博士联合他的同事开始了 NHS3。NHS 系列研究首次以基于网络的形式进行调查。研究对象包括女性护士助理和注册护士,同时也对加拿大护士开放,并首次包含男护士。计划招募 19~46 岁的 10 万名护士参与。目前招募系统网站仍然处于开放状态。NHS3 的目标是要使该研究能代表不同背景护士的健康数据。NHS3 将密切关注饮食模式、生活方式、环境和护理职业暴露如何影响男性和女性的健康。NHS 自开始以来,研究成果多数是关于生活和行为方式对健康的影响,这些成果为科学知识的积累和公共卫生方面做出了重要贡献。

3)美国健康职业人群随访研究

健康职业人群随访研究(The Health Professionals Follow-up Study,HPFS)始于1986 年,到 2016 年已是该项目实施的第 30 周年。这项研究的目的是评估一系列男性健康同癌症、心脏病和其他血管疾病相关的严重疾病发生率与营养因素的关联假说(https://www.hsph.harvard.edu/hpfs/)。这项全部由男性组成的研究,是相对全由女性组成的护士健康研究的补充。护士健康研究与该项研究有着相似的假设。HPFS是由哈佛大学公共卫生学院主办,由美国国家癌症研究所资助的。起初,Walter Willett及其同事招募了卫生专业的 51 529 位男性参加了此项研究。这组人由 29 683 名牙医、4 185 名药剂师、3 745 名验光师、2 220 名整骨医生、1 600 名足科医生和 10 098 名兽医组成。在这项研究的参与者中有 531 个非洲裔美国人和 877 个亚裔美国人。研究人员选择这些卫生专业的男性参加主要是认为选择这类职业的男人有参加的动机、可以承诺参加一个长期项目并且能够准确回答问卷调查中的问题。每隔 2 年,参加成员会收到与疾病和健康相关话题的问卷调查，问题包括吸烟、体力活动和用药等。有关详细饮食信息的问卷调查会每隔 4 年执行一次。

自 2005 年起，该项目每隔一年会发表一份简报，介绍项目的主要研究成果。在最近一期（2015 年）的简报中，科研人员报告开发了一个"健康心脏评分"的在线计算器，可以基于生活方式估计参与人发展为心血管疾病的长期风险。通过回答计算器中的问题，个体可以了解他们的生活方式是如何影响心脏病发作和脑卒中的风险的，并且可以决定哪些生活方式和习惯可以保持，哪些则需要改进。在过去的十年间，遗传研究已经识别了许多在 DNA 上的不同，这些不同可能影响患病风险。这些不同之一是技术上已知的，比如单核苷酸多态性又称"SNP"。个别的 SNP 与疾病之间的关联是非常有限的，因为复杂疾病是许多单个基因共同作用的结果，所以科研人员整合研究多个 SNP。科研人员将单独的 SNP 整合成遗传风险评分。这些风险评分综合了其在相关基因中的突变数目，并且给出遗传对疾病影响的一个通览表。在研究中纳入遗传风险评估对于研究各种各样的复杂疾病是非常有用的，这些复杂疾病包括哮喘、冠心病、膀胱癌和2型糖尿病等。例如，与单独的 SNP 相比，风险评分与 2 型糖尿病有更强的相关性。遗传风险评分的重要性可能更为广泛。例如，在 NHS 和 HPFS 的队列中，科研人员发现高2 型糖尿病遗传风险评分同时也与高心血管疾病风险相关联。这一结果表明遗传风险评分可用于发现在不同疾病间共同的遗传关联，这在之前是被忽视的。最终，这将是通往预防或治疗的新方法。尽管目前风险评估的改进已经很小，遗传风险评分很有希望用于未来的临床实践中，因为它们可以帮助临床医生更好地评估一个患者患某一疾病的风险。最终，探索在复杂疾病中的遗传风险评分，可以推进基础和临床研究[24]。

3.2.4　癌症基因组图谱计划

癌症至少有 200 多种形式，并且有很多种亚型，这些都是由 DNA 的错误引起的，这些错误使得细胞的生长不受控制。识别每种癌症中一整套 DNA 的变化，即基因组 DNA 的变化，并且了解这些变化如何通过相互作用驱动疾病，可以为将来改善癌症的预防、早期诊断和治疗奠定基础。癌症基因组图谱计划（The Cancer Genome Atlas，TCGA），是美国国家癌症研究所（National Cancer Institute，NCI）和国家人类基因组研究所（National Human Genome Research Institute，NHGRI）的合作项目，目的是探索全面的、多方位的癌症主要类型和癌症亚型的关键基因组改变的基因组图谱。2006 年发起的一个为期 3 年的试点项目证实可以为特定的癌症类型创建一个变化的图集。该项目同时也表明，一个研究的国家网络和在不同但是相关项目工作的技术团队可以整合他们努力的结果，为数据的公开访问创造规模效益并且能够发展基础设施。重要的是，该项目也证明，数据的免费提供可以使世界各地的研究人员做出并验证重要的发现。试点的成功促使 NIH 把主要资源交给 TCGA，以便其收集和描述附加癌症类型的特征。TCGA 共完成 11 000 个患者肿瘤和正常组织的收集，共考虑到 33 种癌症和亚型的完整特征描述，其中包含 10 种罕见癌症。

TCGA 计划是如今国际癌症基因组联盟（International Cancer Genome Corsortium，ICGA）中最大的组成部分，该联盟由来自 16 个国家的科学家组成，已经发现了近 1 000 万个与癌症相关的基因突变。在 TCGA 计划中，各个研究团队通过 Agilent、Illumina、RNA-Seq 等平台获得 mRNA 表达数据、microRNA 表达数据、拷贝数数据、蛋白质数据、基因突变数据及甲基化数据，同时收集患者基本资料、治疗进程、临床分期和生存状况等临床数据。TCGA 计划的大部分数据和研究结果都公开在 TCGA 数据门户网站（http：//cancergenome.nih.gov/）上，可供世界各地的研究人员免费下载，其中一部分数据出于对癌症样本捐献者私人信息的保护为受限数据，研究人员如需下载使用需申请和审核。TCGA 的数据主要分为 4 个水平，水平 1 是低水平且未经过标准化的单个样本原始数据；水平 2 是经过标准化后的单样本数据或者是对存在或不存在特定分子异常的解释数据；水平 3 是经过处理的单个样本数据汇集或是已探测的基因位点集合形成的较大连续区域；水平 4 是感兴趣的区域或概要，主要包括量化各类样本之间的关联、基于两个或多个数据的关联以及存在分子异常、样本特征和临床变量的数据。TCGA 是癌症研究的宝贵资源，研究者可以通过分析 TCGA 数据深入了解癌症的分子生物机制。通过收集并整合分析临床数据和各种类型的基因组数据，医生可以为敏感与耐药不同的癌症患者定制个性化医疗方案，TCGA 数据为临床肿瘤研究者提供大量有价值的信息，为新的临床检测提供靶基因，为肿瘤预防和治疗提供明确的分子生物标志物，并可以帮助医生在患者可治愈期尽早发现肿瘤。TCGA 数据对结合分子生物标志物和临床数据，在生物统计或生物信息分析的研究初期或者实验结果的验证方面有很重要的作用[25]。

3.2.5 人类基因组 DNA 元件百科全书计划

人类基因组 DNA 元件百科全书（Encyclopedia of DNA Elements，ENCODE）计

划,是 2003 年在人类基因组计划完成之后又一个大型国际科研项目。该项目旨在描述人类基因组中所编码的全部功能性序列元件。ENCODE 计划于 2003 年 9 月正式启动,吸引了来自美国、英国、西班牙、日本和新加坡 5 国 32 个研究机构的 440 多名研究人员参与,历经 9 年时间,研究了 147 个组织类型,进行了 1 478 次实验,获得并分析了超过 15 万亿字节的原始数据,确定了 400 万个基因开关,明确了哪些 DNA 片段能打开或关闭特定的基因,以及不同类型细胞之间的"开关"存在的差异;证明所谓"垃圾 DNA"都是十分有用的基因成分,担任着基因调控重任;证明人体内没有一个 DNA 片段是无用的。目前所有数据全部公开(http://genome. ucsc. edu/ENCODE/),并以 30 篇论文在 *Nature*、*Science*、*Cell*、*Journal Biological Chemistry*、*Genome Biology*、*Genome Research* 同时发表(http://www. nature. com/encode)。值得关注的是,这些文章中所包含的海量信息都是相互链接的,以便更多的研究人员可以从多个层次、不同角度理解人类基因组。

ENCODE 计划已经完成的部分主要分为试点阶段和规模化实验阶段。在试点阶段,35 个组共提供了超过 200 组的实验和计算数据集,以前所未有的细致程度检查人类基因组 29 998 kb 的目标区域。这些接近 30 Mb 的区域,相当于人类基因组的 1%,具有足够的大小和多样性,以用于多重实验和计算方法的严格先期测试。这 30 Mb 分布在 44 个基因组区域中,其中接近 15 Mb 存在于 14 个已经积累了大量生物学知识的区域,另外的 15 Mb 存在于通过分层随机抽样方法得到的 30 个区域中[26]。研究人员测试比对了现有的基因组测序方法,应用最优方案寻找含有功能元件的区域,并开发了高效查找功能元件的应用软件。在规模化实验阶段,科研人员整合了多个结果,包括 147 种不同细胞系的不同实验结果,以及所有的 ENCODE 数据和其他资源,如 GWAS 的候选区域和演化限制区域。所有这些揭示了人类基因组组织和功能的重要特征。绝大多数(80.4%)的人类基因在至少一个细胞类型中参与至少一个生化 RNA 或者染色质相关的事件。大部分的基因位置靠近一个调控元件,95% 的基因在 8 kb 存在一个 DNA-蛋白质相互作用(通过连接 ChIP-Seq 基序或是 DNA 酶Ⅰ印迹鉴定),并且 99% 的基因在 1.7 kb 就至少存在一个生物化学事件。总的来说,灵长类动物特有的元素和无可检出哺乳动物限制的元素一样显现出负选择的迹象,因此,它们中的一些可能有功能。基因组归类为 7 种染色质状态,表明初始的有着增强子特征的399 124个区域和有着启动子相似特征的 70 292 个区域,与成千上万的静态区域一样位于一个初始集中。

高分辨率的分析进一步将基因组分为上千个有着不同功能特性的更窄状态。可以将RNA序列产物与结合在启动子上的染色质标记和转录因子的加工进行定量相关，表明启动子的功能性能够解释大部分RNA表达的变化。许多个体基因组序列上的非编码变异存在于ENCODE注释的功能区域，这个数目至少和存在于编码蛋白基因中的数目一样大。通过GWAS分析得到的与疾病相关的SNP富集在非编码功能的元素中，这些元素大部分存在于或靠近ENCODE定义的蛋白编码基因外的区域。在许多情况下，疾病的表型可以和一种特殊的细胞类型或转录因子相关联[27]。ENCODE项目产出的成果为科学界提供了宝贵的资源，极大地丰富了人类对自身基因组的认识，为破解疾病之谜奠定了坚实的理论基础。

3.3　精准医学相关数据库

近年来，随着各种大规模、高通量测序技术的不断应用，海量的生物学数据正源源不断地在世界各地产生。复杂而多层次的生物学数据和信息的产出量已经达到年均PB的量级，并且还在超指数增长。这导致科研人员和医生难以从海量生物医学数据中发现高质量、可用性的知识。精准医学希望在大样本、海量数据基础上进行研究和分析，最终实现精准预防、精准诊断和精准治疗的目标。因此，面对海量的生物医学数据，已经有一批优秀的生物医学和精准医学知识库被整合和构建。这些数据库可以帮助科研人员和医生全面获取各类生物医学文本信息和组学数据，为研究和临床决策提供充分可靠的依据。下面就几个目前常用的精准医学相关数据库做简单介绍。

3.3.1　人类遗传性疾病数据库

1）在线人类孟德尔遗传数据库

人类孟德尔遗传学（Mendelian Inheritance in Man，MIM）是一个将现今所知的遗传病与相应的基因及临床信息联系起来的一个数据库。这个数据库出版了名为《人类孟德尔遗传》的书籍，最新的版本是第12版。它也有网上版本，称为《在线人类孟德尔遗传》（Online Mendelian Inheritance in Man，OMIM）。OMIM数据库由维克托·麦库西克医生在1987建立，持续至今，由约翰·霍普金斯大学维持更新。OMIM数据库的数据一直保持着稳定的更新速度，数据来源于目前发表或将要发表的生物、医学文献，相关的文章经过鉴定、讨论,编写在数据库内成为相关的条目。截至 2016 年 4 月 8 号,数据库拥有 23 456 个条目。OMIM 数据库是 NCBI 下三大数据库之一,软件的开发也是由 NCBI 负责。

OMIM 数据库中对于每一种疾病及基因都给定一个独特的 6 位 MIM 编号,编号的第一位是遗传方式的类别:1 指染色体显性遗传;2 指染色体隐性遗传;3 则是与 X 连锁。无论如何编号,在第 12 版的 MIM 中,所有编号都会加上方括号,某些当中会有 * 标(* 标代表已知的遗传模式;若在编号前加上一个符号 ♯,则代表病症是因 2 个或 2 个以上的基因突变而成)。举例来说,佩利措伊斯-梅茨巴赫病(MIM * 169500)就是指已知的、染色体的、显性的、孟德尔疾病(http://www.wikilib.com/wiki/%e5%9c%a8%e7%b5%9a%e4%ba%ba%e9%a1%9e%e5%ad%9f%e5%be%b7%e7%88%be%e9%81%ba%e5%82%b3)。

OMIM 的功能:对于临床工作者,通过体现患者特征的关键词,可以从 OMIM 数据库中寻找到最近的临床检测标准和发展趋势;对于教学来说,OMIM 可以简单地提供给学者们关于基因和遗传病方面最关键的信息和综评,并实现从表型到基因型的分析。OMIM 最具魅力之处是它能够提供给遗传学家基因序列、图谱、文献等其他数据库关于该类注释的详尽信息,即它强大的外部链接。此数据库本身只提供一些关于基因、临床的基本信息。但是在它内部嵌有相应的关于基因组、DNA、蛋白质、临床、突变、动物模型、细胞系、通路的一些数据库的链接,浏览者可以随时跳转到这些网站上获得具体的数据。因此,OMIM 数据库保持了自身数据库结构的精简性,同时又让浏览者最大可能地了解了相应的遗传病或基因。到目前为止,OMIM 数据库链接了 50 多个数据库(见表 3-4)。

表 3-4　OMIM 链接数据库列表

基因组	Ensembl	MITOMAP	NCBI Map Viewe	UCSC	
DNA	Ensembl	NCBI RefSeq	UCSC		
蛋白质	HPRD	UniProt			
基因信息	BioGPS HGNC	Ensembl KEGG	GeneCards NCBI Gene	Gene Ontology PharmGKB	UCSC
临床	ClinGen Dosage Gene Tests Newborn Screening	ClinicalTrials.gov Gene Reviews NextGxDx	DECIPHER Genetic Alliance POSSUM	EuroGentest GTR	GARD OrphaNet

（续表）

变异	ClinVar HGVS 1000 Genome	ExAC Beta inSIGHT	GWAS Catalog Locus Specific DBs	GWAS Central LOVD	HGMD NHLBI EVS
动物模型	FlyBase NCBI HomoloGene	IMPC OMIA	KOMP Wormbase Gene	MGI Mouse Gene ZFin	MGI Mouse Phenotype
细胞系	Coriell				
代谢通路	KEGG	Reactome			

图 3-3 是 OMIM 数据库在 NCBI 下的主页（http://www. ncbi. nlm. nih. gov/omim）。可以在搜索栏中输入遗传病名称、基因名称、MIM 编号，或者一些描述性的语言。

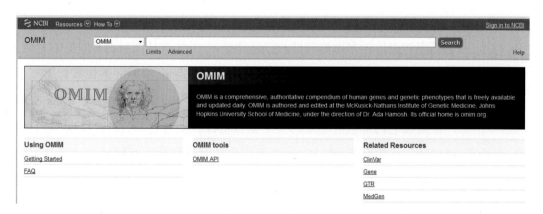

图 3-3　OMIM 数据库在 NCBI 下的主页

　　例如，输入"phenylketonuria"就可以搜索到 phenylketonuria 及相关的词条，如 PHENYLALANINE HYDROXYLASE、PAH。同时，可以看到相应的 Gene summaries、Genetic tests 和 Medical literature 的链接［见图 3-4（a）］。进入第 1 个词条，可以看到左面方框里是这个页面内容的大纲，主要是关于基因和临床的描述性信息，右面的框里是与 phenylketonuria 相关的蛋白数据库、临床资源数据库、动物模型数据库、细胞系数据库的链接。如果需要关于 phenylketonuria 相应的数据，可以进入相应的数据库浏览下载［见图 3-4（b）］。OMIM 数据库的另一大特点是其 neighbor 算法支持相关文献在 PubMed 的搜索［见图 3-4（c）］，在有些段落后面可以看到一个绿色的小图标，点击就可以在 PubMed 里搜索与文中使用的参考文献相关的文献，从而更好地了解此类遗传病。

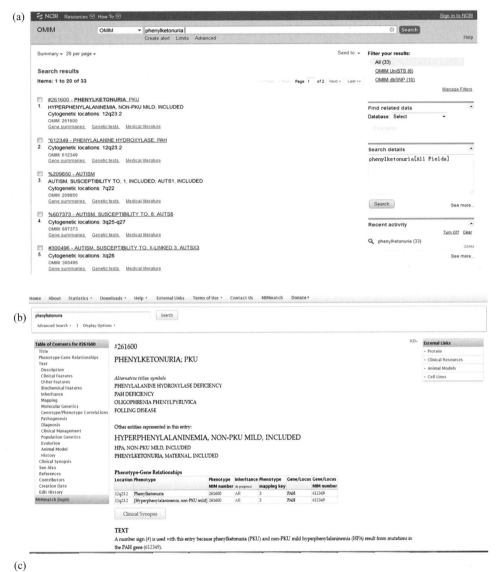

图 3-4　OMIM 数据库

(a)OMIM 数据库"phenylketonuria"查询结果页面；(b)OMIM 数据库"phenylketonuria"查询结果详细信息页面；(c)OMIM 数据库相关文献搜索

综上所述，OMIM 是一款公布在 NCBI 上的资料库，支持在线搜索。OMIM 每天更新信息，并且提供与其他相关信息的链接。连续更新的关于人类基因和遗传疾病的数据库主要着眼于可遗传的或遗传性的基因疾病，包括文本信息和相关参考信息、序列纪录、图谱和其他相关数据库。它具有及时、准确、全面、实用等特点，充分利用 OMIM 是提高医学遗传学教学质量的有效途径。

2）基因型和表型数据库

基因型和表型数据库（the database of Genotypes and Phenotypes，dbGaP）是美国 NIH 赞助的用于归档、精选和发布由调查基因型和表型间相互作用的研究所产生信息的数据库。dbGaP 中的信息是以层次结构组织的，包含登记的主体，表型（作为变量和数据集），各种分子实验数据（SNP 和表达阵列数据，序列和表观基因组标记）、分析和记录。有关提交研究的公开可访问的元数据、摘要水平数据和与研究相关的文档能够在 dbGaP 网站免费访问，来自全世界的科学家能够通过受控访问应用访问个体水平数据[28]。

dbGaP 数据库数据主要有 4 种类型：第 1 种为研究课题相关文件，主要包括研究课题描述、协议文件和数据收集工具；第 2 种为表型数据，主要针对每个变量评估，以个体水平及总结形式呈现；第 3 种为基因型数据，包括研究对象的个体基因型、系谱信息、比对结果及重测序痕迹；第 4 种为统计结果，主要包括关联分析。针对不同的研究人群，dbGaP 数据库信息获取路径有：一，公开获取（public access），无须注册，可直接查看元数据；二，受控获取（authorized access），科学家可注册访问个体数据及分析情况。下面根据 NCBI 中 dbGaP 数据库首页（https://www.ncbi.nlm.nih.gov/gap）布局（见图 3-5）简单介绍数据库使用。

Access dbGaP Data
Advanced Search
Controlled Access Data
Public FTP Download
Collections
Summary Statistics

Resources
Phenotype-Genotype Integrator
Association Results Browser
dbGaP RSS Feed
Software
dbGaP Tutorial

Important Links
How to Submit
FAQ
Code of Conduct
Security Procedures
Contact Us

Latest Studies

Study	Embargo Release	Details	Participants	Type Of Study	Links	Platform
phs000474.v3.p2 Biology and Molecular Analysis of Human Hematopoiesis Genetics	Versions 1-2: passed embargo Version 3:	V D A S	556	Probands, Mendelian, Family		SureSelect Human All Exon v.2 Kit ICE Capture Reagent
phs001057.v1.p1 Population Genetics Analysis Program: Immunity to Vaccines/Infections (NIAID/NIH)	Version 1: passed embargo	V D A S	993	Cohort	Links	HumanOmni2.5-8 (Omni2.5)
phs000748.v3.p2 Multiple Myeloma CoMMpass Study	Versions 1-3: passed embargo	V D A S	564	Longitudinal	Links	TruSeq Exome Enrichment Kit SureSelect Human All Exon + UTRs Library TruSeq Stranded mRNA Sample Prep Kit

图 3-5　dbGaP 数据库网页布局

在 Access dbGaP Data 下的 Advanced Search 链接页面中，左侧为搜索内容部分，右侧为结果显示部分，其中搜索内容部分主要有以下内容可对要查找内容进行筛选，包括 Study Disease/Focus、Study Design、Study Molecular Data Type、Study Markerset、NIH Institute、Study Consent、Study Type 和 Study Subject Count。例如，欲查找老年痴呆病相关数据，在左侧 Study Disease/Focus 中查找 Alzheimer Disease 即可，右侧会显示出结果[见图 3-6(a)]。若直接选择某个研究(study)，即可查找到该研究下的 variables、phenotype datasets 等信息[见图 3-6(b)]。

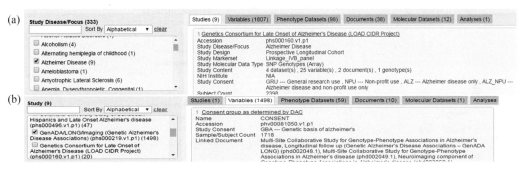

图 3-6 dbGaP 数据库

(a)Alzheimer Disease 搜索结果；(b)根据研究直接筛选

在 Access dbGaP Data 下的 Controlled Access Data，出于尊重研究对象个人隐私、保证数据安全性等考虑，此部分内容需要申请注册才可以进行个人数据下载，申请注册者主要为 PI，才可通过验证，进行数据下载。在 Access dbGap Data 下的 Public FTP Download，可以根据上述查找到的文件编号进行下载。假设查找到的文件编号为 phs000001.v1.p1（文件设计缩写主要有 phs、phv、pht、phd 和 phg，分别代表 phenotype study、phenotype variables、phenotype trait tables、phenotype documents 和 phenotype genotype datasets，来源于英文单词前缀，"v"代表 data version，"p"代表 participant set version，"c"代表 consent group version）。在 Access dbGap Data 下的 Collections，根据同一基金项目、疾病或者审核组将已有的研究进行分类整合，目前只有 3 个集合，分别为：① Compilation of Individual-Level Genomic Data for General Research Use；② NIH Autism-omics Studies；③ Open Translational Science in Schizophrenia（OPTICS），内容包含甲基化、RNA-Seq、whole exome 和 SNP/CNV Genotypes 等。在 Resources 中的 Phenotype-Genotype Integrator 为在 GWAS 登记的

一些数据库的并集，主要包含 Gene、dbGaP、OMIM、GTEx 和 dbSNP，其主要为对GWAS 结果有需求者提供数据查询及下载。点击 Resources 中的 Phenotype-GenotypeIntegrator 链接可以进入 PheGenI 的查询页面［见图 3-7（a）］，左侧为表型筛选，在Traits 下既可以人工输入查找特性也可以浏览已有特性，进行查找。右侧为基因型筛选，包含 Location、Gene 及 SNP 3 个方面查询。以眼疾（eye disease）中近视（myopia）

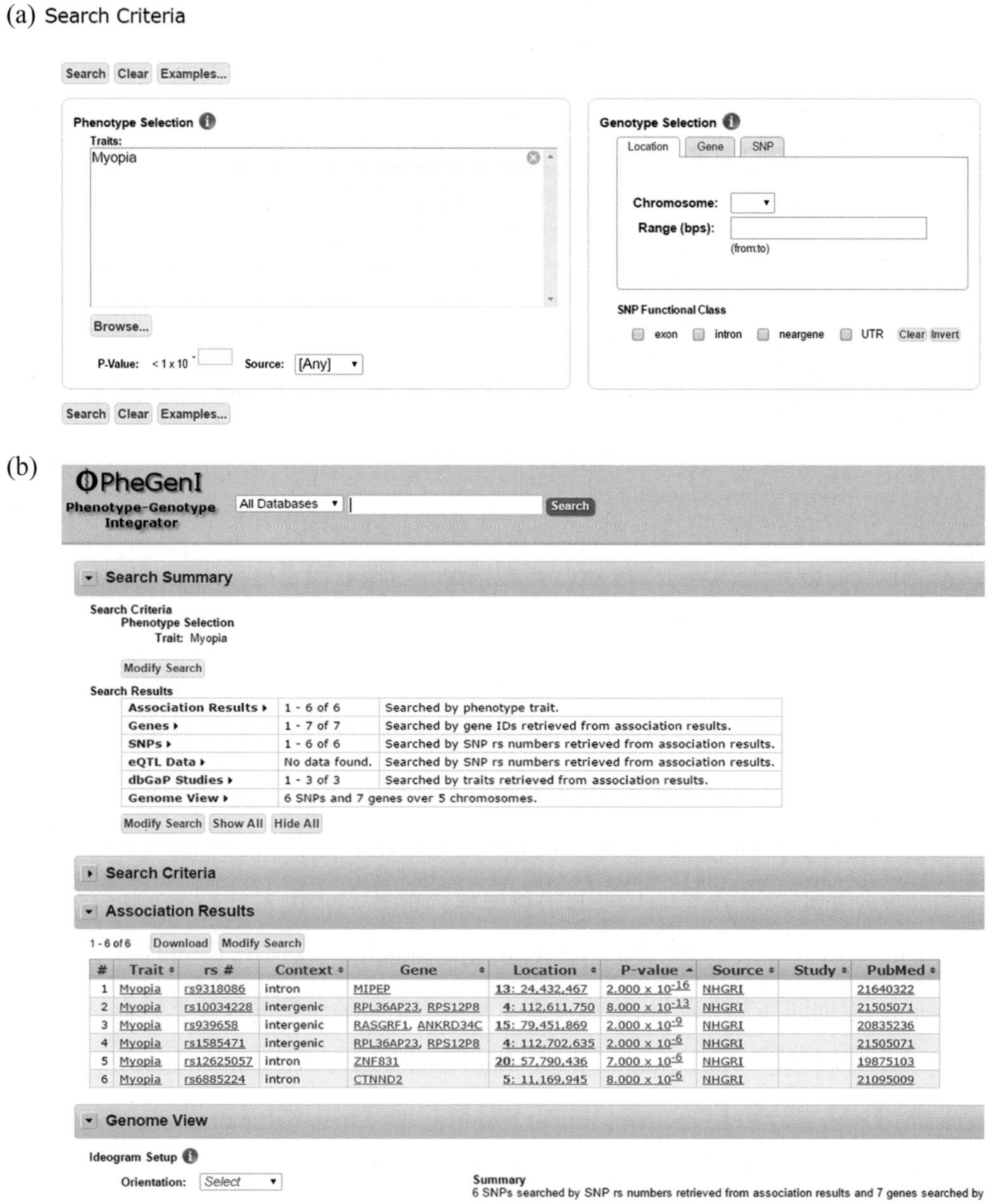

图 3-7　dbGaP 数据库检索结果

（a）PheGenI 查询界面及 Myopia 表型检索；（b）Myopia 表型检索结果汇总页面

为例进行检索［见图 3-7（a）］。也可以采取右侧的基因型筛选，直接输入想查找的基因、定位信息、SNP 等进行检索。检索结果中包括 Myopia 表型关联结果（Association Results）、基因（Genes）、单核苷酸多态性（SNPs）、数量性状位点数据（eQTL Data）、dbGaP 相关研究（dbGaP Studies）及基因组查看（Genome View）等［见图 3-7（b）］。更详细的查询结果可以根据查询需要逐一点击查看。

在 Resources 中的 Association Results Browser 功能主要为搜索，类似于 Phenotype-Genotype Integrator，主要分为 3 部分：Genetic Location、Limit Results to 和 Phenotype。在 Resources 中的 dbGaP RSS Feed 是 dbGaP 数据库最新动态集锦，主要是一些简短的新闻及公告，包含新收入数据库的文件信息等。dbGaP Tutorial 为教学内容，包括 dataset page、analysis page、document page 及 variables page 使用教学视频。Important Links 主要包含 5 部分，分别为：①How to Submit，讲述如何将文件提交到 dbGaP 数据库，有完整的流程图；②FAQ，即 dbGaP 数据库使用者在使用过程中出现的一些问题及相关专业的回答；③Code of Conduct，主要为研究人员提交数据应遵守的行为准则，也是对用户的一种通知；④Security Procedures，主要介绍安全程序，内有详细的介绍；⑤Contact Us，联系数据库维护者，需要填写姓名、邮箱、电话、问题等内容。

总之，dbGaP 数据库存储了众多基因型和表型相关的研究数据及结果，这些数据的积累，为科研人员及医务工作者发现海量基因型和表型数据相关性的未知信息提供了基础。

3）人类染色体不平衡和表型数据库

许多患有罕见病的患者基因组中存在基因变异（序列变异或是拷贝数变异），这些变异会破坏正常的基因表达进而导致疾病。然而，许多变异是全新的或极为罕见的，这使得临床解释存在困难，并且基因型、表型关联存在不确定性。在一个给定基因中识别患者共享的变异并且这些变异存在共同的表型特征，可以使基因的致病性质得到更好的确定，同时在疾病发展中确定新基因的作用并定义疾病。

人类染色体不平衡和表型数据库（Database of Chromosomal Imbalance and Phenotype in Humans using Ensembl Resources，DECIPHER）是一个基于网络的交互式数据库，整合了一系列的工具用于帮助基因变异的解析。DECIPHER 通过检索在患者中多样的和变异相关的生物信息学资源信息加强临床诊断。患者的变异在对应基因座同时展示正常变异和致病变异，从而便于解释报告。对 DECIPHER 做出贡献的是临床遗传学和罕见疾病基因组学学术部门的国际团体,该团体目前已经包括 250 多个中心,并且已经向数据库提交超过 18 000 个病例。每个做出贡献的中心都有一个指定的罕见疾病临床医生或是临床遗传学人员,负责审查数据录入和成员资格。DECIPHER 使用了一种灵活的数据共享方法。每个中心对它自己的患者信息有控制权(在中心自己的 DECIPHER 项目下由密码保护),直到被同意和选定的协作组共享数据,或是被同意在 Ensembl 或是其他的基因组浏览器免费浏览匿名的基因组和表型数据。一旦数据被共享,联盟的成员间就可以获得患者的报告,并相互联系,讨论共同感兴趣的患者。

在 DECIPHER 的主页(https://decipher.sanger.ac.uk/)搜索框中(见图 3-8)可以对数据库中的数据进行检索,用于检索的词条可以是表型、染色体上重叠位置、条带位置、致病性、基因名、DECIPHER 数据库中的患者身份(ID)或综合征名字或描述等。

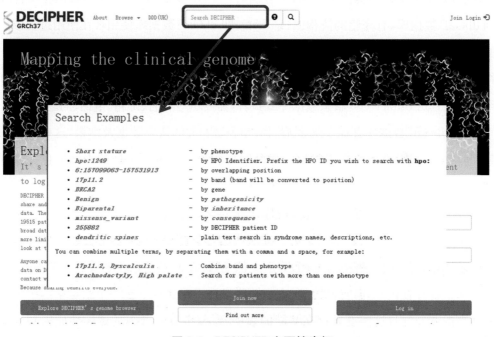

图 3-8　DECIPHER 主页搜索框

以表型"Cleft palate"词条检索为例,可以检索到如图 3-9(a)所示结果,列表中给出了数据库中收录的所有和"Cleft palate"表型相关的 DECIPHER ID、对应的表型描述以及是否有可开放获取的变异信息供进一步查询。点击搜索结果页面的"Karyotype"[见图 3-9(b)红框所示],可以查询到该表型对应的核型分析结果。在 DECIPHER 数据库的查询结果中,都包含有一系列综合征的报告结果。综合征页面提供一些单一的信息

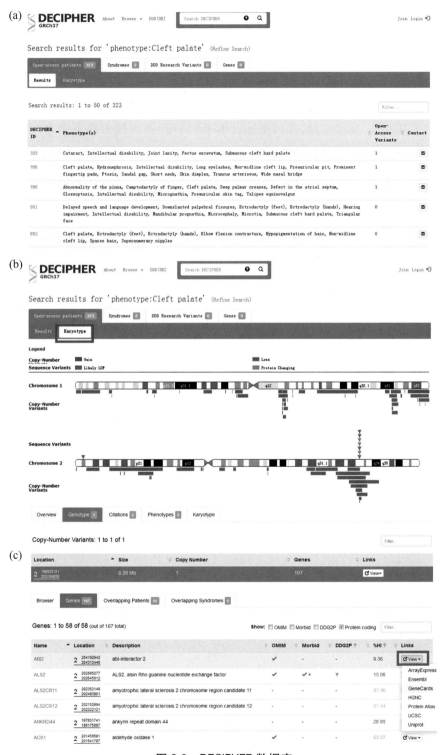

图 3-9 DECIPHER 数据库

(a)DECIPHER 搜索"Cleft palate"结果列表；(b)DECIPHER 搜索"Cleft palate"的核型结果；(c)"Cleft palate"查询结果中的基因列表

编审资源和网页链接。每一个综合征的页面都会提供一个简明的临床概要信息、一个缺失或重复的大小和来源信息、缺失或重复在相关染色体上的位置信息、一个在异常间隔内包含的基因列表、一个可以直接点击的在 Ensembl 上查看缺失或重复的链接以及一个最新的发表文献列表等。图 3-9(c)展示了"Cleft palate"查询结果中的基因列表，表中列出了基因名、基因位置、基因描述、OMIM 链接、基因相关病态信息、发育障碍基因型与表型数据库(DDG2P)信息、单倍型不足评分及相关数据库链接信息。其中 DDG2P 是一个被报道的和发育障碍有关基因的审编列表，这些列表由临床医生编辑，便于可能的因果变异的临床反馈。列表被分类为确定的水平，包括该基因导致的发育疾病(确诊的或可能的)、基因突变的后果(丧失功能、激活等)及与疾病相关的等位基因状态(单等位基因、双等位基因等)。表中的 Y 代表基因被确定为在多个无关的情况下导致发育障碍，P 代表基因可能与发育障碍有关。根据预测的存在单倍型不足的可能性超过 17 000 个蛋白编码基因被评分，评分在表中用％HI 表示，这些预测是基于两组数据运用分类模型训练产生的。高等级(如 0～10％)表明一个基因更容易出现单倍型不足，低等级(如 90％～100％)表明一个基因很可能不具有单倍型不足。

这些数据的公开不仅对临床医生给患有类似疾病的患者提出建议是有益的，而且对致力于特殊表型、罕见疾病、药物靶点和基因在健康和发展中作用研究的科研人员同样有益。

3.3.2 人类癌症数据库

1) 癌症基因数据库

癌症基因组剖析计划(Cancer Genome Anatomy Project，CGAP)是美国癌症研究所(National Cancer Institute，NCI)的一个研究项目，是 1996 年发起并建立和主持的交叉学科计划，主要收集了正常组织、癌前组织以及癌细胞的基因表达水平，以期改善癌症的检测、诊断以及病患治疗状况。CGAP 分为 5 个互补的自主部分，每一部分都有它自己的目的、信息学工具和资源。The Human Tumor Gene Index(hTGI，人类肿瘤基因索引)指明了在人类肿瘤发生过程中的基因表达。Molecular Profiling(MP，分子表达谱)展示了用前列腺组织作为例子从分子水平分析人类组织样品的概念。The Cancer Chromosome Aberration Project (CCAP，癌症染色体变异计划)描述了同恶性转移相关的染色体改变。The Genetic Annotation Index(GAI，遗传注解索引)指明和描绘了同癌症相关的多态性。The Mouse Tumor Gene Index(mTGI,小鼠肿瘤基因索引)确定了在小鼠肿瘤发生过程中的基因表达。CGAP 网站主要提供了 cDNA 克隆、文库、基因表达、SNP 及基因组变异信息,并且提供了一系列的分析工具,可以实现对一个或多个基因、文库的搜索,发掘基因组和基因中的 SNP,获取文库中差异表达的基因,比较两个文库的差异表达基因,分析基因参与的通路,并且将这些信息可视化。

CGAP 的主页如图 3-10 所示,可以通过网址 http://cgap. nci. nih. gov/进行访问。目前,CGAP 数据库主要包括七大模块,分别是基因(Genes)、染色体(Chromosomes)、组织(Tissues)、SAGE 精灵(SAGE Genie)、通路(Pathways)、工具(Tools)和 RNA 干扰(RNAi)。每个模块都提供了很多相关的查询分析工具。在基因模块中,提供了多种可用于对癌症相关基因进行查询和分析的工具。在一系列基因查询的工具中,Batch Gene Finder 可以实现多个基因的批量查询,可以从 UniGene cluster numbers、GenBank accessions 或是 LocusLink identifiers 的列表中产生一个基因列表,对于感兴趣的基因,可以通过列表页面的 CGAP Gene Info 链接获取更为详尽的信息。Gene Info 页面包含了 NCBI 以及 NCI 的子库中有关该基因的描述信息,如 UniGene、LocusLink、OMIM、DTP 查询、cDNA 文库、Cluster Assemblies 和 SNP、蛋白相似性、人和小鼠的直系同源基因、全长 MGC 克隆、基因功能分类、BioCarta 和 PID 通路等。Gene Finder 可以基于查询条件查询到一个基因或是一系列基因。查询时可以通过 Gene Symbol、Accession Number、UniGene Cluster ID 或是 Entrez Gene numbers 实现精确查询,也可以通过组织、功能、位置或是关键词实现模糊查询。基因功能分类浏览器(GO Browser)把人和小鼠的基因分为分子功能、生物学过程和细胞组分几大类。另外,基因模块还提供了查找 SNP 和转录组分析的工具。在染色体模块,使用 CGAP 的搜索工具可以在 Mitelman 数据库中在线检索癌症中的染色体畸变和基因融合,还可以在 SNP500Cancer 数据库中搜索染色体上的 SNP,这在对癌症的分子流行病学研究中有直接重要性。CGAP 还产生了一系列的 BAC 克隆,可以通过 FISH 从细胞遗传学上以及通过 STS 从物理上比对到人的基因组。这些 BAC 数据被集成到各种 CGAP 和 NCBI 数据库以提供有关临床的、组织病理学的、遗传的和基因组的信息。另外,还可以通过 Genetic and Physical SNP Maps 查看遗传的和物理的 SNP 图谱。在组织模块中,包含了许多查询工具,如一个或多个组织特异 cDNA 文库的查询工具(cDNA Library Finder)、特异 cDNA 文库或一组文库中的所有基因的查询工具(Gene Library

图 3-10　CGAP 数据库主页

Summarizer，GLS)、比较两个文库间基因表达的工具(cDNA xProfiler)、用于区分两个
文库间统计学上基因表达差异的数字基因表达展示工具（Digital Gene Expression
Displayer)、在表达基因上查找 SNP 的工具（Expression-Based SNP Imagemaps)。
SAGE 精灵模块基于独特的分析过程提供人类和小鼠基因表达的高度直观的可视化展
示。这一分析过程中有对已知基因可靠 SAGE 标签的匹配，长度为 10 个或 17 个核苷
酸。近年来，随着构建和纳入 SNP 相关替代标签的参考数据库到 SAGE 精灵模块中，
标签比对到人类基因的解析得到了增强。RNAi 模块中，收录了靶向癌症相关基因的
RNA 干扰，并包含已经证实的靶向癌基因的短发卡 RNA（short hairpin RNA，
shRNA)。通路模块中的通路都是直接从 BioCarta 和 KEGG 数据库中获得的。另外，
CGAP 将 BioCarta 中的每一个人类基因和在 KEGG 中的每一个人类的酶链接到
CGAP Gene Info 页面，并且每一个在 KEGG 中的中间代谢产物都被链接到 CGAP 的

Compound Info 页面。在 Tools 模块中按照生物功能将所有 CGAP 网站上的工具列出，并且同样的工具在左侧栏中按照字母顺序列出，以方便用户查找和使用。

2) 癌症中体细胞突变目录

癌症中体细胞突变目录（Catalogue of Somatic Mutations in Cancer，COSMIC）是世界上最大最全面的有关肿瘤的体细胞突变及其影响的资源。2014 年发布的 COSMIC v70 版本，描述了超过 100 万个肿瘤样本中 2 002 811 个编码的点突变，涉及大部分人类基因。为强调突变，在已知癌症基因中的知识深度，数据库中收录的突变信息均来自对科学文献的手工编审，并且有着非常精确的疾病类型定义和患者细节信息。结合超过 20 000 个已经发表的研究，数据库对人类癌症中基因突变与表型关系进行了实质性解析，以探索在癌症患者人群中突变和生物标记的分层。相反的，该数据库中超过 12 000 个癌症基因组的编审主要强调知识的宽度，从而推动不为人知的癌症驱动热点和分子目标的发现。除此之外，COSMIC 还收录了超过 600 万个非编码突变、10 534 个基因融合、61 299 个基因组重排、695 504 个拷贝数异常和 60 119 787 个异常表达变异的详细信息。所有这些类型的体细胞突变在人类基因组和每个受影响的编码基因中都进行了注释，进而与疾病和变异类型关联[29]。

COSMIC 的主页可以通过网址 http://cancer. sanger. ac. uk/cosmic 进行访问（见图 3-11），只通过一个搜索框就可以很容易地进入 COSMIC 数据库，同时主页也提供了很多进入相关资源的入口。COSMIC 数据库中有 3 个平行的网站可以探究 COSMIC

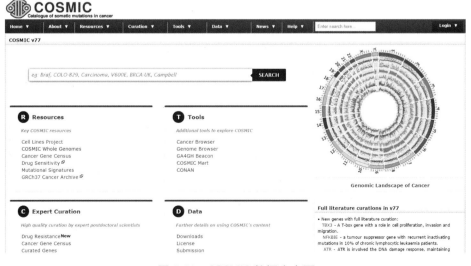

图 3-11　COSMIC 数据库主页

系统的组成。"COSMIC cell line project"专门展示大量普通肿瘤细胞系的基因组分析结果,目前数目为 1 015 个,但是期望增长到 1 500 个。"COSMIC whole genomes"只展示并入 COSMIC 的全基因组肿瘤分析,从而提供一个涉及肿瘤基因组数据宽度的概览,数据来自文献编审,不含有任何特殊倾向性。"COSMIC"展示了纳入这个系统的所有数据,包含细胞系、全基因组及所有的全基因及基因特异的文献编审。这 3 个网站可以通过网站主页左上角的 Home 下拉菜单进行切换。COSMIC 所有功能主要分为四大模块,包括资源(Resources)、工具(Tools)、专家审编(Expert Curation)和数据(Data)。COSMIC 网站的导航在很大程度上遵循单个基因或疾病的选择,可以非常简单地通过在单个搜索框内输入实现。以查询基因"TP53"为例,在搜索框中输入"TP53",将得到如图 3-12(a)所示结果。结果分上、下两个区域,上列表中给出该基因对应的疾病分类、PubMed 中相关文献、样本、研究、肿瘤位点、唯一突变和基因等统计信息。下列表中给出基因列表、突变列表、PubMed 相关文献列表及相关研究或项目列表。点击基因列表中的基因名链接进入查询,可以得到如图 3-12(b)所示结果。结果展示了 TP53 基因在所有组织和肿瘤疾病中的全部突变分布情况。X 轴描述了基因编码序列的全长,用户可以通过鼠标点击和拖拽具体查看氨基酸或是核苷酸序列。在数据的每个部分,垂直高度是保持静态的,数值范围会根据展示的数据总量变化。该图从上至下,主要展示了单碱基替换、氨基酸序列、PFAM 代表的肽结构、多核苷酸替换、简单的插入和缺失、拷贝数的增加(浅粉色)或缺失(浅蓝色)、基因的过表达(红色)或低表达(绿色)、高度甲基化和低甲基化。另外,该页面上的其他标签还提供了查询基因更进一步的信息。"Genome Browser"标签给出了查询基因在基因分布情况及编码区的突变图示。"Overview"标签页面中列出查询基因名、基因在基因组的坐标、样本数目、可变转录本、药物敏感数据等大量查询基因相关信息。"Tissue"标签页是这些标签页中最常用的一个,主要通过统计数值和小柱状图描述了组织特异的突变频率[见图 3-12(c)]。点击表格中的数值或是柱状图可以得到所有用于该项统计的数据列表,点击组织名称会重新计算表格,展示在该组织下疾病的一个更详细的分解,从而更深层次地探索该基因在人群中的突变趋势。"Distribution"标签页统计了 TP53 基因不同突变类型的突变体样本数目及所占比例[见图 3-12(d)]、不同替代类型在编码链和两条链上的突变体数目及比例和插入或缺失数据与突变数目。另外,还有"Drug Resistance"、"Variants"和"References"标签,分别给出基因抗药性、变异及参考文献等信息。总之,COSMIC 展示了非常全面的有关肿瘤的体细胞突变及其影响的数据,为科研人员及医疗工作者提供了一个十分重要的肿瘤疾病基因组变异信息库。

(a)

(b)

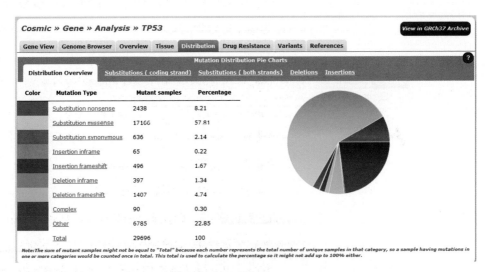

(c)

(d)

图 3-12　COSMIC 数据库

(a)COSMIC 数据库基因 *TP53* 搜索结果；(b)*TP53* 基因在所有组织和肿瘤疾病中的全部突变分布图；(c)*TP53* 基因组织特异性突变频率统计列表；(d)在 *TP53* 基因中存在的突变分布

3）人类肿瘤驱动基因数据库

人类肿瘤驱动基因数据库（Database for Human Cancer Driver Gene Research，DriverDB）是由我国台北振兴医院的小儿麻痹外科牵头于 2013 年建立的。DriverDB（http：//ngs.ym.edu.tw/driverdb/）（见图 3-13）纳入了超过 6 000 例的外显子测序数

据,还有注释数据库和专用于驱动基因或突变识别的公开生物信息学算法。该数据库主要从"肿瘤(Cancer)"和"基因(Gene)"两个角度,帮助研究人员设想癌症和驱动基因或突变之间的关系。"Cancer"部分为一种具体癌症类型或数据集总结了驱动基因的计算结果,这些结果是通过8种计算方法获得的。为领悟驱动基因间的关系,"Cancer"部分还提供了3个水平的生物学解读。"Gene"部分用于从5个不同的方面形象化一个驱动基因的突变信息。另外,"元分析"(Meta-Analysis)功能可以为用户定义的样本识别启动基因。DriverDBv2数据库是DriverDB的升级更新版本,包含超过9 500个肿瘤相关的RNA-Seq数据集和超过7 000个来自TCGA、ICGC和已发表文章的外显子测序数据集。在DriverDBv2中又开发了7个新的驱动基因识别算法,这些算法已经整合到分析流程当中,并且产生的结果在"Cancer"部分给出。此外,在"Gene"部分又加入了"Expression"和"Hotspot"两个主要的新特征。"Expression"分别展示一个基因依据样本类型和突变类型分类的两个表达谱。"Hotspot"依据4种生物信息学工具提供的结果指出一个基因的热点突变区域。"Gene Set"是一个新

图3-13　DriverDB数据库主页

的功能,使得用户可以为一组基因、一个特殊的数据集和临床特征探究突变、表达水平和临床数据之间的关系。

下面以"Sarcoma(TCGA,US)"在"Cancer"部分的查询结果为例,简单介绍DriverDB的使用。进入"Cancer"部分查询页面以后用户可以通过选择组织类型浏览驱动基因,也可以通过选择不同研究组释放的数据集进行浏览。在选择"Sarcoma(TCGA,US)"以后,会进入所选择数据集对应的详细信息页面,页面最上端显示所查数据集样本概览信息[见图3-14(a)],然后是驱动基因识别概览标签,在这里可以选择查看至少2种工具鉴定的结果或是单一(目前共15种)工具鉴定的结果。在"概要(Summary)"框中[见图3-14(b)],显示了驱动基因和预测算法之间的关系,蓝色格子表示基因被对应的算法识别为驱动基因。另外,还显示样本间驱动基因的突变图谱,其中蓝色格子代表在被评估驱动基因中该样本存在突变事件。在"驱动基因的功能分析(Functional analysis of driver genes)"框中[见图3-14(c)],最左侧两个图展现了通过topGO和GeneAnswer软件包分析得到的显著改变的GO分类拓扑结构图,中间两个图展示了最显著改变的GO分类和基因,最右边的表格则列出了所有显著改变的GO分类。在"通路分析(Pathway Analysis)"框中[见图3-14(d)],最上边的标签栏中有8种通路或基因集合分析可供选择,左侧的图片以网络布局模式展示了驱动基因在通路或基因集合上的分类,右侧的表列出了通路或基因集合的分类。在"蛋白/基因相互作用(Protein/Genetics Interaction)"框中[见图3-14(e)],展示了来自3个数据库(BioGRID、IntAct和iRefIndex)的蛋白或基因相互作用网络图。总体上,DriverDBv2整合了外显子测序和RNA-Seq测序的数据,用于识别肿瘤驱动基因,并且从大规模的肿瘤测序中识别热点突变区域。该数据库为研究人员访问有关癌症驱动基因不同方面的信息提供了方便。

Sarcoma

Sample Information

Sample Count	Datasets	Data Type	Clinical Criteria
255	Sarcoma(TCGA,US)	Mutation Data	All

Summary Driver genes identified by 2 tools	Driver genes identified by individual tools							
	ActiveDriver	Dendrix	MDPFinder	Simon	NetBox	OncodriveFM	MutSigCV	MEMo
	CoMDP	DawnRank	DriverNet	e-Driver	iPAC	MSEA	OncodriveCLUST	

(a)

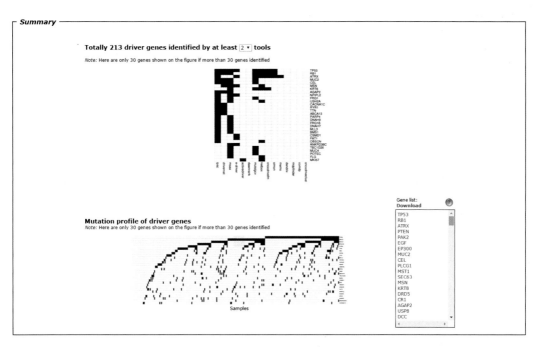

（b）

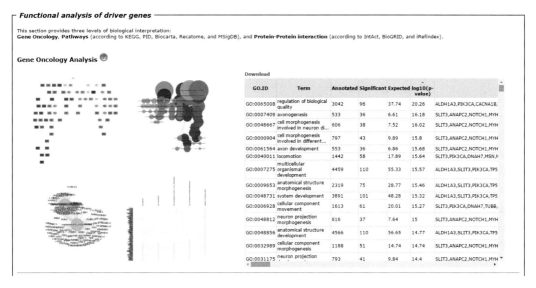

（c）

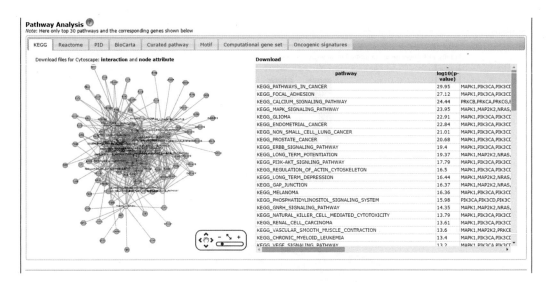

（d）

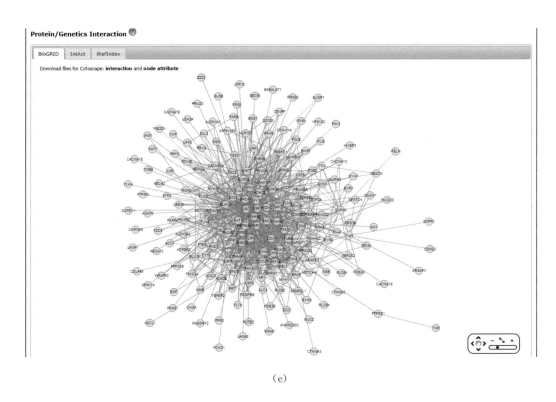

（e）

图 3-14　DriverDB 数据库

（a）查询数据集样本概览信息；（b）"概要"框结果展示；（c）"驱动基因的功能分析"框结果展示；（d）"通路分析"框结果展示；（e）"蛋白/基因相互作用"框结果展示

3.3.3　人类基因突变及疾病数据库

1）人类基因突变数据库

人类基因突变数据库（Human Gene Mutation Database，HGMD）全面收集了人类核基因的种系突变数据，这些突变是构成人类遗传病的基础，或者与人类遗传病相关。数据库从 1996 年开始，由英国 Cardiff 的医学遗传研究所维护。截至 2013 年 6 月，数据库已经包含了在超过 5 700 个不同基因中检测到的超过 141 000 个不同损伤，目前新突变条目在数据库中的累积速率已经超过每年 10 000 个。所有 HGMD 中的突变数据都来自科学文献的手工编审。相关文献报告的识别是通过手工的期刊筛选和自动化过程联合实现的。目前，在 HGMD 中主要有 6 种不同的变异，包括致病突变（disease-causing mutations，DM）、可能的病理突变（probable/possible pathological mutation，PPM）、疾病相关的多态性（disease-associated polymorphisms，DP）、功能基因多态性（functional polymorphisms，FP）、带有功能证据的疾病相关多态性（disease-associated polymorphisms with supporting functional evidence，DFP）和移码或截断变异（frameshift or truncating variants，FTV）。HGMD 数据分为公开的和专业的两个版本。公开版本的 HGMD（http：//www. hgmd. cf. ac. uk/ac/index. php）（见图 3-15）对研究机构或非营利性机构的注册用户免费开放。专业版本的 HGMD 向商业和研究或营利性机构开放，需要在 BIOBASE GmbH（http：//www. biobase-international. com）付费订阅。

图 3-15　HGMD 数据库公开版本主页

通过 HGMD 数据库研究人员可以实现快速访问人类遗传突变的详细报告,无须烦琐和费时的文献检索;可以轻松验证观察到的突变是全新的还是已经描述过的;可以了解特定基因或疾病的突变谱;可以分析候选基因与疾病的联系和倾向;可以在结合变异分析使用时,快速优化来自外显子或全基因组测序的突变。HGMD 收录了超过183 000 份突变报告,这些报告中含有基因组坐标细节、序列详细信息并且链接到相关资源的参考文献及公共资源,如 dbSNP 或 OMIM 数据库等。HGMD 提供了超过7 300 份总结报告,列出所有已知的遗传疾病基因突变信息,一个给定的基因会用 5 个不同的致病突变分类来描述。高级搜索功能,包含了通过核苷酸或氨基酸改变的类型、在特殊基序中它们的位置、剪切位点或调节区域查找突变。数据库中还有一个突变的可视化工具,为选定基因的 DNA 和蛋白质比对提供彩色编码的突变核苷酸图形化展示。另外,还可以导出自定义的突变轨迹用于第三方的基因组浏览器和分析工具。HGMD 提供重要的遗传所致疾病的种系变异信息资源,但是要使用 HGMD 的全部内容只能通过注册,感兴趣的用户可以自行注册和付费订阅相关内容。

2) 人类单核苷酸多态性数据库

序列变异与可遗传表型之间的关联是遗传学研究的一个关键方面。由于密集的SNP 目录将促进有关遗传学、功能和药物基因组学、群体遗传学、进化生物学、定位克隆和物理作图等大规模研究,目前科研人员对 SNP 的发现产生极大兴趣。为满足科研人员对这一总目录的需求,1998 年 9 月,美国国家生物技术信息中心(National Center for Biotechnology Information,NCBI)与国家人类基因组研究所(National Human Genome Research Institute,NHGRI)联合建立了单核苷酸多态性数据库(Single Nucleotide Polymorphism Database,dbSNP,http://www.ncbi.nlm.nih.gov/snp/)(见图 3-16)。

目前,dbSNP 将核苷酸序列变异主要分为如下类型和结构比例:单核苷酸替换,99.77%;小的插入或缺失多态性,0.21%;序列不变区域,0.02%;微卫星重复,0.001%;命名的变异,小于 0.001%;未知的杂合子检测,小于 0.001%。对于数据库中的多态性,并没有一个关于最小等位基因频率或功能中立的限制或设想。因此,dbSNP的数据范围既包括引起疾病的临床突变,也包含中性的多态性。另外,数据库中记录的标识符由提交者和 NCBI 共同指定。dbSNP 的条目记录了多态性周围的序列信息、完成一个实验必需的特殊实验条件及通过群体或个人的基因型得到的群体突变和频率信

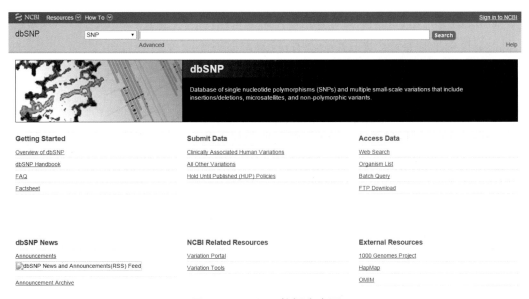

图 3-16 dbSNP 数据库主页

息的描述。虽然目前 dbSNP 提交的大部分数据来自人类,但是 dbSNP 已经有来自小鼠的提交数据,并且从总体上来说该数据库可以接收来自任何物种和一个特殊基因组任何部分的变异信息。然而,从 2017 年 9 月 1 日起,dbSNP 停止接收非人的变异数据。dbSNP 目前已经整合了一些其他大型公共变异数据库,如收录 EST 来源 SNP 的 NCI CGAP-GAI 数据库、TSC(SNP 研究联盟,有限责任公司)提供的 SNP 数据库及 HGBASE。

dbSNP 通过 BLAST 和 E-PC 分析直接围绕在变异周围的旁侧序列,连接变异(多态性和临床的突变)到其他 NCBI 序列资源。dbSNP 中连接到的文献数据库是通过提交序列时提供的引用信息构建的。正如各种各样基因组项目积累的最终结果,是要关联所有的变异到一条核苷酸序列或物理作图片段重叠群。在后基因组时代,拥有新基因或调控区域特征的序列注释将为目前在随机序列中已经发现的无名变异提供新的功能背景。随着这些新基因条目的出现,dbSNP 通过链接能将变异自动注释到恰当的参考序列集或 UniGene 群中。dbSNP 可以运用"LinkOut URLs"将变异记录链接到 NCBI 以外的数据库从而获得该变异的进一步信息。这种整合非常重要,尤其是当考虑将变异注释到整个基因组上及考虑其对生物体的意义时。由于基因和组成它们的核苷酸可能包含在多个通路并因此涉及多重下游表型,NCBI 并没有直接在序列上注释变异的详细生化或表型结果信息,而是在 dbSNP 中保留了外部数据库的链接。这样,dbSNP 记录能够链接到在位点特异突变数据库中描述更加完整的个体变异。dbSNP

通过沿着信息的 5 个主要轴心设置阈值方便检索,这个 5 个轴心是:序列位置、功能、跨种同源性、SNP 质量或验证状况及杂合度(种群变异度)。通过设置包含一个或多个轴心的阈值,用户可以提取最契合他们研究需要的子记录集[30]。

总之,dbSNP 收录了非常全面的单个碱基的替换、缺失或插入信息,包括人类 SNP 信息、确认信息、种群特异性等位基因频率信息和个体基因型信息等。所有这些信息都可以在 dbSNP 数据库的 FTP 站点中找到。

3) 序列变异和人类表型关系公共档案数据库 ClinVar

2012 年,美国 NIH 构建了一个免费的数据库 ClinVar(http://www. ncbi. nlm. nih. gov/clinvar/)(见图 3-17),旨在对生殖细胞和体细胞的变异进行临床解释。ClinVar 提供医学上重要的变异体和显型之间关系报告的免费档案。它登记人类变异报告的提交、变异与人类健康关系的解释及支撑每个解释的证据。该数据库与 dbSNP 和 dbVar 紧密连接,而这两个数据库包括变异在人体内的位置信息。ClinVar 还有由 MedGen 获得的表型描述。每一个 ClinVar 记录代表了提交者、变异和表型,即这些集合会被指定一个 SCV000000000.0 版本的注册号。提交者可以在任何时间更新提交内容,然后就会被分配一个新的版本号。为了促进每个变异体医学价值的评价,ClinVar 聚合了相同的变异体/表型的提交,从别的 NCBI 数据库加入评估,分配一个独特的

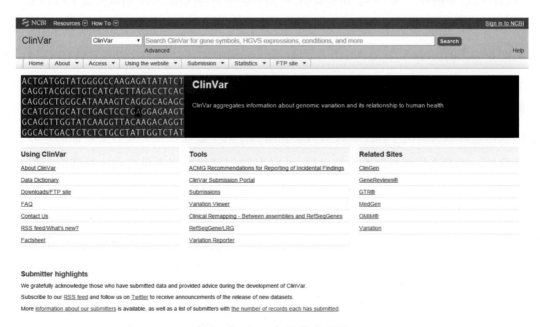

图 3-17　ClinVar 数据库主页

SCV000000000.0版本的注册号并报道有矛盾的临床解释。ClinVar中的数据可以适用于不同的版本，包括html，下载为XML、VCF或制表符号子集。ClinVar中的数据可用作基因组RefSeqs上的注释轨迹，用于如Variation Reporter（基于用户提交位置信息给出变异相关报告，https://www.ncbi.nlm.nih.gov/variation/tools/reporter）一类的工具中。

　　ClinVar数据库内容主要分为5大类：提交人（submitter）、变异（variation）、表型（phenotype）、解释（interpretation）和证据（evidence）。ClinVar数据库收录的变异是通过临床试验或研究文献编审的。未经过审核的GWAS研究结果不会被收录，但是在GWAS中被确定的感兴趣的变异且已被编审，并能提供临床意义解释的会被收录其中。提交人部分，可以是代表组织机构和个人的提交者。支持这一内容的基础设施是和GTR、dbSNP及dbVar共享的。提交人有权利要求匿名，但迄今为止没有提交者选择此项。有关提交内容的概要数据可以在网站（http://www.ncbi.nlm.nih.gov/clinvar/submitters）中查询。变异是ClinVar数据模型的一个关键组成部分，特别是能够代表变异到表型的关系。变异通常被报道为在一个位置的序列或是在多个位置的序列变化组合。换句话说，ClinVar可以代表在不同基因中单个等位基因、复合杂合子、单倍型和等位基因组合的解释。同变异部分相似，表型部分可以代表单个概念的表型或是一组概念的表型。这些组主要是用来报道临床特征的一个组合；单一值用来代表用于基因检测的诊断术语或是适应证。虽然ClinVar被构建用于代表表型的详细描述，但是目前大多数提交到ClinVar的数据只提供一个简单的、广泛的诊断术语。在解释类别下，所有的内容都是提交者给出的。ClinVar代表了临床意义的解释，这些意义最终是由上传者解释，是与一种疾病相关的一个变异的遗传方式并且具有表型严重性的条件。证据类别，证据支持对变异和表型关系的解释，这一解释可以是高度结构化的，也可以是自由文本格式的概要，主要讨论证据是如何被评估的。总之，ClinVar数据库为疾病临床表型与基因型的研究提供了帮助。以乳腺癌（breast carcinoma）为例，在ClinVar数据库中查询该疾病相关的遗传变异信息，结果如图3-18所示。共查询到723条结果，表格中列出了变异ID和位置信息、基因名、条件、频率、临床意义及最后审核状态。查询结果页面的最左侧根据临床意义、评审状态、等位基因起源、方法类型、分子水平后果、变异类型、复杂性及变异长度等对查询到的723条结果做了分类统计。如果需要详细查看具体信息，可以再点击变异和位置或基因链接，进入查询。

图 3-18 ClinVar 查询结果页面

该数据库搜集多个人类医学表型及变异数据库数据用于评价基因型与医学重要表型之间的关系,通过聚集变异信息有利于人类变异临床有效性的建立。每个变异有注释、定位、相关证据,内容丰富,形式简洁,应用方便,提交与修改易于操作,与多个数据库有可连通性,结果具一定可靠性。

3.4 小结

本章主要介绍了基因组信息学在精准医学中的应用。具体内容包括基因组信息学的概念和重要作用、人类基因组解析在精准医学中的应用(包括个体人类基因组解析和群体人类基因组解析内容)和目前常用的精准医学数据库使用方法(包括人类遗传性基因疾病数据库、人类癌症数据库和人类基因突变及疾病数据库)。希望这些内容的介绍,可以为精准医学研究工作的开展提供少许借鉴。

参考文献

[1] 于军."人类基因组计划"回顾与展望:从基因组生物学到精准医学[J].自然杂志,2013,35(5):326-331.

[2] Watson J D, Cook-Deegan R M. Origins of the Human Genome Project [J]. FASEB J, 1991,5(1):8-11.

[3] Dulbecco R. A turning point in cancer research:sequencing the human genome [J]. Science, 1986,231(4742):1055-1056.

［4］ Collins F S，Morgan M，Patrinos A．The Human Genome Project：lessons from large-scale biology［J］．Science，2003，300(5617)：286-290.

［5］ Venter J C，Adams M D，Myers E W，et al．The sequence of the human genome［J］．Science，2001，291(5507)：1304-1351.

［6］ Bentley D R，Balasubramanian S，Swerdlow H P，et al．Accurate whole human genome sequencing using reversible terminator chemistry［J］．Nature，2008，456(7218)：53-59.

［7］ Wang J，Wang W，Li R，et al．The diploid genome sequence of an Asian individual［J］．Nature，2008，456(7218)：60-65.

［8］ Kim J I，Ju Y S，Park H，et al．A highly annotated whole-genome sequence of a Korean individual［J］．Nature，2009，460(7258)：1011-1015.

［9］ Tong P，Prendergast J G，Lohan A J，et al．Sequencing and analysis of an Irish human genome［J］．Genome Biol，2010，11(9)：R91.

［10］ Shi L，Guo Y，Dong C，et al．Long-read sequencing and de novo assembly of a Chinese genome［J］．Nat Commun，2016，7：12065.

［11］ International HapMap C．The International HapMap Project［J］．Nature，2003，426(6968)：789-796.

［12］ 曾长青．HapMap 五周年回顾［J］．科学观察，2010，5(6)：61-66.

［13］ 1000 Genomes Project Consortium，Abecasis G R，Altshuler D，et al．A map of human genome variation from population-scale sequencing［J］．Nature，2010，467(7319)：1061-1073.

［14］ 1000 Genomes Project Consortium，Auton A，Brooks L D，et al．A global reference for human genetic variation［J］．Nature，2015，526(7571)：68-74.

［15］ 1000 Genomes Project Consortium，Abecasis G R，Auton A，et al．An integrated map of genetic variation from 1,092 human genomes［J］．Nature，2012，491(7422)：56-65.

［16］ Sudmant P H，Rausch T，Gardner E J，et al．An integrated map of structural variation in 2,504 human genomes［J］．Nature，2015，526(7571)：75-81.

［17］ Consortium U K，Walter K，Min J L，et al．The UK10K project identifies rare variants in health and disease［J］．Nature，2015，526(7571)：82-90.

［18］ Zheng H F，Forgetta V，Hsu Y H，et al．Whole-genome sequencing identifies EN1 as a determinant of bone density and fracture［J］．Nature，2015，526(7571)：112-117.

［19］ Geihs M，Yan Y，Walter K，et al．An interactive genome browser of association results from the UK10K cohorts project［J］．Bioinformatics，2015，31(24)：4029-4031.

［20］ Ling Y，Jin Z，Su M，et al．VCGDB：a dynamic genome database of the Chinese population［J］．BMC Genomics，2014，15：265.

［21］ 凌鋆超．虚拟中国人动态基因组数据库［D］．北京：中国科学院北京基因组研究所，2014.

［22］ 李立明，吕筠．大型前瞻性人群队列研究进展［J］．中华流行病学杂志，2015，36(11)：1187-1189.

［23］ Long M T，Fox C S．The Framingham Heart Study-67 years of discovery in metabolic disease［J］．Nat Rev Endocrinol，2016，12(3)：177-183.

［24］ Qi Q，Meigs J B，Rexrode K M，et al．Diabetes genetic predisposition score and cardiovascular complications among patients with type 2 diabetes［J］．Diabetes Care，2013，36(3)：737-739.

［25］ 邓祯祥，李金明．癌症基因组图谱计划数据及分析［J］．中国肿瘤临床，2014，41(5)：349-353.

［26］ Consortium E P，Birney E，Stamatoyannopoulos J A，et al．Identification and analysis of functional elements in 1% of the human genome by the ENCODE pilot project［J］．Nature，2007，447(7146)：799-816.

［27］ Consortium E P. An integrated encyclopedia of DNA elements in the human genome ［J］. Nature，2012，489(7414)：57-74.

［28］ Mailman M D，Feolo M，Jin Y，et al. The NCBI dbGaP database of genotypes and phenotypes ［J］. Nat Genet，2007，39(10)：1181-1186.

［29］ Forbes S A，Beare D，Gunasekaran P，et al. COSMIC：exploring the world's knowledge of somatic mutations in human cancer ［J］. Nucleic Acids Res，2015，43（Database issue）：D805-D811.

［30］ Sherry S T，Ward M H，Kholodov M，et al. dbSNP：the NCBI database of genetic variation ［J］. Nucleic Acids Res，2001，29(1)：308-311.

4 精准医学时代的群体遗传学

精准医学通过考量个体基因、生存环境、生活方式的差异来寻求疾病最有效的预防和治疗手段。然而，从单个个体上推测出疾病的最佳预防和治疗方法是不可能的，这需要剖析大样本量数据，特别是评估不同遗传标记和疗效的关系。从公众健康角度考虑，收集大样本量数据信息可以获得人群的多样性信息，据此才可开展不同遗传背景信息的精准化治疗。因此，精准医学的第一步就是对收集的大样本开展遗传背景调查，借此对不同易感性的人群进行分组，为后续的精准预防和治疗奠定基础。

目前已知的精准医学计划均是从大样本量的遗传、临床、生理等数据收集整理开始的（见图4-1）。例如，美国的精准医学计划主要包括两个方面：①NIH募集100万名志愿者，并负责收集和整合分析这100万例样本的医疗、生理、基因组数据；②为保证美国在癌症研究和药物开发领域占绝对领导地位，由NIH癌症研究机构探寻癌症生物标志物，并开发相应的靶向治疗药物，占领癌症精准治疗的巨大市场。我国"十三五"规划的精准医学计划于2016年启动，该计划同样是首先构建百万人以上的自然人群国家大型健康队列和重大疾病专病队列，在此基础之上通过建立数据分析平台、临床应用技术创新平台、疾病生物标志物研发平台等推动我国精准医疗快速发展。而早在2012年，由英国首相提出并由Genomics England公司投资的"10万人基因组计划"则是针对英国人群开展的精准医学计划。该计划预计到2017年末完成10万个英国常见病（癌症、糖尿病等）和罕见病（超过100种）患者的基因组测序，目前已经完成了32 642个样本的全基因组测序工作（2017/08/07，www.genomicsengland.co.uk/the-100000-genomes-project-by-numbers/）。同样走在精准医疗前列的冰岛在2015年便完成了2 636份冰岛人的全基因组测序，全面展示了冰岛人的遗传变异，并揭示了心房颤动等疾病的遗传

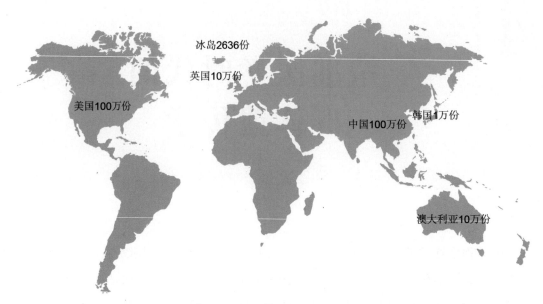

冰岛2636份

英国10万份

美国100万份

中国100万份

韩国1万份

澳大利亚10万份

图 4-1   世界上已有的健康/疾病基因组测序计划完成或预计完成的样本量

病因[1]。澳大利亚和韩国在 2015 年底分别宣布了"澳大利亚 10 万人基因组计划"和"韩国万人基因组计划",均希望揭示本国重大疾病的遗传病因,并为精准医疗奠定基础。

各个国家和研究机构纷纷投身精准医学研究,这得益于如下几个方面的创新。①人类基因组计划全面展示了人的全序列,使得研究者可以在 DNA 层面揭示疾病病因。②数个国际人类遗传变异位点筛查计划的实施揭示了存在于正常人群中的变异位点,为疾病突变位点筛查提供了背景参考。这些计划包括:国际人类基因组单体型图计划(International Haplotype Map Project,HapMap 计划)、千人基因组计划(the 1000 Genomes Project,1KGP)、美国心肺与血液研究所全外显子组计划(The NHLBI GO Exome Sequencing Project,NHLBI ESP)、外显子组集成联合(Exome Aggregation Consortium,ExAC)等。③癌症基因组图谱计划(The Cancer Genome Atlas,TCGA)和国际癌症基因组联盟(the International Caner Genome Consortium,ICGC)揭示了多个癌症的大量靶点,将精准医学实实在在地推向了众人面前。④测序技术的更新使得全基因组测序费用持续下降,1 000 美元完成一个基因组测序的时代已经到来。⑤电子病例(electronic health records,EHR)使得收集和保存长期医疗记录的费用越来越低,研究人员更易于从临床数据中获得决定健康状况的生理和环境指标。⑥移动医疗技术

(mobile health technologies，MHT)的成熟使得医生和患者能及时将健康状况与生理指标、环境暴露等相关联,快速准确地调整预防和诊疗措施。从以上几个方面不难看出,除了新技术的推动外,精准医学的启动主要得益于人类基因组的全面解析及人类正常多态位点积累所提供的背景信息,因此,群体遗传学对精准医学做出了决定性贡献。

精准医学可谓是群体遗传学在医学领域放飞的一条巨龙,它的自由飞翔目前仍旧依赖于群体遗传学持续提供的人群背景信息,这体现在精准医学的诸多愿景仍旧离不开群体遗传。①精准医学要整合环境暴露因素、遗传因素、基因环境交互作用来定量评估一系列疾病的发病风险。对遗传因素以及基因-环境交互作用的研究本身就是群体遗传的研究范畴。②精准医学要探明常用治疗手段针对个体差异而出现疗效和安全性差异的决定因素。这些决定因素尽管有环境等可控性差的因素,但很大程度上是遗传背景的差异,而群体遗传学研究的目的就是揭示人群遗传多样性及这些多样性所引入的疾病易感性差异。③精准医学探查可以判别人们增加和降低发展为某个疾病风险的标志物。医学本身为应用型学科,要实现精准,就需要对筛查的标志物——无论是蛋白产物还是代谢产物,抑或决定它们的 DNA 分子,明确来龙去脉及人群差异。而该标志物无论增加还是降低发病风险,都需要通过比对大量的群体学数据才能如实反映。④精准医学需要开发新的疾病分类体系。多层面、多标志物的分类体系可对患者进行精准分组从而实现对各组患者的精准治疗,而依赖于标志物的人群分层、样本分组同样是群体遗传学覆盖的范畴。⑤精准医学首先要鉴定影响健康的杂合功能性缺失突变位点。对患者的全基因组测序或者特定基因的测序都将检测到大量变异位点或者多个可能影响基因功能的错义突变,而找到真正的致病位点却是最大难题,群体遗传学提供的人群背景恰好可以解决该问题。目前,以个体化医疗为目的的国际重大研究计划已经开展了若干个,如 HapMap 计划、千人基因组计划、TCGA 等。而从这些计划的成果来看,探查人群遗传多样性,提供人群背景信息,最终为实现个体化医疗奠定基础,才是这些计划的工作重点。

群体遗传学是研究等位基因在人群中分布和变化规律的一门学科,包含两个主要研究方向:遗传多样性、适应与进化。①在遗传多样性方面,正是群体遗传学揭示了不同人种、族群的遗传背景差异。这些差异不仅决定了个体间表型差异、人种内部以及人种间的表型差异,还揭示了不同人群疾病易感性差异的实质。例如,多个研究发现东亚人头发的浓密度由 *EDAR* 基因控制[2-4]。对世界上各群体研究发现,乳糖不耐症人群所占的比例存在显著差异，而该差异和 *LCT* 基因的 rs4988235 等位基因频率密切相关。对肤色的研究发现，*SLC24A5* 和 *SLC45A2* 基因在欧洲人群中决定肤色[5, 6]。②在群体适应与进化方面，群体遗传学揭示了人类在长期应对各种环境和病原菌过程中，某个基因或者单体型随着自然选择强烈程度的不同，其频率发生不同程度的变化。目前最有名的两个例子分别是人们对疟疾和高原环境因素的适应。镰状细胞贫血这一隐性遗传疾病导致携带致病等位基因的纯合子样本受自然选择作用存活率大大下降，但群体研究发现血红蛋白 S 的杂合子却能很好地应对疟疾，从而导致疟疾高发地区的人群出现了大量杂合子[7]。高原地区存在的环境压力主要是低氧与高寒，多个群体遗传学研究揭示了 *EPAS1* 基因是藏族人适应低氧这一环境压力的根本，也是藏族人应对高原病的遗传基础[8, 9]。群体遗传学已经在人类表型定位和疾病病因探查方面取得了瞩目进展，随着精准医学时代的到来，其将助推众多疾病病因的挖掘，为人类健康大计提供源源动力。

医学和人类的适应性进化是一个天然的矛盾统一体。无论是使用"进化"还是"演化"来描述人类对周围环境的适应过程，现代人类"似乎"有能力和自然环境进行高层级交互来完成绝大多数生物无法企及的适应，特别是医学进步给自然选择带来的挑战。在医学挽救无数生命的时代，却让人们担心这种干扰自然选择进程的行为是否会给人类带来意想不到的灾难。尽管担忧无处不在，精准医学却切切实实地朝我们走来。在理论层面剖析精准医学的方向，把握人类的未来固然重要，但脚踏实地地为人类的健康事业做更接地气的贡献是人们更应该做的事情。在精准医学时代，大样本量的遗传背景揭示、大量疾病的致病突变获取都将推动如下方面的进展：认知遗传多样性的本质，揭示人类进化的实质，了解致病突变发生的热点以及方向性等。同样，群体遗传学在更大范围、更深层次对人群遗传背景进行揭示，对无害变异位点持续积累，同时推动着精准医学的顺利前行。

4.1 精准医学始于群体遗传

在人类基因组计划完成之后，国际上一系列大规模的群体遗传研究计划逐一实施，它们的最终目标无一例外都是要为个体化医疗也就是精准医学的终极目标积累遗传学数据。这些计划有条不紊，环环相扣。人类基因组计划从 1985 年提出到 2003 完成历时约 18 年,这期间科学家不仅逐步完成了人类基因组序列图谱,还积累了大量的基因组变异信息。基因组图谱完成后,当科学家意识到前期积累的变异位点足够反映主要群体的遗传结构后,便于 2003 年启动了国际人类基因组单体型图计划。该计划构建了非洲、欧洲、亚洲人群的中等精度单体型图,直接推动了基因分型技术的革新并使得大量疾病病因定位工作展开。随着二代测序技术的成熟,为了提供精确到单个核苷酸的高精度单体型图及获得国际上代表性正常人群的所有变异位点,千人基因组计划应运而生。由于二代测序成本依旧较高,作为过渡阶段的"美国心肺与血液研究所全外显子组"计划及"外显子组集成联合"计划均轰轰烈烈地展开。癌症基因组计划作为精准医学的排头兵,于 2006 年开始并于 2015 年初宣告完成,该计划揭示了与 21 种癌症相关的近 10 000 个基因突变,提出了多个癌症的精细分类标准,发现了大量不为人知的药物靶点,为众多疾病的研究提供了至关重要的模板(见图 4-2)。

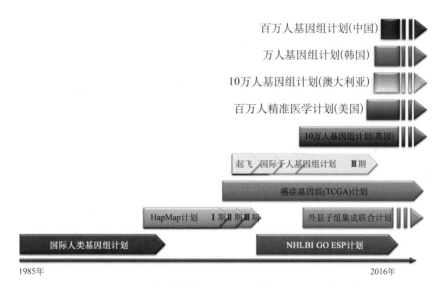

图 4-2　国际群体遗传学和疾病遗传学研究计划基本情况

4.1.1　人类基因组计划

1) 人类基因组计划简史

在 20 世纪 70 年代中期,Frederick Sanger 发明了 DNA 测序技术,并在 1980 年开发了第 1 台自动测序仪,此时少数研究人员便产生了对整个人类基因组进行测序的想法。1987 年,美国能源部在寻求一种可以保护基因组免受辐射破坏的方法时,提出了构建人类基因组的早期计划。1988年,美国国会资助 NIH 和能源部进一步拓展该计划,促使后两者签署了理解备忘录《人类基因组相关的联合研究与技术开发》。此后便成立了美国国家人类基因组研究中心(the National Center for Human Genome Research, NCHGR),并于1990年发布了人类基因组的初步规划,预期15年内完成人类基因组计划。英、日、法、德等国相继加入人类基因组计划。之后的新技术诸如限制性酶切、PCR、细菌和酵母人工染色体、脉冲电场人工电泳等加速了进程,于是在1993年 Collins 等发布了新的5年计划[10]。同年,NCHGR 成立了内部研究部门专门从事开发特定疾病研究的基因组研究技术。1997年,NCHGR 升级为国家人类基因组研究所(the National Human Genome Research Institute),并于次年发布了人类基因组的第三个5年计划[11]。1998年,Celera Genomics 公司宣称要在3年内,采用"人类全基因组霰弹法测序策略"完成人类基因组测序。1998年,中国加入人类基因组计划,并承担了3号染色体短臂上一个约30 Mb 区域的测序任务,该区域约占人类整个基因组的1%。2000年6月,人类基因组序列的主体部分完成,随后2001年在 *Nature* 杂志发表了人类基因组30亿个碱基对中90%的序列,标志着人类基因组计划初步完成[12]。就在6国共同宣布工作框架图构建完成的同一天,Celera Genomics 公司宣称已组装出了完整的人类遗传密码,并将研究结果发表在 *Science* 杂志[13]。2003年4月国际人类基因组计划组织宣布人类基因组计划完成,并于2004年10月将成果发表于 *Nature* 杂志[14],标志着人类基因组计划的基本完结。

2) 人类基因组计划的主要成果

虽然人类基因组计划发表之初只完成了框架图,但其解析了如下重要信息。①剖析了基因组诸多特征,包括基因、转座子、GC 含量、CpG 岛以及重组率信息,这为我们了解序列功能提供了重要参考。②推测人类基因组上存在约 30 000~40 000 个蛋白编码基因,很多基因有大量的剪接形式而导致蛋白的数量更加庞大。③人类的蛋白质组要远比其他脊椎动物复杂,部分原因为大量的物种特异性蛋白域(domain)和基序(motif)。④数百个人类基因似乎是直接从细菌平行转移而来,数十个基因看起来源于转座子。⑤尽管约一半的人类基因组起源于转座子,但这些转座子在原始人类中的活性已经降低,而在现代人的基因组中,DNA 转座子似乎完全失活,长末端串联重复序列同样已经失活。⑥染色体的着丝粒和端粒区被大量来源于基因组其他区域的重复序列填充,这些重复序列的出现频率远高于酵母、果蝇和蠕虫。⑦Alu 元件的组织形式阐释了他们在基因组上分布的意外之处,同时提示在 GC 富集的区域 Alu 元件受到了极强的自然选择作用,以及这些自私的元件可能对其人类宿主有利。⑧男性的突变频率约为女性的 2 倍,大多数的突变源于男性。⑨区带分析显示大量的 GC 贫瘠区域和 G 显带的黑色区域关联。⑩染色体重组率在染色体远端较高且发生在短臂上的概率更大,每次减数分裂平均引入至少一次重组事件。⑪超过 1 400 000 个单核苷酸多态性位点被发现,通过这些位点可以构建人类基因组的单体型图谱。2004 年发表的人类基因组完成图显示人类的蛋白编码基因约为 20 000～25 000 个,同时将人类基因组的版本号升级为 35 版本。目前最新的基因组版本为基因组参照序列联盟(Genome Reference Consortium)于 2013 年 12 月发布的 GRCh38 版本。

3) 人类基因组计划成果下载与应用

人类基因组计划提供了最为详尽的人类基因组序列,该序列为变异位点定位和序列拼接提供了重要的参考。目前人类基因组下载的路径为 http://hgdownload. soe. ucsc. edu/downloads. html♯human,或者 ftp://ftp. ncbi. nlm. nih. gov/genomes/H_sapiens/。

4.1.2 国际人类基因组单体型图计划

1) HapMap 计划简介

在人类基因组计划发布框架图之后,由美国、日本、加拿大、中国、尼日利亚和英国科研机构的科学家组成的团队于 2002 年 10 月宣布了国际人类基因组单体型图(HapMap)计划[15]。该计划分为 3 期,一期于 2005 年 10 月完成了 4 个人群 269 份样本的超过 100 万个常见变异位点分型工作,二期于 2007 年 10 月完成了 4 个人群 270 份样本 310 万个位点的基因分型工作,三期于 2009 年 4 月发布,完成了 11 个人群 1 184 个样本 160 万个 SNP 位点的基因分型工作,同时完成了 692 个样本约 100 kb 的测序工作。

2) HapMap 计划的主要成果

HapMap 计划一期发布了超过 100 万个人类基因组上常见变异位点在 4 个代表性群体[非洲、欧洲、亚洲(中国人、日本人)]的频率信息,通过这些变异位点信息构建了基因组染色体重组热点图谱、人类基因组连锁不平衡区块、人类基因组单体型区块以及 SNP 位点间的关系图谱[16]。这些成果为疾病关联研究、染色体结构和重组研究及人类进化研究提供了重要支撑。

HapMap 计划二期数据发布了 310 万个人类染色体常见变异位点信息,通过这些变异位点可以预测出基因组中高度连锁的其他变异位点的基因型信息[17]。采用二期数据评估市面上的商业化芯片在非洲人和非非洲人群中分别可以捕获 80% 和 95% 的常见变异位点,为疾病的关联研究提供了重要支撑。该期数据还揭示了人类基因组连锁不平衡结构的新特征,发现在基因周围和基因间区的染色体重组率存在规律性变化。同时发现人群内部任意配对的两个人中有 10%～30% 共享至少一个从近代祖先获得的染色体区块。最后还指出,由于染色体重组热点的存在,人类基因组中有 1% 的常见变异位点无法被标记出来,提示许多致病位点可能无法通过关联分析被发现。

HapMap 三期数据同时发布了人类基因组中常见变异位点和罕见变异位点,以及拷贝数变异位点(copy number polymorphism)[18]。三期数据不仅发布了 11 个人群的常见变异位点,为更大规模人群的疾病关联研究提供参考,还聚焦于罕见变异位点在不同人群中的分布特征及人群特异的变异位点。评估了以大规模人群数据预测未检测变异位点基因型的准确率,特别是那些罕见变异位点(最小等位基因频率≤5%)。聚焦于罕见变异位点也是因为大量疾病的常见变异位点仅能解释小部分表型变异,因此推测位于基因组上的大量罕见变异位点对常见疾病的发病也起到了重要贡献,将人们对于常见疾病、常见变异的理论向前推进一步,并提出了常见疾病罕见变异理论,最具代表性的为集成关联理论(synthetic association theory),也就是和疾病相关联的常见变异位点是多个罕见变异位点的联合效应[19]。

3)HapMap 计划对医学的贡献

HapMap 计划提出了超前的个体化医疗目标,即便当 HapMap 三期完成时,个体化医疗的目标似乎还只是镜花水月,但不可否认的是 HapMap 计划作为一个类似精神领袖的角色引导着疾病关联研究大刀阔斧前行。HapMap 计划对全基因组关联研究在对照样本的贡献上作用甚微,因为一期和二期的样本量较少,不足以代表所研究人群,更不用说同一地域人群遗传背景异质性带来的问题。但对于候选基因关联研究来说,HapMap 提供的人群单体型图谱为标签 SNP 的选择提供必要的参考,因此做出了重大的贡献。归根结底,HapMap 只能算是一个群体遗传学研究计划,而值得其骄傲的单体型图谱也迅速被后来的千人基因组计划所提供的更精密的单体型图谱所替代。但 HapMap 计划开启了精准医疗的先河,正是该计划的实施促进了存储、计算、分析水平的提高,推动了常见病和罕见病致病基因的筛查,培养了一大批生物信息人员,积累了大量的疾病和健康队列,完善了疾病研究体系,为现今的精准医疗事业建立了强大的人力、物力和智力支撑。

4) HapMap 计划数据的下载与应用

HapMap 的官方网站为 https://hapmap.ncbi.nlm.nih.gov/,在该网站内可以通过其基因组浏览器(Genome Browser)完成所研究人群的连锁不平衡图谱注释,标签 SNP 选择,SNP 位点基因频率浏览等工作,还可以到 ftp://ftp.ncbi.nlm.nih.gov/hapmap/下载相关数据。

4.1.3 千人基因组计划

1) 千人基因组计划简介

HapMap 计划是芯片基因分型时代伟大的必然产物,但让当时的研究者始料未及的是二代测序技术的异军突起,催生了"千人基因组"计划并全面替代了 HapMap 计划。但让国际千人基因组计划的构思者更未料到的是,测序成本快速下降使得各国纷纷提出了自己的千人基因组甚至万人基因组计划,而现今甚至一个研究所就可以轻松地完成所谓的千人基因组计划。

千人基因组计划是 2007 年 12 月提出并于 2008 年 1 月由中、英、美、德等国科学家共同启动的又一项国际人类基因组计划,旨在提供最为详尽的人类遗传变异图谱,借此推动基因组在疾病和健康领域的应用。千人基因组计划同样分为 3 期,其"起飞阶段"完成了 179 份样本的全基因组测序,一期完成了 1 092 份样本的全基因组测序,三期将这一数字增加到了 2 504 份。2015 年,千人基因组计划宣告完成[20]。

2) 千人基因组计划的主要成果

千人基因组计划"起飞阶段"的目标是关联基因型和表型,所以要构建最为详尽的样本基因型数据集才能筛查出控制表型的所有可能变异信息[21]。"起飞阶段"完成了 179 份低覆盖度测序工作,并开发了针对低覆盖度数据的变异位点获取策略,这促成了通过低覆盖度测序降低成本,从而使得采用二代测序方法进行大样本量关联研究的策略得以开展。同时,该阶段数据还释放了大量的新变异位点(15 000 000 个 SNP、1 000 000 个插入缺失和 20 000 个染色体结构变异),为全基因组关联研究提供了更全面的标签 SNP。更有趣的发现是每个正常健康人都携带了近 300 个功能丧失性变异位点,且有近百个位点已经被报道与遗传疾病相关,这不仅提示环境因素对疾病发病有重要影响,还表明这些已知的疾病位点对疾病的影响有待更深入研究。该阶段研究还完成了两个核心家系的研究,揭示基因组每传递一代,每个碱基对可能发生突变的频率接近 1×10^{-8}。

到千人基因组计划一期 14 个群体 1 092 份样本的全基因组测序完成时,似乎由于缺少必要的表型信息及样本量不足,便将研究目标调整为构建一个资源库,帮助人们更好地了解遗传信息对疾病的影响[22]。由于样本量相对于"起飞阶段"有巨大增加,以及分析手段的日臻成熟,该阶段释放了 38 000 000 个 SNP、1 400 000 个插入缺失和 14 000个大型缺失,构建了更为准确的单体型图谱。研究者还揭示了低频变异位点在不同人群中差异较大,且这种差异进一步被净化选择(purifying selection)加剧。进化上保守的区域及蛋白编码区所受净化选择压力较大,且不同生物学通路的罕见变异载荷(load)不同。研究者还发现每个样本在保守的调控元件上存在大量的罕见变异位点,可影响诸如转录因子等特征序列。一期计划的完成宣告已经发现了人类基因组上 98% 的最小等位基因频率大于 1% 的位点,构建了最为精细的人类遗传变异图谱。

千人基因组计划三期数据的发布宣布该计划的完结,共完成了来自 26 个人群 2 504 份样本的低覆盖度全基因组测序、高覆盖度全外显子组测序和芯片分型工作[23]。在这些样本中共发现 84 700 000 个 SNP、3 600 000 个插入缺失以及 60 000 个染色体结构变异,并将这些变异位点全部成功构建在单体型上。研究者对结构性变异进行了深入的分析,发现它们和基因交叠,不仅决定着人群分层(population stratification),还由于纯合子的存在导致大量基因被自然敲除。这些结构变异富集于全基因组关联分析报道的致病单体型上,且有大量的表达数量性状基因座(expression quantitative trait loci,eQTL)位点位于其上,从而指出染色体结构变异也是疾病的重要致病标记之一[24]。最终,千人基因组计划宣告发现了人类基因组上 99% 的频率大于 1% 的变异位点。

3) 千人基因组计划与精准医学

千人基因组计划明确提出关联基因型和表型的目标,当然这个表型也可以是患病状态,但由于样本均来自于各个人群的正常健康样本,所以注定千人基因组计划的频率信息只能被用作人群背景频率信息提供给新的更大的健康研究计划。但无论如何,千人基因组计划对精准医学的贡献是无法替代的,因为它解析了人类基因组中 99% 的最小等位基因频率大于 1% 的位点。也就是说,千人基因组计划提交变异位点到 dbSNP 数据库之后,所有那些不位于 dbSNP 数据库的变异位点都将是低频变异位点或者是样本特异性高频位点,这些位点恰恰是众多疾病,特别是罕见病致病突变所在的位点。千人基因组计划解决了疾病致病位点筛查中最为关键的一步——滤去海量的从患者基因组上发现的非致病变异位点,缩小搜寻范围,为致病突变的快速定位奠定基础。

4)千人基因组计划的数据下载与应用

千人基因组计划的官方网址为 http://www.1000genomes.org/,其提供了多个数据下载路径,包括:EBI 站点的 ftp://ftp.1000genomes.ebi.ac.uk/vol1/ftp/,NCBI 数据库 ftp://ftp-trace.ncbi.nih.gov/1000genomes/ftp,以及亚马逊云端数据库 s3://1000genomes。从这些数据库里下载千人基因组计划的数据后即可使用 2 504 份世界范围样本的频率信息作为背景完成常见变异位点及罕见非致病变异位点的筛查等工作。也可使用数据库提供的染色体重组信息、单体型信息完成诸如标签 SNP 筛选、未检测 SNP 位点基因型预测、染色体重组热点研究等。

4.1.4 美国心肺血液研究所全外显子组计划

自 Hodges 等人于 2007 年宣布靶向捕获仅占全基因组序列 1% 的全外显子组以后[25],掀起了寻找遗传病致病突变的新高潮。在此背景之下,美国心肺血液研究所(NHLBI)开始了宏大的全外显子组测序计划(NHLBI GO ESP)。该计划由 7 个研究中心参与,预计完成 18 个样本中心收集的 20 万例样本的研究工作。这些样本表型收集完整,主要囊括了心肺血管类疾病,如心脏病、动脉粥样硬化、冠心病、慢性阻塞性肺疾病、重度哮喘、肺动脉高压、急性肺损伤、囊性纤维化、心肌梗死等。样本的种群来源为非裔美国人和欧裔美国人。该计划启动时可以说是当时常见病研究最大的二代测序研究计划,为心肺血液疾病的精准医学研究奠定了重要基础,同样也为其他疾病研究提供了遗传背景参考。

目前,NHLBI GO ESP 已经发表了数篇文章,分别揭示了 TGFB2 和 SMAD3 突变可导致家族性主动脉瘤[26, 27],DCTN4 可调节囊性纤维化的慢性铜绿假单胞菌感染[28],LDLR 和 APOA5 罕见变异位点可导致心肌梗死[29],发现了位于 ANGPTL 8、PAFAH1B2、COL18A1 和 PCSK7 上的低频位点对高密度脂蛋白和甘油三酯水平贡献较大[30]。除发现疾病致病病因外,该计划还分别发布了两个阶段人群频率信息数据,第 1 个阶段对 2 440 个样本的 15 585 个基因测序后,发现了超过 500 000 个单核苷酸变异(single nucleotide variant, SNV)位点,其中 86% 为低频位点[最小等位基因频率

(minor allele frequency，*MAF*)<0.5%]，82%为首次发现，82%为人群特异位点[31]。第2个阶段将样本总数增加到了6 515个，共检测到1 146 401个常染色体SNV位点[32]。经预测后发现，73%的蛋白编码SNV，86%的SNV有害且产生于5 000～10 000年前，已知的致病基因内携带的有害突变比例要远高于其他基因。研究还进一步发现，欧裔美国人相对于非裔美国人在重要的孟德尔疾病基因上携带过量的有害突变，这和人类走出非洲后受较弱的净化选择相一致。因此，人类走出非洲之后，在当代人类的基因组上累积了大量的有害致病突变。

NHLBI GO ESP仍在继续，该计划已经揭示了多个常见疾病的致病突变，为精准医学提供了靶位点。同时，该计划发布了大量位于编码基因的低频变异位点，而编码基因正是孟德尔遗传疾病的致病突变富集的地方，因此，该数据库提供的变异位点为罕见病致病位点筛查提供了重要参考。但由于该数据库的样本以欧裔和非裔美国人为对象，因此在使用时要特别注意。当以其他人群，特别是亚裔人群为疾病研究对象时，位点过滤要注意：①NHLBI GO ESP数据库中提供的变异位点有可能为致病位点，不能直接按照存在与否来过滤，应该按照某一个频率来过滤，比如认为NHLBI GO ESP数据库中最小等位基因频率>1%的位点无害或贡献较小；②由于群体遗传背景的差异，在NHLBI GO ESP数据库中的高频位点有可能在其他人群中为低频致病位点。

NHLBI GO ESP的官方网址为https://esp.gs.washington.edu/drupal/，其释放的原始数据地址为http://www.ncbi.nlm.nih.gov/bioproject/165957。Genome Browser的网址为http://evs.gs.washington.edu/EVS/。

4.1.5　外显子组集成联合计划

外显子组集成联合(Exome Aggregation Consortium，ExAC)计划可以说是现今最大，样本最多，人群覆盖最完整的国际联合项目。该计划不仅集成了千人基因组计划和NHBLI GO ESP的所有外显子组数据，还增加了其他15个大型全外显子组测序计划的数据，让样本量达到了惊人的近10万。目前该数据库已经释放的数据显示样本中包含5 203例非裔美国人、5 789例拉丁美洲人、4 327例东亚人、8 256例南亚人、36 677例欧洲人以及454例其他人种；其中男性33 644例，女性27 062例。ExAC计划的目的同样是提供更为全面、翔实的世界人群变异位点背景数据库，但所收集的样本中仍有慢性疾病、进行性疾病等样本。但对于重度儿科疾病，ExAC计划极力控制这类样本的纳入，因此对这类疾病是一个极好的参考数据库。

ExAC 计划的一期成果即将发布,由于纳入的样本数量极为巨大,因此提供的人类基因组编码区的遗传变异密度是空前的,已经达到了每 8 个碱基 1 个变异位点的密度。该数据可用来进行致病突变的挖掘以及对不同类型变异位点进行自然选择检验来揭示受选择基因。ExAC 发现了 3 230 个基因存在截短突变,其中的 79% 到目前仍未与人类疾病表型相关联,提示该部分突变有巨大的可利用空间。

ExAC 通过对 60 706 份样本的外显子组测序研究发现了 10 195 872 个变异位点,其中高质量的位点达 7 404 909 个,插入缺失位点数目为 317 381 个。对于高质量的变异位点,99% 的 $MAF<1\%$,54% 为单样本携带的突变,72% 的位点未在千人基因组计划和 NHLBI GO ESP 中报道。由此推断,以后对于新发的变异位点来说,有 99% 的可能性在人群中为低频变异位点或者人群特异性变异位点。但 ExAC 仅较好地覆盖了 45 M(覆盖度 $\geqslant 10\times$)染色体区域,提示在这些区域之外仍有大量新的变异位点有待发掘。

人类携带的疾病不仅有孟德尔遗传病,还有大量的非孟德尔遗传病如高血压、糖尿病、癌症等,而后者恰恰是现今人类负担最重的疾病类型。从对人类常见疾病的研究来看,这些疾病存在大量的致病风险因素,而这些风险因素多被报道位于非编码区,如基因调控区、内含子区、转录非翻译区等。ExAC 计划所关注的区域为基因编码区,虽然也覆盖了部分非编码序列,但相对整个非编码区的体量基本可以忽略不计。因此,ExAC 计划很好地提供了孟德尔遗传病背景变异信息,对罕见病来讲是一个极好的参考数据库,但对于常见疾病,人们仍需要更大的研究计划来揭示那些位于非编码区的背景变异位点。这也是各国争相开展针对本国的万人基因组计划甚至十万人、百万人基因组计划的重要原因。

ExAC 计划的官方网址为 http://exac. broadinstitute. org,其数据下载地址为 http://exac. broadinstitute. org/downloads。目前该计划的研究结果仍处于未正式发表阶段,其重要结果可以参考 http://biorxiv. org/content/early/2015/10/30/030338。

4.1.6　癌症基因组图谱计划

2014 年《世界癌症报告》显示,全球 2012 年新增癌症病例 1 400 万,而死亡病例为 820 万,且这一数字每年都在递增,面对这一 60% 患者存活率小于 5 年的疾病,人们对癌症基因组计划尤为关注。癌症基因组图谱(The Cancer Genome Atlas,TCGA)计划是继人类基因组计划之后最为宏大的疾病基因组计划,其启动时间(2006 年)不仅早于千人基因组计划,其样本量也远大于后者(11 000 与 2 504)。在精准医学方面 TCGA 相对于本章节前面提及的研究计划目标更为明确真实,也就是通过对肿瘤 DNA 测序和分析发现与特定癌症相关的新遗传变异,为研究人员提供主要肿瘤及其亚类的关键基因组变异,为这些肿瘤的诊断、治疗和预防提供参考,为最终推动个体化医疗做出贡献。

TCGA 计划预计在 2017 年结束,但从 2014—2015 年,该计划的重大成果已有集中发表。由于本书在"肿瘤基因组及其在精准医学中的应用"一章对该计划有详细介绍和解读,在此不再赘述。这里仅关注一个问题,在其他疾病研究中该如何正确使用该数据库。到目前为止,癌症基因组计划在人类基因组上发现了海量的变异位点,仅怀疑与癌症相关的变异位点就高达 1 000 万个。大量的变异位点极有可能是"驱动突变"的副产物,而这些突变是随机的还是有趋向性的仍需更多的研究。但是就目前对其他疾病的研究来看,鲜有人将 TCGA 计划发现的变异位点作为人群背景位点进行过滤,其直接原因就是有极大的风险将真正的致病位点滤除。

4.2 群体遗传助推精准医学

4.2.1 精准医学依赖于群体遗传学提供的遗传背景信息

1)不同地域人群的疾病易感位点不同

人群遗传背景异质性是疾病研究中不可忽视的问题,已经在大量的疾病中发现不同人群相同疾病的致病位点或者关联位点存在差异。例如,对先天性出生缺陷疾病唇腭裂的研究发现,除某些关联位点如 *IRF6*、8q24、17q22 和 10q25.3 外,其他显著关联的染色体位点在不同人群中重复性较差[33-38]。对于遗传影响较大的疾病尚且如此,其他疾病重复性就更差。例如,感染类疾病肺结核的全基因组关联研究发现与亚洲、欧洲和非洲人群显著关联的区域中,除 HLA 存在一致性外,其他染色体区域鲜有不同人群的重复验证[39-42]。即便对于同一个地域的人群来讲,遗传背景异质性同样可导致疾病易感位点的差异,比如对弥漫性泛细支气管炎或风湿性关节炎的研究发现中国南北地域人群的易感位点不同[43, 44],虽然这些研究仍需要更大的样本量来支持,但可以看出遗传背景、环境、生活习惯等异质性因素所导致的疾病关联位点的差异。

2）当前精准医学样本分类标准仍依赖于原始标准

精准医学的首要任务就是发掘那些可以用来诊断和治疗的分子标志物，而这些标志物在不同人群、不同亚群甚至不同个体间都存在差异。因为考虑到治疗受众的样本大小，对于个体间差异的遗传标志物开发因不能被推广而显得价值不大，但对于不同亚群体的精确分类却是一项有意义的工程，因为当亚群足够大时便具备了推广的价值，很多因亚群异质性被排除的药物可以重新被认识和使用。群体分类这一生物学策略最早是从形态学开始的，进而整合解剖学、生理学等标准使得分类越来越精细，但这些所谓的精细分类是否能如实反映每个亚群的特征为广大分子生物学学者所怀疑。因此，先进的分类标准将引入如 DNA、RNA、表观组学、蛋白质组学、代谢组学等组学所涉及的各种标志物而对疾病亚型进行精确定义。癌症基因组计划正是结合了多组学的信息，对多个癌症不同亚型进行了更为精细的分类，为精准医学提供了重要基础。虽然结合分子生物学手段的分类更精细，但在疾病研究之初以及未在分子层面深入研究之前，精准医学仍旧依赖疾病表型、解剖学等对疾病进行分类，而这也正是指导人们能正确进行分子分类和精准医疗的第一步。

3）精准把控样本遗传背景是挖掘分子靶点的前提

精准医学遗传标志物挖掘主要涉及两类样本：病例样本和对照样本。这里所说的对照样本是指正常健康样本，虽然对照样本也可以是同一样本的健康组织或同一个体不同处理阶段的样本，但考虑到实验的重复性以及研究结果的推广，仍旧需要大量具有同质性的不同个体。对样本精细分类是获得同质性的前提，而大量背景信息的收集与统计又是精细分类的前提。群体遗传学研究正是要从分子层面揭示不同人种、不同亚群、不同地域人群的多样性以及基因组差异程度，这在很大程度上可以帮助精准医学选样。群体遗传学的大量成果已经深入研究人员内心以至于人们自然而然地使用而并无察觉，比如群体遗传揭示了不同民族群体遗传背景的不同，因此疾病样本收集时自然将不同民族的样本分开。群体遗传学研究揭示了中国南北人群的遗传背景存在差异，该信息已经帮助在疾病研究时平衡南北人群的样本选择，同时以人群来源作为协变量对结果进行校正。因此，精准医学项目开展前，需要对所研究样本的遗传背景有准确的把握，确保实验设计的合理性和结果的可重复性，以降低成本投入和减少不必要的浪费。

4）自然选择塑造不同人群的基因组特征

群体遗传学除开展遗传多样性的研究外，另外一个重要的研究内容是揭示群体演化和环境适应的分子机制。人类在走出非洲之前就一直经受着周围自然环境的选择，因此在基因组上积累了大量的遗传变异。在人类学会医学手段进行疾病治疗之前，正是这些遗传变异充当了医生的角色，让人类能与环境相适应并不断繁衍。在人类走出非洲之后，基因组上的变异位点所充当的医生角色更为明显，因为新的环境、新的病菌不断消减迁移出来的人类数量，甚至导致灭种（比如尼安德特人），而正是基因组上遗传变异的存在使得总有一部分人能够适应环境变迁而存活下来。例如，藏族的高原适应是由于这部分人在 EPAS1 等基因携带特定的变异形式而适应了低氧、寒冷、高紫外线辐射的环境[9, 45]。藏族的高原适应反映到疾病上就是藏族人极少患高原病，而其他群体的人则极易患该类疾病。这便提示在进行高原病研究时，首先要检测所研究的样本是否携带了增加高原适应能力的等位基因，进而增强其研究的统计学效力以及结果重复的效力。

5）人群遗传背景信息是动态的

人群遗传背景是动态的，不是一成不变的，它受多种人口学事件（迁徙、融合、瓶颈效应、种群扩张等）的作用而不断发生变化。例如，环境的选择压力使得人类不断地经受着瓶颈效应和种群扩张事件，这导致越是在人类迁移路线末端的人类群体，基因组多样性越差。尽管这降低了相关人群的多样性，却大大增加了全体人类的遗传多样性，因为自然选择将那些低频的环境适应性位点变成了高频的遗传变异位点。尽管大部分的人口学事件是大空间大尺度的，其对人群中遗传变异频率的改变似乎可以忽略不计，但不可否认的是现代的生活方式正在加快这些人口群体学事件发生的频率。大城市的形成使得不同遗传背景的人迁徙并发生融合，全球一体化的进程也在加速世界人群的融合，这给精准医疗带来了新的挑战。比如，将黑人作为奴隶的 400 年历史中，非洲的黑人数量锐减，极大地降低了非洲地区的遗传多样性，而大大增加了奴隶输入地区的遗传多样性，随着不同人种的通婚产生了大量中间类型的人类群体，这些群体的遗传背景调查及对他们开展精准医学研究同样势在必行。

6）我国人群遗传背景主要特征

我们国家在历史上也经历了大量的人口群体学事件，无论是战争还是人群大规模迁移抑或现代的城市化进程，都不断地改变着人群的遗传背景，并最终形成了现在的人群分布特征。我国最显著的人群特征是南北人群差异较大，东西人群差异较小，这也充分体现在我国山脉和大河等天然屏障的东西走向阻碍了南北人群的交融，同样对此有影响的还有南北气候差异以及病原菌分布差异[46]。除南北人群这一明显差异外,地域小环境、生活习惯、临近人群基因交流频繁等因素造就了人群遗传信息的区块效应。比如,我国东北的鄂温克族、达斡尔族形态特征较为相似[47],西南地区的藏族、彝族遗传关系紧密[9],东南沿海的闽南、客家人群关系紧密[46]。虽然目前还没有确凿证据表明相邻区块人群是否在某些疾病存在显著的易感性差异,但这些信息为精准医疗发现区块特异性易感位点奠定了基础。

7) 群体遗传学知识有助于把握精准医学

群体遗传学已经提供了大量的背景知识帮助人们对疾病进行探索和理解。比如进行关联研究时,如果知道样本存在群体上的分层,则需要使用地理来源作为协变量对结果进行校正。在挖掘疾病的致病位点时,对于携带相同致病位点的样本要进行共祖性分析,来揭示这些样本是否具有相同的祖先来源。在肿瘤研究中,需要通过分析肿瘤不同区域来源的变异位点的共性,为筛查驱动突变位点提供依据。又如,世界上的人口在近几百年经历了一个极为快速的增长,由此引入了海量的低频且可影响功能的突变位点,透过此现象人们可以明白并且预测人类疾病的现状及未来。正如当今的人群携带了大量的突变位点,大大增加了人类患孟德尔疾病的风险,增加了表型的遗传多样性和异质性,同时创造了一个容纳大量有利于适应性进化的突变位点池,影响人类后代的生存能力[48]。

4.2.2　精准医学依赖于群体遗传学提供的变异位点信息

1) 群体遗传研究计划服务于精准医学

从 2003 年至今开展的所有和人类基因组相关的重大计划包括已经实施的HapMap 计划、千人基因组计划、ESP 计划、ExAC 计划和癌症基因组计划,以及刚宣布实施的美国精准医学计划、英国"10 万人基因组计划"、"澳大利亚 10 万人基因组计划"和"韩国万人基因组计划",所有这些计划的最终目标均是实现个体化医疗,为精准医学服务。国际人类基因组计划完成后,人们已经开始相信大量疾病病因的揭示即将到来,然而在国际人类基因组计划框架图于 2001 年发表以来的 14 年里,全世界的大量科学家们都在做同一件事,那就是发现人类基因组上所有常见的变异位点和绝大部分低频位点。变异位点的累积从人类基因组计划发布时的 140 万个,到 HapMap 计划完成的310 万个,到千人基因组计划释放的 8 470 万个,直到宣布已经发现了人类基因组上超过 99％的频率大于 1％的变异位点。而此后的 ESP 和 ExAC 计划将人类基因组上最容易导致疾病发生的编码区的变异位点增加到了 1 019 万个,也就是每 8 个碱基一个变异位点。考虑到非编码区的突变频率要远大于编码区,按最保守的估计,最终在人类基因组上发现的变异位点数目将超过 4 亿个。因此,我们目前发现的变异位点数目仍不足所有变异位点的 1/4。虽然未知的 3/4 的变异位点几乎均为低频位点,但对近万种罕见病来说,它们的致病突变大都为低频罕见变异位点。

2) 群体遗传提供的位点频率信息尤为重要

致病位点挖掘是精准医学实现靶向治疗的第一个环节,然而目前所有的挖掘策略都需要知道检出位点在人群中的频率如何。一则为排除无害突变,缩小致病突变的搜寻范围,提高筛查效率;二则为了解突变位点对人群发病率的影响程度。如何正确使用这些频率信息是一个尤为重要的问题。对于常见疾病来说,其致病位点可能是一个已知且在人群中有一定频率的位点,盲目按频率过滤位点,则产生假阴性的可能性极大。最新的 dbSNP 数据库提供了千人基因组计划检测的变异位点的频率信息。以 rs548419688 为例,其等位基因频率在 dbSNP 数据库 147 版本中的记录为 $CAF=0.999\,8,\,0.000\,199\,7$,其中 CAF 是依据千人基因组计划数据库所有样本计算所得的频率信息,其中参考等位基因(reference allele)的频率为 $0.999\,8$,而非参考等位基因频率为 $0.000\,199\,7$。我们通常所用的 MAF 就是这两个数字中最小的那个值,通过该值来判断该变异位点为常见变异($MAF>0.05$)、低频变异($MAF<0.05$)还是罕见变异($MAF<0.005$)。在疾病致病位点挖掘过程中,都需要参考最新的 dbSNP 数据库以及其他数据库如 ESP、ExAC 等提供的位点频率信息辅助进行位点筛查。

3) 罕见变异位点辅助罕见疾病致病突变筛查

在人群中检测获得的所有变异位点中,罕见变异位点占绝大多数。所有的新发变异位点有两个命运,固定(等位基因频率=1)或者消亡(等位基因频率=0)。一般来讲,新生等位基因(derived allele)频率越高,该位点越古老;反之,则该位点越年轻。由于人类出现的时间较短,并且 DNA 复制过程中不断产生新的变异,因此,人类基因组中大部分变异位点为低频变异位点。这些变异位点的频率变化受自然选择和人口群体学事件影响。对于致病变异位点而言,由于这些位点导致个体受到极大的负选择压力,通常它们在人群中维持在极低的频率,也就是所说的罕见变异位点。当然也会有极少数致病位点因其他因素而受到平衡选择压力的影响,比如地中海贫血和疟疾两个选择压力导致某些地域地中海贫血致病基因频率升高的现象。

因为在正常人群中的变异位点绝大部分是罕见变异,而导致疾病,特别是罕见疾病发生的变异位点同样为罕见变异,因此筛查罕见疾病的致病突变就变得尤为困难。无论是采用全外显子测序还是全基因组测序的方法,人们都能在罕见病患者中发现海量的变异位点,而这些变异位点绝大部分是未知的,因此如何从中筛选出致病突变位点是当前疾病研究的难题。只有当人们能够穷尽正常人群中所有的罕见变异位点后,才能更高效地从罕见病患者中快速发现致病位点。但就算目前各国开展的十万人基因组计划抑或百万人基因组计划完成后,仍旧无法穷尽罕见变异位点,因为每个个体都携带特有的变异位点。因此,对罕见病而言,通过不相关个体排除罕见变异位点的效力远远低于亲缘关系最近的健康父亲和(或)母亲的效力。即便如此,发掘正常人携带的所有变异位点对增加筛查致病位点的效率来讲仍至关重要,因为研究发现即便使用近亲排除无害突变后,使用人群信息仍旧可以排除 $1/10 \sim 1/4$ 的变异位点[49, 50]。

4.2.3 冰岛的成功

最早能实现全面精准医疗的国家可能非冰岛莫属。由于冰岛 deCODE genetics 公司(现为 Amgen 的子公司)手握详尽的冰岛世居人群亲缘关系图谱及冰岛人的遗传资源,因此解析了大量复杂疾病和孟德尔遗传病的遗传因素。deCODE genetics 公司正式成立于 1996 年,创始人 Kari Stefansson 的愿景是通过对人群的研究鉴定出与常见疾病相关的基因,并将研究成果应用于药物开发。deCODE genetics 是名副其实的全球人类基因组解析方面的领头羊,迄今为止,已鉴别出几十种常见疾病的关联基因,包括多种心血管疾病、癌症和精神分裂症等;并应用于开发新的疾病诊断方法、治疗和预防措施。deCODE genetics 之所以能够取得丰硕的研究成果,得益于其庞大的人群信息数据库,数据库中包含超过半数冰岛人的庞大的家谱信息、基因型信息和家族病史信息。

1) deCODE genetics 的庞大数据库

deCODE genetics 的数据库真所谓举世无双,是人类重要致病基因发现的引擎。这个庞大的数据库中除了包含冰岛人群外,还包含来自全世界约 50 万人口的详细遗传信息和医疗信息。数据库中不仅存储了大量的数据,还有专门开发的统计算法和涵盖数据采集、分析到可视化的各类信息工具。

冰岛居民有详尽的谱系信息。由于岛屿的地理阻隔,冰岛人群被认为是世界上遗传同质性最好的群体之一（种族背景较单一）。冰岛人一直以来对家谱都有浓厚的兴趣，20 世纪 90 年代以来，收集家谱信息的软件在民众中广为流传，人口普查、教堂记录等信息可将几乎所有冰岛人的家谱信息追溯到一个世纪以前。deCODE genetics 与家谱软件商 FRISK Software International 一起将这些信息整合为冰岛最大最全面的家谱数据库（冰岛语：Íslendingabók）。Íslendingabók 中约有 81 万人的家谱信息，据说覆盖全部现今人口及约一半在冰岛长期定居过的人口。

deCODE genetics 广泛收集冰岛人的生物样本，一方面建立样本库长期保藏遗传资源，更重要的是应用于检测各类遗传信息，主要是基因组信息。deCODE genetics 在冰岛成功召集了 16 万志愿者，占冰岛成年人口的一半以上，参加基因发现研究。早期进行了大量样本的全基因组 SNP 基因分型，也是最早开展直接给客户提供基因检测的商业公司。近 10 年来，伴随着二代测序技术的应用，deCODE genetics 积累了大规模人群的二代测序数据。据其官网介绍，deCODE genetics 拥有约 50 万人的详细遗传信息，可高效地在冰岛人群中对他人发现的致病基因展示其存在的变异信息，deCODE genetics 可以在 10 分钟内展示出他们的同一基因变异信息。

2）病史及其他健康信息

deCODE genetics 除了拥有样本的基因组信息外，还拥有样本的医疗信息。1998 年，deCODE genetics 从冰岛政府获得正式授权，可以合法建立和使用冰岛详细的全民医疗信息数据库（the Icelandic Health Sector Database）。此举引起诸多舆论争议，尤其关于伦理、立法等方面的广泛思考与辩论，2003 年冰岛最高法院最终取缔了全民医疗信息数据库项目。尽管如此，不可否认冰岛这些宝贵的数据在医学研究中发挥了巨大作用。冰岛自 1915 年以来，已开始建立普及且有效的全国医保，留存了百年来的医疗记录，有大量的表型资料及其长期的动态变化，有重要研究价值。

3）deCODE genetics 在疾病病因领域的重要研究成果

自成立之初，deCODE genetics 就一直致力于在群体样本中应用最新的技术解析 DNA 信息。在基因发现过程中，deCODE genetics 走过的历程印证了人类疾病遗传基因研究的几个阶段。从早期通过微卫星标记全基因组扫描连锁分析定位致病基因，到采用 SNP 芯片广泛开展关联研究定位复杂疾病易感区域，再到大规模利用新一代全基因组测序发现疾病相关变异。每一个阶段都有不少典型研究案例值得回顾。

在连锁定位研究方面，deCODE genetics 做了很多开创性的工作。在没有完整的人类基因组信息之前,定位致病基因只能通过已知的少数遗传标记,主要为微卫星遗传标记(short tandem repeat,STR)。这些遗传标记之间的物理距离(相隔多少碱基)是未知的,只能通过它们之间在减数分裂时发生交叉(crossover)的概率来推算它们之间的遗传距离,制定遗传图谱。为了更好地制定遗传图谱,需要大量观察这些遗传标记在家系代代相传中的分离情况,冰岛人通过大量努力制定了专门的遗传图谱(deCODE genetic map)。有了这些 STR 的详细的遗传图谱,才使得开展全基因组连锁分析定位致病基因成为可能。使用该手段获得的代表性研究成果包括定位多发性硬化致病基因,将原发性高血压致病基因定位到染色体区域 18q,发现骨质疏松症的连锁区域 20p12 和相关基因 BMP2 等。其中,在原发性高血压的全基因组连锁研究中,在全基因组扫描阶段共对 120 个冰岛家系,其中包括 490 例患者,进行了 904 个 STR 位点的基因分型,初步定位到 18 号染色体后又进行了精细定位。

deCODE genetics 是最早进行复杂疾病关联研究的机构之一,先后开展了几十种疾病的全基因组关联分析(GWAS)。其中,精神分裂症易感基因 NRG1 首先在冰岛人中被发现,随后又在苏格兰人群中得到了验证,被认为是复杂疾病关联基因得到验证的第一个典型案例[51]。初期开展的全基因组关联分析用的是微卫星标记,比如 2003 年发表的系列多发性硬化全基因组关联性研究采用的是 4 000 个左右的微卫星标记位点。随着单核苷酸多态性(SNP)标记检测芯片技术的成熟,各种复杂疾病的 GWAS 如雨后春笋般涌出,包括肿瘤(前列腺癌、乳腺癌、肺癌、膀胱癌)、心血管疾病(心肌梗死、心房颤动、脑卒中)、高血压、糖尿病、肥胖、精神类疾病(精神分裂症、孤独症)、眼科疾病(青光眼、老年黄斑变性)等[52-54]。甚至连身高、肤色、骨密度、女性初潮年龄等性状也通过 GWAS 解析出不少相关基因的 SNP 位点[55]。除了大量 SNP 位点外,还发现拷贝数变异(CNV)与一些复杂疾病如孤独症或精神分裂症的易感性有关[56]。

GWAS 研究结果的意义饱受质疑,一方面是因为其发现的关联 SNP 位点位于基因间区或内含子,本身不是功能位点,难以为后续的功能研究提供有意义的线索或依据;另一方面是很多位点的比值比(odds ratio,OR)较低甚至接近 1,或者说能解释的病因比例很低,不值得、也没法进行功能研究,更谈不上成果转化。然而,无法否认这些研究结果为进一步深入解析复杂疾病的生物学机制,探索环境因素与遗传因素相互作用机制奠定了基础并提供了全新的视角。特别是一些设计巧妙、充分利用各种表型信息的 GWAS 揭示出一些原本认为不相关的疾病可能有共同的生物学基础,比如肥胖和尼古丁成瘾就有共同的生物学基础,为今后的研究和应用打开了新思路。这也再次说明,整合了详尽表型数据及健康记录的数据库具有重要意义,如果没有 deCODE genetics 那样完善的健康信息数据库也无法开展这类研究。

二代测序技术的最大优点是高通量,加之其能够直接检测基因变异,迅速受到研究者们的青睐。deCODE genetics 开展了大规模基于群体的二代测序研究。对于一些以往开展过 GWAS 研究的疾病,通过全基因组测序鉴定出了具体变异,比如在 *LRG4* 基因中找到的无义突变与骨密度和骨质疏松显著相关,并且此突变与其他很多生理性状和疾病有关,包括电解质失衡、初潮年龄、睾酮水平和鳞状细胞癌等。通过大规模的测序数据分析,deCODE genetics 发现了与多种癌症相关的体细胞突变,和一些以往未被发现的对复杂疾病有不可忽略影响的低频或罕见变异。低频变异 rs76895963 可将患 2 型糖尿病的风险减低一半($OR=0.53$, $P=5.0\times10^{-21}$)[57]。又如,*MYL4* 基因中的一个罕见变异($MAF=0.001$)和一个移码突变可引起早发心房颤动[1]。

deCODE genetics 应用二代测序技术不仅在疾病遗传学领域取得诸多研究成果,在人群进化研究方面也有一些重要发现。最近发表的冰岛大规模人群全基因组测序(2 636 人)研究通过上下数百年甚至千年的家系图谱准确演算出整个冰岛人群的基因组信息,从中发现随着历史推进、社会演变、人群进化,罕见基因序列在人群中的变化情况[1]。通过整合 35 927 位父母和 71 929 个亲子关系的基因组数据,研究者发现了一批与染色体重组率相关的常见和罕见变异,其中有一个位于内含子的低频变异对男女相应染色体区段重组率的影响巨大,可引起男女之间 4 倍的差异。通过对 753 例冰岛男性的全基因组测序阐释了人类 Y 染色体点突变速率。这些新的基因组学发现,不仅对于人类了解自身的进化历程有重要意义,也有助于诊断和新药研发。

为了研究基因的功能及其如何影响人体健康,数十年来科学家们一直在孜孜不倦地通过基因敲除(knock out)小鼠和基因敲低(knocked down)小鼠模型反复进行研究。自然人群中也存在因罕见疾病的基因突变而导致基因被关闭或功能缺失的人。deCODE genetics 的科学家通过使用大数据系统和工具,在一个 104 000 人的大规模群体基因组学研究(整合 2 636 人的全基因组测序数据和 101 584 人的全基因组芯片数据)中,发现 7.7% 的人至少有一个基因被敲除。通过对这些人的健康状况进行跟踪研究,为发掘特定基因的功能提供了一种独特的全新研究方式,也为诊断和新药研发提供了更多的可能性。

4）结语

综上，deCODE genetics 在群体基因组研究方面一直处于全球领头羊的位置。其20 年的研究历程（1996—2016 年）也是人类基因组研究近 20 年来飞速发展的缩影。要特别指出的是，随着大数据技术的发展及其在各行各业中的广泛应用，大数据基因组学也应运而生，通过整合大规模基因组数据和多维度表型数据（生物、医疗、环境等），开始显现出其造福人类精准医疗的巨大潜力。

4.3　精准医学推动群体遗传学研究

4.3.1　大型队列构建助推群体遗传学

虽然若干世界范围的大型基因组计划已经完成，但目前各国仍旧不遗余力地建立本国的大型人群队列。无论这些队列是疾患者群还是健康人群，对群体遗传学来说，完成这些样本的基因组测序将对群体遗传产生巨大的推动。比如，对于疾病队列，可以用来研究致病位点产生的大致时间，根据该阶段的人群迁徙和环境变化来研究致病位点产生的原因，为揭示疾病的起源和发展及预测未来人群的患病趋势提供参考。比如，ESP 计划发现现代人和 4 000～8 000 年前的人类相比，编码蛋白的变异位点特征有较大差异，还发现 84.6％的有害突变产生于 5 000～10 000 年前。这么短的时间内涌现出如此多的有害突变以至于自然选择还没有足够的时间将它们从人类的基因组中清除[32]。研究者据此推测罕见变异对遗传表型变异、疾病易感性及药物拮抗起关键作用。对于健康队列开展的无非就是群体遗传学研究。但针对这样大的队列（大于百万样本），无论是遗传学家还是生物信息学家都未接触过如此海量的数据，带来的挑战和机遇可想而知，而对该数据的精确解读则可彻底地揭示人类起源、适应性进化、表型定位、人群精细分层等方面的决定因素。

对于研究人类的遗传学家而言，当前最关注的是：①人类的起源、迁徙及演化过程；②人类表型控制的分子机制。对于人类的起源和迁徙，除了通过化石证据提供实物的证明外，运用分子手段探查该过程更是近 20 年来的研究热点。比如，通过 STR 位点多态性信息证实人类非洲起源假说[58]，使用线粒体和 Y 染色体构建单体型揭示世界人群的迁徙过程[59, 60]，运用全基因组的 SNP 位点解析世界人群结构、探索人群间的亲缘关系[61-63]，应用高通量二代测序技术通过古人类遗物揭示人类的迁徙[64]。而在揭示人类适应性进化方面，更是有大量的研究发现了人类在对抗疾病、适应低氧、耐受乳糖等方面的分子基础[9, 65-69]。而在开展如此多的研究之后，研究者均意识到只有纳入大样本量才能够更准确、更快速揭示人类起源与进化的关键因素[70-73]，而精准医学构建的大样本队列恰好解决了该问题。对于人类表型的分子机制研究更是近年来遗传研究的热点。人类的表型可以包括正常的表型特征和疾病表型特征。对于正常表型的遗传定位研究，人们已经发现了皮肤色素沉积[6]、头发形态[74]、身高[75, 76]、头发颜色[77]、眼睛颜色[78]等许多常见表型的关联遗传因素。而对疾病表型而言，已经有成千上万篇文章揭示了大量疾病表型的遗传关联因素，这里不再罗列。从这些研究不难看出，全基因组关联研究对样本量的依赖性越来越强，只有大型的队列、详细的表型信息收集才能最终发现这些表型相关的遗传变异位点，因此精准医学的队列信息收集势必加速人类表型定位的进程。

4.3.2 全面的表型信息是推动精准医学和群体遗传的基石

1）样本收集标准的制定

我国研究者完成的数百个大样本关联研究收获了大量有价值的成果，但从整体来看，依旧存在投入产出比太低的弊端，归根结底是由以下两个方面的原因所致：①样本共享性太差；②样本表型收集过于单一。要解决这两个问题，在项目申请和批准阶段就必须建立强制的行业标准。在政府层面，需要建立国家级的样本资源库，所有获得资助的研究团队均须无条件的提交样本资源至该资源库。对于数据的产出，同样要无条件提交，并有专业的团队对样本和数据进行评估、维护和利用，让所有研究者均可以使用该资源库的资源，而不像现在的样本库各自运行，共享性极差。对于表型收集，同样需要集合各种专家制定详细的表型收集样表，队列建设者必须提供客观、完整、准确的表型信息，并由专业的团队对此进行评估和存储。我国每年都有大量基金用于资助样本的收集，但由于各种条件的限制浪费极大。随着全基因组测序成本的下降，建设国家层面的公共样本资源库显得时机恰当，产出比高，应用广泛，同时也将加速我国科技开发和转化进程。

2）表型信息收集

以往研究表型信息收集过于单一。比如进行帕金森病研究时，对于病例样本和对照样本,收集的信息包括年龄、性别、起始症状、教育程度、便秘、睡眠、抑郁、记忆力、定向力、辨别力、嗅觉等表型,但对于其他研究如心血管疾病,该项目的对照样本却无法使用,因为其缺乏心血管类疾病对照组的衡量指标,无法判断是否符合对照组纳入标准。而对群体遗传学家而言似乎也无法使用,因为这些对照样本缺乏地理,民族,其他正常表型如肤色、身高、体重等信息。这使得单一研究所用的病例和对照样本仅能为该项目或者该疾病所用,极度削减了样本共享的可能性。另外,表型收集时也应当按照人群进行精细分类,而每个表型同样也要精细分类。比如腰围这个性状,同时需要附加腰部宽度和厚度等一系列性状,因为相同的腰围会因为腰部形状不同而导致样本出现分层,而与不同亚群关联的遗传因素也可能不同。因此,制定更为完善的样本信息收集策略,使用自动化的设备代替费力的人工记录和测量,使用智能可穿戴设备完成长时间的跟踪与检测,使收集的样本最大限度地发挥作用。当然这需要许多专家共同制定周密而完善的标准,做到表型收集的完整性,为科技研发提供可靠的样本资源。

4.3.3 精准医学与群体遗传学

1) 现代医学使人类进化还是"退化"

医学的进步大大提高了人们应对自然环境及有害突变的能力,增加了患者的生存概率。比如,严重急性呼吸综合征(SARS)流行期间虽然我国并没有开发出相应的疫苗,但是通过现代的医疗卫生手段和政策干预使得SARS造成的病死率大大下降。又如,剖宫产现在被广泛应用,这显著提高了大体型婴儿以及难产妇女的存活率,也就在人群中保留了这些不利于人类生产的遗传因素。再如,通过手术的手段使得具有先天性心脏病的人得以存活,通过整形提高某些人成功交配和繁衍后代的概率,这使得即便受较强选择压力的某些突变也得以在人群中保留。当人们意识到这些问题后便开始担忧现代医学是不是使人类"退化"了。

先从医学是人类的一项基本技能的角度解析。医学是人类智慧和经验的结晶,它和火的使用、工具的使用一样都对人类的进步起到了质的推动作用。火的使用使寒冷、野兽、病菌、食物难以消化等不利环境因素对人类造成的危险大大降低,也就是说,人类在使用火之前,只有那些身强体壮、团结互助、消化能力惊人的人类存活概率更大,而火使得那些身体没那么强壮、抵抗力没那么强的人存活了下来。那么是否可以推论,火的使用使人"退化"了呢?再比如作物种植的技能,现代人不再怀疑作物种植给人们带来衣食无忧的境况是人类的进化还是"退化"。然而，在未开始种植作物之前，只有那些善于打猎、善于采集的人才能存活得很好，而作物种植则使得那些不具备强健身体、敏锐感官的人得以大量繁衍后代，这是否也是一种"退化"？可见，单单从医学这一技能的角度解析不足以印证医学使人"退化"的担忧。

从进化的角度解析该问题。其一，达尔文的"自然选择"揭示了"适者生存"，也就是只有那些适应了周围环境的物种才能生存，换言之，不适者将被淘汰。那么，面对人们周围的自然环境以及人们的基因组时时刻刻都在发生的突变，什么样的人才能够适应呢？毫无疑问，那些懂得使用现代医学手段应对周围环境的人将产生更多的后代，而那些不会使用现代医学的人群的后代会越来越少，最终前者数量将占据绝对优势。其二，达尔文的"自然选择"涉及的只是性状适应环境的能力，而并不区分什么样的性状是进化还是退化，因为所谓"退化"的性状在某些条件下却是有利的，比如镰状细胞贫血。而拉马克的"用进废退"学说似乎涉及"退化"，但这种"退化"是不再经受外界压力，无使用价值时发生的。然而医学能解决的这些疾病问题并没有导致选择压力的消失，比如，导致难产的遗传因素所受的选择压力在这一代没发挥作用，在下一代一样要发挥作用。所有医疗能解决的不利于生存的性状都在持续受到选择的压力。也就是医学只是缓解了选择的强度，并没有使压力消失。而性状的改变需要非常漫长的时间才可能发生，现代医学短短百年的历史仍不足以影响人类进化的进程。

从遗传多样性的角度解析该问题。遗传多样性是一个物种得以延续的重要因素，多样性越高的物种，其应对各种环境所带来压力的能力却强，越容易保持物种的竞争力。就大多数性状而言，人类的竞争力远不如其他物种，然而人类遗传多样性的产生和维持使得人类能够应对地球上大多数的自然环境。那么现代医学在保持人类遗传多样性方面起到了什么作用？上面提及现代医学使大量的有害遗传变异位点得以保留，而其又不会导致有益的变异位点被清除，因此，现代医学对维持人类的遗传多样性起到了正面作用。不仅如此，现代医学还推动了人类的进步，最简单的例子就是诸多患严重疾病的名人如霍金、贝多芬等都对人类有巨大贡献。因此，遗传多样性的存在提示，人们无法衡量一个性状的优劣，无法通过性状来衡量一个人或者一群人的优劣，也就是说，持所谓"退化"理论的人可能有人群歧视之嫌。

从人类是社会化动物群体来解析该问题。地球上有许多物种都是社会化的动物，如蚂蚁、蜜蜂、黑猩猩及人类。蚂蚁和蜜蜂等物种内社会分工异化程度比较简单，只是按对群体的作用划分为若干个类别,而人类的特异化程度就高得多,以至于可以分化出成千上万个类别,而且这些类别还持续地发生变化。对于社会化物种来讲,整个物种的竞争力而不是单个或者部分个体的竞争力才是衡量这个物种适应能力强弱的标准。提高个体对群体的贡献度将可以使群体更有竞争力。医学使人类保持健康状态的时间大大增加,提高了个体对整个人类的贡献程度,因此,医学使人类进化,而非"退化"。

要判断一个性状是有利还是无利的标准就是该性状是否提高了该物种的竞争力,而医学是人类进化出来的伟大技能之一,该技能可以被认为是人类的一个性状。医学使人类具有更强的竞争力,是整个人类群体进化的标志。随着精准医学时代的到来,人们能够根据个体 DNA 信息进行更为精确的治疗,大大提高了整个人类群体的健康水平和个体对群体做出贡献的能力。精准医学将来甚至可能通过 DNA 编辑的手段直接改变人类的 DNA 信息,连即将开展的人工合成人类基因组的计划[79]都显示,未来医学将大大提高人类的竞争力。

2)精准医学带来的机遇

目前,各国精准医学计划的第一步均是完成超过数万人的全基因组测序工作,再配合这些样本的表型、地理、人群等信息数据,这对于所有研究者来说都将是一次挑战,同样也是难得的数据盛宴。在遗传分子标记方面,全基因组测序获得的数据已经完全能够胜任遗传学的大量研究。因此,最具价值的数据将是最为详尽的表型信息。如前所述,表型收集和样本共享是国内样本收集团队所面临的最棘手的问题,如何制定规范化的标准,如何尽可能多地收集所有可用的表型信息是开展精准医学及群体学研究的重中之重,这直接决定数据的挖掘深度和投入产出比。

除了获得完整详尽的表型信息外,数据的存储与共享也是一个极具挑战性的难点。按目前最低的每个样本 $30\times$ 的覆盖度来说,每个样本最后获得的原始数据将是100 Gb。过程数据和最终的数据往往是原始数据的 10 倍甚至更多。因此,一个样本最终占用的空间在 1 Tb 左右。对于数万甚至上百万的样本量来说,这个数据量是目前任何一个实验室都无法处理的。云存储和云计算是目前针对大数据的有效解决方案,然而考虑到数据安全及网络速度,这对研究者来说都是一个挑战。如果能制定完整而全面的数据处理策略,由若干中心共同完成变异位点的获取,进而在一个权威数据库中发布最终的变异位点信息,这将大大降低每个用户的计算需求及资源耗费。因此,需要建立更为高效且可靠的数据存储、共享策略。

精准医学将推动医学产业链升级,加快科研成果向健康领域的转化和应用,推动我国医疗产业对国外的快速超越。以在我国高发的半侧颜面短小(craniofacial microsomia, CFM)综合征为例,全基因组关联分析已经发掘了我国 CFM 的风险基因和突变[80],以此为基础开发应用于产前诊断的试剂盒可以帮助减少我国该先天性疾病的发病率,使得该疾病不再停留在患儿出生后的整形、听力修复、颅面修复等治疗方法上。将预防关口前移是当前减少先天性疾病发病的最佳策略。若再结合母体血液内的胎儿游离DNA,可将预防关口提前至怀孕 8 周,不仅可减少孕妇的心理和生理压力,还可和其他产检项目结合,实现更为精准的产前筛查。随着基因治疗手段的快速推进,针对致病突变,可在诊断出患病的胎儿中进行治疗,弥补新生儿的出生缺陷。而对于待孕的风险基因携带者,则可以通过人工辅助生殖技术彻底排除致病突变出现于新生儿中的可能,将预防关口进一步前移。在彻底了解清楚疾病发生的遗传和环境风险因素后,可在孕前即进行干预,减少孕前接触风险因素的概率,再次将预防关口前移。精准医学的成果所产生的价值不可估量,随着人们生活水平的提高,健康周边产业将迅猛发展,机遇空前。

医学的进步确实在增加遗传多样性和降低选择压力方面对人类做出了积极的贡献,以至于我们相信人类似乎可以左右进化进程。通过用药降低人类所受的自然选择压力,比如抗体、抗生素的使用;通过手术降低性选择的压力,比如整形、美容。将来医学甚至可以直接通过改变那些有害的 DNA 分子,从而在根本上消除有害突变对人类造成的选择压力。人们不必惊异于医学带来的改变,因为人类的行为影响自然选择的进程一直在发生。比如,人类的御寒措施使得人类能够削弱低温这一选择压力,大规模高效能生产削弱环境资源匮乏的压力,防御工事削减野兽攻击带来的压力等。人们并没有因这些行为而变得"退化",相反却大大增加了人类的适应能力。因此,精准医学不仅不会令群体遗传学家担心,反而丰富了群体遗传学的研究内容,帮助人们更全面地认识人类的演化进程和方向。

精准医学致力于通过更为精确的方式衡量潜在的风险,以优化人们对疾病发生、发展、疗效及预后的认知。对潜在风险的衡量包括:DNA 测序进行分子诊断、环境暴露因素评估、可穿戴设备获得完整的生理指标等。对遗传因素、环境因子、行为方式及其他影响因素的准确刻画可以帮助人们准确诊断、合理预防、优化治疗及开发新的治疗策略。医药科学的进步正在改变医疗实践和医疗研究的文化:患者不再是治疗和研究对象,而是一个合作者。人们相信,大量参与者的引入以及丰富的生物、健康、环境数据将会将人们引入一个更新和更有效的健康管理时代。

4.4 小结

精准医学始于群体遗传学,同时又助推群体遗传学的发展,学科的交融不仅为揭示疾病遗传病因提供参考,又为认知人类演化方向提供了新的视角。虽然精准医学是美国先提出的,但令人高兴的是,我国以最快的速度将精准医学进行科研和产业化落地。但在政策和资本助推的过程中,要保证我国精准医疗的健康发展并不忘为人类健康服务这一初衷。精准医学要为人类健康而创造,不为追逐利益而使舵,要将"有时去治愈,常常去帮助,总是去安慰"这一基本行医真谛提升为"常常去帮助,总是去安慰,真正能治愈"。

参考文献

[1] Gudbjartsson D F, Helgason H, Gudjonsson S A, et al. Large-scale whole-genome sequencing of the Icelandic population [J]. Nat Genet, 2015,47(5): 435-444.

[2] Fujimoto A, Ohashi J, Nishida N, et al. A replication study confirmed the EDAR gene to be a major contributor to population differentiation regarding head hair thickness in Asia [J]. Hum Genet, 2008,124(2): 179-185.

[3] Fujimoto A, Kimura R, Ohashi J, et al. A scan for genetic determinants of human hair morphology: EDAR is associated with Asian hair thickness [J]. Hum Mol Genet, 2008,17(6): 835-843.

[4] Mou C, Thomason H A, Willan P M, et al. Enhanced ectodysplasin-A receptor (EDAR) signaling alters multiple fiber characteristics to produce the East Asian hair form [J]. Hum Mutat, 2008,29(12): 1405-1411.

[5] Graf J, Hodgson R, van Daal A. Single nucleotide polymorphisms in the MATP gene are associated with normal human pigmentation variation [J]. Hum Mutat, 2005,25(3): 278-284.

[6] Lamason R L, Mohideen M A, Mest J R, et al. SLC24A5, a putative cation exchanger, affects pigmentation in zebrafish and humans [J]. Science, 2005,310(5755): 1782-1786.

[7] Elguero E, Delicat-Loembet L M, Rougeron V, et al. Malaria continues to select for sickle cell trait in Central Africa [J]. Proc Natl Acad Sci U S A, 2015,112(22): 7051-7054.

[8] Simonson T S, Yang Y, Huff C D, et al. Genetic evidence for high-altitude adaptation in Tibet [J]. Science, 2010,329(5987): 72-75.

[9] Wang B, Zhang Y B, Zhang F, et al. On the origin of Tibetans and their genetic basis in adapting high-altitude environments [J]. PLoS One, 2011,6(2): e17002.

[10] Collins F, Galas D. A new five-year plan for the U. S. Human Genome Project [J]. Science,

1993,262(5130)：43-46.

[11] Collins F S, Patrinos A, Jordan E, et al. New goals for the U. S. Human Genome Project：1998-2003[J]. Science, 1998,282(5389)：682-689.

[12] Lander E S, Linton L M, Birren B, et al. Initial sequencing and analysis of the human genome [J]. Nature, 2001,409(6822)：860-921.

[13] Venter J C, Adams M D, Myers E W, et al. The sequence of the human genome [J]. Science, 2001,291(5507)：1304-1351.

[14] International Human Genome Sequencing Consortium. Finishing the euchromatic sequence of the human genome [J]. Nature, 2004,431(7011)：931-945.

[15] International HapMap Consortium. The International HapMap Project [J]. Nature, 2003,426 (6968)：789-796.

[16] International HapMap Consortium. A haplotype map of the human genome [J]. Nature, 2005, 437(7063)：1299-1320.

[17] International HapMap Consortium, Frazer K A, Ballinger D G, et al. A second generation human haplotype map of over 3. 1 million SNPs [J]. Nature, 2007,449(7164)：851-861.

[18] Altshuler D M, Gibbs R A, Peltonen L, et al. Integrating common and rare genetic variation in diverse human populations [J]. Nature, 2010,467(7311)：52-58.

[19] Dickson S P, Wang K, Krantz I, et al. Rare variants create synthetic genome-wide associations [J]. PLoS Biol, 2010,8(1)：e1000294.

[20] Birney E, Soranzo N. Human genomics：The end of the start for population sequencing [J]. Nature, 2015,526(7571)：52-53.

[21] 1000 Genomes Project Consortium, Abecasis G R, Altshuler D, et al. A map of human genome variation from population-scale sequencing [J]. Nature, 2010,467(7319)：1061-1073.

[22] 1000 Genomes Project Consortium, Abecasis G R, Auton A, et al. An integrated map of genetic variation from 1,092 human genomes [J]. Nature, 2012,491(7422)：56-65.

[23] 1000 Genomes Project Consortium, Auton A, Brooks L D, et al. A global reference for human genetic variation [J]. Nature, 2015,526(7571)：68-74.

[24] Sudmant P H, Rausch T, Gardner E J, et al. An integrated map of structural variation in 2,504 human genomes [J]. Nature, 2015,526(7571)：75-81.

[25] Hodges E, Xuan Z, Balija V, et al. Genome-wide in situ exon capture for selective resequencing [J]. Nat Genet, 2007,39(12)：1522-1527.

[26] Boileau C, Guo D C, Hanna N, et al. TGFB2 mutations cause familial thoracic aortic aneurysms and dissections associated with mild systemic features of Marfan syndrome [J]. Nat Genet, 2012,44(8)：916-921.

[27] Regalado E S, Guo D C, Villamizar C, et al. Exome sequencing identifies SMAD3 mutations as a cause of familial thoracic aortic aneurysm and dissection with intracranial and other arterial aneurysms [J]. Circ Res, 2011,109(6)：680-686.

[28] Emond M J, Louie T, Emerson J, et al. Exome sequencing of extreme phenotypes identifies DCTN4 as a modifier of chronic Pseudomonas aeruginosa infection in cystic fibrosis [J]. Nat Genet, 2012,44(8)：886-889.

[29] Do R, Stitziel N O, Won H H, et al. Exome sequencing identifies rare LDLR and APOA5 alleles conferring risk for myocardial infarction [J]. Nature, 2015,518(7537)：102-106.

[30] Peloso G M, Auer P L, Bis J C, et al. Association of low-frequency and rare coding-sequence

variants with blood lipids and coronary heart disease in 56,000 whites and blacks [J]. Am J Hum Genet，2014,94(2)：223-232.

[31] Tennessen J A，Bigham A W，O'Connor T D，et al. Evolution and functional impact of rare coding variation from deep sequencing of human exomes [J]. Science，2012,337(6090)：64-69.

[32] Fu W，O'Connor T D，Jun G，et al. Analysis of 6,515 exomes reveals the recent origin of most human protein-coding variants [J]. Nature，2013,493(7431)：216-220.

[33] Dixon M J，Marazita M L，Beaty T H，et al. Cleft lip and palate：understanding genetic and environmental influences [J]. Nat Rev Genet，2011,12(3)：167-178.

[34] Mangold E，Ludwig K U，Birnbaum S，et al. Genome-wide association study identifies two susceptibility loci for nonsyndromic cleft lip with or without cleft palate [J]. Nat Genet，2010,42 (1)：24-26.

[35] Ludwig K U，Mangold E，Herms S，et al. Genome-wide meta-analyses of nonsyndromic cleft lip with or without cleft palate identify six new risk loci [J]. Nat Genet，2012,44(9)：968-971.

[36] Birnbaum S，Ludwig K U，Reutter H，et al. Key susceptibility locus for nonsyndromic cleft lip with or without cleft palate on chromosome 8q24[J]. Nat Genet，2009,41(4)：473-477.

[37] Beaty T H，Murray J C，Marazita M L，et al. A genome-wide association study of cleft lip with and without cleft palate identifies risk variants near MAFB and ABCA4：supply [J]. Nat Genet，2010,42(6)：525-529.

[38] Zucchero T M，Cooper M E，Maher B S，et al. Interferon regulatory factor 6（IRF6）gene variants and the risk of isolated cleft lip or palate [J]. N Engl J Med，2004,351(8)：769-780.

[39] Curtis J，Luo Y，Zenner H L，et al. Susceptibility to tuberculosis is associated with variants in the ASAP1 gene encoding a regulator of dendritic cell migration [J]. Nat Genet，2015,47(5)：523-527.

[40] Thye T，Owusu-Dabo E，Vannberg F O，et al. Common variants at 11p13 are associated with susceptibility to tuberculosis [J]. Nat Genet，2012,44(3)：257-259.

[41] Tosh K，Campbell S J，Fielding K，et al. Variants in the SP110 gene are associated with genetic susceptibility to tuberculosis in West Africa [J]. Proc Natl Acad Sci U S A，2006,103(27)：10364-10368.

[42] Qi H，Zhang Y B，Sun L，et al. Discovery of susceptibility loci associated with tuberculosis in the Chinese population [J]. Hum Mol Genet，2017，in press.

[43] Chen Y，Kang J，Wu M，et al. Differential association between HLA and diffuse panbronchiolitis in Northern and Southern Chinese [J]. Intern Med，2012,51(3)：271-276.

[44] Zhao Y，Liu X，Liu X，et al. Association of STAT4 gene polymorphism with increased susceptibility of rheumatoid arthritis in a northern Chinese Han subpopulation [J]. Int J Rheum Dis，2013,16(2)：178-184.

[45] Zhang Y B，Li X，Zhang F，et al. A preliminary study of copy number variation in Tibetans [J]. PLoS One，2012,7(7)：e41768.

[46] Chen J，Zheng H，Bei J X，et al. Genetic structure of the Han Chinese population revealed by genome-wide SNP variation [J]. Am J Hum Genet，2009,85(6)：775-785.

[47] 李咏兰,郑连斌,陆舜华,等. 达斡尔族、鄂温克族、鄂伦春族13项形态特征的研究[J]. 人类学报,2001,20(3)：217-223.

[48] Hawks J，Wang E T，Cochran G M，et al. Recent acceleration of human adaptive evolution [J].

Proc Natl Acad Sci U S A，2007，104(52)：20753-20758.

[49] Sun L Y，Zhang Y B，Jiang L，et al. Identification of the gene defect responsible for severe hypercholesterolaemia using whole-exome sequencing [J]. Sci Rep，2015，5：11380.

[50] Chen F，Li Q，Gu M，et al. Identification of a mutation in FGF23 involved in mandibular prognathism [J]. Sci Rep，2015，5：11250.

[51] Bjarnadottir M，Misner D L，Haverfield-Gross S，et al. Neuregulin1 (NRG1) signaling through Fyn modulates NMDA receptor phosphorylation：differential synaptic function in NRG1 +/- knock-outs compared with wild-type mice [J]. J Neurosci，2007，27(17)：4519-4529.

[52] Nioi P，Sigurdsson A，Thorleifsson G，et al. Variant ASGR1 associated with a reduced risk of coronary artery disease [J]. N Engl J Med，2016，374(22)：2131-2141.

[53] Helgadottir A，Gretarsdottir S，Thorleifsson G，et al. Variants with large effects on blood lipids and the role of cholesterol and triglycerides in coronary disease [J]. Nat Genet，2016，48(6)：634-639.

[54] Kristjansson R P，Oddsson A，Helgason H，et al. Common and rare variants associating with serum levels of creatine kinase and lactate dehydrogenase [J]. Nat Commun，2016，7：10572.

[55] Styrkarsdottir U，Thorleifsson G，Gudjonsson S A，et al. Sequence variants in the PTCH1 gene associate with spine bone mineral density and osteoporotic fractures [J]. Nat Commun，2016，7：10129.

[56] Stefansson H，Meyer-Lindenberg A，Steinberg S，et al. CNVs conferring risk of autism or schizophrenia affect cognition in controls [J]. Nature，2014，505(7483)：361-366.

[57] Steinthorsdottir V，Thorleifsson G，Sulem P，et al. Identification of low-frequency and rare sequence variants associated with elevated or reduced risk of type 2 diabetes [J]. Nat Genet，2014，46(3)：294-298.

[58] Chu J Y，Huang W，Kuang S Q，et al. Genetic relationship of populations in China [J]. Proc Natl Acad Sci U S A，1998，95(20)：11763-11768.

[59] Ke Y，Su B，Song X，et al. African origin of modern humans in East Asia：a tale of 12,000 Y chromosomes [J]. Science，2001，292(5519)：1151-1153.

[60] Ruiz-Pesini E，Mishmar D，Brandon M，et al. Effects of purifying and adaptive selection on regional variation in human mtDNA [J]. Science，2004，303(5655)：223-226.

[61] Li J Z，Absher D M，Tang H，et al. Worldwide human relationships inferred from genome-wide patterns of variation [J]. Science，2008，319(5866)：1100-1104.

[62] Patterson N，Price A L，Reich D. Population structure and eigenanalysis [J]. PLoS Genet，2006，2(12)：e190.

[63] Holsinger K E，Weir B S. Genetics in geographically structured populations：defining，estimating and interpreting F(ST) [J]. Nat Rev Genet，2009，10(9)：639-650.

[64] Meyer M，Fu Q，Aximu-Petri A，et al. A mitochondrial genome sequence of a hominin from Sima de los Huesos [J]. Nature，2014，505(7483)：403-406.

[65] Arbiza L，Gronau I，Aksoy B A，et al. Genome-wide inference of natural selection on human transcription factor binding sites [J]. Nat Genet，2013，45(7)：723-729.

[66] Bamshad M，Wooding S P. Signatures of natural selection in the human genome [J]. Nat Rev Genet，2003，4(2)：99-111.

[67] Novembre J，Di Rienzo A. Spatial patterns of variation due to natural selection in humans [J]. Nat Rev Genet，2009，10(11)：745-755.

［68］ Bustamante C D，Fledel-Alon A，Williamson S，et al. Natural selection on protein-coding genes in the human genome ［J］. Nature，2005,437(7062)：1153-1157.

［69］ Sabeti P C，Reich D E，Higgins J M，et al. Detecting recent positive selection in the human genome from haplotype structure ［J］. Nature，2002,419(6909)：832-837.

［70］ Dempfle A，Scherag A，Hein R，et al. Gene-environment interactions for complex traits：definitions，methodological requirements and challenges ［J］. Eur J Hum Genet，2008,16(10)：1164-1172.

［71］ Scherer S W，Lee C，Birney E，et al. Challenges and standards in integrating surveys of structural variation ［J］. Nat Genet，2007,39(7 Suppl)：S7-S15.

［72］ McCarthy M I，Abecasis G R，Cardon L R，et al. Genome-wide association studies for complex traits：consensus，uncertainty and challenges ［J］. Nat Rev Genet，2008,9(5)：356-369.

［73］ Teo Y Y，Small K S，Kwiatkowski D P. Methodological challenges of genome-wide association analysis in Africa ［J］. Nat Rev Genet，2010,11(2)：149-160.

［74］ Park J H，Yamaguchi T，Watanabe C，et al. Effects of an Asian-specific nonsynonymous EDAR variant on multiple dental traits ［J］. J Hum Genet，2012,57(8)：508-514.

［75］ Lettre G，Jackson A U，Gieger C，et al. Identification of ten loci associated with height highlights new biological pathways in human growth ［J］. Nat Genet，2008,40(5)：584-591.

［76］ Yang J A，Benyamin B，McEvoy B P，et al. Common SNPs explain a large proportion of the heritability for human height ［J］. Nat Genet，2010,42(7)：565-569.

［77］ Han J，Kraft P，Nan H，et al. A genome-wide association study identifies novel alleles associated with hair color and skin pigmentation ［J］. PLoS Genet，2008,4(5)：e1000074.

［78］ Eriksson N，Macpherson J M，Tung J Y，et al. Web-based，participant-driven studies yield novel genetic associations for common traits ［J］. PLoS Genet，2010,6(6)：e1000993.

［79］ Servick K. Scientists reveal proposal to build human genome from scratch ［J］. Science，2016 doi：10.1126/science.aag0588.

［80］ Zhang Y B，Hu J，Zhang J，et al. Genome-wide association study identifies multiple susceptibility loci for craniofacial microsomia［J］. Nat Commun，2016，7：10605.

5 肿瘤基因组及其在精准医学中的应用

随着基因组学研究的逐渐深入，人们深刻地认识到除了外伤，几乎所有的人类疾病都与基因相关。基因组学与医学的结合也由少数的孟德尔遗传病扩展到各种复杂疾病及常见疾病。全球要应对的疾病成千上万，肿瘤因其病死率高、经济负担重而备受关注，奥巴马也在2015年1月20日发表的国情咨文中把肿瘤列为"重中之重"。恶性肿瘤作为危害人类健康的"第一杀手"，其发生发展是一个非常复杂，涉及多基因、多因素的过程。早在一个世纪以前，David von Hansemann 和 Theodor Boveri 等人最先推测肿瘤的形成是由于休细胞内的遗传物质发生变异造成的。David von Hansemann 和 Theodor Boveri 等人对癌细胞分裂过程进行了研究，发现癌细胞分裂的同时经常伴随着染色体异常的现象，由此他们推测癌症和异常细胞克隆的形成是由于遗传物质的变异造成的[1]。1960年，Nowell 及 Hungerford 发现慢性粒细胞白血病中有一个小于 G 组染色体的近端着丝粒染色体，因其发现地在美国费城(Philadelphia)而命名为费城染色体(Ph 染色体)[2]。随后，Janet Davison Rowley 对慢性粒细胞白血病的癌细胞染色体进行细致观察发现，费城染色体实际上是22号染色体长臂区段易位至9号染色体短臂上[3]。这一研究证明了 DNA 损伤和染色体变异导致癌症发生的现象，再次验证了遗传物质变异对癌症发生发展的关键作用。1982年，Deklein 等在 Ph 染色体上首次发现了原来位于9号染色体长臂末端的癌基因 ABL[4]。目前的研究认为，染色体的异位导致9号染色体长臂(9q34)上的原癌基因 ABL 和22号染色体(22q11)上的 BCR 基因重新组合成融合基因。BCR-ABL 融合基因可以增强酪氨酸激酶的活性，扰乱细胞内正常的信号传导途径，使正常的细胞凋亡过程被抑制，从而促进了肿瘤的发生发展。

随着癌基因 HRAS 及抑癌基因 TP53 的发现和鉴定，原癌基因、抑癌基因、易感基因等源源不断地被发现。Douglas Hanahan 和 Robert A. Weinberg 在 *Cell* 杂志上发表了两篇颇具影响力的综述性论文——《肿瘤的特征》[5] 及《肿瘤的特征升级版》[6]，首次在分子水平阐明了肿瘤细胞的基本特征：自给自足的生长信号（self-sufficiency in growth signals），抗生长信号的失敏（insensitivity to antigrowth signals），抵抗细胞死亡（resisting cell death），潜力无限的复制能力（limitless replicative potential），持续的血管生成（sustained angiogenesis），组织浸润和转移（tissue invasion and metastasis），逃避免疫监视（avoiding immune destruction），促进肿瘤的炎症（tumor promotion inflammation），细胞能量代谢异常（deregulating cellular energetics），基因组不稳定和突变（genome instability and mutation）。然而目前的研究还远没有达到探明并攻克恶性肿瘤的水平。高通量测序技术让人们对肿瘤基因组的认识达到了前所未有的精度。通过对肿瘤组织、游离肿瘤 DNA、外周血等样本进行测序，结合准确的临床信息，人们可以洞察肿瘤发生、发展及细胞异质性形成的分子机制和演化动态；可以预测家族性肿瘤患者发病概率；可以提高早期诊断的灵敏度和准确度，实现超早期诊断；可以提供更准确的分子分期；可以提高靶向药、化疗药的用药效率，减少不良反应；可以发现新的治疗靶点开发新药，也可通过精细化用药群体使旧药变废为宝；可以无创监控治疗效果，并辅助更改治疗方案；可以预测预后等。

　　本章分为两部分内容：第一部分是从科研实战入手，从肿瘤基因组数据的检测方法、检测样本、分析流程、相关数据库等进行总体的介绍；第二部分从临床应用入手，介绍肿瘤基因组数据在患者风险评估、早期诊断、分子分期、治疗指导、药物开发、预后等各个临床环节中的应用。

5.1　肿瘤基因组的检测方法及检测样本

5.1.1　检测方法

　　测序技术是肿瘤基因组研究的最主要的研究方法。基因组测序技术的研究对象是生物体内的 DNA，高通量的 DNA 测序结果可用于分析基因组序列的单核苷酸变异（single nucleotide variation，SNV）、插入缺失（insertion/deletion，InDel）、拷贝数变异（copy number variation，CNV）、结构变异（structural variation，SV）及 DNA 甲基化

(DNA methylation)等。简单来说,DNA 测序是一个寻找变异的过程。

研究者可以根据研究目的选择不同的 DNA 测序策略:想要获得完整的个体体细胞 DNA 变异图谱,可以对肿瘤组织及同一患者正常细胞内的 DNA 进行全基因组测序。但是,全基因组测序存在着测序成本高,数据量大,分析复杂,数据运算周期长等问题。而外显子组测序则是一种高性价比的选择。外显子组测序(exome sequencing)是用序列捕获技术将全基因组外显子区域 DNA 捕捉并富集后进行高通量测序的基因组分析方法。绝大多数与疾病相关的基因变异位于外显子区域,外显子组的序列只占全基因组序列的约 1%,因此,与全基因组测序相比,外显子组测序更加经济、有效。想要获得一组目标基因的变异图谱可以选择扩增测序或者个体化定制捕获探针,对特定区域进行靶向测序。这种方法的实验设计更加灵活,结果也更容易阐释。如果目标基因数量较少,一代测序也是一种不错的选择。循环肿瘤 DNA(circulating tumor DNA,ctDNA)测序是近两年非常热门的研究方向,在后续章节有详细介绍。此外,甲基化 DNA 免疫共沉淀测序(methylated DNA immunoprecipitation sequencing,MeDIP-Seq)及蛋白质染色质免疫共沉淀测序(chromatin immunoprecipitation sequencing,ChIP-Seq)可以从基因组规模探查肿瘤患者表观遗传水平的变化(见表 5-1)。

表 5-1　针对不同研究目的采用的 DNA 测序技术

研 究 目 的	采 用 技 术
完整 DNA 变异图谱	全基因组测序
全外显子 DNA 变异图谱	外显子组测序
目标基因的变异图谱	靶向测序;一代测序
表观遗传研究	ChIP-Seq;MeDIP-Seq

5.1.2　检测样本

在肿瘤相关的研究中,外周静脉血、新鲜组织、石蜡包埋的组织块或切片、尿液、唾液等都可以提供 DNA 样本,可根据不同的研究目的选择获取 DNA 的途径。需要指出的是,福尔马林或甲醛固定、石蜡包埋过程会对 DNA 造成损伤,引入非肿瘤特异性的突变。

在肿瘤的相关研究中,样本的来源主要有 3 种:群体(无亲缘关系个体组成)样本、家系样本、个体样本。群体(无亲缘关系个体组成)是一个非常灵活的概念,简单来说群体是具有某种共同特征的一群人,对于肿瘤研究而言,可以是具有相同癌症类型的患者,或相同癌症亚型的患者,也可以是接受过同一种治疗方案的肿瘤患者等。可以根据要解决的科学问题,设计自己的群体纳入标准,计算研究检验力并估计所需群体的大小。群体的特点就是共性,对于群体的研究其目的就是在于寻找共性的东西。群体样本寻找的结果一定是在某些人群中具有一定频率的,具有某种预测性的结果。具体到肿瘤的研究中,群体研究可以寻找适用于肿瘤早期诊断、肿瘤分型、病程发展(恶化和转移)和预后的基因组分子标记,筛选药物靶点。关联分析和机器学习是群体样本最重要的研究手段,样本量、群体分层、个体差异是影响群体研究结论的关键因素。关联分析更多地应用于肿瘤遗传易感性的研究。以乳腺癌为例,目前,全基因组关联分析(genome wide association studies,GWAS)发现了大约78个乳腺癌易感位点[7-10],绝大多数的研究样本都来自于欧洲,但这些来自于欧洲人群的遗传变异只能解释大约10%的东亚家族性乳腺癌的患病风险[8]。2014年,一个包含中、美、日、韩及其他东亚等国家的国际性科学家团队,利用GWAS的方法,对来自东亚地区的22 780例乳腺癌患者及24 181例对照人群进行了分析,寻找到东亚乳腺癌患者的易感位点[10]。如今,新一代GWAS采用高通量测序技术解决了芯片只能检测已知的常见SNP的问题,使得GWAS在发现尚未揭示的遗传信息方面,包括检测稀有SNP和结构变异方面,显示出了巨大的优势。除了对遗传易感性的应用之外,研究者也可以结合临床数据对肿瘤患者进行不同亚群体分组,采用关联分析的思路和统计学手段对不同肿瘤亚型之间,不同临床分组之间进行比对。

机器学习是分析肿瘤群体数据的另一个常用工具。机器学习是一门人工智能的科学,简单来说就是让计算机学习以往的经验,并在经验学习中改善具体算法的性能。自从1999年,Golub等人发表了首次用机器学习的方法研究肿瘤分类问题的文章之后[11],机器学习逐渐成为肿瘤基因组领域的研究热点之一,有人说肿瘤基因组的发展推动了机器学习的发展。机器学习在肿瘤领域的应用很多,可以研究肿瘤亚型的分类,可以预测患者的表型(如预测治疗效果,预测是否复发等),可以结合分子网络研究肿瘤分子机制。美国发起的癌症基因组图谱(The Cancer Genome Atlas,TCGA)计划是将机器学习与肿瘤基因组结合得非常好的一个研究项目,目前这个项目已发表了多篇基于机器学习的肿瘤基因组相关文章。

肿瘤基因组学的飞速发展使得人类在攻克肿瘤的战役中优势倍增,但没有任何一种组学方法可以将癌症病理过程中的基因全部捕捉到。多组学、一体化的分析,是未来的发展趋势,而样本量及高昂的测序费用等问题也随之而来。国际合作是解决这些问题的有效途径。美国政府发起的 TCGA 计划,试图采用大规模的测序技术,整合包括全基因组、外显子组、转录组、代谢组、表观组等数据,系统绘制人类全部癌症基因组变异图谱。由来自 11 个国家从事肿瘤和基因组研究的科学家共同发起的国际癌症基因组联盟(International Cancer Genome Consortium,ICGC),未来将对 50 种在全球范围内高发的癌症或亚型展开全基因组变异的分析,从而全面绘制这些癌症的体细胞变异图谱。病例、样本、测序方法、数据分析方式等方面的标准化将是国际合作面临的巨大考验。

家系(pedigree)是指记录某一家族各世代成员数目、亲属关系以及有关遗传性状或遗传病在该家系中分布情况的图示。在肿瘤研究中,大家系和核心家系以及受累同胞对是最常见的几种家系样本。大家系要求至少包括患者及其 3 代以上具有血缘关系的直系亲属所组成的家系,核心家系是指患者及其父母所组成的家系,而患者和患有同种疾病的患者的兄弟姐妹其中一人即组成受累同胞对。连锁分析是基于家系特别是大家系研究的一种方法,是单基因遗传病定位克隆方法的核心,1993 年 Bowcock 等人首先利用连锁分析将乳腺癌基因定位于 17 号染色体上 D17S579 附近[12]。尽管连锁分析已被广泛应用于单基因遗传病的基因定位研究中,但连锁分析对于中效及弱效的突变显得力不从心,再加上无法精确定位的问题,连锁分析对于肿瘤这种复杂疾病来说存在很大的局限性。连锁不平衡是关联研究的基础,是对连锁分析很好的补充。传递不平衡检验(transmission disequilibrium test,TDT)是基于家系特别是核心家系进行的关联分析方法。与非家系群体的关联分析相比,TDT 可以完全消除人群分层引起的误差,还可以用于分析父母在基因传递上的差异。虽然关联定位分析能够成功地识别多种疾病相关的突变位点,但仍存在所需样本量巨大,基因效应微弱,可重复性差等局限性。而连锁分析则可以在一定程度上弥补这些局限性,特别对于低频率变异位点的分析更为适用。遗传统计研究的先驱 Jurg Ott 教授应 *Nature Reviews Genetics* 杂志的邀请撰写综述,文中指出将连锁分析与关联分析方法相结合的策略可以提高算法的稳定性和统计优势,从而更有利于疾病相关突变位点的发现和鉴定[13]。

提到个体样本自然会联想到个体化医疗,所谓个体化医疗,是结合每个患者的临床信息及遗传信息,综合分析并确定治疗方针,为患者选择最适宜的治疗方案和药物,并合理预测患者预后复发等相关风险,这是医学未来的发展趋势。个体样本的研究不具有普适性,研究者可以从候选基因中推测哪些基因对于个体癌症患者的病理过程起重要作用,哪些遗传变异会影响治疗和预后的结果,但这些推测都来源于充分的群体及家系研究成果。个体样本的基因组测序最适用于个体化基因组用药,以及协助医生对治疗做出决定。在纪念斯隆-凯特琳癌症中心进行的一项利用依维莫司治疗膀胱癌的实验中,除了一位女患者外,多数受试者身上没有出现期待的疗效。科学家对这位女患者进行全基因组测序后发现了造成这种药物敏感性差异的两个基因变异 NF2 和 TSC1,相关成果公布在 Science 杂志上[14]。

5.2　肿瘤基因组数据的基本分析流程

正如前面提到的,DNA 测序是一个寻找变异的过程,变异指的是基因组序列的单核苷酸变异、插入缺失、拷贝数变异、结构变异及 DNA 甲基化等。而肿瘤基因组研究除了寻找遗传水平上的变异(germline variation)之外,更重要的是寻找区别于遗传变异的肿瘤基因组特有的体细胞变异(somatic variation)。对体细胞突变的检测要考虑到以下几个困难因素:体细胞突变率水平远低于生殖细胞的突变率水平,并且每个肿瘤样本都是由不同亚细胞群组成的复合细胞群体,由于肿瘤具有高度异质性,使得体细胞突变的频率更低,更难以检测;体细胞突变探测时需要考虑正常组织和肿瘤组织两组样本,此外还要考虑群体数据库的基础频率。上述因素导致了体细胞突变鉴定比生殖细胞突变鉴定的难度要大。通过生物信息学的方法,准确地鉴定出体细胞变异,是肿瘤基因组数据分析中的重点和难点。肿瘤基因组数据的基本分析流程包括:原始数据过滤;与参考基因组比对;数据前处理;体细胞变异识别;变异位点注释等过程。注释后的数据可结合临床数据进行进一步的深度分析。

表 5-2 列出了肿瘤基因组数据基础分析中最常用的几款软件及其功能。

表 5-2　肿瘤基因组数据基础分析常用软件

功能	软件名称	相 关 的 网 址
比对	MAQ	http://maq.sourceforge.net
	BWA	http://bio-bwa.sourceforge.net
	Bowtie	http://bowtie-bio.sourceforge.net/index.shtml
	SOAP2	http://soap.genomics.org.cn

（续表）

功能	软件名称	相 关 的 网 址
数据前处理	GATK	https：//www. broadinstitute. org/gatk
体细胞突变检测	Samtools	http：//samtools. sourceforge. net
	VarScan	http：//varscan. sourceforge. net
	MuTect2	https：//www. broadinstitute. org/gatk/guide/tooldocs/org_broadinstitute_gatk_tools_walkers_cancer_m2_MuTect2. php
	CasPoint	http：//platform. big. ac. cn/service/reseq/cancer. html
结构变异检测	CBS	http：//www. bioconductor. org
	SegSeq	http：//www. broadinstitute. org/cgi-bin/cancer/publications/pub_paper. cgi? mode＝view&.paper_id＝182
	CAScnv	http：//platform. big. ac. cn/service/reseq/cancer. html
	CASbreak	http：//platform. big. ac. cn/service/reseq/cancer. html
突变位点注释	ANNOVAR	http：//annovar. openbioinformatics. org/en/latest/user-guide/download/
突变功能预测	SIFT	http：//sift. jcvi. org
	Polyphen-2	http：//genetics. bwh. harvard. edu/pph2

目前主流的分析流程是采用 BWAmem 软件进行参考序列的比对（mapping），再采用博德研究所（Broad Institute）开发的 GATK 软件包进行前处理。体细胞变异识别的主流分析工具有 MuTect、VarScan、SAMtools 等。鉴定到的变异位点用 ANNOVAR 进行注释。GATK 是由博德研究所开发的，由一系列算法组件构成的实时更新的基因组变异位点分析工具，是目前最常用的肿瘤基因组变异位点识别工具之一。软件最大的亮点在于数据的前处理过程，包括利用已知位点对碱基的质量值进行校正（base quality score recalibration，BQSR），以及对鉴定得到的原始变异检测结果进行过滤（hard filter and VQSR）。VQSR 这个模型是根据已有的真实变异位点（OMNI、千人基因组计划、HapMap 计划）进行训练，最后得到一个训练好的评估模型鉴定变异位点的真伪，区分原始变异集合中哪些是已知的变异位点，哪些是新的变异位点，从而评估每一个变异位点发生错误的概率。使用 VQSR 的数据量一定要达到要求，数据量太小无法使用高斯模型，通常需达到 30 个外显子组的数据量（测序深度 100×），或一个全基因组的数据量（测序深度 30×）。

体细胞变异的鉴定是肿瘤基因组数据分析中的重点，这里要介绍一下中国科学院北京基因组研究所研发的 CasTech 系列套件。ICGC 和 TCGA 两大国际组织于 2013

年底启动了"梦想杯"癌症基因组体细胞变异探测国际挑战赛（ICGC-TCGA Dream Somatic Mutation Challenge，SMC 挑战赛）。比赛优胜者开发的软件将入选 ICGC 全基因组数据的标准分析流程，成为"肿瘤基因组分析金标准"。比赛中，中国科学院北京基因组研究所自主开发的 CasPoint（CasTech 的点变异探测算法）击败了 Bina 科技公司（Roche）、Rutgers 大学、哈佛-麻省理工联合博德研究所等强劲对手夺得了单碱基变异（SNV）项目冠军。CasBreak（CasTech 的结构变异探测算法）的性能击败了 EMBL 和英属哥伦比亚癌症中心等强劲对手，以 98.3% 的 F1 分数夺得结构变异（SV）项目亚军。

　　CasTech 系列套件包含多个算法组件，如 CASpoint、CAScnv、CASbreak 等。点突变（SNV）检测与注释算法 CASpoint 的原理是通过计算肿瘤正常样品数据中的体细胞突变得分，基于贝叶斯推理、肿瘤突变误差检测值、肿瘤正常样品突变个数的检验值和一系列肿瘤与对照正常样品的质量分数构建了一个有效的特征空间。研究人员设计了一个特征选择学习算法，基于贪婪搜索方法，通过有监督地学习得到的最优决策规则检测（预测）肿瘤体细胞突变[15]。CASpoint 结合双端测序信息还可以检测可信的短插入缺失。CASbreak 基于基因组断点截断读长（read）的序列拼接后比对原理，是一套自主研发的针对全基因组双端测序数据的结构变异探测算法，可以探测高准确度的断点集合和 SV 区域及类型。而 CAScnv 可探测高精度的 CNV 区域和断点信息。CASpoint 的输出结果有 3 种文件格式：第 1 种是 pup 文件格式，这个格式是自己定义的，可在程序运行的时候加上-readsme＋文件名，程序运行结束会给出运行结果的一个列解释；第 2 种是 vcf 文件格式，该格式国际通用；第 3 种是 txt 文件格式，该文件是在基因区域注释后，给出基因组上各个区域的 SSNV 统计文件（见表 5-3）。

表 5-3　pup 文件格式基本模块

基本模块	模块所含内容
基本信息	染色体 位置 Ref 碱基 Dbsnp 标识 GC 含量 CCD 区域标识

（续表）

基本模块	模块所含内容
覆盖度信息	总覆盖度 支持 Ref 碱基覆盖度 突变碱基覆盖度 转录起点统计 UID 统计 等位基因个数统计 支持 Ref 与突变碱基分别比对 Ref 正负链覆盖度统计
质量信息	支持 Ref 碱基平均比对质量 支持 Ref 碱基平均碱基质量 转录起点转化 Phred 质量 一致性质量 单样品 SNP 质量 单样品 RMS 质量
统计信息	单样品二项式检验（校正）的 P 值 双样品费希尔检验的 P 值 双样品体细胞评分

鉴定出的体细胞变异还需要进行注释：ANNOVAR 是最常用的注释工具，注释包括基本信息注释和功能注释；dbSNP、千人基因组计划、ESP 外显子组数据库和炎黄基因组等群体数据库注释；COSMIC、ClinVar 等肿瘤和疾病相关数据库的注释；GO、KEGG、IPA 等功能和通路的注释；PharmGKB、Drugbank 等药物相关数据库的注释；功能预测的注释等。注释后的信息结合临床资料以及课题设计的目标可以做更深入的研究。

5.3 肿瘤基因组相关数据库

精准医疗之所以精准，很重要的一个原因是获取了大量的数据。将基因组学应用于肿瘤精准医疗，其核心就是把肿瘤患者的各种亚型进行细分，将患者个体化的表型特征和基因组特征与"大数据"进行精准的匹配和解读，给出精准的解决方案。这不仅需要大量的医疗数据，严格统一的入组标准和数据分析存储标准，还需要有"大数据"存储和高速分析运算平台。

美国政府的 TCGA 计划以及由来自 16 个国家从事肿瘤和基因组研究的科学家共同组成的 ICGC 作为肿瘤基因组最重要的两大数据库,在对肿瘤"大数据"积累和解析方面做出了巨大贡献。旨在绘制出 1 万个肿瘤基因组景观图谱的 TCGA 计划已于 2014 年 12 月正式宣告结束,现已成为 ICGC 研究计划中最大的组成部分。TCGA 的主要贡献在于通过基因组大数据挖掘提供了一些新的肿瘤分类方法,鉴定了一些新的药物靶点和致癌物,开发了一系列肿瘤基因组分析软件及标准化分析流程,制定了样本采集、入组、数据分析、存储等各环节的标准化流程,为实现肿瘤精准医疗立下了汗马功劳。TCGA 完成后,美国国家癌症研究所将继续对 3 种癌症——卵巢癌、大肠癌和肺腺癌的肿瘤进行集中测序。这些研究将会动态整合患者健康、治疗史及对治疗反应等详细的相关临床信息。

TCGA 数据库倾向于采用多组学数据相结合的方式进行分析,研究思路大体分为以下几种。一是利用多组学数据进行不同癌种的分子分型。例如,2014 年在 *Cell* 杂志上发表了 12 种不同肿瘤类型样品的分子分型研究结果。研究人员分析了 12 种癌症类型的 3 527 个样本,发现相同癌症起源的细胞类型具有更多分子和遗传上的相似性,并提出了一种新的分子分型方法[16]。2015 年 10 月,TCGA 又在 *Cell* 杂志上发表了"原发性前列腺癌的分子分类"[17]。二是描绘每个癌种的全面的分子特征图谱。例如,2015 年 1 月作为 *Nature* 封面故事发表的迄今为止最全面的头颈癌基因组测序分析结果[18]。研究人员对 279 例未经治疗的头颈鳞状细胞癌进行了基因组分析,鉴定了一批高频突变基因,还发现了头颈癌抵抗药物的新线索。通过将头颈癌与其他癌症进行比较,揭示了癌症发展的通用路径,发现了潜在的治疗机会,为未来的头颈癌研究和治疗提供了重要的新线索。2016 年 1 月在 *The New England Journal of Medicine* 发表的乳头状肾细胞癌的综合分子生物学特性研究,采用全外显子测序、拷贝数分析、mRNA 和 microRNA 测序、DNA 甲基化分析和蛋白质组学分析等技术,对 161 例原发性乳头状肾细胞癌样本进行了分析,结果证实了 1 型和 2 型乳头状肾细胞癌无论是在临床水平还是在生物学水平上都存在差异,并且 2 型乳头状肾细胞癌至少存在 3 种以上的亚型。三是各种相关软件的开发[19]。随着 TCGA 研究文章的陆续发表,美国肿瘤患者各个癌种的基因组图谱都被逐一解析和公布,其研究成果已经应用于肿瘤诊治的各个阶段,TCGA 为攻克癌症实现肿瘤精准医疗做出了巨大的贡献。

由于人群异质性的存在,绘制本国特有的肿瘤基因组图谱已成为当务之急。ICGC

目前已汇集了 16 个国家的 79 个项目组，中国有 15 个不同癌种的项目组参与其中。其中，陈竺院士团队用外显子测序技术发现急性粒细胞白血病（AML-M5 和 AML-M4）的发生与 *DNMT3A* 基因突变相关，该基因编码 DNA 甲基转移酶 3A，在急性单核细胞白血病中平均每 5 例患者就有一例携带该基因的突变。*DNMT3A* 基因突变与急性粒细胞白血病患者治疗效果差、完全缓解率低、平均生存期短相关。进一步的功能研究发现，*DNMT3A* 基因突变可以影响下游一些重要基因的 DNA 甲基化状态和表达水平，使白血病患者的肿瘤细胞获得增殖和生长优势，可能引发了白血病的发生并造成了不良的预后[20]。詹启敏院士带领的食管癌项目组研究人员，采用全基因组测序、全外显子组测序和比较基因组杂交芯片分析等方法，对 158 例食管鳞状细胞癌（esophageal squamous-cell carcinoma，ESCC）样本展开研究，鉴定了首次描述与 ESCC 相关的两个基因 *ADAM29* 和 *FAM135B*，*FAM135B* 能够促进 ESCC 细胞的恶性表型。研究表明 ESCC 和头颈部鳞状细胞癌共享某些共同的致病机制，且 ESCC 形成与饮酒有关联。该研究成果发表在 2014 年 3 月的 *Nature* 杂志上[21]。英国和意大利的学者在对骨髓增生异常综合征（myelodysplastic syndrome，MDS）的基因组学研究中发现，*SF3B1* 的突变频率在骨髓异常增生伴环状铁幼粒细胞（myelodysplasia with ring sideroblasts，MRS）中高达 65%，该基因突变可导致 mRNA 的异常剪接从而诱发 MDS 的发生[22]。该团队的另一大贡献是提出了一个"遗传宿命论（genetic predestination）"的假说，即早期的驱动基因突变决定了癌细胞之后的演化[23]。中国科学院北京基因组研究所胡松年项目组与中国 ICGC 结直肠癌项目组正在进行深度合作，目前的分析结果显示结直肠癌发生在身体的左半部分和右半部分在分子发生机制及预后等水平上都存在明显的差异。很快，不同种族、不同地域、不同国家的肿瘤基因组图谱都将被绘制出来。虽然众多肿瘤基因组数据库都得到了令人兴奋的结果，但是肿瘤的复杂性、顽固性让人们丝毫不能放松警惕。而导致肿瘤诊治复杂的元凶之一，就是接下来将要介绍的肿瘤基因组的异质性。

5.4　肿瘤基因组异质性

5.4.1　肿瘤异质性的发现

肿瘤异质性是指肿瘤细胞之间从基因型到表型上存在极大的差异，这种差异不仅存在于不同个体之间,同样存在于同一个体内部,即肿瘤间异质性和肿瘤内异质性。通常提到的肿瘤异质性如无特指,一般都是指肿瘤内异质性。肿瘤异质性又可分为空间异质性与时间异质性,分别代表相同肿瘤不同区域异质性,以及原发性肿瘤与继发性肿瘤的异质性。同一个体内的肿瘤在癌变及转移的过程中,细胞发生基因突变、结构及拷贝数变异、表观修饰的改变及基因的表达异常等诸多改变,从而导致了同一个体肿瘤群体内存在遗传背景和表型功能显著不同的多个细胞亚克隆。这些亚克隆具有各自的恶性生长优势和肿瘤干细胞特征,而克隆的多样性及其动态变化是导致肿瘤耐药、复发及转移的重要生物学基础,是造成肿瘤临床诊治复杂性的根源之一。

早在 20 世纪 30 年代,就有人注意到肿瘤功能及表型存在异质性,研究者发现小鼠肿瘤的某些细胞经过移植可以长出新的肿瘤,另一些肿瘤细胞却不会通过移植导致新肿瘤形成。随后,陆续有一些针对肿瘤异质性的相关研究。最著名的是 Fidler 等科学家的经典实验。1977 年,Fidler 等从 B16 黑色素瘤中分离出转移能力不同的肿瘤细胞亚群,并提出了肿瘤异质性的概念。这些肿瘤细胞亚群具有不同的致癌性、抗药性和转移能力[24]。近年来,随着 TCGA 项目数据的不断产出,异质性问题越发引起了人们的重视。TCGA 的初衷是寻找到每个癌种的主要分子机制,但通过对已发布的数据进行分析发现,不仅个体间的异质性远远超出预期,即使是个体内同一肿瘤的不同部位,基因突变的异质性也远超预期。

5.4.2 肿瘤异质性的分子机制

肿瘤异质性形成的分子机制不仅是当前肿瘤基础研究领域的热点,也和肿瘤的临床应用研究息息相关。TCGA 和 ICGC 等项目的初衷也是为了探明不同类型肿瘤的分子机制。为什么有些肿瘤如此容易转移和复发?为什么使用肿瘤靶向药物一段时间之后,患者几乎不可避免地出现耐药?肿瘤异质性无疑是引发上述一系列问题的决定性因素。肿瘤细胞的状态是每一个肿瘤细胞中的基因组、表观基因组、转录组、代谢组、微环境等多种因素相互影响的综合结果。基因组突变是肿瘤异质性的遗传基础,肿瘤异质性在基因组层面主要体现在体细胞突变、杂合子丢失、拷贝数变异、结构变异、微卫星不稳定性等基因组变异。从目前已有的研究发现,肿瘤异质性分子机制的复杂性远远超出预期。不断有新的研究结果出现,颠覆以往人们对肿瘤异质性分子机制的认知。

对个体之间肿瘤异质性分子机制的研究,侧重于在不同个体之间寻找共性,寻找能够代表一群个体的分子标签,寻找带有同一分子标签个体的肿瘤发生原因、发展进程、治疗方案等。在这方面 TCGA 和 ICGC 等项目通过肿瘤样本进行多组学的大样本量测序结合先进的大数据分析方法,获得了一系列的喜人成果,在前文中有详细的介绍。而对于肿瘤内部异质性的研究,更多的是着眼于肿瘤细胞内部的演化过程,这也是后面将要详细介绍的内容。无论肿瘤个体之间还是肿瘤内部的异质性分子机制,都不是一个单一维度的科学问题,而是一个系统动态过程。多组学、一体化的分析才能让人们更加接近肿瘤异质性分子机制的真相。

5.4.3 肿瘤异质性的动态演化

可以说,肿瘤的发生发展过程其实就是肿瘤异质性的动态演化过程。癌细胞需要抢占有限的营养和空间,需要接受免疫系统的攻击以及药物和治疗带来的挑战,时刻处于恶劣环境的选择压力中。在此过程中,肿瘤细胞对微环境筛选并积累对肿瘤细胞生长有利的基因组改变。1976 年,Peter Nowell 首先提出了肿瘤异质性起源的"克隆演化"理论。他认为正如自然群体一样,肿瘤发生是在自然选择等几种进化驱动力作用下的体细胞群体演化过程。肿瘤内部遗传性的形成遵从经典的达尔文进化过程,多轮克隆选择是导致肿瘤基因及其他分子变异的根本原因[25]。肿瘤克隆演化理论揭示了基因组突变如何逐步在肿瘤细胞群体中累积,如何在选择压力下进行演化的过程,这一理论也是肿瘤的多阶段演化模型的理论基础。

近年来的许多研究成果都验证了肿瘤的发生和发展是多阶段的连续过程。研究人员对不同时间点的白血病样本进行了全基因组测序,成功地构建了癌症演化过程中亚克隆的演变模型,揭示了肿瘤发展过程中不同亚克隆形成的演化过程,发现癌症进展及治疗后复发过程中白血病的优势亚克隆常常可发生改变,证实了肿瘤异质性演化是动态连续的[26, 27]。

肿瘤靶向药物无疑为很多无法手术治疗的肿瘤患者带来了希望,但其几乎无法避免的耐药性又让患者从希望转为失望。研究者发现,靶向药物的耐药性可能是由肿瘤的异质性引发的,肿瘤异质性使得抵抗性克隆可以适应药物引起的微环境变化[28]。英国癌症研究中心的研究人员对一个患者所患的原发性肾脏肿瘤及其几个转移瘤进行活组织检测发现,只有 1/3 的突变位点在样本中是广泛存在的,大部分突变都是每个采样组织特有的。随后,他们根据原发肿瘤和转移肿瘤的突变位点信息构建了进化树。结果表明,在同一个患者身上既存在支持转移的癌细胞亚克隆,也存在支持原发瘤生长的癌细胞亚克隆。这些结果提示,根据原发性肿瘤的活组织检测结果进行靶向治疗,可能无法有效地治疗转移瘤。而对于转移瘤的检测结果同样无法指导原发肿瘤的靶向治疗[29]。而且活组织检测只能获得很小一部分肿瘤亚克隆的突变情况,那些未被检测到的肿瘤其他位置的突变情况可能存在很大的差别,这些差别会导致肿瘤对不同治疗方法产生不同的反应或预后结果,这可能能够解释抗肿瘤疗法经常在使用一段时间后产生耐药的原因。

任何理论都是存在争议的,Cleary 等人的研究成果就对单克隆起源学说提出了挑战。Cleary 和他的同事在对小鼠乳腺肿瘤细胞之间关联性机制的研究过程中发现,只有当乳腺上皮组织的两种肿瘤亚克隆细胞——管腔细胞和基底细胞同时存在时,才能催生小鼠乳腺肿瘤的生长和持续分化。如果只将其中任意一种肿瘤亚克隆细胞移植到受体小鼠体内,小鼠都不会形成乳腺肿瘤,但是同时移植上述两种类型的肿瘤亚克隆细胞则对小鼠的乳腺具有高致瘤性[30]。而一项来自中国科学院北京基因组研究所的研究,则对肿瘤内部遗传性的形成是否遵从经典的达尔文进化过程提出了质疑。这是一项史上最严格的、将高深度测序和多点取样结合到一起的、对单个肿瘤进行的遗传测序,不但第一次刻画了肿瘤的空间克隆结构,并建立了肿瘤细胞群体遗传理论,第一次对肿瘤的遗传异质性水平进行估算,其结果远远超出了达尔文进化过程的估计。研究人员从一个包含 10 亿多个细胞、略小于乒乓球的肝癌切片中,严格对 300 个区域进行了采样,对每一个采样区域进行了测序或基因分型并寻找遗传变异。经过生物信息学统计估算出整个肿瘤有 1 亿多个编码区突变。而当前流行的观点认为这一数字应该在数百到 2 万的范围内,1 亿多的突变数不仅远远超出了人们的预期也超出了达尔文进化过程允许的范围。肿瘤细胞所能获得的营养和空间是有限的。在传统的达尔文理论中,少数细胞携带能使肿瘤细胞具有生长优势的变异,这些细胞具有生存优势,随着时间的推移,优势变异将驱除其他不利于肿瘤细胞生长的劣势变异。因此,理论上瘤内的遗传多样性是十分有限的。该项研究结果在肿瘤研究界引发了进化生物学争论:在肿瘤分子水平上,是由达尔文选择力推动了进化——适者生存? 还是随机或中性非达尔文改变发挥作用——最幸运的存留下来? 这项研究第一次表明:在细胞水平上,肿瘤内部遗传异质性的演化并不符合达尔文进化过程。肿瘤细胞在演化过程中遗传变异会很快出现并快速累积,使得微小的肿瘤都可能具有非常高的遗传多样性。此外,这项研究还第一次提出了肿瘤内部遗传异质性的估算方法。不过研究人员也表示，这项研究并没有完全否认达尔文进化理论在肿瘤细胞水平上的作用，不同肿瘤之间的遗传异质性，以及从非肿瘤向肿瘤演化的过程等尚不能用非达尔文理论解释。这项研究还提出了一些其他的重要问题。以往的研究表明患者的存活率随肿瘤内遗传多样性增加而下降，突变越多，越有可能产生耐药。而在小肿瘤中具有高度瘤内多样性，也同样可能引起患者存活率的下降和耐药性的增高，这种情况下需要重新评估治疗策略[31]。

5.4.4　基于基因组学的肿瘤异质性研究方法

DNA 测序技术的高速发展使测序成本不断降低，高深度测序和多点取样测序成为肿瘤异质性的主要研究手段，此外单细胞测序技术也应用于肿瘤异质性的研究中。研究人员可通过对实体瘤的深度测序推断肿瘤的克隆演化历史和具有不同遗传组成的克隆结构。也可以通过对同一肿瘤的多区域取样，或在同一组织中的多肿瘤病灶取样来刻画肿瘤的克隆空间演化模式和异质性的形成过程。亦可以利用单细胞测序技术，随机获得单个细胞的遗传信息并在肿瘤中重建这些细胞系，了解突变的年表[15]。

肿瘤体细胞是一系列肿瘤子克隆细胞的复合体，检测这些低频的子克隆细胞单碱基突变是肿瘤演化基因组数据分析的最基础也是最重要的一项内容。生殖细胞突变的变异频率通常是 50％或 100％（杂合突变为 50％，纯合突变为 100％），而肿瘤细胞的异质性导致子克隆突变的变异频率很低，通常在 10％以下。因此常规用于生殖细胞变异位点识别的算法并不适用于肿瘤细胞的变异位点识别，也无法通过对子克隆突变的检测寻找肿瘤中可能存在的子克隆。Sanger 测序中心对 22 例 B 细胞慢性髓系白血病的免疫球蛋白重链可变区进行了超深度测序，并开发了一套低频子克隆变异位点识别的算法，结果显示该算法的探测灵敏度可以达到 1/5 000[32]。博德研究所开发出的 ABSOLUTE 算法也可以用来探测肿瘤子克隆突变并解析了这些突变可能的影响和演化过程。中国科学院北京基因组研究所自主研发的 CasPoint 算法也是一种很好的选择。

5.5　基因组数据在肿瘤风险评估中的应用

肿瘤风险评估最主要的应用是在具有肿瘤家族史的高危人群中。肿瘤是一种复杂性疾病,是基因与环境相互作用的结果。基因即遗传物质,相同环境下,不同遗传背景的人患病风险不同,具有不同的患病易感性,因此肿瘤也具有一定的遗传易感性,尤其是具有家族史的患者,其患病风险大大增加。5%～10%的肿瘤病例由遗传因素(即基因突变)引起,称为遗传性肿瘤。因此对癌症遗传性的研究,既帮助人们揭示癌症发生、发展的机制,同时也对癌症的风险评估、早期诊断等个体化预防具有重要的意义,更可以指导癌症治疗并提示预后。

肿瘤遗传因素携带者患特定类型及多部位肿瘤的风险显著增加,且可以由父母遗传给子女,导致肿瘤家族聚集现象。随着人类基因组计划的完成及基因测序技术的飞速发展,基因检测已成为找出遗传性肿瘤患者的主要手段。目前,大部分遗传性肿瘤都有针对性的预防、筛查及监测措施。因此,早期发现和诊断可以帮助患者和高风险人群进行更适合的临床护理和治疗。在早期对这样的群体进行风险评估,可以指导其规避患病风险,进而降低其发病或延缓发病时间。

遗传性乳腺癌占总发病的 5%,卵巢癌占 10%。乳腺癌易感基因(breast cancer susceptibility gene)BRCA 是乳腺癌的危险因素之一。在正常细胞中,BRCA1 和 BRCA2 具有维持基因组稳定性的功能,对肿瘤生长起负性调节作用,是迄今为止发现的与乳腺癌发生相关的最重要的抑癌基因。它们在遗传性乳腺癌患者中具有高的突变率,已成为临床评估女性患乳腺癌风险和指导治疗方案选择的重要分子标志物。对一些遗传性家族成员进行遗传咨询和风险评估可以帮助易感人群进行风险规避,包括早期监控如加强乳腺钼靶筛查、超声或核磁成像检查,用药,甚至预防性手术。研究结果表明,对有家族性乳腺癌和卵巢癌的高危人群进行 BRCA1 和 BRCA2 基因突变筛查,并根据筛查结果选择合适的时间点进行预防性手术切除,可以显著提高突变携带者的生存率[33,34]。具有家族患病史的健康人,体检时可以针对部分基因进行检测,如 BRCA1。著名影星安吉丽娜·朱莉通过基因检测发现自己携带有 BRCA1 突变基因,且她母亲在56 岁时死于乳腺癌,医生估计她患乳腺癌的风险高达 87%,患卵巢癌的风险高达 50%,因此对她施行了预防性双侧乳腺切除术,将患病风险降至 5%。现在,与安吉丽娜·朱莉一样有癌症家族史的女性可以借助 Sanger、NGS 等技术进行 BRCA 基因检测,提早采取措施,并增加体检次数进行预防。

恶性肿瘤是一类复杂疾病,其中只有少数种类是按单基因方式遗传的,全外显子组或全基因组测序是目前寻找其易感基因的最主要研究方法。研究人员采用全基因组测序与全外显子组测序的方法对胰腺癌家系进行了筛查,证实 *PALB2* 基因是家族性胰腺癌的易感基因[35]。遗传性肿瘤相关易感基因的发现不仅可以对肿瘤的发生进行风险评估,也使得某些癌种的早期诊断成为可能。在未有症状或刚刚有病症的初期进行诊断为早期诊断。早期诊断对于肿瘤治疗的有效性非常重要,很多肿瘤由于很少能够在早期得到诊断,使患者失去了治疗机会。据统计,早期诊断使美国过去 30 年间肿瘤患者的 5 年生存率提高了 13%。在英国,早期的肿瘤诊断和发现可以使 70%~94% 肾癌原发肿瘤患者的 5 年生存率得到提高[36]。

5.6 基因组数据在肿瘤早期诊断中的应用

肿瘤标志物是重要的早期诊断指标,基因组学技术已成为新肿瘤标志物鉴定的主要途径。约翰·霍普金斯大学 kimmel 癌症中心的科学家们依靠全基因组测序检测癌症特异性突变,检测出了全部 24 个子宫内膜癌以及 22 个卵巢癌中的 9 个,准确率分别为 100% 和 41%[37]。微卫星灶的不稳定性和 4 个错配修复蛋白(MLH1、PMS2、MSH2 和 MSH6)与遗传性部位特异性结直肠癌(lynch)综合征密切相关。通过早期的筛查,可以对存在微卫星不稳定性或携带错配修复蛋白变异的个体及其家系成员进行定期的直肠镜检测或其他临床方法检测,以达到早期诊断的目的,使患者在癌症初期即可进行积极有效的干预。中国科学院北京基因组研究所与第二军医大学(现中国人民解放军海军军医大学)附属长海医院合作,通过对患者样本的表观基因组进行分析对比,发现前列腺癌中特异性的甲基化位点可以作为前列腺癌早期诊断的分子标志物[38]。经过进一步的尿液 DNA 检测验证,该位点对前列腺癌诊断的灵敏性和特异性优于传统方法,且该方法为无创性体液检测,具有很大的临床转化意义和应用价值,具有国际领先水平。

提到早期诊断,不得不提到风头正盛的液体活检技术。循环肿瘤 DNA(circulating tumor DNA,ctDNA)测序检测,是基因组学与液体活检相结合的一项热门技术。ctDNA 是指人体血液循环系统中携带的来自肿瘤基因组的 DNA 片段。这些 DNA 片段可能来自于坏死的、凋亡的肿瘤细胞,或是肿瘤细胞释放的外泌体。ctDNA 携带了肿瘤基因组的变异特征,包括突变、重排、拷贝数异常、甲基化等。ctDNA 的含量低,约占整个循环 DNA 的 1%,有时甚至只有 0.01%。ctDNA 检测不仅可以应用于肿瘤的早期诊断和监控,还可以动态监测肿瘤的发生发展及疗效,随时检测靶向耐药突变并跟踪获得性耐药的发展,进行个性化用药指导,还可以评估肿瘤复发转移风险。此外,ctDNA 检测还可以在一定程度上解决肿瘤异质性的问题,因为 ctDNA 可以认为是不同癌组织 DNA 的一个混合体。

斯坦福大学医学院的研究者们开发出一种高效检测 ctDNA 的方法,癌症个体化深度测序分析方法(cancer personalized profiling by deep sequencing,CAPP-Seq)。该方法先通过一定的过滤标准制定了突变位点库,称为"筛选库",对"筛选库"覆盖范围进行靶向捕获后再进行超深度测序,超深度测序可以提高肿瘤的 ctDNA 检测灵敏度,而"筛选器"的作用不仅使检测结果特异性更强,与全外显子测序等相比还可以显著降低成本。"筛选器"也就是靶向捕获位点范围,主要由 3 部分组成:第一部分区域是研究者通过文献调研及肿瘤基因突变数据库(COSMIC)汇总的肿瘤驱动基因及驱动位点;第二部分区域是通过自主设计的算法,从 TCGA 的 407 位非小细胞肺癌(non-small cell lung cancer,NSCLC)患者全基因组测序结果中筛选出来;第三部分区域是 *ALK*、*ROS1*、*RET* 等重排相关基因中含有复发融合断点的外显子或内含子。最终,"筛选器"筛选出 139 个基因中的 521 个外显子和 12 个内含子,总长度约为 125 kb。该方法在不同分期的肺癌患者中进行了验证,研究人员发现在 Ⅱ~Ⅳ 期的 NSCLC 患者中检测敏感性为 100%,在各期肺癌患者中的特异性均在 96% 左右,具有十分强大的检测能力[39]。

5.7　基于基因组的肿瘤分子分型

肿瘤分型在肿瘤的诊断和治疗中起到重要作用。传统的肿瘤分型大多依赖于显微镜下肿瘤细胞的形态观察和很少的一些免疫组化特征,然而形态观察分型比较粗略,对肿瘤治疗提供的信息也比较有限。随着基因组检测技术的发展,研究者从肿瘤组织的样本中鉴定到了大量的分子分型标志物,并确立了一系列分子分型标准。利用分子诊断技术对肿瘤进行分型,不仅可以对肿瘤组织进行更精细的分型,判断肿瘤的预后,还可以依据肿瘤的分子标志物有效选择靶向治疗药物,延长患者生存期。

肿瘤的分子分型最早由美国国立癌症研究所于 1999 年提出,是通过综合的分子分析技术将肿瘤分类从形态学转向以分子特征为基础的肿瘤分类体系。随着 2016 年开始的后基因组学时代的到来,许多新技术如高通量 DNA 微阵列、DNA 测序、蛋白质组、转录组等技术平台的建立,针对 DNA、RNA、甲基化等不同水平的研究,使得肿瘤的分子分型更加精细。TCGA 计划研究显示,基于肿瘤来源的分子标志物的肿瘤分型有望优化治疗,因为分子分型更能提示肿瘤对何种药物治疗敏感[16]。

以乳腺癌为例,Perou 等通过对 42 例乳腺癌患者的 65 份样本进行基因表达研究,发现不同肿瘤之间基因表达存在着较大的差异。根据这些差异,可将乳腺癌分为 5 个亚型,管腔 A 型(luminal A)、管腔 B 型(luminal B)、基底样型(basal-like)、人类表皮生长因子受体 2(HER2)过表达型和雌激素受体阴性型[40]。随着研究的深入,乳腺癌的分子分型不断细化,涌现出了不同的分型方式:2003 年,美国斯坦福大学的研究人员将管腔型又分为管腔 A 型和管腔 B/C 型[41];随后,HER2 过表达型得到细分;Ki-67 等也引入新的分子分型;采用 4 种标记免疫组化方法(ER、PR、HER2 和 Ki-67)将乳腺癌又分为 4 种分子亚型。根据不同的分子分型能为乳腺癌的生物学行为、预后、用药提供参考,如表 5-4 所示。

表 5-4　乳腺癌分子分型

分子分型	免疫表型特征及治疗
Luminal A 型	ER(＋)和(或)PR(＋),HER2(－),Ki-67 阳性细胞数<14%。该型化疗效果差,以内分泌治疗为主
Luminal B 型	①ER(＋)和(或)PR(＋),HER2(－),Ki-67 阳性细胞数≥14%;②ER 和(或)PR(＋),HER2(＋),Ki-67 阳性细胞数不限。该型需要内分泌治疗＋化疗＋抗 HER2 靶向治疗
HER2 阳性型	ER(－)和 PR(－),HER2(＋)。化疗＋抗 HER2 靶向治疗
三阴型	ER(－)和 PR(－),HER2(－)。治疗以化疗为主

(表中数据来自参考文献[42])

随着 TCGA 的研究结果不断公布,多组学多维度的分子分型模型正在从科研领域逐渐向临床迈进。TCGA 先后发表了多种肿瘤样本的分子分型研究结果[16, 17]。肿瘤分子分型从分子层面揭示了不同亚型肿瘤的区别,对指导治疗和评估预后起到了重要的作用。

5.8　基因组数据指导治疗方案的选择

5.8.1　化疗药物

个体化用药目前是肿瘤基因组获益最多的领域。目前,癌症基因组的二代测序技术用于化疗用药指导还处于初期阶段,前景无限。常规化疗药物按主要作用途径分为拓扑异构酶抑制剂、烷化剂、抗代谢类、紫杉醇长春碱类药物,这些药物的主要攻击目标是快速分裂和增长的细胞,它们是所谓的"杀敌一千自损八百"类型的药物。没有组学研究之前只能通过医师的经验去尝试,先选择一个方案,直到这个方案无效或者患者承受不了不良反应再换下一个方案,这使患者承受了很大的身体痛苦和精神压力。现在我们可以通过对化疗药物代谢酶、离子通道等进行多态性的检测,帮助患者选择最合适的药物剂量和最佳的药物组合进行治疗,提高疗效,延长患者的生存期,有效降低乃至避免不良反应的发生,提高患者的生存质量。

以成人转移性大肠癌的一线化疗药物伊立替康(irinotecan,CPT-11)为例。伊立替康的不良反应主要表现为腹泻及嗜中性粒细胞减少,其疗效与不良反应存在种族特异性。大量基于白种人的研究结果显示,*UGT1A1* * *28* 等位基因与伊立替康引起的严重的中性粒细胞减少和严重的腹泻存在一定的相关性[43, 44]。而对亚洲人群的研究结果表明,亚洲人特有的 *UGT1A1* * *6* 等位基因与伊立替康引起的重度不良反应相关。Han 等人在对接受伊立替康和顺铂治疗的 81 例韩国非小细胞肺癌患者的研究中发现,*UGT1A1* * *6* 与伊立替康药物疗效和不良反应相关[45]。美国伊立替康使用说明书中已经增添了对 *UGT1A1* * *28* 相关的药物不良反应和剂量调整的警示内容,建议对患者的该等位基因进行检测。随后日本也对伊立替康的使用说明书做出相应的修订,建议检测 *UGT1A1* * *28*/*UGT1A1* * *6* 等位基因,并据此调整伊立替康的使用剂量。《美国国立综合癌症网络(National Comprehensive Cancer Network,NCCN)结直肠癌诊治指南》也提示了 *UGT1A1* * *28* 多态性对于伊立替康不良反应的影响。又如,6-巯基嘌呤(6-MP)用于治疗急性白血病,催化其硫代甲基化反应的硫代嘌呤转甲基酶(*TPMT*)的酶活性在不同人群中存在显著差异。携带 *TPMT* 弱代谢型等位基因的患者,若服用6-MP会有严重的血液中毒危险。对 *TPMT* * *2*、*TPMT* * *3A*、*TPMT* * *3C* 这 3 种TPMT 弱代谢型等位基因进行基因型检测,并根据检测使弱代谢型等位基因携带者避免或减少使用 6-MP,可以有效预防 6-MP 中毒事件的发生[46]。现在美国食品药品监督管理局(Food and Drug Administration,FDA)已将 *TPMT* 基因型测试列为接受 6-MP治疗之前的常规性检测,以减少 6-MP 不良反应的发生。

5.8.2 靶向药物

靶向药物的开发及应用,正是基于人们对基因及基因组的不断解析和认识,这也是肿瘤基因组与临床实际应用结合最紧密的部分。通过对肿瘤基因组数据的解析,我们可以鉴定新的靶向药物靶点,寻找适于靶向药物治疗的特定患者人群,探究靶向药物耐药机制,真正地实现个体化和精准化。分子靶向治疗攻击的目标与化疗不同,靶向药物针对的是细胞癌变过程的受体或传导过程中关键的酶,比如表皮生长因子受体(*EGFR*)、血管内皮生长因子受体(*VEGFR*)及其他受体或传导通路中的关键激酶如可提供细胞能量的酪氨酸激酶等小分子药物,靶向药物的不良反应相对较小。寻找肿瘤靶向药物靶点,是全球药物研发竞争最主要的目标之一。还记得本章开头提到的"费城染色体"么? 2001 年,伊马替尼作为首个被证实可靶向费城染色体分子缺陷的药物,以 FDA 史上最快的速度(3 个月)获批上市。表皮生长因子受体(*EGFR*)是目前最热门的靶向药物靶点之一,在治疗非小细胞肺癌的生长和扩散中发挥重要作用。

随着肿瘤基因组技术与临床结合的不断深入,靶向药物靶点突变检测逐步被重视起来,《NCCN 指南》上也推荐患者在进行靶向用药之前进行基因突变检测。值得注意的是,针对很多靶向药物的靶点基因突变检测并非是伴随相关药物的问世而同时产生的,很多靶点基因的突变是在药物使用过程中才被逐步发现的,随后才补充了靶点基因突变检测。这使得靶向药物用药前的突变检测,在临床实践中并不普遍。肺癌患者中,*EGFR* 突变率和患者人种有直接关系,西方国家的突变率只有 10%,而亚裔中则接近 50%[47]。目前有 30 多种 *EGFR* 激活突变已经确定,所有这些突变位点都环绕在腺苷三磷酸(ATP)结合区域的周围,集中于 18~21 号外显子上。其中外显子 19 的缺失突变(del E746-A750)和外显子 21 上的替代突变(L858R)发生频率最高,约占突变的 90%[48]。因此,如果患者被诊断为 *EGFR* 激活突变肺癌,那多半就是这两种突变之一。《NCCN 指南》推荐,在非小细胞肺癌患者开始 EGFR-TKI 一线药物治疗之前,应该首先对其肿瘤组织进行 *EGFR* 突变检测。并非所有的 *EGFR* 突变都是激活突变,*EGFR* 基因第 20 号外显子 790 密码子发生苏氨酸到甲硫氨酸的突变(T790M),是目前发现的最常见的获得性耐药突变类型。很多非小细胞肺癌患者使用第一代 EGFR-TKI 靶向药物(如易瑞沙、特罗凯、凯美纳等)治疗,1 年以后出现耐药,肿瘤开始反弹。每个患者产生耐药的原因不尽相同,但是超过一半的患者是由于 *EGFR* 基因的 T790M 突变造成的,T790M 突变改变了 EGFR-TKI 先前与 *EGFR* 的 ATP 结合位点,增强了激酶受体与 ATP 的亲和力使 EGFR-TKI 难以抑制激酶受体的磷酸化,从而产生耐药[48]。检测到这一耐药突变的患者可以采用新一代 EGFR-TKI 药物进行治疗。可见,肿瘤基因组分析不仅可以鉴定新的靶向药物靶点,还可以通过对靶点基因进行突变检测,寻找适于靶向药物治疗的特定患者人群,也可以通过液态活检技术监控耐药性突变的发生,随时调整患者的治疗方案,实现动态的个体化的精准治疗。

基因组技术的应用不仅可以为患者准确地检测突变靶点和耐药靶点,还可以鉴定新的靶点,为开发新药奠定基础。寻找新的药物作用靶点是很多研究者努力的目标。药物作用的新靶点一旦被发现,往往会成为一系列新药发现的突破口。例如,诺华最新的抗肺癌药色瑞替尼2014年4月被FDA加速批准,这个药物对ALK阳性的转移性非小细胞肺癌有很好的治疗效果[49]。基因组测序除广泛应用于开发新药上,还应用于从失败中"淘金"的研究。现在美国FDA正在联合各大药厂开展一个大项目:为以前未通过FDA批准的药物寻找适用人群。试验药物须在大规模临床试验中对多数患者都产生效果才会通过FDA的批准,如果只对其中一个或者几个患者有效,该药物就无法通过FDA的批准,几十亿美元的研发费用只能付诸东流。现在,在基因组技术的帮助下,一些药物可以"变废为宝"。测序技术可以检测出临床试验中少数几个有效病例的遗传特征,也许这些未通过批准的药物可以被开发成只针对携带这类遗传特征患者的"特效药"。依维莫司就是这样一种药物。在纪念斯隆-凯特琳癌症中心进行的一项临床试验中,大多数患者服用依维莫司都没有疗效,因此这种药物无法作为膀胱癌单一药剂通过试验。然而,令研究人员颇为费解的是:一位患有转移性膀胱癌的女性患者,在服用依维莫司后,肿瘤消失了,两年半也没有发作。研究组对这位女患者进行全基因组测序后发现了两个基因突变 *NF2* 和 *TSC1*,其中 *TSC1* 突变在其他几个膀胱癌样本中也出现了,不过 *NF2* 没有。研究人员计划筛选带有 *TSC1* 突变的膀胱癌患者,因此他们进一步检测依维莫司和其他几种 *mTORC1* 靶向药物,也许这个药物很快就可以"变废为宝"了[14]。

5.9　肿瘤预后、复发和转移的分子预测

对化疗前后、手术前后重要标志物变化的监测,也可以很好地对肿瘤的预后进行提示。新辅助化疗后乳腺癌 *TP53* 和 *PIK3CA* 突变的丢失与患者预后较好地相关。邵志敏教授等利用外显子组测序技术和生物信息学方法,比较了新辅助化疗前后乳腺癌组织外显子组的差异,发现化疗前存在 *TP53* 或 *PIK3CA* 突变的肿瘤在化疗后可能丢失

该突变。*TP53* 和 *PIK3CA* 是乳腺癌中突变率最高的两大基因,在 3 个队列中开展了回顾性研究,其中队列 1 和队列 2 为接受新辅助 NCT(neoadjuvant chemotherapy)方案化疗且未达病理完全缓解(pathologic complete remission,pCR)的患者,队列 3 为接受手术以及辅助化疗的患者。研究发现携带 *TP53* 或 *PIK3CA* 突变的细胞本身对化疗药物敏感性有差别,化疗可以杀灭大量携带化疗敏感突变的肿瘤细胞,当肿瘤细胞中携带敏感突变的细胞数量大幅度减少,直至常规测序无法检测时,患者的预后往往较好。反之,对于携带化疗抵抗突变的细胞,化疗无法有效杀灭,化疗后肿瘤组织中的抵抗突变仍然大量存在,这类患者的预后往往较差[50]。

转移是肿瘤致死的重要原因之一。癌转移是指肿瘤细胞从原发部位侵入淋巴管、血管或其他途径被带到他处继续生长,形成与原发部位肿瘤相同类型的肿瘤。循环肿瘤细胞(circulating tumour cell,CTC)是指由实体瘤或转移灶释放进入外周血循环的肿瘤细胞[51]。CTC 有助于研究人员更加清楚地理解肿瘤发展、复发、转移的分子机制以及肿瘤干细胞在肿瘤转移、耐药性方面所起的作用,同时对于指导抗肿瘤药物的研发具有重要意义。最早在 1896 年由 Asthworth 发现,CTC 是恶性肿瘤患者出现术后复发和远端转移的重要原因,因此是公认的肿瘤血行转移检测指标,有利于肿瘤的转移监测和预后判断,与传统的影像学诊断、内镜检查以及病理学诊断相比,可以更加敏感地发现疾病的变化。2007 年美国临床肿瘤学会(American Society of Clinical Oncology,ASCO)就将 CTC 纳入了肿瘤标志物,在临床上应用 CTC 不仅可以有效补充传统的TNM 分期,监测肿瘤是否发生远端转移,更可以在治疗过程中对肿瘤进行检测。Hsieh等用 PCR 检测了大肠癌患者肿瘤组织和 CTC 的 *K-ras*、*P53*、*APC* 基因,并对扩增的基因组 DNA 测序,结果显示血清中的分子标志物对于检测有隐匿高转移风险的大肠癌患者有重要意义[52];博德研究所的科学家采用新的技术平台对 CTC 进行单细胞外显子组测序,对收集的前列腺癌患者血液中的 CTC 进行测序和分析,比较 CTC 与原发瘤和转移瘤之间的关联。发现在 CTC 中鉴定到的 73 个突变中,有 51 个也出现在原发瘤或转移瘤[53],这将有助于对肿瘤演化、转移具体过程的研究,同时可以更有效地对肿瘤进行监控和治疗;此外,还可监控药物治疗过程,发现药物控制的突变,为医生提供新的治疗途径。

如今的基因组测序领域,充满着未知和期待。但可以肯定的是,人们的健康和生活将随着测序技术的发展而发生巨大变化。随着 TCGA 计划的完成,基因组学在肿瘤发生发展机制及临床应用等多方面提供了极大便利。同时，也使人们积累了大量数据，更为如此海量数据的处理带来巨大挑战。因此，开发更加高效准确的基因组学分析方法以及数据存储方法是目前最亟待解决的问题。未来的肿瘤治疗必将会根据患者特异性的基因组图谱变得越来越精准。通过早期对敏感人群进行基因筛查，可以预测肿瘤的发病风险；通过分子分型，可以帮助医生确定肿瘤不同亚型的特异性疗法；通过基因组学与临床数据相结合的生物信息学分析，可以更好揭示癌症的发病机制。在实现肿瘤精准医疗的道路上，基因组学技术发挥着不可取代的作用。随着大数据的发展和进步，以及 NGS 技术的发展和普及，基因组科学必将成为癌症个性化治疗的重要工具，肿瘤研究的新时代已经到来。

5.10　小结

本章侧重阐述肿瘤基因组学技术在精准医学中的实际应用。第一部分从课题设计和具体实施的角度介绍了常用的检测方法及检测样本、基本分析流程、重要的肿瘤相关数据库以及肿瘤最重要的特征之一——异质性问题。第二部分从临床应用的角度出发，从高危人群的风险评估，到患者的早期诊断、治疗、预后等方面介绍了基因组学在各个临床环节的具体应用。希望为相关研究人员提供些许的启发和帮助。

参考文献

[1] Boveri T. Concerning the origin of malignant tumours by Theodor Boveri. Translated and annotated by Henry Harris [J]. J Cell Sci，2008，121(Suppl 1)：1-84.

[2] Nowell P C，Hungerford D A. Chromosome studies on normal and leukemic human leukocytes [J]. J Natl Cancer Inst，1960，25(1)：85-109.

[3] Rowley J D. Letter：A new consistent chromosomal abnormality in chronic myelogenous leukaemia identified by quinacrine fluorescence and Giemsa staining [J]. Nature，1973，243 (5405)：290-293.

[4] Deklein A，Vankessel A G，Grosveld G，et al. A cellular oncogene is translocated to the Philadelphia-chromosome in chronic myelocytic-leukemia [J]. Nature，1982，300 (5894)：765-767.

[5] Hanahan D，Weinberg R A. The hallmarks of cancer [J]. Cell，2000，100(1)：57-70.

[6] Hanahan D，Weinberg R A. Hallmarks of cancer：the next generation [J]. Cell，2011，144(5)：646-674.

[7] Zhang B，Beeghly-Fadiel A，Long J R，et al. Genetic variants associated with breast-cancer risk：

comprehensive research synopsis，meta-analysis，and epidemiological evidence ［J］. Lancet Oncol，2011,12(5)：477-488.

［8］ Zheng W，Zhang B，Cai Q Y，et al. Common genetic determinants of breast-cancer risk in East Asian women：a collaborative study of 23 637 breast cancer cases and 25 579 controls ［J］. Hum Mol Genet，2013,22(12)：2539-2550.

［9］ Michailidou K，Hall P，Gonzalez-Neira A，et al. Large-scale genotyping identifies 41 new loci associated with breast cancer risk ［J］. Nat Genet，2013,45(4)：353-361.

［10］ Cai Q Y，Zhang B，Sung H，et al. Genome-wide association analysis in East Asians identifies breast cancer susceptibility loci at 1q32.1,5q14.3 and 15q26.1［J］. Nat Genet，2014,46(8)：886-890.

［11］ Golub T R，Slonim D K，Tamayo P，et al. Molecular classification of cancer：Class discovery and class prediction by gene expression monitoring ［J］. Science，1999,286(5439)：531-537.

［12］ Bowcock A M，Anderson L A，Friedman L S，et al. THRA1 and D17S183 flank an interval of <4 cM for the breast-ovarian cancer gene (BRCA1) on chromosome 17q21［J］. Am J Hum Genet，1993,52(4)：718-722.

［13］ Ott J，Kamatani Y，Lathrop M. Family-based designs for genome-wide association studies ［J］. Nat Rev Genet，2011,12(7)：465-474.

［14］ Iyer G，Hanrahan A J，Milowsky M I，et al. Genome sequencing identifies a basis for everolimus sensitivity ［J］. Science，2012,338(6104)：221.

［15］ 凌少平. 基于体细胞突变的肿瘤克隆演化动态研究［D］. 北京：中国科学院大学，2013.

［16］ Hoadley K A，Yau C，Wolf D M，et al. Multiplatform analysis of 12 cancer types reveals molecular classification within and across tissues of origin ［J］. Cell，2014,158(4)：929-944.

［17］ Abeshouse A，Ahn J，Akbani R，et al. The molecular taxonomy of primary prostate cancer ［J］. Cell，2015,163(4)：1011-1025.

［18］ Lawrence M S，Sougnez C，Lichtenstein L，et al. Comprehensive genomic characterization of head and neck squamous cell carcinomas ［J］. Nature，2015,517(7536)：576-582.

［19］ Cancer Genome Atlas Research Network，Linehan W M，Spellman P T，et al. Comprehensive molecular characterization of papillary renal-cell carcinoma ［J］. N Engl J Med，2016,374(2)：135-145.

［20］ Yan X J，Xu J，Gu Z H，et al. Exome sequencing identifies somatic mutations of DNA methyltransferase gene DNMT3A in acute monocytic leukemia ［J］. Nat Genet，2011,43(4)：309-315.

［21］ Song Y，Li L，Ou Y，et al. Identification of genomic alterations in oesophageal squamous cell cancer ［J］. Nature，2014,509(7498)：91-95.

［22］ Papaemmanuil E，Cazzola M，Boultwood J，et al. Somatic SF3B1 mutation in myelodysplasia with ring sideroblasts ［J］. New Engl J Med，2011,365(15)：1384-1395.

［23］ Papaemmanuil E，Gerstung M，Malcovati L，et al. Clinical and biological implications of driver mutations in myelodysplastic syndromes ［J］. Blood，2013,122(22)：3616-3627.

［24］ Fidler I J，Kripke M L. Metastasis results from preexisting variant cells within a malignant-tumor ［J］. Science，1977,197(4306)：893-895.

［25］ Nowell P C. Clonal evolution of tumor-cell populations ［J］. Science，1976,194(4260)：23-28.

［26］ Ding L，Ley T J，Larson D E，et al. Clonal evolution in relapsed acute myeloid leukaemia revealed by whole-genome sequencing ［J］. Nature，2012,481(7382)：506-510.

［27］ Anderson K，Lutz C，van Delft F W，et al. Genetic variegation of clonal architecture and propagating cells in leukaemia［J］. Nature，2011,469(7330)：356-361.

［28］ Yates L R，Campbell P J. Evolution of the cancer genome［J］. Nat Rev Genet，2012,13(11)：795-806.

［29］ Gerlinger M，Rowan A J，Horswell S，et al. Intratumor heterogeneity and branched evolution revealed by multiregion sequencing［J］. New Engl J Med，2012,366(10)：883-892.

［30］ Cleary A S，Leonard T L，Gestl S A，et al. Tumour cell heterogeneity maintained by cooperating subclones in Wnt-driven mammary cancers［J］. Nature，2014,508(7494)：113-117.

［31］ Ling S P，Hu Z，Yang Z Y，et al. Extremely high genetic diversity in a single tumor points to prevalence of non-Darwinian cell evolution［J］. Proc Natl Acad Sci U S A，2015,112(47)：6496-6505.

［32］ Campbell P J，Pleasance E D，Stephens P J，et al. Subclonal phylogenetic structures in cancer revealed by ultra-deep sequencing［J］. Proc Natl Acad Sci U S A，2008,105(35)：13081-13086.

［33］ Latosinsky S，Cheifetz R E，Wilke L G，et al. Survival analysis of cancer risk reduction strategies for BRCA1/2 mutation carriers［J］. J Am Coll Surgeons，2011,213(3)：447-450.

［34］ Liebens F P，Carly B，Pastijn A，et al. Management of BRCA1/2 associated breast cancer：A systematic qualitative review of the state of knowledge in 2006［J］. Eur J Cancer，2007,43(2)：238-257.

［35］ Jones S，Hruban R H，Kamiyama M，et al. Exomic sequencing identifies pALB2 as a pancreatic cancer susceptibility gene［J］. Science，2009,324(5924)：217-217.

［36］ Lewis G，Maxwell A P. Early diagnosis improves survival in kidney cancer［J］. Practitioner，2012,256(1748)：13-16,12.

［37］ Kinde I，Bettegowda C，Wang Y，et al. Evaluation of DNA from the Papanicolaou test to detect ovarian and endometrial cancers［J］. Sci Transl Med，2013,5(167)：167ra4.

［38］ Yao L，Li Y，Du F，et al. Histone H4 Lys 20 methyltransferase SET8 promotes androgen receptor-mediated transcription activation in prostate cancer［J］. Biochem Biophys Res Commun，2014,450(1)：692-696.

［39］ Newman A M，Bratman S V，To J，et al. An ultrasensitive method for quantitating circulating tumor DNA with broad patient coverage［J］. Nat Med，2014,20(5)：552-558.

［40］ Perou C M，Sorlie T，Eisen M B，et al. Molecular portraits of human breast tumours［J］. Nature，2000,406(6797)：747-752.

［41］ Sorlie T，Tibshirani R，Parker J，et al. Repeated observation of breast tumor subtypes in independent gene expression data sets［J］. Proc Natl Acad Sci U S A，2003, 100 (14)：8418-8423.

［42］ 张毅. 乳腺癌分子分型与治疗［J］. 中国普外基础与临床杂志，2014,21(5)：525-531.

［43］ Nozawa T，Minami H，Sugiura S，et al. Role of organic anion transporter OATP1B1 (OATP-C) in hepatic uptake of irinotecan and its active metabolite，7-ethyl-10-hydroxycamptothecin：in vitro evidence and effect of single nucleotide polymorphisms［J］. Drug Metab Dispos，2005,33(3)：434-439.

［44］ Premawardhena A，Fisher C A，Liu Y T，et al. The global distribution of length polymorphisms of the promoters of the glucuronosyltransferase 1 gene (UGT1A1)：hematologic and evolutionary implications［J］. Blood Cells Mol Dis，2003,31(1)：98-101.

［45］ Han J Y，Lim H S，Shin E S，et al. Comprehensive analysis of UGT1A polymorphisms predictive for pharmacokinetics and treatment outcome in patients with non-small-cell lung cancer treated with irinotecan and cisplatin [J]. J Clin Oncol, 2006,24(15): 2237-2244.

[46] Innocenti F, Iyer L, Ratain M J. Pharmacogenetics—A tool for individualising antineoplastic therapy [J]. Clin Pharmacokinet, 2000,39(5): 315-325.

[47] Hirsch F R, Bunn P A. EGFR testing in lung cancer is ready for prime time [J]. Lancet Oncol, 2009,10(5): 432-433.

[48] Sharma S V, Bell D W, Settleman J, et al. Epidermal growth factor receptor mutations in lung cancer [J]. Nat Rev Cancer, 2007,7(3): 169-181.

[49] Shen L, Ji H F. Ceritinib in ALK-rearranged non-small-cell lung cancer [J]. New Engl J Med, 2014,370(26): 2537-2537.

[50] Jiang Y Z, Yu K D, Bao J, et al. Favorable prognostic impact in loss of TP53 and PIK3CA mutations after neoadjuvant chemotherapy in breast cancer [J]. Cancer Res, 2014,74(13): 3399-3407.

[51] Alix-Panabieres C, Schwarzenbach H, Pantel K. Circulating tumor cells and circulating tumor DNA [J]. Annu Rev Med, 2012,63(3): 199-215.

[52] Hsieh J S, Lin S R, Chang M Y, et al. APC, K-ras, and p53 gene mutations in colorectal cancer patients: correlation to clinicopathologic features and postoperativie surveillance [J]. Am Surg, 2005,71(4): 336-343.

[53] Lohr J G, Adalsteinsson V A, Cibulskis K, et al. Whole-exome sequencing of circulating tumor cells provides a window into metastatic prostate cancer [J]. Nat Biotechnol, 2014, 32(5): 479-484.

6 复杂疾病与精准医学

复杂疾病(complex diseases)是指在众多因素共同作用下发生的疾病,一般可涉及多个基因、一个基因的多个突变、环境因素以及未知的随机因素等,其遗传模式较为复杂,并不一定符合简单的孟德尔遗传。一方面,单个基因的影响一般有限,对疾病而言可能既非充分也非必要。另一方面,多个基因或者一个基因的多个突变,有的可能是主效基因或者主效突变,其他则可能是微效基因或者微效突变。因此,在复杂疾病研究中,鉴定其致病基因或突变(在复杂疾病中一般将对疾病发生有影响的基因称为易感基因)较为困难。

复杂疾病在群体中的发病率一般不低于 1% ,所以也称为常见病(common diseases),如高血压、心脏病、糖尿病、肿瘤、哮喘等。另外,也有一些疾病在某一年龄段的群体中发病率较高,如帕金森病和阿尔兹海默病在 65 岁以上老年群体中的发病率约为 1.6% 和 5.0% 。但也有一些复杂疾病在群体中的发病率较低,称为少见病或者罕见病,如肌炎(myositis)、克罗恩病(Crohn disease)等。

通俗地讲,精准医学即是根据每个患者的特征量体裁衣式地制订个性化的治疗方案。进一步解析,就是应用现代遗传学技术、分子影像技术、生物信息学技术,结合患者生活环境和临床数据,实现疾病的精准分类和诊断,制订个性化的疾病预防和治疗方案。首先,精准医学是源自于基因组医学,即在基因、分子水平上应用基因组学以及所衍生的各种组学(蛋白质组学、转录组学、代谢组学、表观基因组学等)来诊断病因或检测出致病靶点。其次,精准医学又将以基因组医学为基础的个体化医疗进一步发展,即从目前的药物基因组学的应用和肿瘤靶向药物/化疗的应用,最终延伸至主流医学的众多专科,革命性地改变对疾病的诊断、治疗和预防。实现精准医学的第一步是首先要找到与复杂疾病关联的致病基因或突变,因此,在本章中以复杂疾病致病(易感)基因鉴定策略为基础,结合基因组学的研究进展,举例阐释如何在复杂疾病中实现精准医学的策略、途径及其研究进展。

6.1 基因定位克隆策略

定位克隆是最常用的遗传学研究策略,通常包括以家系为基础的连锁分析和以群体为基础的关联研究两种方法。有些复杂疾病的发病呈现家族聚集现象,可以采用连锁分析的策略;而大多数呈现散发的情况,所以,复杂疾病易感基因定位多采用关联研究的策略。定位克隆策略有两个显著的优点:一方面,由于该策略不需要知道所研究染色体区域或基因的背景信息,因此,它是一种无偏倚的研究策略;另一方面,由于2005年、2007年和2010年3个阶段国际人类基因组单体型图计划(HapMap计划)的完成,目前HapMap等数据库拥有上千万个人类基因组SNP、CNV等各种分子标记的数据信息[1-3],为复杂疾病易感基因在染色体精细定位与基因鉴定提供了较高密度的遗传标记,使定位基因策略成为鉴定复杂疾病易感基因的强大研究工具,然后,可进一步采用重测序技术鉴定该致病基因。然而,其缺点也是显而易见的,包括如下方面。①鉴定致病基因的效率较低。在人类基因组计划和HapMap计划实施以前,定位克隆使用的分子标记多为短串联重复序列(short tandem repeat,STR)和限制性片段长度多态性(restriction fragment length polymorphism,RFLP),由于STR在基因组中的数量有限,RFLP的能切和不能切的酶切位点也是有限的,而且两者在基因组中的分布是不均一的,因此,往往将致病基因定位在较为宽泛的染色体区域。由于当时的测序技术较为落后,致使定位克隆策略鉴定致病基因的效率较低。②所需研究样本的数量较大。由于样本的数量决定研究的统计效力,因此,在此类研究中,无论是连锁分析还是关联研究,对家系或群体样本的数量都有一个基本的要求。③病例分层(stratification)要求严格。复杂疾病往往具有遗传异质性和表型异质性的特点,为尽量减少异质性对研究结果的影响,严格的病例分层十分重要。④选择适当的统计方法极为重要。连锁分析和关联研究均属数量遗传学范畴,研究的结论依赖于计算结果的显著性,所以选择统计效力较高的计算方法是一个挑战,而目前统计算法的发展却严重滞后[4]。⑤较难发现基因中的罕见(rare)变异体。由于目前的定位克隆策略较多依赖公共数据库所提供的 SNP 和 CNV 等分子标签的信息,但这些标签的密度有限,分布不均,不利于鉴定罕见的基因变异。但此种缺陷可采用候选基因重测序的策略进行弥补。⑥忽视了基因之间的互相作用效应和因果关系。通过连锁分析和关联研究发现的候选易感基因,往往分散在不同的机制网络或通路中,它们在功能上相互独立,较难建立与其发病机制的逻辑(内在)联系,使易感基因之间的互相作用效应和因果关系较难解释。因此,在复杂疾病易感基因的研究思想上,定位克隆策略面临极大的挑战。

6.2　候选基因克隆

另一种用于复杂疾病易感基因研究的是候选基因策略,它是以已知基因的功能为基础研究易感基因的重要方法。迄今为止,特别是 2005 年以前即 HapMap 数据库建立以前,大多数复杂疾病易感基因都是通过候选基因的策略鉴定的。候选基因通常是指已经获得某些证据表明其与某种疾病有关的基因,一般包括以下 3 类:①在染色体上某个区域与某种疾病存在连锁关系的基因;②已报道与疾病有关的基因,或知道该基因所在的网络或通路,但尚需进一步的验证;③通过动物疾病模型鉴定的已知功能的基因,但尚未在人体得到验证。经典的候选基因研究方法是从独立的、已知功能的基因入手,通过分析该基因在正常和患病群体之间等位基因和基因型频率的差异进行推断。候选基因策略的优势是直接从功能基因着手,较易建立基因之间的相互作用关系,并且有利于发现微效基因,特别适合于复杂疾病中候选易感基因的研究。

原发性高血压(essential hypertension,EH)是由多基因、多因素引起的复杂疾病,具有迟发和外显不完全的特点,因此,鉴定其相关乃至致病基因十分困难。根据高血压的发病机制,肾素-血管紧张素系统(renin-angiotensin system,RAS)的一些基因作为候选基因已被广泛研究。血管紧张素Ⅱ(AngⅡ)受体是 RAS 作用于效应器的关键成分。细胞表面存在两种 AngⅡ受体亚型,即 AT1R 和 AT2R。血管紧张素Ⅱ的 1 型受体(AT1R)主要存在于血管平滑肌细胞,AT2R 存在于子宫、脑和肾上腺髓质。但 AT1R 和 AT2R 两种亚型均可在肾上腺皮质和肾脏表达。AT1R 是经过 7 次跨膜的 G 蛋白偶联受体,其编码基因定位于 3 号染色体 3q21-3q25。AT1R 在介导血管收缩、水盐代谢、血管平滑肌增生和功能调节等生理效应中起核心作用[5]。因此，$AT1R$ 基因被认为是 EH 的致病候选基因之一。笔者通过病例-对照研究和受累同胞对连锁分析[5]，鉴定 $AT1R$ 基因 $3'$-端 A1166→C 突变和 CA 重复序列多态性双等位标记与汉族 EH 的关联结果如下：①672 例 EH 和 652 例正常血压对照组分析表明，$AT1R$ 基因 $3'$-端 CA 重复序列多态性与 EH 关联，其杂合度为 0.64，多态性信息量（PIC）为 0.61。该位点存在 9 种等位基因，按片段由小至大依次命名为 a_1、a_2、……、a_9（CA 重复次数依次为 6、7、……、13），a_6 为 EH 和正常血压对照组中最常见的等位基因，但 EH 组 a_6 等位基因频率较正常血压对照组显著降低，分别为 49.4％和 64.9％，$\chi^2 = 25.53$，$OR = 0.57$，95％$CI = 0.45 \sim 0.71$，$P < 0.001$；EH 组 a_7 等位基因频率较正常血压对照组明显升高，其频率为 22.6％和 7.0％，$\chi^2 = 62.98$，$OR = 3.85$，95％$CI = 2.68 \sim 5.55$，$P < 0.001$；98 对受累同胞对中 a_7 等位基因共享连锁分析结果显示，$\chi^2 = 3.95$，$P < 0.05$，a_7 与 EH 存在连锁关系。②A1166→C 单碱基突变分析结果显示，EH 与对照组 C 等位基因频率无显著性差异，为 4.2％和 3.5％，表明 $AT1R$ 基因 A1166→C 突变与汉族 EH 不相关。上述结果提示 $AT1R$ 基因 $3'$-端 CA 重复序列多态性与汉族原发性高血压相关，致病基因可能与其存在连锁不平衡。该研究可为高血压高危人群风险预测提供科学依据。

支气管哮喘（简称哮喘）是以气道慢性炎症、气道高反应性和气道阻力增加为特征的复杂（性状）疾病，在世界范围内约有 3 亿人罹患该病[4]。哮喘具有较强的遗传倾向，其遗传力（率）为 36％～79％，但遗传方式尚不完全清楚。目前的研究认为哮喘是一种多基因的遗传异质性疾病，并且大多数小儿哮喘表现为变应性或过敏性，而人类白细胞抗原（human leukocyte antigen，HLA）-Ⅱ类抗原在早期免疫识别和致敏反应中起重要的作用，是哮喘免疫遗传学研究的重要内容之一。HLA-Ⅱ类区域中几乎所有的基因均显示与免疫功能相关。因此，常将该区域作为哮喘的候选基因区域进行研究。

笔者在一项研究中[6]，采用序列特异性引物聚合酶链反应（PCR-SSP）对北京市 117 例哮喘患儿和 120 名健康儿童进行 HLA-DRB 基因分析，计算 HLA-DRB 各等位基因在哮喘患儿和正常儿童的分布频率、OR 值，筛查出与哮喘相关的易感基因或抗性基因。结果表明，HLA-$DR2(15)$ 等位基因在哮喘患儿组的频率显著高于对照组[12.0％

（28/234）和5.4%（13/240），*P*=0.011，*OR*=2.590］；而 *DR4*、*DR6*（*1 402*）、*DR9*、*DR53* 等位基因在哮喘患儿组的频率［9.4%（22/234）、0.9%（2/234）、17.1%（40/234）、29.5%（69/234）］均显著低于对照组［16.3%（39/240）、5.0%（12/240）、31.3%（75/240）、44.2%（106/240），*P*=0.026、0.008、0.000、0.001，*OR*=0.481、0.157、0.312、0.190］；其他等位基因分布差异均无统计学意义。以 *DR2*（*15*）、*DR4*、*DR6*（*1 402*）、*DR9*、*DR53* 及性别、家族史为自变量，进行哮喘发病相关因素的 Logistic 回归分析，各等位基因 *OR* 值的 95%*CI* 分别为 1.010～2.245，0.757～1.116，0.603～1.054，0.855～1.014，0.971～1.010。对 *HLA-DR2*（*15*）等位基因阳性和阴性的患儿与哮喘严重程度进行相关分析，差异无统计学意义。因此，研究结果提示，*HLA-DR2*（*15*）为儿童哮喘的易感基因，但其与哮喘严重程度无关。

6.3 基于系统生物学理论的候选基因研究策略

该研究策略是候选基因克隆策略的进一步延伸和发展。人类基因组计划、HapMap 计划及 ENCODE 计划等大型国际合作项目的完成以及各种"组学"（-mics）理论（如基因组学、转录组学、表观组学、蛋白质组学、代谢组学等）的诞生和生物信息学的迅速发展，促成了现代系统生物学的理论并将该理论引入复杂疾病的研究[4]。2003 年，美国 NIH 正式提出并启动系统生物学的研究计划，该计划拟通过功能基因组研究成果建立理论模型，研究复杂的生物网络，最终揭示生命现象的重大问题和重大疾病的本质。该理论不是将生物过程作为孤立的多个部分而是作为整个系统来定量研究，即通过多学科交叉从整体水平分析、计算和模拟复杂生命现象并最终通过设计和改造来控制生命系统的一个研究领域[4]。在复杂疾病易感基因的研究中可采用该策略，并且可使研究的效率有极大的提高。其研究的流程包括以下几个方面。首先，可从与复杂疾病发病机制密切相关的信号传导网络或通路上的诸多功能基因入手，通过模型构建和理论分析对网络进行深入解析，找出与疾病发生发展具有密切联系的、关键的调控通路和调控点上的基因群，使复杂的问题简约化。其次，采用重测序或基因分型技术对所选网络进行实验研究。最后，对模型计算和生物学实验的研究结果进行比对分析，验证已建立的理论模型是否反映其生物系统的真实性，或根据修正后的模型提出新的假设,反复进行模型分析-生物学实验的相互验证,以期发现复杂疾病的易感基因[7]（见图 6-1）。

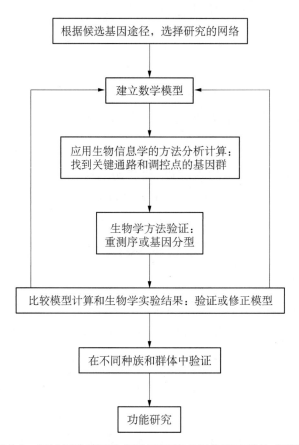

图 6-1　通过候选基因途径进行通路或网络研究的技术流程

近年来,由于测序技术的进步和测序成本的大幅度降低,省去了基于网络或通路的模型构建和计算的过程,可直接对通路或网络中的目标基因或基因组区域进行靶向测序研究,以鉴定复杂疾病的致病或易感基因。

仍以上述原发性高血压易感基因的鉴定为例,根据高血压的发病机制,对其候选基因的研究可以采用系统和整合的研究策略。比如,已知原发性高血压的发病涉及肾素-血管紧张素系统和交感神经系统,因此,可以对这两个系统中的所有基因进行靶向测序研究,以鉴定与 EH 关联的易感基因（见图 6-2、表 6-1）[8]。另外,可以设想由于采用系统和整合的研究策略,将使致病或易感基因鉴定的效率有很大的提高。

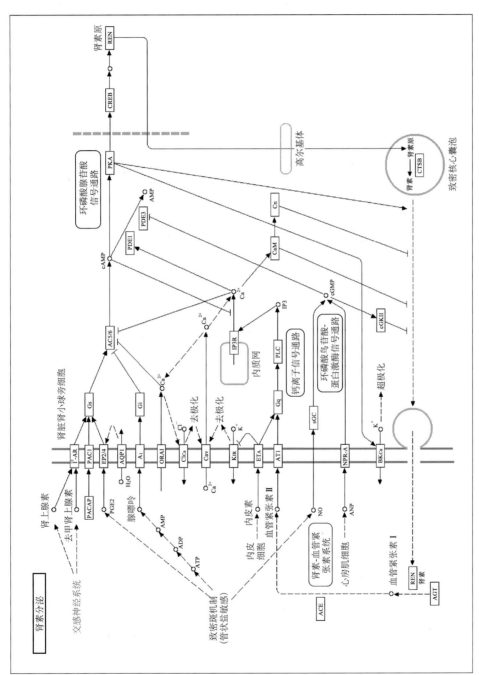

图 6-2 基于肾素-血管紧张素系统和交感神经系统通路的原发性高血压易感基因鉴定策略

(图片修改自 http://www.kegg.jp/kegg-bin/show_pathway? map=hsa04924&show_description=show)

表 6-1　基于通路的部分高血压候选基因

序号	基因	基因编号	染色体位置	基因序列长度(b)	基因序列范围(b)
SNS 基因					
1	TH	7054	11p15.5	12 209(N)	2163929…2172137
2	DDC	1644	7p12.2	111 022(N)	50458436…50565457
3	DBH	1621	9q34	26 982(P)	133636363…133659344
4	PNMT	5409	17q12	6 495(P)	39667981…39670475
5	COMT	1312	22q11.21	32 236(P)	19941740…19969975
6	MAO-A	4128	Xp11.3	95 918(P)	43654907…43746824
RAS 基因					
7	ACE	1636	17q23.3	25 320(P)	63477061…63498380
8	ACE2	59272	Xp22	111 670(P)	15494402…15602069
9	ENPEP	2028	4q25	91 265(N)	110476073…110563337
10	CDKN2B-AS1	100048912	9p21.3	130 307(P)	21994791…22121097
11	EMILIN1	11117	2p23.3-p23.2	11 838(P)	27078567…27086404
12	ANPEP	290	15q25-q26	33 960(P)	89784895…89814854
13	REN	5972	1q32	15 522(N)	204154816…204166337
14	CMA1	1215	14q11.2	7 345(N)	24505346…24508690
15	CTSG	1511	14q11.2	6 743(N)	24573518…24576260
16	CTSA	5476	20q13.1	11 869(N)	45890952…45898820
17	CPA3	1359	3q24	35 832(P)	148865256…148897087
18	THOP1	7064	19p13.3	32 094(P)	2785508…2813601
19	NLN	57486	5q12.3	111 088(P)	65722196…65829283
20	MME	4311	3q25.2	163 606(P)	155024124…155183729
21	AGT	183	1q42.2	16 068(N)	230702523…230714590
22	MAS1	4142	6q25.3-q26	5 135(P)	159906942…159908076
23	AGTR2	186	Xq22-q23	8 268(P)	116170705…116174972
24	AGTR1	185	3q24	49 133(P)	148697871…148743003
25	LNPEP	4012	5q15	97 770(P)	96935642…97029411

注: N 表示 DNA 负链; P 表示 DNA 正链; b 表示碱基

　　对哮喘的研究也是如此。目前的研究表明,哮喘所涉及的染色体达 10 多条,与其关联或连锁的候选易感基因多达 170 多个,但多数研究结果的一致性和重复性较差。分析其中的原因,除了哮喘的复杂性、种族的差异、病例的选择与分层不同外,研究策略、技术路线和方法应该也是导致结果不一致的主要原因。目前,在哮喘发病机制中研究较为清楚的是免疫学机制参与哮喘的发病过程,包括各种免疫细胞、细胞因子、免疫受体、各种活性介质以及它们的信号传导通路等。此外,神经、内分泌系统在哮喘的发病机制中也具有重要作用。这三大系统之间可通过受体(receptor)和配体(ligand)的相互作用,参与哮喘的发病过程[4]。例如,以哮喘发病的免疫学机制为基础(见图 6-3),可以对其所包含的"功能网络"单元进行深入的解析[7](见图 6-4),然后,对其中的基因进行系统的靶向测序研究,以鉴定哮喘的易感基因(见表 6-2)。

特发性炎性肌病(idiopathic inflammatory myositis,IIM,简称肌炎)是一组主要以四肢骨骼肌肉肌痛、肌无力为主要表现的多系统受累的自身免疫性疾病。该病临床表现复杂,病程迁延反复,常累及多系统、多脏器,造成临床诊断、治疗与预后评估均较为困难。临床上分为多发性肌炎(polymyositis,PM)、皮肌炎(dermatomyositis,DM)和包涵体肌炎(inclusion body myositis,IBM)3 种类型[9]。在我国 PM 和 DM 较为常见,其发病率尚不清楚,国外研究显示发病率约为(0.6~1.0)/万,是一种少见病或者罕见病。目前认为 IIM 是由遗传和环境因素共同作用所致,但其确切发病机制尚未明确。已有的研究认为 IIM 的发病机制涉及免疫耐受缺损,淋巴细胞/肌细胞凋亡障碍,T、B 细胞功能调节障碍,NK 细胞功能缺陷,补体活化,自身抗体产生,细胞因子分泌调节障碍等,几乎覆盖整个免疫系统的紊乱。在其复杂的发病机制中,抗原提呈细胞、T 细胞和 NK 细胞之间的相互作用居于核心地位,这 3 类细胞主要分别通过其细胞表面的 HLA 分子、T 细胞受体(T cell receptor,TCR)和杀伤细胞免疫球蛋白样受体(killer cell immunoglobulin-like receptor,KIR)等相互作用,主导疾病的发生与发展。对 IIM 发病启动机制的研究认为,某些原因可导致患者自身抗原发生改变,通过肌纤维膜上 HLA 分子与 TCR 分子相互识别将自身抗原肽呈递给自身反应性 T 细胞,启动机体细胞免疫应答或产生直接针对肌组织的特异性抗体。关于其发病的遗传学基础,目前已有很多基于候选基因策略的零散研究,以及个别报道的全基因组关联研究[10],但研究结果较难重复验证。基于 IIM 的发病机制,在笔者的一项研究中,假设人类的 *MHC*(major histocompatibility complex)即 *HLA* 基因在 IIM 中起到重要作用,因此,研究人员选取中国人的 DM 和 PM 患者为研究对象、*MHC* 为靶向测序的目标基因组区域,通过二代测序技术进行深度测序和系统的数据挖掘分析,发现了尚未报道的一些新的基因位点(研究结果待发表)。

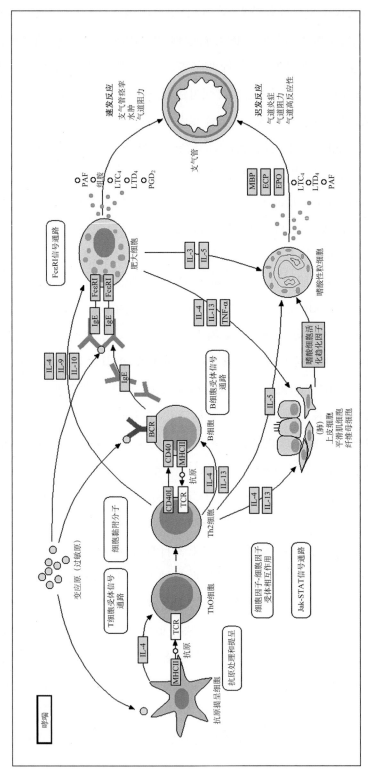

图 6-3 哮喘发病的免疫学机制

(图片修改自 http://www.kegg.jp/kegg-bin/show_pathway? map=hsa05310&show_description=show)

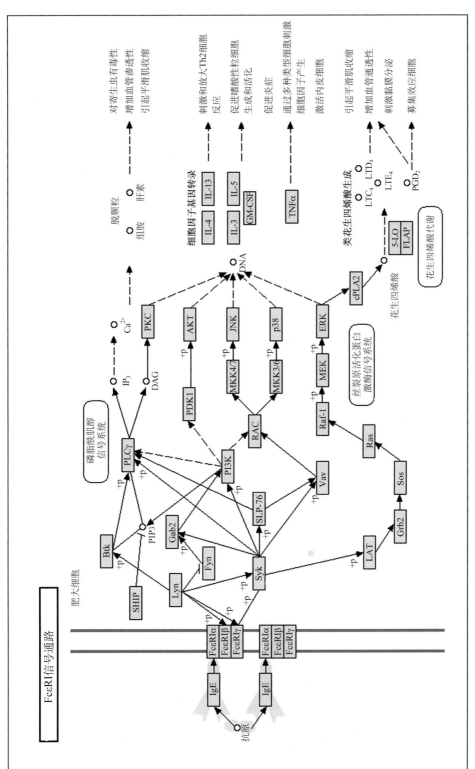

图 6-4 肥大细胞激活信号传导通路

(图片修改自 http://www.kegg.jp/kegg-bin/show_pathway? map=hsa04664&show_description=show)

表 6-2 肥大细胞级联激活信号传导网络蛋白编码基因一览表

基因	基因编号	染色体位置	基因序列长度(b)$^#$	基因序列范围(b)
$Fc\varepsilon RI\alpha$	2205	1q23	18 253	159283888...159308224
$Fc\varepsilon RI\beta$	2206	11q13	9 763	60088261...60098467
$Fc\varepsilon RI\gamma$	23547	19q13.4	5 651(N)	54333185...54339169
Lyn	4067	8q13	129 719	55877305...56012447
Syk	6850	9q22	95 470	90801680...90898560
Btk	695	Xq21.33-q22	36 265(N)	101349447...101390796
Fyn	2534	6q21	209 183	111660332...111873452
$Gab2$	9846	11q14.1	199 722	78215290...78417822
$SHIP$	3635	2q37.1	69 851	233059967...233207903
$SLP.76$	3937	5q33.1-qter	49 042(N)	170248084...170297818
Vav	7409	19p13.2	83 469	6772668...6857366
$PI3KCA^*$	5290	3q26.3	84 987	179148114...179240093
$PI3KCB^*$	5291	3q22.3	102 505(N)	138652698...138834938
$PI3KCD^*$	5293	1p36.2	76 303	9629889...9729114
$PI3KCG^*$	5294	7q22.3	41 088	106865278...106908978
$PLC\gamma$	5335	20q12-q13.1	37 664	41137519...41175721
RAC	207	14q32.32	26 028	104769349...104795743
LAT	27040	16p11.2	5 875	28984826...28990783
$Sos1^*$	6654	2p22-p21	137 017	38981549...39124959
$Sos2^*$	6655	14q21	112 660(N)	50117128...50231381
Ras	25780	2p25.1-p24.1	126 592	33436348...33564731
$Raf-1$	5894	3p25	79 496	12583601...12664201
$PDK1$	5163	2q31.1	42 483	172555373...172672693
$MKK4$	6416	17p11.2	121 202	12020818...12143831
$MKK7$	5609	19p13.3-p13.2	10 451	7903780...7914483
$MKK3$	5606	17q11.2	30 159	21284656...21315240
$MKK6$	5608	17q24.3	125 852	69414697...69553854
MEK	4214	5q11.2	79 949	56815073...56896152
$PKC\alpha^*$	5578	17q22-q23.2	500 761	66302640...66810744
$PKC\beta^*$	5579	16p11.2	379 265	23835979...24220611

（续表）

基因	基因编号	染色体位置	基因序列长度(b)#	基因序列范围(b)
PKCγ*	5582	19q13.4	25 084	53882184…53907647
AKT1*	207	14q32.32	26 028	104769349…104795743
AKT2*	208	19q13.1-q13.2	54 270	40230317…40285531
AKT3*	10000	1q43-q44	350 065(N)	243488233…243851079
JNK	5599	10q11.22	33 030	48306639…48439360
p38	1432	6p21.3-p21.2	82 395	36027635…36122964
ERK	5594	22q11.21	106 518(N)	21759657…21867680
Cpla2	10524	11q13	7 482	65711996…65719606
IL-4	3565	5q31.1	8 871	132673986…132682678
IL-3	3562	5q31.1	2 515	132060654…132063203
IL-5	3567	5q31.1	2 051(N)	132539194…132556827
IL-13	3596	5q31	2 937	132658173…132661109
GM-CSF	1437	5q31.1	2 342	132073792…132076170
TNFα	7124	6p21.3	2 725	31575567…31578336

注：* 表示编码多聚体蛋白的基因，一个蛋白由两个以上基因编码；# N 表示 DNA 负链序列，b 表示碱基

6.4　全基因组关联研究策略

全基因组关联研究（genome-wide association study，GWAS）旨在从整个人类基因组范围内定义易感基因所在染色体的位置或筛查出与某一疾病或临床性状相关联基因的单核苷酸多态性（single nuclear polymorphisms，SNP）或其他分子标记[11, 12]。随着国际上人类基因组计划和 HapMap 计划的完成、千人基因组计划的实施[13]以及高通量基因分型技术的迅速发展，GWAS 成为研究人类多基因复杂性状疾病分子遗传机制的有效策略和方法[14]。GWAS 至少有 3 个特点。第一，GWAS 可以分析人类基因组的所有基因，它不受候选基因的限制，特别是对发病机制复杂或者不甚明确、无法采取候选基因途径的复杂疾病，该策略较为适用，所以，这一新策略在常见复杂疾病致病或易感基因研究中受到广泛重视。第二，GWAS 是一种疾病基因定位策略，随着分子标记如 SNP 密度的增加，该策略有可能将复杂疾病致病或易感基因定位在染色体较为狭窄的

区域,使测序鉴定该基因的效率和成功率有了很大提高。第三,GWAS是一种人类复杂疾病遗传学研究的过渡性策略,随着测序成本的降低,该策略将逐渐被淘汰。但在人类基因组测序费用足够低廉之前,该策略仍然是以后若干年内人类复杂疾病易感基因研究的重要策略,并且随着研究的积累、策略的优化和技术的进步,GWAS将对人类遗传学和数据分析方法的发展和进步产生极大的推动作用。即使将来GWAS策略被淘汰,基于该策略的研究设计思想、数据分析策略等依然会有助于复杂疾病研究思想的丰富和发展。

自2005年 *Science* 杂志报道了首个与年龄相关的视网膜黄斑变性(age-related macular degeneration)的GWAS后[15],一系列有关肥胖、2型糖尿病、精神分裂症、前列腺癌、乳腺癌、肿瘤等的GWAS被陆续报道。GWAS属于基因定位策略,一个高质量的关联研究应当符合以下几方面的要求[16]。①有足够大的样本量:例如单个常见基因变异对肿瘤发病风险的效应微弱,其 *OR* 值一般为1.2~1.4,为了保证基因关联研究有足够的检验效能,病例组和对照组各需要上千例甚至更多;对于GWAS样本量还要加大,几万或者更多。②研究群体的同质性:选用遗传背景相对单一的人群,尽量减少研究选择带来的偏倚。③病例分层和对照组的严格界定:对研究表型要有准确、严格的规定,尽可能降低各种因素影响的噪声,防止在对照组中混入患者,在病例组中混入正常对照。④考虑遗传和环境的相互作用:遗传因素赋予患者对疾病的易感性,是否发病还取决于环境因素的参与。⑤对有意义的基因变异应阐明其潜在的生物学功能:建立不同疾病的基因变异及基因表达差异谱和功能基因调控网络,进而发现特异基因和功能蛋白标志物,并为临床应用提供理论依据。

尽管在GWAS发展的初期,人们曾对其研究成本较大、效率低下的问题提出过严重的质疑,但随着GWAS的发展,其逐渐成为复杂疾病致病基因或易感基因鉴定历史上出现的使用分子标记最多、需要样本量最大、对数据分析统计要求极为规范的研究策略。因此,本着以GWAS为基础的研究思想,下面将概述其研究设计、遗传统计方法、多重检验的调整方法和荟萃分析的基本原理及应用,对各种研究策略所涉及方法的优缺点进行分析阐述,并对其在复杂疾病致病研究和精准医学中的应用进行阐释。

6.4.1 研究设计

GWAS的统计分析依据研究设计的不同可以采用2种不同的分析方法,即基于无关个体的关联研究和基于家系的关联研究。

6.4.1.1 基于无关个体的关联研究

基于无关个体的研究设计分为病例-对照研究（case-control study）、队列研究（cohort study）和随机对照试验（randomized controlled trial，RCT），3 种研究设计的级别逐渐升高。目前大多数 GWAS 采用的是病例-对照研究的设计思想。下面分别介绍3 种基于无关个体的研究设计及其优缺点[11]。

1）病例-对照研究

病例-对照研究（case-control study）就是选择患有和未患某特定疾病的人群分别作为病例组和对照组，调查各组人群过去暴露于某种或某些危险因素的比例或水平，通过比较各组之间暴露比例或水平的差异，判断暴露因素是否与研究的疾病有关联及其关联程度大小。病例-对照研究根据研究对象的入选标准分为非匹配病例-对照研究和匹配病例-对照研究。该研究只是客观地收集研究对象的暴露情况，而不给予任何干预措施，属于观察性研究。病例-对照研究可追溯研究对象既往可疑的危险因素暴露史，其研究方向是回顾性的，是由"果"至"因"的过程[11]。大多数 GWAS 都是采用病例-对照的设计思想。

病例-对照研究的优点包括：①收集病例方便（一般可从医院获取），更适用于罕见病的研究；②所需研究对象的数量较少，容易组织，节省人力、物力；③一次调查可同时研究一种疾病与多个因素的关系，既可检验危险因素的假设，又可经广泛探索提出病因假设；④收集资料后可在短时间内获得研究结果[11]。

病例-对照研究的缺点包括：①不适于研究暴露比例很低的因素，因为需要很大的样本量；②暴露与疾病的时间先后常难以判断，不能论证因果关系；③选择研究对象时易发生选择偏倚；④获取既往信息时易发生回忆偏倚；⑤易发生混杂偏倚[11]。

2）队列研究

队列研究（cohort study）就是将一个范围明确的人群按是否暴露于某可疑因素或暴露程度分为不同的亚组，追踪各组的结局并比较其差异，从而判定暴露因素与结局之间有无关联及关联程度大小的一种观察性研究方法。根据研究对象进入队列时间及观察终止时间不同，队列研究可分为前瞻性队列研究、历史性队列研究和双向性队列研究3 种。它还可根据队列中研究对象是相对固定还是不断变化，分为固定队列和动态人群[11]。

队列研究的优点有：①研究结局是亲自观察获得，一般较为可靠；②论证因果关系的能力较强；③可计算暴露组和非暴露组的发病率，能直接估计暴露因素与发病的关联强度；④一次调查可观察多种结局等[11]。

队列研究的缺点有：①不宜用于研究发病率很低的疾病；②观察时间长，易发生失访偏倚；③耗费的人力、物力和时间较多；④设计的要求高，实施过程较为复杂；⑤在随访过程中，由于未知变量引入人群，或人群中已知变量的变化等，都可使结局受到影响，使分析过程复杂化[11]。

3）随机对照试验

随机对照试验（randomized controlled trial，RCT）的设计思想就是将研究对象随机分组，对不同的亚组实施不同的干预，来比较各组效果的异同。RCT 在药物基因组学中得到广泛的应用，是一种检测某种疗法或药物效果的手段。一个好的研究设计就是能最大限度地避免混杂因素对结果的干扰，RCT 的一个最大优点就是可以确保已知的或未知的混杂因素在各亚组的影响相同。RCT 试验的结果在基因关联研究的所有方法中最具有说服力。目前，RCT 作为一种评价新疗法的主要设计方法逐渐被临床医生所接受并采用，许多利用 RCT 设计方案完成的论文发表在世界上各学科的顶尖级杂志[17, 18]。

RCT 方案的主要优点包括：①随机分组和同期对照的选择避免了与时间变化有关的许多偏倚，在样本量足够大的情况下，保证了在试验组与对照组除了治疗措施不同外，其他非处理因素有一定的可比性，从而使研究结果有一定的真实性；②采用盲法，可避免许多观测性偏倚；③RCT 一般均有严格的诊断标准，对研究对象的纳入和排除都有严格的规定[19]。

RCT 方案的主要缺点有：①在时间、人力、财力上花费较大，大规模的临床 RCT 所需费用大，耗时长，开展起来有一定的难度；②安慰剂（对照组）使用不当，会影响患者的治疗；③随访时间较长时，研究对象有流失，从而影响结果的真实性；④正是由于研究对象是经过严格筛选的，所以代表性相对较差，不能代表疾病的全貌，不能揭示疾病的人群规律[19]。

6.4.1.2　基于家系的关联研究

与基于无关个体的研究设计不同的是，基于家系的关联研究可以避免人群混杂对于关联分析的影响。当研究采用家系样本时，比如核心家系样本，可采用传递不平衡检验(transmission disequilibrium test，TDT)分析遗传标记与疾病质量表型和数量表型的关联[20]。TDT 的优点之一是不受群体分层的影响，检出力高于连锁分析，既可用于定性性状也可用于定量性状分析。其缺点是发现阳性关联的检验效能低于相同样本量的病例 - 对照研究。近年来基于家系的关联研究分析技术也有了明显进步。FBAT/PBAT软件是目前应用最为广泛的基于家系的统计分析工具之一，具备分析质量或数量性状、调整混杂因素、分析基因-环境因素交互作用和单体型分析的功能，还可以对多重比较进行调整，并报告检验效能等[21]。

6.4.2 遗传统计分析方法

6.4.2.1 单位点分析(single-locus analysis)

单位点分析是指对同一物种不同个体基因组 DNA 等位序列上单个核苷酸差异的分析。GWAS 是通过进行全基因组高密度遗传标记分型来寻找与复杂疾病相关的遗传因素。SNP 是人类基因组中最常见的遗传标记，有上千万个。下面主要针对 SNP 进行遗传统计分析方法的阐释，其他遗传标记如拷贝数变异(copy number variation，CNV)也可类推。

1) 哈迪-温伯格平衡检验

哈迪-温伯格(Hardy-Weinberg)定律又称为遗传平衡定律或基因平衡定律，是群体遗传学中最重要的原理，亦是群体有性繁殖上下代之间基因频率与基因型频率是否保持平衡的检验尺度。该定律是 1908 年由英国数学家哈迪和德国医生温伯格分别提出的，即在一个巨大的、随机交配的自然种群中，如果没有突变发生、自然选择、迁移等因素干扰时，各等位基因频率和它的基因型频率在世代传递中是稳定不变的[11]。

哈迪-温伯格定律的描述：假设一个群体中有一对等位基因 A 和 a，等位基因 A 的频率为 p，等位基因 a 的频率为 $q(q=1-p)$，如果这个群体中 3 种基因型的频率是：$AA=p^2$，$Aa=2pq$，$aa=q^2$，那么这就是一个平衡群体。这是因为由这 3 种基因型所产生的两种配子的频率是：$A=p^2+(2pq)/2=p^2+pq=p(p+q)=p$ 和 $a=(2pq)/2+q^2=pq+q^2=(p+q)q=q$。此外，考虑到个体间的交配是随机的(假设条件)，配子间的结合也是随机的。因此，3 种基因型的频率和上一代完全一样，即对这个基因位点而言，此群体已经平衡了[11]。

具体来说，哈迪-温伯格定律有 5 个前提假设的理想状态和 3 个要点。5 个前提假设的理想状态是：①种群足够大；②种群中个体间随机交配；③没有突变发生；④没有新基因加入；⑤没有自然选择。3个要点包括：①在一个无穷大的随机交配的孟德尔群体中，若没有进化的压力（突变、迁移和自然选择），基因频率逐代传递不变；②无论群体的起始成分如何，经过一个世代的随机交配以后，群体的基因型频率将保持（p^2、$2pq$、q^2）平衡，即群体的基因型频率决定于它的基因频率；③只要随机交配系统得以保持，基因型频率将保持上述平衡状态，不会改变[11]。

哈迪-温伯格定律的检验方法可以采用 χ^2 和 Fisher 检验，一般的统计软件如 SAS、SPSS 等均可计算。此外，像 Haploview 等一些遗传统计软件也会提供相应的平衡检验信息。

在基因关联研究中，哈迪-温伯格定律是首先要检测的[22]。若该定律在研究人群中不平衡，首先说明的问题是基因型的鉴定是否准确。一般来说，一种基因型的检测方法往往存在一定的测量或读数误差，需要另一个检测方法进行验证，最为可靠的方法就是进行部分样本的直接测序，检测两种方法的吻合度。在保证基因型鉴定没有问题的前提下，该定律的5个前提假设的理想状态有一个或多个不满足也会导致不平衡。

尽管哈迪-温伯格定律揭示了群体中基因频率和基因型频率的本质关系，但是针对病例-对照研究，遗传学家们却众说纷纭。一些学者认为，哈迪-温伯格定律需要在病例组和对照组同时满足，理由是两个人群都有很好的代表性，没有遗传偏倚。另有一些学者认为，哈迪-温伯格定律只需要在对照组中满足，如果在病例组中不平衡，从另一个角度间接说明该遗传多态很可能是该疾病的一个易感位点。此外，还有学者进一步提出，如果对于常见疾病来说，哈迪-温伯格定律在病例组和对照组都不应该满足平衡，理由是该定律针对的是整个人群，不管对于病例组还是对照组都不能代表整个人群；如果对于罕见疾病，哈迪-温伯格定律仅需要在对照组中平衡，因为此时对照组是整个人群的一个很好的缩影。目前该定律的应用受到很多质疑，笔者认为第3种说法在当前比较受到公认。

2）3种遗传模型

针对一个 SNP 的3种基因型，有3种遗传模型：加性模型、显性模型和隐性模型。这3种模型都是针对 MAF 定义的。所谓的加性模型就是带有一个突变等位基因的杂合基因型所决定的表型介于两个纯合基因型之间；显性模型就是携带有一个突变等位基因的杂合基因型和突变等位基因纯合型所决定的表型无差异，但是均与野生等位基因纯合型的表型有差异；隐性模型就是携带有一个突变等位基因的杂合基因型和野生等位基因纯合型所决定的表型无差异,但是与突变等位基因纯合型的表型有差异[11]。例如,当所研究的表型是一个二分类变量时(例如乳腺癌的有和无),若杂合子个体发生乳腺癌的相对危险度介于两个纯合个体之间,则认为该位点是以加性效应遗传;若杂合子个体发生乳腺癌的相对危险度和携带突变等位基因纯合子个体的相同或接近,但与携带野生等位基因纯合子的个体有明显差异,则认为该位点是以显性效应遗传;若杂合子个体发生乳腺癌的相对危险度和携带野生等位基因纯合子个体的相同或接近,但与携带突变等位基因纯合子个体有明显差异,则认为该位点是以隐性效应遗传。对于数量性状的表型亦是如此,就是统计方法有所差异。对于质量性状的遗传分析采用Logistic 回归分析,对于数量性状则采用单因素方差分析或独立样本 t 检验。

3 种遗传模型的概念是从孟德尔遗传引申过来的,由于某种多基因疾病如肿瘤等,并不符合孟德尔遗传定律,所以在未知所研究位点符合哪种遗传模型的情况下,需要同时计算 3 种模型。此外,还可以对一些可测量的混杂因素(如性别、年龄等)进行校正,以消除由于人群选择所带来的偏倚。例如,Qi 等研究肾素-血管紧张素-醛固酮系统的10 个 SNP 与高原肺水肿的易感相关性,在单个位点的分析中计算所有的遗传模型,同时考虑到入选人群的个体化差异,还对 3 种模型进行了混杂因素校正[23]。

3) 基因频率分布在两组间的比较

依据哈迪-温伯格定律可以推算出等位基因的频率分布,进而采用卡方或 Fisher 检验比较基因型和等位基因频率在病例组和对照组间是否存在差异。同时,计算出每个位点的 MAF。目前对像肿瘤这样的复杂多基因疾病,有两种假说:常见突变-常见疾病(common variant and common disease)和罕见突变-常见疾病(rare variant and common disease),目前大多数的基因研究包括 GWAS 均是以常见突变-常见疾病为前提假设[24]。因此,MAF 低于 5% 的 SNP 被认为是低频位点,在后续的多位点研究中不予考虑。上述观点目前受到很多的质疑和挑战,但限于篇幅不再赘述。

4) 基因型—表型—疾病之间的关系

孟德尔随机化(Mendelian randomization)是以孟德尔独立分配定律为基础进行流行病学研究设计和数据分析,论证病因假说的一种方法。具体来说,孟德尔随机化方法可以进行科学合理的病因推断,以控制混杂因素和反向因果关系对结论的影响[25]。其基本原理是:基因型决定中间表型差异,并在发病机制中起作用,该中间表型可直接作为待研究的环境暴露因素,或间接代表某暴露因素,即通过模拟环境暴露因素与疾病的关联阐释基因型与疾病的关联。

孟德尔随机化必须满足 3 个前提假设[26]：①基因和表型之间有很强的关联性，例如对于某个 SNP 的 3 个基因型下表型差异明显；②表型和疾病之间有很强的关联性，即表型在统计上可以作为疾病的生物标记；③基因不能与疾病有直接的关联性。在满足这 3 个前提假设的条件下，若基因和疾病之间存在统计上的强相关性，可以得出表型的异常是疾病的直接病因。例如，Kamstrup 等利用孟德尔随机化原理发现，遗传性增高的脂蛋白水平是诱发心肌梗死的主要危险因素[27]。

6.4.2.2 单体型分析

1）单体型的概念和应用

单体型在遗传学上是指在同一染色体上（可是一个染色体或多个染色体）共同遗传的多个基因座上等位基因的组合。换句话说，单体型是指一个或多个染色单体上具有统计学关联的一类 SNP。确认一个单体型内的这类统计学关联性和等位基因，被认为是可以明确地识别所有其他多态区域的一种手段。

构建单体型的遗传单位是标签单核苷酸多态性（tag SNP），它们是人类基因组中具有代表性和特征性的 SNP。少量的 tag SNP 就可使大部分单体型或单体域（haplotype block）相互区分开来。HapMap 计划（http://hapmap.ncbi.nlm.nih.gov/）第 1 阶段的目标就是运用单体型分析的方法鉴定出约 50 万个 tag SNP 以代表整个人类基因组图谱中的 SNP 集合，在分子水平上使单体型或单体域的构建简约化，从而达到降低研究成本，提高研究效率的目的[28]。

2）全基因组单体型关联研究

传统的 GWAS 仅在全基因组范围内针对单个位点进行分析，而全基因组单体型关联研究（genome-wide haplotype association study，GWHAS）是 GWAS 在概念和应用上的拓展，它将单体型的概念引入全基因组分析，重视位点之间的组合效应。复杂多基因疾病的发生涉及多个基因多个位点，而这些位点的效应并不是简单的加和，单体型的应用势必增加位点间的组合作用。目前，采用 GWHAS 的文章并不多。2009 年在 *Nature Genetics* 杂志上发表了一篇利用 GWHAS 预测冠心病发生的文章[29]，研究者发现 *SLC22A3-LPAL2-LPA* 基因组合是冠心病的易感基因簇（gene cluster），为今后的 GWAS 提供了新的思路。由此推测，全基因组交互效应关联研究（genome-wide synergistic association study）也将是 GWHAS 的进一步发展。

3）单体型构建

单体型的构建既可以从分子水平也可以从统计学算法进行。分子水平的单体型分型方法不仅工作量繁重、通量低,而且耗资巨大。然而,采用统计学原理推算和构建单体型是非常有效和经济的方法[28]。在构建单体型前,首先要检测各 SNP 之间的连锁不平衡(linkage disequilibrium)系数(D')。对于完全连锁($D' \geqslant 0.9$)的 SNP 或者区域可以选择一些有代表性的 SNP 或者是 tag SNP 进行分析。

目前常用的单体型构建方法包括 4 类:①基于群体的单体型推算方法,如 Clark's 算法,最大期望值算法(expectation-maximization,EM),基于合并的 PGS(pseudo-gibbs sampler)、PPH(perfect/imperfect phylogeny haplotyping)算法,完全在 Bayesian(haplotyper)或 EM 模式下运行的分割-整合(partition-ligation,PL)算法;②基于家系的单体型推算方法;③通过处理基因型得分不确定性推算单体型的算法;④利用 DNA 样本池推算单体型的算法等[28]。

在基于群体的算法中,EM 算法是最常见的,大多数生物学分析软件如 EH/EHPLUS 等都是基于该算法。EM 算法的基本原理是:先假设某一群体达到哈迪-温伯格平衡,然后估计该群体的单体型频率,经过复杂迭代,以获得其最大可能性的对数值。基于 EM 的单体型估算方法已被成功地应用于传递不平衡检验,并在较大范围的参数设置中显示其较高的准确性[30]。EM 算法也可用于基于家系的单体型构建和评估,其具体方法是:先对每一家系进行零重组的单体型构建,然后以构建的单体型为基础,应用 EM 算法估算单体型频率。另外,EM 算法也可用于同胞群数据的分析,该算法摒弃了通常依赖的 tag SNP 之间连锁不平衡的假设,并且运算的效率不受同胞群增加的影响。EM 算法的优势包括:具有坚实的理论基础;对偏离哈迪-温伯格的基因分型结果不敏感,特别是在纯合子过多的情况下。EM 也有其缺点,如对初始的 H(总体的单体型频率)值比较敏感;如果存在局部最大值,重复迭代会产生局部的最大估计值(maximum likelihood estimates,MLE),如果单体型种类较多,这种情况会更严重;不能处理大量位点等。为了避免局部最大值的集中,Tregouet 等[31]提出了随机 EM 的算法,以用来处理非时相性基因型(unphased genotypes)[28]。

利用 DNA 样本池推算单体型,能够大大降低基因分型的费用,提高研究的效率。虽然建立病例、对照两个大的群体的 DNA 池是比较经济的,但造成等位基因频率和单体型频率估算错误的概率也会增大,因此,基于小规模的 DNA 样本池推算单体型的算法优于大规模样本池的算法。Yang 等[30]改进了 EM 算法,以用来处理 DNA 样本池数据的丢失。Ito 等[32]提出了名为 LD-pooled 的 EM 算法,可以同步处理 DNA 样本池的数据。该算法的缺点是不能处理有数据丢失的样本。基于 DNA 样本池的算法忽略了个体水平的基因分型错误,而这种错误对单体型频率估算准确性的影响尚有待进一步研究。

4) 单体型与表型

单体型和表型之间的关系是基因型和表型关系在概念上的延伸,也是遗传学研究的重要内容,它可以使人们从基因水平去揭示各种生命现象背后的分子机制,特别是针对像肿瘤这样的复杂疾病。

基因型和表型的关系可以从 3 种遗传模式的分析入手,同样,单体型与表型的关系也有加性、显性和隐性 3 种模型。但是考虑到单体型是多个位点推算的结果,其模型的结果并不像单个位点那么明显。一些软件在默认设置均是假设单体型符合加性模型,这主要是考虑到构成单体型的多个位点的累加效应。

此外,孟德尔随机化的概念还可以拓展到单体型—表型—疾病之间的相互关系,分析思路与基因型—表型—疾病的关系相同。

6.4.2.3 交互效应分析

基因关联研究的交互效应分析分为 2 个部分:基因-基因和基因-环境的交互效应分析。

一般说来,复杂疾病的发生与发展并不能完全由遗传变异来解释,而应该理解为遗传变异和环境因素共同作用的结果,即某个基因与疾病之间可能只存在弱关联,并不存在主效应基因,这种弱效应更易受到环境因素的干扰。因此,如果忽略了基因与环境之间的交互作用,就无法真实、准确地描述遗传变异的效应,也就出现了对同一疾病遗传易感位点的研究,不同的研究者之间却产生相互矛盾结果的现象[11]。目前,人们逐渐认识到研究基因-基因、基因-环境交互作用对研究复杂疾病的遗传效应和发病机制至关重要,其重要性可归纳为如下几个方面[33]:①可增强统计遗传学检测方法的检验功效;②能更准确地估计影响复杂疾病的群体遗传效应和环境效应;③能更好地揭示复杂疾病的机制,并解释环境因素如何影响生物通路的功能;④通过揭示环境因素的改变如何影响生物通路的反应,可为疾病的预防和治疗提供全新的策略[11]。

1) 结构方程模型

基因-基因和基因-环境之间的交互效应分析实际为利用结构方程模型(structural

equation modeling，SEM)分析多个指标变量之间错综复杂关系结构的多元统计分析方法。SEM 是路径分析(path analysis)的延伸,路径分析可以确定变量之间的直接影响,但不能确定它们之间的相互因果关系。相比之下,SEM 分析不仅能够确定多个变量之间相互错综复杂的因果关系,包括直接关系和间接关系,还能允许潜在变量存在,并允许可测变量的度量误差存在。SEM 的组成包括:①因子组成部分,显示观察变量与潜在因子的关联关系;②因子结构部分,显示潜在因子之间相互影响的结构关系,包括直接的影响关系和间接的影响关系。鉴于 SEM 涉及较复杂的数学知识,所以这里不做过多的介绍。学习和掌握 SEM 的使用方法仅要求掌握计算机软件应用技能就可以了。

2) 多元简约法

另一种应用比较广泛的基因关联研究的交互效应分析方法是多元简约法(multifactor dimensionality reduction，MDR，http://www.epistasis.org),该方法是由美国达特茅斯学院的 Jason H. Moore 教授领导的团队开发的[34]。MDR 以疾病易感性类型(如高危、低危)的方式建模,它是一种非参数、无须遗传模式假定的分析方法,适用于病例-对照的研究设计(见图 6-5)。其分析原理和步骤如下[35]:第 1 步,将数据随

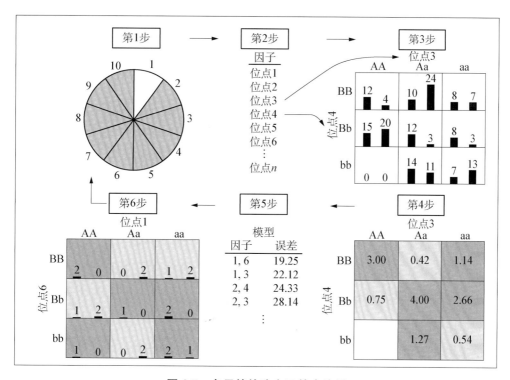

图 6-5　多元简约法交互效应分析

机平均分为 10 等份,其中 9 份为训练样本,1 份为检验样本;第 2 步,从众多研究因素中选择 n 个因子,它们可以是 SNP 或其他分类明确的环境因子等;第 3 步,根据 n 个因子中每个因子的观察值水平,将个体划分为不同的类,用图 6-5 中的单元格表示,单元格中左侧直方图表示病例,右侧直方图则代表对照;第 4 步,依据每个多因子中的单元格,计算病例数和对照数的比值,若两者之比达到或超过某个阈值,则标为高危,反之亦然;第 5 步,在所有两因子组合中,选择错分最小的那个 MDR 模型,该模型将具有最小的预测误差;第 6 步,通过十重(10×10)交叉验证评估模型的预测误差,以及单元格分配时的相对误差[36]。

通过 10×10 交叉验证,在一定程度上可以避免因数据转换使 Ⅰ 类错误增大而产生假阳性结果的偶然性。MDR 的优势在于其不需要考虑疾病的遗传模型,并利用计算机运算速度快的优势,对多个基因进行随机组合,找出存在交互作用的基因位点。其缺点是,当主效基因存在时,用 MDR 方法很难得到最终模型,且同样受遗传异质性的影响;它仅是一种数据挖掘方法,而不是严格意义上的统计方法,还无法判断它的 Ⅰ 类错误和检验功效[36]。此外,ORMDR 程序(R 软件中的嵌入软件包)还可以给出交互组合位点的相对危险度和 95% 可信区间,这可以弥补 MDR 数量化计算方面的不足。

6.4.3　GWAS 多重假设检验调整

多重假设检验导致的 Ⅰ 类错误扩大和假阳性关联是 GWAS 面临的重要问题之一。所选取的代表基因组的 SNP 的数量决定多重假设检验的次数。通常用来校正关联研究中多重假设检验后的 P 值以减少假阳性结果的方法包括 3 种,即 Bonferroni 校正法、模拟运算(permutation)法和错误检出率(false discovery rate)法。

1) Bonferroni 校正法

Bonferroni 校正法是将单个假设检验得到的每个位点的 P 值乘以本研究中同时进行假设检验的次数。如果校正后的 P 值仍然小于 0.05,则判断该位点与疾病之间可能存在显著性关联。该方法被认为是多重比较 P 值调整方法中最为保守的一种,但也存在校正过度即增加假阴性概率的可能。

2) 模拟运算法

模拟运算法即对未校正的 P 值排序,然后依据基因之间结构上的关系,通过反复抽样模拟运算,分析 P 值的分布,对所有的 P 值同时进行校正[37]。

3) 错误检出率法

该方法是对未校正的 P 值从小到大进行排序,最大的 P 值保持不变,其他的 P 值依次乘以系数(位点总数/该 P 值的位次)。例如,总共 20 个位点,对于倒数第二位的 P 值所乘系数为 20/19,以此类推。如果校正后的 $P<0.05$,则认为该位点与疾病的关联可能有显著性[37]。相对前面 2 种校正方法而言,因该方法允许更多的假阳性存在,所以是最为宽松的一种方法。

6.4.4 样本量的估计

临床试验中样本量的估计是一个重要且不能回避的问题。一方面,如果纳入太多的对象进行研究,不仅会带来管理和经费方面的问题,还会引发伦理学问题。如果从一个小样本研究中就可以得出结论,却将比实际需要还要多的对象纳入研究中,就会给接受劣等治疗的人群造成不必要的风险。另一方面,若调查的样本量太少,就得不出应该有的统计学差异。

实验设计阶段确定样本量和检验效能非常重要,应在设计阶段早期进行样本量估计,高估样本量会影响实验的可行性,而低估样本量会导致检验效能下降。当得到阴性结论时($P>0.05$),人们关心的是检验效能的大小,即阴性结果是由于检验效能过低还是由于比较的两组间差别确实没有统计学意义。如果此时检验效能较高($>75\%$),阴性结果可解释为后者;反之,如果检验效能低于 75%,需适当增加样本量后再进行分析[38]。下面简单介绍两个均数和两个率比较所需满足的条件。

1) 两个均数的比较

两个均数比较时,用统计学的方法估计样本量取决于以下 4 个条件:①假设检验的第 I 类错误概率 α,即检验水平,一般取 0.05;②假设检验的第 II 类错误概率 β 或检验效能 $1-\beta$,检验效能应不低于 75%;③两总体均数或均数之差;④两总体标准差,可通过预实验、查文献获得或者由专业知识判断。

2) 两个率的比较

两个率比较时,用统计学方法估计样本量取决于以下 3 个条件,它们是样本量估计公式推导的理论依据:①假设检验的第 I 类错误概率 α,即检验水平,一般要求为 0.05~0.2;②假设检验的第 II 类错误概率 β 或检验效能 $1-\beta$,检验效能应不低于 75%;③两总体率。

3）分析软件

关于样本量和检验效能的计算可参考 STATA、Epicalc［R］、QUANTO、PASS、PS 等分析软件。

6.4.5　荟萃分析

1）荟萃分析的定义和意义

荟萃分析（meta-analysis）就是对以往研究结果进行系统定量的综合的统计学方法[39]。近年来，随着循证医学（evidence-based medicine，EBM）的兴起和发展，越来越多的临床流行病学家和统计学家不再将荟萃分析简单地局限为一种统计学方法，而是将其扩展为汇总多个同类研究结果，并对研究效应进行定量合并的分析研究过程。同时，荟萃分析是继 GWAS 之后的主要研究方向之一。

2）荟萃分析的目的

主要有以下几个方面：①增加统计学检验效能；②定量估计研究效应的平均水平；③评价研究结果的不一致性；④通过亚组分析，得出一些新的结论；⑤寻找新的假说和研究思路[11]。

3）荟萃分析的基本步骤

①提出问题，制订研究计划。②检索相关文献（如 PubMed、EMBASE、Web of Science、CBMdisc 等）。③选择符合要求的纳入文献：研究对象、研究设计类型；暴露或干预措施、研究结局、研究开展的时间或文献发表的年份和语言、样本大小及随访年限、多种发表的处理及提供信息的完整性。④提取纳入文献的数据信息。⑤纳入研究的质量评估。⑥资料的统计学处理。⑦敏感性分析。⑧结论的分析和讨论。

4）荟萃分析常用的统计方法

根据资料的类型不同分为：离散型变量资料的荟萃分析和连续型变量资料的荟萃分析。

对于离散型变量资料的分析方法包括固定效应模型（Mantel-Haenszel 法、Peto 法、Fleiss 法、广义的基于方差法）和随机效应模型［DeSimonian-Laird（L-D）法］。同样，对于连续型变量资料的荟萃分析方法同样包括固定效应模型和随机效应模型。

6.4.6　GWAS 的缺点和解决办法

GWAS 的迅速发展引发了一些新问题。最近，O'Donnell 等[40]予以指出。①对多

SNP 检测的关联研究容易得出假阳性结果,因此 GWAS 的关联性 P 值必须符合严格的、基因组水平上的统计学标准。另外,GWAS 的关联性结果需要验证性研究(replication study)的证实。②GWAS 中大多数 SNP 的关联度较弱(OR 值为 $1.2 \sim 1.4$),需要大样本量的研究进一步发现真正的相关位点。③GWAS 发现的许多位点往往在非蛋白编码区或其附近,不在既往认为与疾病相关的基因附近,因此致使较难解释其生物学功能。④GWAS 发现的 SNP 位点并不一定就是致病遗传变异,可能是一个邻近变异的标记,或者说 GWAS 的要义是利用以 SNP 为代表的遗传标记对易感或致病基因在染色体上的区域进行定位或精确定位(fine-mapping),然后通过对该定位区域的重测序(resequencing)鉴定易感或致病基因。如果在 GWAS 阶段,通过已有的遗传标记即鉴定到易感或致病基因,那么这仅是一种巧合或者说是一种幸运,其取决于遗传标记所在的位置及其测序区域的大小。⑤GWAS 发现的某些位点若与几种不同的疾病发生关联,则提示该基因可能存在多效性。⑥对于 GWAS 发现的 SNP 或基因,目前仍少有令人信服的证据阐明其生物学功能或不良作用。

由此可见,GWAS 策略尚有较多问题有待解决,尤其是如何排除假阳性,以得到真正的阳性关联结果。目前,一般将 GWAS 的显著性标准定在 $P < 10^{-8}$。除了严格的统计学标准外,更为重要的是:一个真正的关联证据必须可在其他独立的、样本量足够大的样本中得到重复验证。如果这一证据能在不同种族的样本中得到重复验证,那么这一阳性关联的可信性会更强。基因型-表型间的关联性确立也需要多次验证。近年,关于 GWAS 的研究又有一些新的思考,如有人提出了丢失遗传性(missing heritability)的概念[41,42],认为导致丢失遗传性的原因如下:大量的、较小作用的变异体(variant)或基因的存在仅能解释其作用的 $5\% \sim 10\%$;罕见的变异体(可能有较大作用)和结构变异较难检测;检测基因-基因相互作用的效力较低;较难解释变异体(基因)与环境之间的相互作用等。上述较难处理的问题,称为 GWAS 中的暗物质(dark matter),意指这些问题是客观存在的,可以检测到它的影响,但却看不到它。另外,如何将目前的疾病关联(disease-association)引向功能关联(function-association)也是 GWAS 面临的另一个挑战。

对于 GWAS 发现的基因变异,需要通过多个独立的关联研究予以验证。高质量的关联研究一方面可通过采取加大样本数量、提高样本质量、进行多重检验等常用的流行病学策略实现。另外一些策略也可以弥补在 GWAS 中的丢失遗传性,如可以采用以通路(pathway)或网络(network)为基础的关联分析[43]，防止由于单一的遗传标记(如 SNP 等)而导致的丢失遗传性。以通路为基础的 GWAS 可以提供更多的基因-基因相互作用的信息，此种策略依赖于采用合适的算法，以阐释该通路的拓扑结构，但目前基于通路或网络的算法开发也面临很大的挑战。全基因组测序有可能在策略上解决丢失遗传性的问题。

6.4.7　GWAS 的研究进展

自 2005 年以来，GWAS 作为一种常见复杂疾病致病或易感基因定位策略在十多年的时间里有了很大的发展。截至 2016 年 1 月，已发表的此类研究达 1 837 个，涉及疾病的研究 1 355 个，其中研究报道较多的疾病包括肿瘤、营养和代谢性疾病、神经系统疾病、免疫系统疾病、心血管疾病、消化系统疾病和呼吸系统疾病等。以下简要介绍一些复杂疾病的 GWAS 研究进展。

1) 基于 GWAS 的代谢性疾病研究进展

2 型糖尿病(type 2 diebetes，T2D)是一种复杂疾病，在我国 18 岁及以上成年人中该病的发病率已达 11.6%。目前，大多数 T2D 的 GWAS 研究来自欧洲血统的人群，主要是因为该地区研究的基础条件较好、样本可利用度高以及基因分型芯片的开发都是基于该种族等。然而，欧洲血统的人群也只代表人类遗传变异的一个子集，因此，并不足以充分描述 T2D 变异在其他种族的风险。

为了进一步理解 T2D 易感性的遗传学基础，在一项研究中[44]，糖尿病研究协作组整合了来自欧洲、东亚、南亚、墨西哥和墨西哥裔美国人，基于 GWAS 发表的 26 488 例病例和 26 488 例对照人群，对其进行了荟萃分析。在欧洲祖先群体中，他们观察到与 T2D 风险方向一致性呈现显著性的等位基因信号，但即使在 SNP 水平，也只有弱关联的证据。随后，通过对欧洲祖先血统的 21 491 个病例和 55 647 个对照跨族群的荟萃分析，发现与 T2D 强关联的信号，研究人员鉴定了 7 个与 T2D 易感关联的位点，这 7 个位点分别是 *TMEM154*(rs6813195)、*SSR1-RREB1*(rs9505118)、*FAF1*(rs17106184)、*POU5F1-TCF19*(rs3130501)、*LPP*(rs6808574)、*ARL15*(rs702634)、*MPHOSPH9*(rs4275659)。此外，他们在 T2D 的另外几个易感位点，对常见变异体关联信号的精细定位有了相当大的改进。这些结果表明，跨族群的 GWAS 荟萃分析对于发现和描述复杂性状具有突出的优点，强调跨族群的研究对于深刻理解人类疾病的遗传学基础和发病机制具有重要的科学意义。

血清代谢物浓度提供了人体中生物化学过程的直接结果，这些数据通常是与疾病关联的中介表型，如心血管疾病和代谢性疾病等。一项对 KORA 群体的 1 809 个参与者的 GWAS[45]测定了参与者血液中 163 种代谢物的特性，并在一个 422 人的英国双胞胎队列中进行验证。其中，9 个位点中的 8 个（FADS1、ELOVL2、ACADS、ACADM、ACADL、SPTLC3、ETFDH 和 SLC16A9）被验证，这些遗传变异位于或靠近编码酶的基因或者可溶性载体的编码基因区域，基因功能与其代谢特征相一致。在该项研究中，使用代谢物浓度比率作为酶促反应速率的近似值可减小方差，产生了强大的统计关联效果，使 P 值从 3×10^{-24} 降至 6.5×10^{-179}，这些位点可解释观察到的代谢物浓度从 5.6% 到 36.3% 的差异。

一项对来自欧洲血统 T2D 的病例-对照研究（27 206 例与 57 574 例）[46]，在 39 个目标基因区域鉴定出 49 个不同的关联信号，其中 5 个位于或接近 KCNQ1 基因。"可信集"（credible sets）变异体最有可能驱动每个不同的定位信号指向非编码序列，这意味着基因调控序列介导了与 T2D 的关联。"可信集"变异体与 FOXA2 的染色质共沉淀结合位点重叠，并且在胰岛和肝细胞中被富集，包括在 MTNR1B 的 rs10830963，提示该位点与驱动 T2D 关联。他们证明这个 T2D 的风险等位基因能够增强胰岛和肝细胞起源的 FOXA2 结合其增强子的活性。他们观察到在胰岛起源的细胞中，NEUROD1 结合等位基因特异的差异，与 T2D 风险等位基因增加胰岛 MTNR1B 表达的证据相一致。这项研究阐释了基于关联信号对疾病影响的遗传和基因组信息的整合可以定义疾病的分子机制。

在一项对南亚血统 T2D 的 GWAS 中[47]，病例、对照数分别是 5 561 例和 14 458 例，样本来自伦敦、巴基斯坦和新加坡。他们鉴定了 20 个独立的 SNP（$P < 10^{-4}$），并且在另外的 13 170 个病例和 25 398 个对照样本（所有样本均为南亚血统）中得到验证。通过组合分析，他们鉴定了 6 个与 T2D 关联的新位点，分别是 GRB14、ST6GAL1、VPS26A、HMG20A、AP3S2 和 HNF4A（$P = 1.9 \times 10^{-11} \sim 4.1 \times 10^{-8}$）。其中位于 GRB14 的 SNP 与胰岛素敏感性关联（$P = 5.0 \times 10^{-4}$），位于 ST6GAL1 和 HNF4A 的 SNP 与胰岛 β 细胞的功能相关联（分别是 $P = 0.02$ 和 $P = 0.001$）。该项研究显示在南亚群体中一些遗传关联研究的新发现，将有助于加深对 T2D 发病机制的理解。

肥胖是一个现代社会越来越普遍的、主要的健康问题。肥胖症（obesity）是一类由多种因素引起的慢性代谢性疾病,以体内脂肪细胞的体积和细胞数增加致使体内脂肪占体重的百分比异常增高并在某些局部过多沉积为特点。现在认为肥胖症是由遗传因素与环境因素(包括社会因素、心理因素和运动因素等)共同导致。O'Rahilly S 和 Farooqi S 是英国剑桥大学的遗传学家,他们致力于研究肥胖的遗传学基础已有 15 年的时间,在 1997 年取得了他们研究的第一个突破。有一对来自巴基斯坦的严重肥胖的表兄妹,女孩 8 岁,体重 86 kg,身材高大得像个男人;男孩 2 岁,体重 29 kg。他们对这对表兄妹进行了血液检测,发现这两个儿童都存在一种调节食欲的激素——瘦素(leptin)的缺乏。科学家发现,这对表兄妹存在负责瘦素合成的基因突变,该基因被称为 ob,后来这个基因在小鼠中被鉴定出来。这对表兄妹提供了"我们的基因可以使我们发胖"的第 1 个确切证据,从此,肥胖的遗传学研究方兴未艾[48]。

在一项已经完成的来自北美、澳大利亚和欧洲的 14 个研究组关于欧洲血统的荟萃分析中,病例、对照组分别有 5 530 例和 8 318 例[49]。在 9 个独立的数据集中(病例-对照是 2 818 例与 4 083 例),发现 8 个 $P < 5 \times 10^{-6}$ 的新关联信号,有两个位点组合产生的有显著意义的关联信号靠近染色体 13q14 的 OLFM4 基因(rs9568856, $P = 1.82 \times 10^{-9}$, OR = 1.22)和 17q21 的 HOXB5 基因,这两个位点显示与极度肥胖儿童群体的关联(病例-对照是 2 214 例与 2 764 例)。这两个位点也显示了与先前的成人体重指数(BMI)荟萃分析方向一致性的关联。

肥胖是全球普遍和高度遗传的,但其潜在的遗传因素在很大程度上仍难以捉摸。为了鉴定肥胖的易感基因位点,研究者在 123 865 个个体中分析了 BMI 与 280 万个 SNP 之间的关联,对其中 42 个 SNP 在另外的 125 931 个个体中进行验证,证实了 14 个已知的肥胖症的易感位点,鉴定出 18 个新的与 BMI 关联的位点($P < 5 \times 10^{-8}$),其中一个 CNV 位点靠近 GPRC5B,一些位点定位在调节能量平衡的基因附近,比如 MC4R、POMC、SH2B1 和 BDNF,一个靠近肠降糖素受体基因 GIPR。此外,其他相关的新基因位点为人体体重调节提供了新见解[50]。

为了更好地理解肥胖的遗传学基础,在一个包含 339 224 个研究对象的 BMI 的 GWAS 研究中,鉴定出 97 个 BMI 关联的位点($P < 5 \times 10^{-8}$),其中 56 个为新鉴定的位点,5 个位点显示了清晰的独立关联信号证据,其他位点则显示了对代谢表型的显著影响。其中这 97 个位点可解释 BMI 变化的约 2.7%,全基因组估计可解释 BMI 变化的 20% 以上。通路分析的结果为中枢神经系统在肥胖易感性中的作用提供了强有力的支

持，提示存在新基因和通路，包括其与突触功能、谷氨酸信号、胰岛素分泌、能量代谢、脂质生物学和脂肪生成等的复杂关系（见表 6-3）[51]。

表 6-3　基于欧洲人 GWAS 数据荟萃分析鉴定与 BMI 关联的新 SNP 位点

SNP 编号	所在染色体物理位置	值得关注的基因	等位基因	P 值
rs657452	1：49 362 434	$AGBL4$（N）	A/G	5.48×10^{-13}
rs12286929	11：114 527 614	$CADM1$（N）	G/A	1.31×10^{-12}
rs7903146	10：114 748 339	$TCF7L2$（B，N）	C/T	1.11×10^{-11}
rs10132280	14：24 998 019	$STXBP6$（N）	C/A	1.14×10^{-11}
rs17094222	10：102 385 430	$HIF1AN$（N）	C/T	5.94×10^{-11}
rs7599312	2：213 121 476	$ERBB4$（D，N）	G/A	1.17×10^{-10}
rs2365389	3：61 211 502	$FHIT$（N）	C/T	1.63×10^{-10}
rs2820292	1：200 050 910	$NAV1$（N）	C/A	1.83×10^{-10}
rs12885454	14：28 806 589	$PRKD1$（N）	C/A	1.94×10^{-10}
rs16851483	3：142 758 126	$RASA2$（N）	T/G	3.55×10^{-10}
rs1167827	7：75 001 105	$HIP1$（B，N）；$PMS2L3$（B，Q）；$PMS2P5$（Q）；$WBSCR16$（Q）	G/A	6.33×10^{-10}
rs758747	16：3 567 359	$NLRC3$（N）	T/C	7.47×10^{-10}
rs1928295	9：119 418 304	$TLR4$（B，N）	T/C	7.91×10^{-10}
rs9925964	16：31 037 396	$KAT8$（N）；$ZNF646$（M，Q）；$VKORC1$（Q）；$ZNF668$（Q）；$STX1B$（D）；$FBXL19$（D）	A/G	8.11×10^{-10}
rs11126666	2：26 782 315	$KCNK3$（D，N）	A/G	1.33×10^{-9}
rs2650492	16：28 240 912	$SBK1$（D，N）；$APOBR$（B）	A/G	1.92×10^{-9}
rs6804842	3：25 081 441	$RARB$（B）	G/A	2.48×10^{-9}
rs4740619	9：15 624 326	$C9orf93$（C，M，N）	T/C	4.56×10^{-9}
rs13191362	6：162 953 340	$PARK2$（B，D，N）	A/G	7.34×10^{-9}
rs3736485	15：49 535 902	$SCG3$（B，D）；$DMXL2$（M，N）	A/G	7.41×10^{-9}
rs17001654	4：77 348 592	$NUP54$（M）；$SCARB2$（Q，N）	G/C	7.76×10^{-9}
rs11191560	10：104 859 028	$NT5C2$（N）；$CYP17A1$（B）；$SFXN2$（Q）	C/T	8.45×10^{-9}
rs1528435	2：181 259 207	$UBE2E3$（N）	T/C	1.20×10^{-8}
rs1000940	17：5 223 976	$RABEP1$（N）	G/A	1.28×10^{-8}

（续表）

SNP 编号	所在染色体物理位置	值得关注的基因	等位基因	P 值
rs2033529	6：40 456 631	*TDRG1*（N）；*LRFN2*（D）	G/A	1.39×10^{-8}
rs11583200	1：50 332 407	*ELAVL4*（B，D，N，Q）	C/T	1.48×10^{-8}
rs9400239	6：109 084 356	*FOXO3*（B，N）；*HSS00296402*（Q）	C/T	1.61×10^{-8}
rs10733682	9：128 500 735	*LMX1B*（B，N）	A/G	1.83×10^{-8}
rs11688816	2：62 906 552	*EHBP1*（B，N）	G/A	1.89×10^{-8}
rs11057405	12：121 347 850	*CLIP1*（N）	G/A	2.02×10^{-8}
rs11727676	4：145 878 514	*HHIP*（B，N）	T/C	2.55×10^{-8}
rs3849570	3：81 874 802	*GBE1*（B，M，N）	A/C	2.60×10^{-8}
rs6477694	9：110 972 163	*EPB41L4B*（N）；*C9orf4*（D）	C/T	2.67×10^{-8}
rs7899106	10：87 400 884	*GRID1*（B，N）	G/A	2.96×10^{-8}
rs2176598	11：43 820 854	*HSD17B12*（B，M，N）	T/C	2.97×10^{-8}
rs2245368	7：76 446 079	*PMS2L11*（N）	C/T	3.19×10^{-8}
rs17724992	19：18 315 825	*GDF15*（B）；*PGPEP1*（Q，N）	A/G	3.42×10^{-8}
rs7243357	18：55 034 299	*GRP*（B，G，N）	T/G	3.86×10^{-8}
rs2033732	8：85 242 264	*RALYL*（D，N）	C/T	4.89×10^{-8}

注：B，代表生物学意义上与肥胖相关的值得关注的基因；C，拷贝数目变异；D，DEPICT 分析；G，GRAIL 结果；M，BMI 关联变异体与指示基因错义突变体存在强的连锁不平衡；N，离标签 SNP 最近的基因；Q，关联和 eQTL 数据收敛影响基因表达；eQTL，expression quantitative trait locus，表达数量性状位点

GWAS 已经重复了 *FTO* 基因内含子变异与罹患肥胖症和 T2D 风险的关联。尽管这些非编码变异与肥胖关联的分子机制不是十分明显，但后续研究在老鼠身上证实 *FTO* 表达水平影响体重和表型组成。然而，肥胖症关联的变异与 *FTO* 表达或者其功能之间一直没有建立起直接的联系。在该项研究中，*FTO* 基因内肥胖关联的非编码序列与同源基因 *IRX3* 建立起长距离的功能关系。在人、鼠和斑马鱼基因组中，肥胖关联的 *FTO* 基因区域与 *IRX3* 启动子区相互作用。此外，*FTO* 区域内的远距离增强子也影响 *IRX3* 的表达，表明肥胖相关的基因间隔属于 *IRX3* 的调节序列。与此相一致的是，在人类大脑中，肥胖相关单核苷酸多态性（但不是 *FTO*）与 *IRX3* 表达相关联。在 *Irx3* 缺陷鼠，通过减少 25%～30% 的体重，证明 *Irx3* 表达与体重构成调节之间存在直接联系，主要通过脂肪减少、增加基础代谢率和褐色脂肪组织变白色来实现。最后，下

丘脑 *Irx3* 占优势的负调节表达重现了 *Irx3* 缺陷鼠的代谢表型。这些数据结果表明，*IRX3* 是 *FTO* 肥胖相关变异体的一个功能上的远距离作用靶点，代表体重构成的一个新的决定因素[52]。

2) 基于 GWAS 的神经退行性疾病研究进展

帕金森病(Parkinson disease，PD)是世界范围内最常见的神经退行性疾病之一，65 岁及以上受累个体约为 1%～2%。PD 的临床特征主要是黑质多巴胺能神经元的损失。多种临床治疗虽可改善 PD 的症状，但不能阻止疾病的进展。确定 PD 的遗传风险因素将有助于阐明疾病的发病机制。目前，连锁研究已经成功地定位了符合孟德尔遗传模式的 PD 致病基因，如符合常染色体显性遗传模式的基因 *SNCA* 和 *LRRK2*，以及符合常染色体隐性遗传模式的 *PARK2*、*PINK1*、*PARK7* 和 *ATP13A2*。然而，符合孟德尔遗传模式的 PD 较为罕见，作为复杂疾病的 PD，往往是由多个基因和环境因素共同作用引起的。关联研究已经评估了多个 PD 的候选基因，但只有少数被确认为 GWAS 意义上的 PD 易感基因，如常见变异 *SNCA* 和罕见的 *GBA* 突变。

为了鉴定 PD 的易感基因，一个日本的研究组完成了对日本群体 2 011 个病例和 18 381 个对照的 GWAS 和两个复制(验证)的研究[53]。他们在染色体 1q32 鉴定了一个新的易感位点($P = 1.52 \times 10^{-12}$)，指向基因 *PARK16*，染色体 4q15 是第二个新的风险位点($P = 3.941 0^{-9}$)，在该位点鉴定出了 *BST1*。另外，还在染色体 4q22 ($P = 7.35 \times 10^{-15}$) 与 *SCNA* 基因和染色体 12q12($P = 2.72 \times 10^{-8}$)与 *LRRK2* 基因检测到强的关联信号，以上两个位点均呈现常染色体显性遗传模式。通过与欧洲血统 GWAS 的结果相比较，提示 *PARK16*、*SCNA* 和 *LRRK2* 是 PD 的共同风险位点，而 *BST1* 和 *MAPT* 则是群体差异位点。

在另一项研究中[54]，完成了基于 1 713 个病例和 3 978 个对照的 GWAS 研究。其后，在 3 361 个病例和 4 573 个对照中完成了验证研究，研究组观察到两个强的关联信号，一个在编码基因 *SNCA*(rs2736990，$OR = 1.23$，$P = 2.24 \times 10^{-16}$)，另一个在 *MAPT* 位点(rs393152，$OR = 0.77$，$P = 1.95 \times 10^{-16}$)。他们与日本同事交换数据，完成了日本 PD 群体的 GWAS，并且在日本 PD 群体中复制了与 *SNCA* 的关联，证明在不同的群体中这是一个主要的风险位点。他们复制了在日本 PD 群体中检测到的一个新位点 *PARK16*(rs823128，$OR = 0.66$，$P = 7.29 \times 10^{-8}$)的影响，提供了靠近 *LRRK2* 基因的常见变异调节 PD 风险的证据（rs1491923，$OR=1.14$，$P=1.55\times10^{-5}$）。这些数据表明，在典型的 PD 病因学中，常见变异作用明确，提示在 PD 中存在具有遗传特异的遗传异质性。

阿尔茨海默病（Alzheimer disease，AD）也称老年性痴呆（dementia），是一种以大脑记忆和认知区域的进行性损伤为特征的神经退行性疾病，世界上每年的新发病例超过450 万，由于其治疗和预防手段的缺乏，预测从 2010—2050 年，世界范围内 AD 患者的数量将从 3 650 万增加至 1.154 亿。小部分 AD 患者符合常染色体显性遗传的模式，通过淀粉样前体蛋白基因（amyloid precursor protein，APP）和早老素蛋白基因（PSEN1，PSEN2）致病突变的鉴定，对 AD 的发病机制有了进一步的了解。但大部分常见 AD 并不符合孟德尔遗传模式，估计这部分患者约占 60%～80%。得益于过去数十年的努力，APOEε4 已被证明是 AD 的风险因素之一，但由于 AD 具有迟发特点的遗传复杂性，对其发病机制的研究仍然面临巨大的挑战。在一项 GWAS 的研究中，鉴定出 CLU、CR1 和 PICALM 为 AD 新的易感位点。进一步的研究发现，CLU、CR1 和 PICALM 支持淀粉样蛋白、脂质、伴侣分子和慢性炎症通路在 AD 发病机制中起作用的假说[55]。

3）基于 GWAS 的免疫性疾病研究进展

系统性红斑狼疮（systemic lupus erythematosus，SLE）是一种潜在致死性的全身性疾病，该病也可作为体液性自身免疫性疾病的模型。它的特点是通过自身抗原抗体复合物的形成和沉淀导致组织损伤，其严重程度、风险因素和临床表现因种族、地理环境和性别等因素而表现各异，在女性和一些非欧洲血统起源的群体中患病率较高。SLE 是一种不同寻常的异质性疾病，其疾病分类是基于 11 项临床诊断标准中的 4 项组合。同胞间患病风险很高，单卵双生相对于异卵双生和其他同胞具有较高的遗传力（率）（>66%）和较高患病一致率，提示 SLE 具有复杂的遗传学基础。对 GWAS 和候选基因区域的精细定位已经迅速增加了人类对 SLE 遗传基础的理解[56]，目前已有超过 20 个关联被鉴定和确证（见表 6-4），为在分子水平上更好地理解宿主参与免疫反应的过程提供了新的视野。此外，在 SLE 的病理生理学中，基因的未知作用已被鉴定，这些发现可能为改善这个复杂疾病的临床管理提供新的路径。

表 6-4　已鉴定的系统性红斑狼疮候选基因

基因	OR 值	研究设计	注解
TREX1	25	候选基因策略	罕见；该基因在病例组的频率是 12/417，在对照组的频率是 2/1 712
C1Q	约为 10	候选基因策略	罕见；90％以上该等位基因纯合缺失的个体受影响
C4A	6.5	候选基因策略	罕见；70％以上该等位基因纯合缺失的个体受影响；与拷贝数变异体关联
C4B	2.02	候选基因策略	罕见；71％以上该等位基因纯合缺失的个体受影响；与拷贝数变异体关联
C2	约为 5	候选基因策略	未发现
TNFAIP3	2.3	全基因组关联研究	未发现
HLA-DR2 和 HLA-DR3	2	候选基因策略，在全基因组关联研究中确证	高度连锁不平衡区域
IRF5	1.8	候选基因策略，在全基因组关联研究中确证	已鉴定 3 个病理性突变体
ITGAM	1.6	同时进行全基因组关联研究和候选基因研究	第 77 位氨基酸是病理性突变
FcGR3A	1.6	候选基因连锁研究策略	第 176 位氨基酸是病理性突变
STAT4-STAT1 位点	1.5	候选基因策略，在全基因组关联研究中确证	未发现
BLK-FAM167A-XKR6 位点	1.5	全基因组关联研究	包括在 8 号染色体的一个多态性倒置
BANK1	1.38	全基因组关联研究	未发现
FcGR2A	1.35	候选基因连锁研究策略，在全基因组关联研究中确证	第 131 位氨基酸是病理性突变
PTPN22	1.3	候选基因策略，在全基因组关联研究中确证	北欧人；家族性狼疮；风湿性关节炎易感性
CRP	1.3	候选基因策略	未发现
TNFSF4	1.3	候选基因策略	未发现
KIAA1542	1.28	全基因组关联研究	靠近 IRF7 基因
PXK	1.25	全基因组关联研究	未发现
MECP2-IRAK1 位点	1.2	候选基因策略	位于 X 染色体
PDCD1	1.2	候选基因连锁研究策略	未发现

支气管哮喘是一种常见的炎症性疾病，是遗传和环境因素相互作用导致的。如前所述，由于其遗传异质性和表型异质性的特点，其易感基因的鉴定极其困难。GWAS研究策略的出现为哮喘这种复杂疾病的易感基因研究带来曙光。在一项有7 171个病例的成人哮喘和27 912个对照个体的日本群体的GWAS研究中[57]，对5个与成人哮喘关联的易感位点进行鉴定，分别是在染色体4q31的rs7686660、5q22的rs1837253、6p21的rs404860、10p14的rs10508372和12q13的rs1791704。另外，在人类MHC区域和先前报道的TSLP-WDR36，研究人员鉴定到另外3个位点：一个USP38-GAB1位点位于染色体4q31（$P=1.87×10^{-12}$），另一个位于10p14（$P=1.79×10^{-15}$），第3个位于12q13的基因富集区（$P=2.33×10^{-13}$）。他们观察到与成人哮喘关联最为紧密的位点位于MHC内的rs404860（$P=4.07×10^{-23}$），靠近rs2070600，在先前GWAS报道中，该SNP与FEV1/FVC肺功能相关。该研究结果使人们更好地理解了哮喘易感性的遗传影响。

特应性皮炎（atopic dermatitis，AD）或湿疹是一种最常见的慢性炎症性皮肤疾病，儿童患病率高达20%，成人为3%，通常在婴儿期发病，经常先于或伴随食物过敏、哮喘和鼻炎。特应性皮炎具有广泛的临床表现，特点是皮肤干燥、强烈的瘙痒和典型的年龄相关的炎症病变分布，其炎性病变经常由于细菌和病毒感染而变形。已有大量的证据支持特应性皮炎具有强大的遗传学基础，然而，仍然不清楚遗传易感性如何导致这种疾病的发展。目前，除了FLG以外，影响特应性皮炎的基因大多是未知的。研究者完成了来自16个群体的5 606个病例和20 565个对照个体的GWAS研究[58]，然后，对另外14个研究中的5 419个病例和19 833个对照个体进行了10个强关联易感位点的验证，3个SNP达到全基因组意义的发现，并在扩大的样本中复制了这些发现。这些位点包括OVOL1上游的rs479844（$OR=0.88$，$P=1.1×10^{-13}$）、靠近ACTL9的rs2164983（$OR=1.16$，$P=7.1×10^{-9}$）以及位于5q31.1细胞因子簇内KIF3A的rs2897442（$OR=1.11$，$P=3.8×10^{-8}$）。另外，他们还复制了与FLG的关联，并在11q13.5（rs7927894，$P=0.008$）和20q13.33（rs6010620）鉴定了两个与疾病关联的信号。研究结果强调，表皮屏障功能和免疫失调在特应性皮炎发病机制中具有重要作用。

1型糖尿病（type 1 diabetes，T1D）是一种常见的自身免疫性疾病，由多个基因和环境风险因素共同作用。Barrett等[59]报道了一个基于GWAS的T1D发现，并与先前发表的两个研究合并进行荟萃分析，总的样本数量达7 514个病例和9 045个对照。通过荟萃分析,发现基因组中41个不同区域的位点与T1D关联($P<10^{-6}$),排除以前的关联报道后,他们进一步在另外的4 267个病例、4 463个对照和2 319个受累同胞对家系中对27个区域进行验证。其中,18区域被复制(全部$P<5\times10^{-8}$),这些新的候选基因包括 *IL10*、*IL19*、*IL20*、*GLIS3*、*CD69* 和 *IL17*。

克罗恩病(Crohn disease)是一种原因不明的消化道慢性、反复发作和非特异性的透壁性炎症,病变呈节段性分布,可累及消化道任何部位,其中以末端回肠最为常见,结肠和肛门病变也较多。本病和慢性非特异性溃疡性结肠炎统称为炎症性肠病(inflammatory bowel disease,IBD)。克罗恩病在欧美的发病率较高,美国的发病率和患病率约为5/10万和90/10万,且种族差异较明显,黑人发病仅为白人的1/5。我国的发病人数较少,目前尚无完整的流行病学统计资料供参考,推测我国大陆地区的发病率和患病率分别为0.848/10万和2.29/10万,但有逐年增高的趋势。目前认为,克罗恩病是一种由遗传因素和环境因素相互作用所引起的终生性疾病,具体病因和发病机制至今未明。

在世界上不同地区和群体中完成的全基因组关联研究已经证明,在 *Irgm*、*Card15/Nod2*、*Lrrk2*、*Il23r* 和 *ATG16L1* 基因的一些SNP与克罗恩病有一致性的强关联[60]。迄今为止,鉴定的与克罗恩病关联的易感位点已超过150个[61]。此外,对一些基因功能,如 *ATG16L1* 在克罗恩病发病中的作用进行了深入的研究,结果表明在 *ATG16L1*(rs2241880,Thr300Ala)风险等位基因存在的情况下,细胞凋亡蛋白酶的活性可加速 ATG16L1 蛋白的降解,使在同一个通路中的细胞压力、凋亡刺激和自噬受损,从而使个体对克罗恩病易感[62]。

6.5 全外显子组测序的复杂疾病研究策略

由于GWAS的结果存在假阳性、假阴性、检测到的单核苷酸多态性很少位于功能区以及对稀有变异和结构变异不敏感等问题,导致了其应用的局限性。而测序技术的进步,推动了全外显子组和全基因组测序的飞速发展,也为解决上述问题提供了契机。全外显子组测序是利用序列捕获探针将全基因组外显子区域DNA捕捉、富集后进行高通量测序的基因组分析方法。由于其对常见和罕见变异灵敏度高,能发现外显子区域绝大部分疾病相关变异以及仅需要对1%~2%的基因组(由于外显子组定义的差别,捕获的区域会不同)进行测序等优点,促使全基因组外显子测序成为鉴定孟德尔疾病致病基因最有效的策略,近年也较多运用于复杂疾病易感基因的研究和临床诊断中[63]。

6.5.1　全外显子组数据分析流程

序列文件经过滤后,利用 BWA 将短序列比对到人类基因组上,利用 picard 工具包去除 PCR 扩增引入的重复序列,并利用 GATK 进行 SNP 和小的插入/缺失的检测,使用 cn. mops、Pindel、Breakdancer 进行染色体结构变异位点获取。最后利用 ANNOVAR 对所有变异位点进行注释。数据分析流程图及具体分析过程如下(见图 6-6):

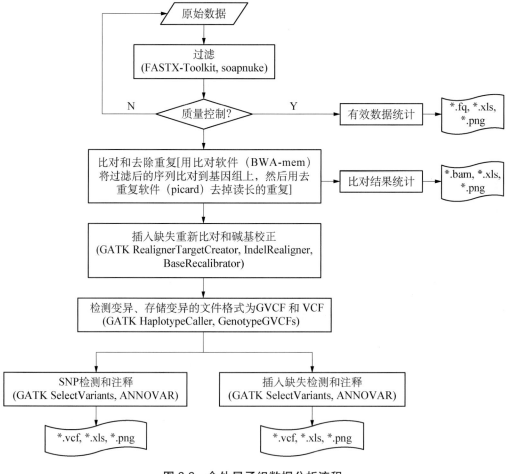

图 6-6　全外显子组数据分析流程

( )内代表使用的软件;＊代表不同的文件格式

（1）过滤：使用 FASTX-Toolkit 和 soapnuke 等工具去除接头序列，过滤低质量读长（read，即二代测序测定的 DNA 小片段序列）和 N 读长（未测出的碱基长度，也属于低质量读长，一般 read 里面 N 占 5%，就把这个 read 去掉）。

（2）比对：选定参考序列，利用 BWA 进行数据比对。

（3）去除 PCR 引入的重复读长：使用 Picard 软件将建库过程中因 PCR 扩增引入的重复序列予以清除，消除测序偏差以及后期鉴定变异位点时产生的偏差。

（4）局部重比对和碱基校正：利用 GATK 软件在已知变异位点（dbSNP、HapMap、1 000 genomes）的基础上，对比对结果文件中插入缺失发生的位置进行重比对和碱基质量校正，为变异检测做好准备。

（5）Call GVCF：利用 GATK HaplotypeCaller 工具以比对结果为输入进行变异检测，生成包含目标区域全位点信息的 GVCF 文件，并利用 GATK GenotypeGVCFs 工具对 GVCF 进行处理生成原始 vcf 文件（一种存储变异位点的数据格式）。

（6）SNP 检测：利用 GATK SelectVariants 工具从原始 vcf 文件中提取出只包含 SNP 的 vcf 文件，并利用 GATK 的 hard filter 对 vcf 文件进行过滤，然后利用 ANNOVAR 对 vcf 文件进行注释，并得出统计结果。

（7）小型插入/缺失位点检测：利用 GATK SelectVariants 工具从总的 vcf 文件中提取出只包含 InDel 的 vcf 文件，并利用 GATK 的 hard filter 对 vcf 文件进行过滤，然后利用 ANNOVAR 对 vcf 文件进行注释，并得出统计结果。

（8）大型染色体结构变异检测：使用 Pindel、Breakdancer、cn. mops 等软件从比对好的文件中鉴定大型染色体结构变异位点。

6.5.2　复杂疾病全外显子组研究进展

孤独症（autism，又称自闭症）是以社会交往障碍、重复性行为和兴趣狭窄三大核心症状为特征的神经发育障碍性疾病，起病于婴幼儿期，以男性多见。作为一类复杂的神经发育障碍性疾病，孤独症的表型和严重性具有极端的异质性。基因在孤独症的病因中起关键作用。环境因素与遗传因素相互作用，导致神经发育、脑生长和功能连接的异常变化。外显子组只占人类基因组的约 1%～2%，但却包含约 85% 的已知致病突变。全外显子组测序（whole exome sequencing，WES）二代测序技术的应用，可以鉴定所有编码区的变异。由于这个原因，近年来 WES 已被广泛应用于临床研究。在过去几年，

WES 在鉴定孟德尔疾病的基因方面取得了巨大成功。近几年,二代测序技术,特别是 WES 广泛应用于孤独症致病基因的鉴定。WES 和全基因组测序(WGS)可以发现孤独症潜在的致病基因,以此为基础可以确定孤独症的治疗靶点。自 2009 年,WES 被应用于孤独症研究以来,已发现很多孤独症的新生(de novo)突变和新的候选基因(见表 6-5)[64]。

表 6-5　通过全外显子组测序研究新发现的孤独症基因突变

基因	基因名称	突变类型
FOXP1	Forkhead Box P1	移码突变
TGM3	Transglutaminase 3	错义突变
LAMC3	Laminin,Gamma 3	错义突变
MYO1A	Myosin IA	3′非翻译区
GPR139	G protein-coupled receptor 139	错义突变
SCN1A	Sodium channel,voltage-gated,type Ⅰ,alpha subunit	错义突变
PLCD1	Phospholipase C,delta 1	同义突变
SYNE1	Spectrin repeat containing,nuclear envelope 1	错义突变
TAF1L	TAF1 RNA polymerase Ⅱ,TATA box binding protein (TBP)-associated factor	3′非翻译区
DCTN5	Dynactin 5	3′非翻译区
SLC30A5	Solute carrier family 30 (zinc transporter),member 5	错义突变
IL1R2	Interleukin 1 receptor,type Ⅱ	同义突变
AFF4	AF4/FMR2 family,member 4	同义突变
GRIN2B	Glutamate receptor,ionotropic,N-methyl D-aspartate 2B	3′位点拼接
EPHB6	EPH receptor B6	同义突变
ARHGAP15	Rho GTPase activating protein 15	同义突变
XIRP1	Xin actin-binding repeat containing 1	错义突变
CHST5	Carbohydrate (N-acetylglucosamine 6-O) sulfotransferase 5	同义突变
TTN	Titin	同义突变
TLK2	Tousled-like kinase 2	错义突变
RBMS3	RNA binding motif,single stranded interacting protein 3	错义突变
ADAM33	ADAM metallopeptidase domain 33	无义突变
CSDE1	Cold shock domain containing E1,RNA-binding	无义突变

（续表）

基因	基因名称	突变类型
EPHB2	EPH（Ephrin）receptor B2	无义突变
FAM8A1	Family with sequence similarity 8，member A1	无义突变
FREM3	FRAS1 related extracellular matrix 3	无义突变
MPHOSPH8	M-phase phosphoprotein 8	无义突变
PPM1D	Protein phosphatase 1D magnesium-dependent，delta isoform	无义突变
RAB2A	RAB2A，member RAS oncogene family	无义突变
SCN2A	Sodium channel，voltage-gated，type Ⅱ，alpha subunit	无义突变
BTN1A1	Butyrophilin，subfamily 1，member A1	拼接位点
FCRL6	Fc receptor-like 6	拼接位点
KATNAL2	Katanin p60 subunit A-like 2	拼接位点
NAPRT1	Nicotinate phosphoribosyltransferase domain containing 1	拼接位点
RNF38	Ring finger protein 38	拼接位点
SCP2	Sterol carrier protein 2	移码突变
SHANK2	SH3 and multiple ankyrin repeat domains 2	移码突变
ABCA1	ATP-binding cassette，sub-family A（ABC1），member 1	错义突变
ANK3	Ankyrin 3	错义突变
CLCN6	Chloride channel，voltage-sensitive 6	错义突变
HTR3A	5-hydroxytryptamine（serotonin）receptor 3A	错义突变
RIPK2	Receptor-interacting serine-threonine kinase 2	错义突变
SLIT3	Slit homolog 3	错义突变
UNC13B	Uncl3 homolog B	错义突变
FOXP1	Forkhead Box P1	移码突变
TGM3	Transglutaminase 3	错义突变
LAMC3	Laminin，Gamma 3	错义突变
MYO1A	Myosin IA	3′非翻译区
GPR139	G protein-coupled receptor 139	错义突变
SCN1A	Sodium channel，voltage-gated，type Ⅰ，alpha subunit	错义突变
PLCD1	Phospholipase C，delta 1	同义突变
SYNE1	Spectrin repeat containing，nuclear envelope 1	错义突变

（续表）

基因	基因名称	突变类型
TAF1L	TAF1 RNA polymerase Ⅱ, TATA box binding protein (TBP)-associated factor	3′非翻译区
DCTN5	Dynactin 5	3′非翻译区
SLC30A5	Solute carrier family 30 (zinc transporter), member 5	错义突变
IL1R2	Interleukin 1 receptor, type Ⅱ	同义突变
AFF4	AF4/FMR2 family, member 4	同义突变
GRIN2B	Glutamate receptor, ionotropic, N-methyl D-aspartate 2B	3′位点拼接
EPHB6	EPH receptor B6	同义突变
ARHGAP15	Rho GTPase activating protein 15	同义突变
XIRP1	Xin actin-binding repeat containing 1	错义突变
CHST5	Carbohydrate (N-acetylglucosamine 6-O) sulfotransferase 5	同义突变
TTN	Titin	同义突变
TLK2	Tousled-like kinase 2	错义突变
RBMS3	RNA binding motif, single stranded interacting protein 3	错义突变
ADAM33	ADAM metallopeptidase domain 33	无义突变
CSDE1	Cold shock domain containing E1, RNA-binding	无义突变
EPHB2	EPH (Ephrin) receptor B2	无义突变
FAM8A1	Family with sequence similarity 8, member A1	无义突变
FREM3	FRAS1 related extracellular matrix 3	无义突变
MPHOSPH8	M-phase phosphoprotein 8	无义突变
PPM1D	Protein phosphatase 1D magnesium-dependent, delta isoform	无义突变
RAB2A	RAB2A, member RAS oncogene family	无义突变
SCN2A	Sodium channel, voltage-gated, type Ⅱ, alpha subunit	无义突变
BTN1A1	Butyrophilin, subfamily 1, member A1	拼接位点
FCRL6	Fc receptor-like 6	拼接位点
KATNAL2	Katanin p60 subunit A-like 2	拼接位点
NAPRT1	Nicotinate phosphoribosyltransferase domain containing 1	拼接位点
RNF38	Ring finger protein 38	拼接位点
SCP2	Sterol carrier protein 2	移码突变
SHANK2	SH3 and multiple ankyrin repeat domains 2	移码突变

（续表）

基因	基因名称	突变类型
ABCA1	ATP-binding cassette，sub-family A（ABC1），member 1	错义突变
ANK3	Ankyrin 3	错义突变
CLCN6	Chloride channel，voltage-sensitive 6	错义突变
HTR3A	5-hydroxytryptamine（serotonin）receptor 3A	错义突变
RIPK2	Receptor-interacting serine-threonine kinase 2	错义突变
SLIT3	Slit homolog 3	错义突变
UNC13B	Uncl3 homolog B	错义突变
BRCA2	Breast cancer 2	错义突变
FAT1	FAT atypical cadherin 1	错义突变
KCNMA1	Potassium large conductance calcium-activated channel，subfamily M，alpha member 1	错义突变
CHD8	Chromodomain helicase DNA binding protein 8	移码插入或缺失，错义突变
NTNG1	Netrin G1	错义突变
GRIN2B	Glutamate receptor，ionotropic，N-methyl D-aspartate 2B	移码插入或缺失，无义突变，拼接位点
LAMC3	Laminin，Gamma 3	错义突变
SCN1A	Sodium channel，voltage-gated，type Ⅰ，alpha subunit	错义突变
CTTNBP2	Cortactin binding protein 2	移码缺失
RIMS1	Regulating synaptic membrane exocytosis 1	移码插入
DYRK1A	Dual-specificity tyrosine-（Y）-phosphorylation regulated kinase 1A	移码缺失
ZFYVE26	Zinc finger，FYVE domain containing 26	移码缺失
DST	Dystonin	移码缺失
ANK2	Ankyrin 2	无义突变
UBE3B	Ubiquitin protein ligase E3B	错义突变
CLTCL1	Clathrin，heavy chain-like 1	错义突变
ZNF18	Zinc finger protein 18	错义突变
AMT	Aminomethyltransferase	错义突变
PEX7	Peroxisomal biogenesis factor 7	错义突变
SYNE1	Spectrin repeat containing，nuclear envelope 1	错义突变
VPS13B	Vacuolar protein sorting 13 homolog B	错义突变，移码突变

（续表）

基因	基 因 名 称	突变类型
PAH	Phenylalanine hydroxylase	移码突变
POMGNT1	Protein O-linked mannose N-acetylglucosaminyltransferase 1	错义突变
ANK3	Ankyrin 3	错义突变
CIC	Capicua Transcriptional Repressor	错义突变
GLUD2	Glutamate dehydrogenase 2	错义突变
ROGD1	Rogdi homolog (Drosophila)	错义突变
SEZ6	Seizure related 6 homolog	错义突变
CEP290	Centrosomal protein 290 kDa	错义突变
CSMD1	CUB and Sushi multiple domains 1	错义突变
FAT1	FAT atypical cadherin 1	错义突变
STXBP5	Syntaxin binding protein 5	错义突变
CHD2	Chromodomain helicase DNA binding protein 2	移码突变
KMT2E	Lysine (K)-specific methyltransferase 2E	移码突变
PHF3	PHD finger protein 3	移码突变
RIMS1	Regulating synaptic membrane exocytosis 1	移码突变
KCND2	Potassium voltage-gated channel，Shal-related subfamily，member 2	错义突变
BICC1	BicC family RNA binding protein 1	错义突变
SLC8A2	Solute carrier family 8 (sodium/calcium exchanger)，member 2	错义突变
GPR124	G protein-coupled receptor 124	错义突变
IL1RAPL1	Interleukin 1 Receptor Accessory Protein-Like 1	错义突变
GPRASP2	G protein-coupled receptor associated sorting protein 2	错义突变
GABRQ	Gamma-aminobutyric acid (GABA) A receptor，theta	错义突变
SYTL4	Synaptotagmin-like 4	错义突变
PIR	Pirin (iron-binding nuclear protein)	错义突变
CHAC1	Cation Transport Regulator Homolog 1	移码突变
RPS24	Ribosomal protein S24	无义突变
CD300LF	CD300 molecule-like family member f	移码突变
CDKL5	Cyclin-Dependent Kinase-Like 5	错义突变
SCN2A	Sodium channel，voltage-gated，type Ⅱ，alpha subunit	无义突变

（续表）

基因	基因名称	突变类型
CUL3	Cullin 3	错义突变
MED13L	Mediator complex subunit 13-like	移码突变
KCNV1	Potassium channel，subfamily V，member 1	移码突变
MAOA	Monoamine oxidase A	拼接位点
PTEN	Phosphatase and tensin homolog	拼接位点
FOXP1	Forkhead box protein P1	移码突变
SLC7A11	Solute carrier family 7 member 11	错义突变
ICA1	Islet cell autoantigen 1	错义突变
DNAJC1	DnaJ（Hsp40）homolog，subfamily C，member 1	错义突变
C1S	Complement component 1，s subcomponent	错义突变
TRAPPC12	Trafficking protein particle complex 12	错义突变
CLN8	Ceroid-Lipofuscinosis，Neuronal 8	错义突变

智力残疾(intellectual disability，ID)影响 1‰～3‰的人类，以男性偏多。先前的研究在 X 染色体上已经鉴定了超过 100 个基因突变与男性 ID 有关，但较少发现与女性 ID 有关的新突变的证据。在该项研究中，Snijders 等[65]通过对 38 个有 ID 的女性进行全外显子组测序，在 *DDX3X* 基因鉴定了 35 个新的有害突变，这些 ID 患者表现有肌张力减退、运动障碍、行为问题、胼胝体发育不全和癫痫等各种各样的特征。根据他们的发现，*DDX3X* 基因突变是 ID 患者较为常见的突变之一，可占女性中无法解释 ID 的 1‰～3‰。尽管在男性个体没有鉴定出 *DDX3X* 基因的新突变，但在 3 个家庭中发现 *DDX3X* 基因的错义突变，提示这是 X 连锁的隐性遗传模式。在这些家庭中，携带 *DDX3X* 基因突变的所有男性个体都有 ID，而携带突变的女性则不受影响。为了探索受累男性和女性在疾病传递和表型差异方面的发病机制，他们使用标准的 Wnt 信号通路缺陷斑马鱼作为在体内 *DDX3X* 起作用的替代方法。在 Wnt 通路研究中，研究者证明了所有新突变与功能缺失的一致性，并进一步证明了由于性别导致的差异效应。这些差异的活性可能反映了有两条 X 染色体的女性和只有一条 X 染色体的男性 *DDX3X* 基因表达的剂量效应，也反映了 *DDX3X* 突变复杂的生物学特性。

全基因组关联研究已经确定了几个迟发性阿尔茨海默病(late-onset Alzheimer

disease，LOAD)的风险变异。这些常见的变异可被其他研究组所重复，但对 LOAD 风险影响较小，而且一般没有明显的功能影响。GWAS 较少检测到低频率的编码变异，推测功能变异对 LOAD 发病风险的影响会更大。为了鉴定低频编码变异对 LOAD 发病风险的影响，Cruchaga 等[66]在 14 个 LOAD 大家系完成了全外显子组测序研究，随后针对一些候选变异，在几个大的病例对照数据集进行分析。一个罕见变异 PLD3 在两个独立的家系中与疾病共分离，在 7 个独立的病例对照组总数超过 11 000 例欧洲血统群体中，该变异对阿尔茨海默病有双倍的发病风险。在 4 387 个欧洲血统的病例对照个体和 302 例美国黑人病例对照个体中，用 PLD3 基因全序列进行基因负担分析，揭示这个基因的几个突变在两个群体中能够增加患阿尔茨海默病的风险。PLD3 在大脑区域包括海马和皮层的高表达，是易患阿尔茨海默病的病理学机制之一，与阿尔茨海默病患者的大脑相比，该基因在对照组神经元的表达处于较低的水平。PLD3 的过表达导致细胞内 β-淀粉样前体蛋白（amyloid-β precursor protein，APP）和细胞外 Aβ42 和 Aβ40 的显著降低，敲除 PLD3 基因可导致 Aβ42 和 Aβ40 在细胞外的显著增加。遗传分析和功能研究的数据表明，携带 PLD3 编码突变的个体有双倍罹患 LOAD 的风险，因为 PLD3 可影响 APP 的处理。

全外显子组测序除在孟德尔疾病致病基因鉴定中取得巨大成功外，在罕见复杂疾病致病基因鉴定中也得到广泛的应用。Reinstein 等[67]报道了在一个复杂表型的患者中鉴定了其致病基因，该患者患有严重扩张型心肌病，成年发病，伴有听力丧失和发育迟缓，通过 WES 在 CASK 基因鉴定出一个新的错义突变[c. 2126A→G，p. Lys709Arg（chrX：41401973 T → C，NM_003688）]，在 MYBPC3 鉴定出第 2 个突变[rs371401403，c. 2618C→T，p. Pro873Leu（chr11：47357547G→A，NM_000256）]，前者可以导致一系列的神经认知障碍，后者与遗传性心肌病有关。该研究认为，在未定义表型的血亲家庭基因分析中，尽管罕见疾病基因同现的可能性较高，但在非血缘复杂表型的遗传评估中也应给予足够的重视。

尽管外显子组测序数据主要是用来检测 SNV 和 InDel，它们也可以被用来鉴定在外显子内或靠近外显子的断裂点的基因组重排。在 15 种肿瘤类型、4 600 多例肿瘤和正常组织配对样本中，Yang 等[68]鉴定了 900 多种高度可信的体细胞重组，其中包括一个大的基因融合。他们发现功能融合的 5′融合伙伴经常是管家基因，而 3′融合伙伴则是编码富含酪氨酸激酶的基因。他们通过显示体外促细胞增殖和体内促瘤形成，确定

了 *ROR1-DNAJC6* 和 *CEP85L-ROS1* 融合的致癌潜力。此外,他们发现约 4% 的样本有大量的染色体重新排列,其中许多重排与 *ERBB2* 和 *TERT* 等癌基因的上调有关。尽管在外显子组检测结构变异的敏感性通常低于全基因组,但随着外显子组数据的大量增加,这种检测结构变异方法在癌症和其他疾病中是富有成效的。

硬皮病是一种具有遗传学基础和表型异质性的复杂自身免疫病。以前的全基因组关联研究已经鉴定了与疾病风险相关的常见基因变异,但这些研究并不是为了捕捉那些罕见的或潜在的因果变异,比如鉴定弥漫性皮肤系统性硬皮病的基因变异。Mak 等[69] 对 32 例弥漫性皮肤系统性硬皮病患者和 17 例健康家系成员进行 WES 研究,对测序数据通过质量控制和 *MAF* 过滤,并对基因的有害功能进行注释。通过基因负担试验(gene burden test)鉴定了新的弥漫性皮肤系统性硬皮病和硬皮病合并间质性肺病的候选基因。针对弥漫性皮肤系统性硬皮病鉴定出 70 个携带有害突变的基因,其中两个(*BANK1* 和 *TERT*)之前已提示在通路中参与硬皮病合并间质性肺病的发病机制或是已知的易感性位点。新鉴定的基因(*COL4A3*、*COL4A4*、*COL5A2*、*COL13A1* 和 *COL22A1*)在胞外基质相关通路中富集显著,这些基因与弥漫性皮肤系统性硬皮病纤维化和 DNA 修复通路有关(*XRCC4*)。该研究表明 WES 在鉴定新基因和弥漫性皮肤系统性硬皮病发病风险及严重性相关通路中的价值,这些候选基因也是深入进行功能研究的潜在靶点。

6.6　全基因组测序的复杂疾病基因鉴定策略

全基因组测序是在基因组水平逐一读出每个碱基,理论上已达到分子水平分辨率的极限,但在复杂疾病研究策略上,基于"组学"的测序手段仅是使鉴定致病或易感基因的分子标记达到空前的密度,而基因的定位与鉴定仍然需要系统的研究设计、整合的数据分析策略和方法以及生物学水平的验证。随着测序成本的大幅度降低,基于全基因组测序的疾病基因鉴定策略一定是未来复杂疾病研究和精准医学应用的主要选择。就目前的测序技术而言,单个碱基的读出较易实现,但随着基于"组学"研究数据的指数级增长,会给数据分析策略和方法开发带来极大的挑战,即"测得出,算不完"将是未来基因组学研究面临的极大困惑。

6.6.1　全基因组数据分析流程

经过过滤后的读长数据,利用 BWA 进行数据比对,利用 Picard 工具包对比对结果进行处理,利用 GATK 进行比对后序列文件的处理,进而进行 SNP 和 InDel 的检测过滤以及注释,并利用 CREST 和 BreakDancer 进行染色体结构变异的检测,利用 CNVnator 进行拷贝数变异的检测,最后利用 ANNOVAR 对变异进行注释。数据分析流程图及具体分析过程如下(见图 6-7):

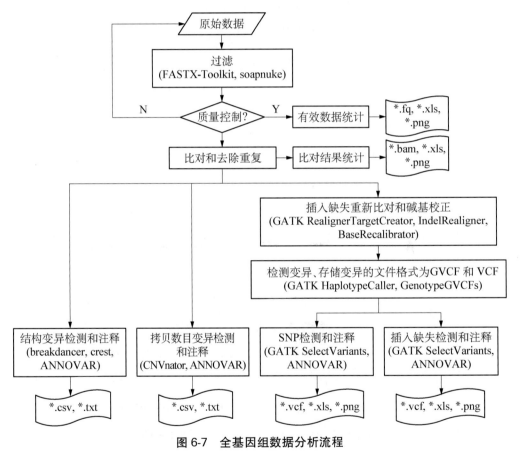

图 6-7　全基因组数据分析流程

( )内代表使用的软件;＊代表不同的文件格式

（1）过滤:使用 FASTX-Toolkit 和 soapnuke 等工具去除接头序列,过滤低质量读长和 N 读长。

（2）比对:选定参考序列,利用 BWA 进行数据的比对。

（3）局部重比对和碱基校正：主要是利用 GATK 对去除重复读长后的比对结果文件进行重比对和碱基质量校正，为变异检测做好准备。

（4）Call GVCF：利用 GATK HaplotypeCaller 工具以比对结果为输入进行变异检测，生成包含目标区域全位点信息的 GVCF 文件，并利用 GATK GenotypeGVCFs 工具对 GVCF 进行处理生成原始 vcf 文件。

（5）SNP 检测：利用 GATK SelectVariants 工具从原始 vcf 文件中提取出只包含 SNP 的 vcf 文件，并利用 GATK 的 VQSR(variant quality score recalibration)对 vcf 文件进行过滤，然后利用 ANNOVAR 对 vcf 文件进行注释，并得出统计结果。

（6）小型插入缺失位点的检测：利用 GATK SelectVariants 工具从总的 vcf 文件中提取出只包含小型插入缺失位点的 vcf 文件，并利用 GATK 的 VQSR(variant quality score recalibration)对 vcf 文件进行过滤，然后利用 ANNOVAR 对 vcf 文件进行注释，并得出统计结果。

（7）拷贝数变异检测：使用 CNVnator 算法进行拷贝数变异的检测，然后利用 ANNOVAR 对拷贝数变异检测结果进行注释，并得出统计结果。

（8）染色体结构变异检测：使用 BreakDancer 或 CREST 算法进行染色体结构变异的检测，然后利用 ANNOVAR 对染色体结构变异检测结果进行注释，并得出统计结果。

6.6.2　基于全基因组数据的复杂疾病研究

全基因组测序(whole genomic sequencing，WGS)是一种无遗漏的研究策略。不仅可以检测编码区和非编码区的点突变(single nucleotide variants，SNV)和插入缺失(insertions or deletions，InDel)，还可以在全基因组范围内检测拷贝数变异(copy number variation，CNV)以及结构变异(structure variation，SV)等，在技术上实现了对 DNA 序列的全覆盖。目前，全基因组测序已经在孟德尔疾病、癌症等复杂疾病致病基因鉴定中发挥作用，由于复杂疾病遗传机制的复杂性及其致病基因鉴定的挑战性，全基因组测序策略将是未来复杂疾病致病基因鉴定的最主要手段。同时，基于全基因组序列的人类起源和进(演)化研究，将有助于从根本上理解在人类漫长的进化过程中，基因组序列究竟经历了怎样的选择，今天我们该如何循迹疾病的遗传学基础，并回答生命科学中一些最基本的科学问题——是哪些因素主宰人类的疾病和健康。

人类起源于非洲。鉴于人类非洲起源的研究对疾病易感性研究的重要性，详细描述非洲遗传多样性是十分必要的。基于全基因组测序的非洲基因组变异项目（the African Genome Variation Project）为在撒哈拉以南的非洲和全世界设计、实现和阐释基因组信息提供了数据资源[70]。该项目对撒哈拉以南非洲地区的 320 个个体进行了全基因组测序，对 1 481 个个体进行基因分型。使用该数据资源，可研究在撒哈拉以南非洲地区发现的新的区域性独特的狩猎采集群体与欧亚群体混合的复杂证据。该项目的实施鉴定了经受选择的新位点，其中包括与疟疾易感性和高血压有关的位点。研究表明，使用现代归类算法（modern imputation panel）可以在撒哈拉以南非洲地区群体中的高分化位点鉴定出关联信号。使用全基因组测序数据，可以使归类算法的精确性进一步改善。另外，该数据也为疾病易感性研究提供基础和参考。

目前，全基因组测序策略在复杂疾病研究中应用最多的领域是肿瘤遗传学与基因组学的研究。在肿瘤发病机制的研究中，人类逐渐形成三点共识，即癌症是遗传改变累积的结果（基因组病）、肿瘤细胞是不断演（进）化的（遗传异质性极强）和对肿瘤发生发展所依赖的生态系统知之甚少。全基因组测序策略则在测序精度上达到空前的水平，有助于在分子水平上破解肿瘤细胞演化和发生发展的过程和规律，为进一步实现药物的精准治疗和干预，攻克此类严重影响人类健康的致死性疾病提供基础数据。

在过去十年中，广泛的测序努力已经揭示了人类常见癌症基因组的一些"景观"。对于大多数癌症类型，这些景观是由较少数量的"山峰"（肿瘤基因的高频率改变）和更大数量的"山丘"（肿瘤基因的低频率改变）所组成。截至目前，这些研究揭示了数百个基因，当基因突变时，可以促进或驱动肿瘤的发生，此类基因被称为"驱动基因"（driver gene）。一个典型的肿瘤可能包含 2～8 个这样"驱动基因"的突变，其余的突变则称为"搭车基因"（passenger gene）或突变，即该突变并不授予细胞选择性生长优势。驱动基因可以被归类在 12 个信号通路中发挥作用（见图 6-8），它们调节细胞的三个核心过程，即细胞生存、细胞命运和基因组稳定[71]。癌症的基础研究是更好理解这些过程的最有效途径之一。2008 年，由国际癌症协作组发起的 TCGA（The Cancer Genome Atlas 和 CGP（the Sanger Cancer Genome Project）两大计划，旨在测序研究 50 种肿瘤，每种肿瘤各测序 500 个样本，以期鉴定促进肿瘤发生发展的驱动基因。随后，美国启动的 100 万人和英国启动的 10 万人等数个全基因组测序计划，也主要是瞄准肿瘤基因组的研究。由于肿瘤基因组研究的进展在本书有专门章节阐述，本章不再赘述。

图 6-8　癌细胞信号通路及细胞调节过程

TGF-β、MAPK、STAT、PI3K、RAS、NOTCH、HH 和 APC 都是信号传导通路

　　自身免疫病是复杂疾病中发病机制较为复杂的一类疾病,全基因组测序研究将在此类疾病的遗传学机制阐释上发挥重要作用。哮喘是遗传和环境因素共同导致的复杂疾病,在前面的叙述中曾提及,该疾病所涉及的染色体十余条,基因上百个,但各个研究报道的重复性和一致性较差。因此,关于哮喘遗传学基础的研究依然是众说纷纭,莫衷一是。在一项研究中[72],为了发现一类在 GWAS 中经常丢失的 CNV 和低频率变异,研究者对发病多的哮喘家庭和发病少的哮喘家庭的 16 个个体进行了全基因组测序研究,这些样本来自哈特教派(Hutterite)信徒的第 13 代,由于他们有共同的祖先,可减少样本的遗传异质性,并且他们有共同的生活习惯,可进一步减少环境因素的影响,无论在遗传上还是环境因素的影响上,都保证样本的遗传一致性较好。对 16 个个体进行全基因组测序的平均深度为 13×,生成一个全面的遗传变异目录,然后,进一步验证与哮喘关联的最重要的突变。他们鉴定并确认了 1 960 个 CNV、19 个无义或者拼接位点的单核苷酸变异和 18 个插入/缺失突变。随后,他们对来自波多黎各血统的 837 个病例和540 个对照个体的 16 个基因进行靶向测序,发现对照组个体携带更高的 *IL27RA* 基因突变负担。他们对 1 199 个哈特教派信徒的 593 个 CNV 进行基因分型,发现 *NEDD4L* 基因的内含子区域一个 6 kb 的缺失与哮喘发病风险关联($P=0.03$, $OR=1.69$)。*NEDD4L* 在气道上皮细胞表达,在敲除该基因小鼠的肺中,可导致严重的炎症反应和

黏液积聚。该研究是在复杂疾病中应用 WGS 研究受环境影响较大的一个成熟实例，证明 WGS 可以鉴定在 GWAS 中无法检测到的复杂疾病的风险变异，包括 CNV 和低频率变异等。

6.7　小结

2015 年 2 月 26 日，美国 NIH 现任院长柯林斯（Collins）和瓦莫斯（Varmus）在 *The New England Journal of Medicine* 发表题为《精准医学新计划》的文章[73]，指出"精准医学"的短期目标是为癌症找到治疗良方，长期目标则是为实现多种疾病的个性化治疗提供有价值的信息。因此，实现精准医学特别是在复杂疾病领域实现精准医学的目标还有很长的路要走。精准医学是以大数据为基础，测序技术的进步以及基因组学数据的积累和指数级增长，都为大数据平台的建立提供了保障；数据分析策略的发展和算法的开发，将有助于从大数据中挖掘出有价值的、达到精准医学要求的数据信息。精准医学的发展趋势已不可阻挡，但就目前而言，精准医学的发展依然在路上。

参考文献

[1] The International HapMap Consortium. A haplotype map of the human genome [J]. Nature, 2005,437(7063)：1299-1320.

[2] The International HapMap Consortium. A second generation human haplotype map of over3.1 million SNPs [J]. Nature, 2007,449(7164)：851-861.

[3] International HapMap 3 Consortium. Integrating common and rare genetic variation in diverse human populations [J]. Nature, 2010,467(7311)：52-58.

[4] 顾明亮,李艳梅,赵京.基于网络的哮喘易感基因研究策略[J].中华临床免疫和变态反应杂志, 2010,4(1)：1-8.

[5] 侯淑琴,顾明亮,邱长春,等.血管紧张素Ⅱ的Ⅰ型受体基因位点与汉族原发性高血压的关联[J]. 基础医学与临床,2000,20(6)：505-509.

[6] 赵京,顾明亮,柏娟,等.人类白细胞抗原-DRB 基因与儿童哮喘的相关性[J].中华医学杂志, 2009,89(32)：2257-2260.

[7] Gu M, Dong X, Zhao J. New insight into the genes susceptible to asthma [J]. J Asthma, 2010, 47(2)：113-116.

[8] 姜文锡,张学智,顾明亮.交感神经系统参与高血压形成的机制及研究进展[J].中华医学遗传学杂志,2013,30(5)：565-569.

[9] 王云霞,薛群,方琪.特发性炎性疾病免疫学发病机制进展[J].中国神经免疫学和神经病学杂志, 2010,17(2)：135-137.

[10] Miller F W, Cooper R G, Vencovský J et al. Genome-wide association study of dermatomyositis

reveals genetic overlap with other autoimmune disorders [J]. Arthriti Rheum，2013，65(12)：3239-3247.

[11] 顾明亮，牛文全. 全基因组关联研究的策略及面临的挑战[J]. 国际遗传学杂志，2012，35(2)：70-81.

[12] Kruglyak L. The road to genome-wide association studies [J]. Nat Rev Genet，2008，9(4)：314-318.

[13] 1000 Genomes Project Consortium. A map of human genome variation from population-scale sequencing [J]. Nature，2010，467(7319)：1061-1073.

[14] McCarthy M I，Abecasis G R，Cardon L R，et al. Genome-wide association studies for complex traits：consensus，uncertainty and challenges [J]. Nat Rev Genet，2008，9(5)：356-369.

[15] Klein R J，Zeiss C，Chew E Y，et al. Complement factor H polymorphism in age-related macular degeneration [J]. Science，2005，308(5720)：385-389.

[16] Lunetta K L. Genetic association studies [J]. Circulation，2008，118(1)：96-101.

[17] Schulz K F，Grimes D A. Generation of allocation sequences in randomised trials：chance，not choice [J]. Lancet，2002，359(9305)：515-519.

[18] Fournier J C，DeRubeis R J，Hollon S D，et al. Antidepressant drug effects and depression severity：a patient-level meta-analysis [J]. JAMA，2010，303(1)：47-53.

[19] 李强. 临床疗效研究[J]. 循证医学，2001，1(1)：58-64.

[20] Allison D B. Transmission-disequilibrium tests for quantitative traits [J]. Am J Hum Genet，1997，60(3)：676-690

[21] Lu A T，Cantor R M. Weighted variance FBAT：a powerful method for including covariates in FBAT analyses [J]. Genet Epidemiol，2007，31(4)：327-337.

[22] Balding D J. A tutorial on statistical methods for population association studies [J]. Nat Rev Genet，2006，7(10)：781-791.

[23] Qi Y，Niu W，Zhu T，et al. Synergistic effect of the genetic polymorphisms of the renin-angiotensin-aldosterone system on high-altitude pulmonary edema：a study from Qinghai-Tibet altitude [J]. Eur J Epidemiol，2008，23(2)：143-152.

[24] Hardy J，Singleton A. Genomewide association studies and human disease [J]. N Engl J Med，2009，360(17)：1759-1768.

[25] Lawlor D A，Harbord R M，Sterne J A，et al. Mendelian randomization：using genes as instruments for making causal inferences in epidemiology [J]. Stat Med，2008，27 (8)：1133-1163.

[26] Zacho J，Tybjaerg-Hansen A，Jensen J S，et al. Genetically elevated C-reactive protein and ischemic vascular disease [J]. N Engl J Med，2008，359(18)：1897-1908.

[27] Kamstrup P R，Tybjaerg-Hansen A，Steffensen R，et al. Genetically elevated lipoprotein(a) and increased risk of myocardial infarction [J]. JAMA，2009，301(22)：2331-2339.

[28] 顾明亮，褚嘉祐. 基于标签单核苷酸多态性单倍型和单倍域的构建及其在关联研究中的应用[J]. 中华医学遗传学杂志，2007，24(6)：660-665.

[29] Trégouët D A，König I R，Erdmann J，et al. Genome-wide haplotype association study identifies the SLC22A3-LPAL2-LPA gene cluster as a risk locus for coronary artery disease [J]. Nat Genet，2009，41(3)：283-285.

[30] Yang Y，Zhang J，Hoh J，et al. Efficiency of single-nucleotide polymorphism haplotype estimation from pooled DNA [J]. Proc Natl Acad Sci U S A，2003，100(12)：7225-7230.

［31］ Tregouet D A，Escolano S，Tiret L，et al． A new algorithm for haplotype-based association analysis：the Stochastic-EM algorithm［J］. Ann Hum Genet，2004,68(Pt 2)：165-177.

［32］ Ito T，Chiku S，Inoue E，et al． Estimation of haplotype frequencies，linkage-disequilibrium measures，and combination of haplotype copies in each pool by use of pooled DNA data［J］. Am J Hum Genet，2003,72(2)：384-398.

［33］ Hunter D J． Gene-environment interactions in human diseases［J］. Nat Rev Genet，2005,6(4)：287-298.

［34］ Ritchie M D，Hahn L W，Roodi N，et al． Multifactor-dimensionality reduction reveals high-order interactions among estrogen-metabolism genes in sporadic breast cancer［J］. Am J Hum Genet，2001,69(1)：138-147.

［35］ Moore J H，Ritchie M D． The challenges of whole-genome approaches to common diseases［J］. JAMA，2004,291(13)：1642-1643.

［36］ 吴学森. 基于全基因组关联分析的基因(环境)交互作用统计学方法进展［J］. 蚌埠医学院学报，2008,33(6)：706-709.

［37］ 严卫丽. 复杂疾病全基因组关联研究进展-遗传统计分析［J］. 遗传，2008,30(4)：543-549.

［38］ 余红梅. 实验设计样本含量与检验效能估计的讨论［J］. 中国卫生统计，2005,22(1)：51-54.

［39］ Munafò M R，Flint J． Meta-analysis of genetic association studies［J］. Trends Genet，2004,20(9)：439-444.

［40］ O'Donnell C J，Nabel E G． Cardiovascular genomics，personalized medicine，and the National Heart，Lung，and Blood Institute：part I：the beginning of an era［J］. Circ Cardiovasc Genet，2008,1(1)：51-57.

［41］ Manolio T A，Collins F S，Cox N J，et al． Finding the missing heritability of complex diseases［J］. Nature，2009,461(7265)：747-753.

［42］ Eichler E E，Flint J，Gibson G，et al． Missing heritability and strategies for finding the underlying causes of complex disease［J］. Nat Rev Genet，2010,11(6)：446-450.

［43］ Wang K，Li M，Hakonarson H． Analysing biological pathways in genome-wide association studies［J］. Nat Rev Genet，2010,11(12)：843-854.

［44］ DIAbetes Genetics Replication And Meta-analysis (DIAGRAM) Consortium；Asian Genetic Epidemiology Network Type 2 Diabetes (AGEN-T2D) Consortium；South Asian Type 2 Diabetes (SAT2D) Consortium，et al． Genome-wide trans-ancestry meta-analysis provides insight into the genetic architecture of type 2 diabetes susceptibility［J］. Nat Genet，2014,46(3)：234-244.

［45］ Illig T，Gieger C，Zhai G et al． A genome-wide perspective of genetic variation in human metabolism［J］. Nat Genet，2010,42(2)：137-141.

［46］ Gaulton K J，Ferreira T，Lee Y et al． Genetic fine mapping and genomic annotation defines causal mechanisms at type 2 diabetes susceptibility loci［J］. Nat Genet，2015，47 (12)：1415-1425.

［47］ Kooner J S，Saleheen D，Sim X，et al． Genome-wide association study in individuals of South Asian ancestry identifies six new type 2 diabetes susceptibility loci［J］. Nat Genet，2011,43(10)：984-989.

［48］ Willyard C． Heritability：The family roots of obesity［J］. Nature，2014,508(7496)：s58-s60.

［49］ Bradfield J P，Taal H R，Timpson N J，et al． A genome-wide associationmeta-analysis identifies new childhood obesity loci［J］. Nat Genet，2012,44(5)：526-531.

［50］ Speliotes E K，Willer C J，Berndt S I，et al． Association analyses of 249,796 individuals reveal

18 new loci associated with body mass index [J]. Nat Genet，2010，42(11)：937-948.

[51] Locke A E，Kahali B，Berndt S I，et al. Genetic studies of body mass index yield new insights for obesity biology [J]. Nature，2015，518(7538)：197-206.

[52] Smemo S，Tena J J，Kim K H，et al. Obesity-associated variants within *FTO* form long-range functional connections with IRX3 [J]. Nature，2014，507(7492)：371-375.

[53] Satake W，Nakabayashi Y，Mizuta I，et al. Genome-wide association study identifies common variants at four loci as genetic risk factors for Parkinson's disease [J]. Nat Genet，2009，41(12)：1303-1307.

[54] Simón-Sànchez J，Schulte C，Bras J M，et al. Genome-wide association study reveals genetic risk underlying Parkinson's disease [J]. Nat Genet，2009，41(12)：1308-1312.

[55] Sleegers K，Lambert J C，Bertram L，et al. The pursuit of susceptibility genes for Alzheimer's disease：progress and prospects [J]. Trends Genet，2010，26(2)：84-93.

[56] Harley I T，Kaufman K M，Langefeld C D，et al. Genetic susceptibility to SLE：new insights from fine mapping and genome-wide association studies [J]. Nat Rev Genet，2009，10(5)：285-290.

[57] Hirota T，Takahashi A，Kubo M，et al. Genome-wide association study identifies three new susceptibility loci for adult asthma in the Japanese population [J]. Nat Genet，2011，43(9)：893-896.

[58] Paternoster L，Standl M，Chen C M，et al. Meta-analysis of genome-wide association studies identifies three new risk loci for atopic dermatitis [J]. Nat Genet，2011，44(2)：187-192.

[59] Barrett J C，Clayton D G，Concannon P，et al. Genome-wide association study and meta-analysis find that over 40 loci affect risk of type 1 diabetes [J]. Nat Genet，2009，41(6)：703-707.

[60] Gardet A，Xavier R J. Common alleles that influence autophagy and the risk for inflammatory bowel disease [J]. Curr Opin Immunol，2012，24(5)：522-529.

[61] Adolph T E，Tomczak M F，Niederreiter L，et al. Paneth cells as a site of origin for intestinal inflammation [J]. Nature，2013，503(7475)：272-276.

[62] Murthy A，Li Y，Peng I，et al. A Crohn's disease variant in Atg16l1 enhances its degradation by caspase 3 [J]. Nature，2014，506(7489)：456-462.

[63] 张鑫，李敏，张学军. 全基因组外显子测序及其应用[J]. 遗传，2011，33(8)：847-856.

[64] Sener E F，Canatan H，Ozkul Y. Recent advances in autism spectrum disorders：applications of whole exome sequencing technology [J]. Psychiatry Investig，2016，13(3)：255-264.

[65] Snijders Blok L，Madsen E，Juusola J，et al. Mutations in DDX3X are a common cause of unexplained intellectual disability with gender-specific effects on Wnt signaling [J]. Am J Hum Genet，2015，97(2)：343-352.

[66] Cruchaga C，Karch C M，Jin S C，et al. Rare coding variants in the phospholipase D3 gene confer risk for Alzheimer's disease [J]. Nature，2014，505(7484)：550-554.

[67] Reinstein E，Tzur S，Bormans C，et al. Exome sequencing identified mutations in CASK and MYBPC3 as the cause of a complex dilated cardiomyopathy phenotype [J]. Genet Res (Camb)，2016，98：e8.

[68] Yang L，Lee M S，Lu H，et al. Analyzing somatic genome rearrangements in human cancers by using whole-exome sequencing [J]. Am J Hum Genet. 2016，98(5)：843-856.

[69] Mak A C，Tang P L，Cleveland C，et al. Whole exome sequencing for identification of potential causal variants for diffuse cutaneous systemic sclerosis [J]. Arthritis Rheumatol，2016，68(9)：

2257-2662.

[70] Gurdasani D, Carstensen T, Tekola-Ayele F, et al. The African Genome Variation Project shapes medical genetics in Africa [J]. Nature, 2015,517(7534): 327-332.

[71] Vogelstein B, Papadopoulos N, Velculescu V E, et al. Cancer genome landscapes [J]. Science, 2013,339(6127): 1546-1558.

[72] Campbell C D, Mohajeri K, Malig M, et al. Whole-genome sequencing of individuals from a founder population identifies candidate genes for asthma [J]. PLoS One, 2014,9(8): e104396.

[73] Collins F, Varmus H. A new initiative on precision medicine [J]. N Engl J Med, 2015,372(9): 793-795.

7

药物基因组学在精准
医学中的应用

药物的使用原理是基于人体对药物的共有反应,但是临床上发现不同患者对于同一药物的反应往往并不相同,这一问题无法用传统的药动学和药效学来解释。随着对人类基因组的深入研究,人们发现由于人的个体间存在基因变异的原因,导致对于每种药物,都有 10%~40% 的人没有疗效,甚至百分之几或更多的人有不良反应[1]。有报道称全球每年有 750 万人死于不合理用药,位居死亡原因的第四位[2]。每年就医患者中因药物不良反应引起的占 6.5%~25%,耗资上亿元[3]。我国因药物不良反应住院的患者每年约 250 万人,直接死亡约 20 万人;每年发生药物性耳聋的儿童约 3 万多人;在100 多万聋哑儿童中,超过 50% 是药物致聋[2]。因此,在药物的使用和新药的设计、发现及成功应用中,充分认识人与人之间的基因变异对药物效应以及生物效应的影响是非常重要的。

随着基因测序技术的发展、测序成本的降低以及统计分析能力的大幅度提升,越来越多因个体基因差异引起药效差异的机制被揭示,药物基因组学(pharmacogenomics)应运而生,它是药物遗传学研究的延伸,是运用已知的基因理论和信息改善患者的治疗。因此,药物基因组学是以药物效应及安全性为宗旨,研究各种基因突变与药效及安全性关系的一门学科。

2001 年人类基因组计划(Human Genome Project,HGP)结果的公布以及之后的国际人类基因组单体型图计划(International Haplotype Map Project,HapMap 计划),促进了药物基因组学研究的发展[3],特别是近 10 年国内外已经发表了众多药物基因组学研究的论文和相关专著[4-8]。但是,由于功能基因组学研究起步晚,很多基因的功能及它们之间的相互关系还有待于系统梳理。因此,药物基因组学的知识体系还很不完善，要完成药物基因组学的目标还有很长的路要走。本章重点介绍药物基因组学的基本概念和理论基础、研究方法、研究内容、数据库以及在药动学和药效学中的应用，使读者了解药物基因组学的基本含义、重要意义和一些应用实例，并了解药物基因组学研究的最新进展和成果以及发展趋势。

7.1　药物基因组学概述

7.1.1　药物基因组学的发展和历史回顾

人们在 20 世纪 50 年代的时候就发现不同的人会对同一药物产生不同的反应[3,4]。随后，分子生物学的兴起和深入研究揭示了不同个体间的基因序列，也就是不同个体的遗传背景差异是导致这种药物差异性反应的原因。因此，1959 年，药物遗传学（pharmacogenetics）的概念就由德国的 Friedrich Vogel 提出来。到了 20 世纪 80 年代后期，这一概念开始在药物作用的研究和开发中广泛应用，这一时期的工作主要集中在研究药物代谢酶相关的单个基因变异对药物治疗的影响[3,4]。20 世纪 90 年代，随着人类基因组计划的进展，人类基因的多态性被广泛发现和证实，人们认识到药物在体内的反应和代谢涉及多个基因和途径的参与和相互作用，这些基因的多态性导致了药物反应的多样性，有些是对人有益的，有些是对人有害的。因此，为了提高药物利用效率、降低不良反应以及针对不同个体制订个体化用药方案，就衍生了一门在基因水平上研究不同个体或人群基因组遗传学差异及其对药物反应影响的新兴交叉学科，即药物基因组学[3,4]，并很快进入应用阶段。例如，1997 年 6 月，法国巴黎两家实验室 Abbott 和 Genenset 宣布成立世界上第一个采用药物基因组学概念研发药物的制药公司[9]，通过研究药物反应中的个体遗传学特征和差异，帮助患者或者特定人群寻找合适的药物，提供更客观、更有效的因人而异的个体化治疗方案。1998 年 6 月，美国国立综合医学研究所（National Institute of General Medical Sciences，NIGMS）建议启动药物基因组学计划，重点研究与药物反应表现型相关的基因型多样性。至今，已经成立了多家从事药物基因组学研发的公司（见表 7-1）。

表 7-1　目前从事药物基因组学研发的公司列表

公 司 名 称	公 司 名 称
AlphaGene	Genomics Collaborative
Celera Genomics	GeneProfile
Clingenix	Genset
CuraGen	Incyte Pharmaceuticals
deCODE Genetics	Millennium Pharmaceuticals
diaDexus	Myriad Genetics
DNA Sciences	Orchid BioSciences
Epigenomics	Oxford Glycosciences
Framingham Genome	PPD
Gemini Genomics	PPGx
Genaissance Pharmaceuticals	SEQUENOM
Genetech	Variagenics
Genome Therapeutics	

因此，现代医学不再只注重疾病的预防和传统的药物治疗，而是更加注重药物的安全性、有效性和精准性。药物基因组学可运用大范围、系统的基因组技术鉴定出与药物作用有关的基因，在基因水平设计新的化学药物，因人而异施药，而不是采用传统的单一处方治疗模式，最大可能地避免低效、无效甚至有不良反应的药物治疗。所以，可以预料药物基因组学的诞生和应用将会给药物开发带来一次突破性的革命，并将从此改变临床惯例，不仅各个制药公司会从中获益，而且消费者和政府也会因此节省很多时间和金钱。因此，用药物基因组学原理开发新药和开展临床治疗，生产更有效的治疗药物和诊断试剂，已经引起各国政府有关部门和企业的高度重视，具有重要的理论意义和广阔的应用前景。我国近年也加大了在此领域的投入和研发力度，研发具有我国自主知识产权的新药和建立多种疾病的我国人群队列基因数据库。

7.1.2　药物基因组学的遗传基础

遗传多态性是药物基因组学的理论基础。药物遗传多态性表现在药物从吸收、转运/分布、代谢、作用靶点和排泄等各个环节中参与基因的多态性，研究最多的可归纳为三个方面，分别是药物酶的多态性、受体的多态性和药物靶点的多态性，这些多态性的存在使许多药物在治疗中存在药效和不良反应的个体差异,具体表现在基因组的单核苷酸多态性、染色体和基因结构变异、基因表达差异、基因表观修饰等方面。

1) 单核苷酸多态性

在药物基因组学研究中,最常见的遗传变异影响因素是基于基因组的单核苷酸多态性(single nucleotide polymorphisms,SNP)变异。它是指同一位点的不同等位基因之间个别核苷酸的差异或只有小的插入缺失等(<50 bp),但通常所说的 SNP 仅指前一种情况,即单个碱基的变异。只涉及单个碱基变异的 SNP 有两种形式,即单个碱基的转换(transition)或颠换(transversion)。转换是指碱基由 C 转换为 T(在其互补链上则为 G 转换为 A),占单碱基突变概率的 2/3;颠换是指 C 转化为 A、G 转化为 T、C 转化为 G、A 转化为 T,但在自然条件下所占比率很低。在自然条件下 C→T 转换发生的概率高,是因为染色体上 CpG(二核苷酸)的胞嘧啶残基(C)大多数是甲基化的,可自发地脱去氨基而形成胸腺嘧啶(T)。

SNP 在所有的基因组中发生频率都比较高,在人类基因组上平均每 500~1 000 个碱基中就有一个多态性位点,所以总数可能达 300 万个以上。HapMap 计划和千人基因组计划(the 1000 Genomes Project)的开展使更多更新的 SNP 被发现,并被收录于 dbSNP(http://www. ncbi. nlm. nih. gov/dbSNP)和 HapMap 计划的 tag SNP (https://www. ncbi. nlm. nih. gov/variation/news/NCBI_retiring_HapMap/)数据库中。

SNP 变异的检测相对容易,因此其生物学影响的研究也比较清晰。要想了解 SNP 对基因功能的影响,首先要知道 SNP 发生的一些规律。SNP 依据其在基因上发生的位置分为两种:一种是编码区 SNP(coding-region SNP),其变异率仅为周围序列的 1/5,但其变异可以改变基因的编码,能使该基因编码的蛋白质中某些氨基酸发生变化而影响其功能,在遗传性疾病中具有重要作用;另一种是调节区 SNP(regulation-region SNP),它的变异影响基因的表达和调控,如使基因的表达量产生变化。从对生物表现出来的遗传性状的影响上来看,编码区 SNP 又可分为两种:一种是同义 SNP (synonymous SNP),是编码基因的碱基序列的单碱基改变并不引起其所翻译蛋白质的氨基酸序列发生改变,即突变碱基与未突变碱基的含义相同;另一种是非同义 SNP (non-synonymous SNP),是指编码基因的碱基序列发生突变可导致其所编码蛋白质的氨基酸序列发生改变,进而使蛋白质的功能发生改变。因此,后一种突变是导致基因功能和生物性状改变的直接原因。

在基因编码区约有一半 SNP 突变为非同义 SNP，会影响基因的功能，引起生物表型改变，直接或间接地导致疾病发生，成为重要的生物学标记。人类基因组上每 500～1 000 个碱基就有一个 SNP 位点，这样密集分布的 SNP 为人们提供了发现并定位与疾病相关基因突变的机会，而且高通量测序技术的发展使得 SNP 的检测越来越容易，越来越便宜。除此之外，通过对 SNP 变异的比较分析，还可以研究某些遗传病的生物起源、进化及迁移等特性，SNP 也是疾病群体遗传学研究的重要内容。因此，SNP 在药物基因组学和生物医学研究中具有重要作用。

阐明 SNP 与药物反应之间的关系已成为目前基因组学的一个重要研究方向。例如，表皮生长因子受体（epidermal growth factor receptor，EGFR）是表皮生长因子（EGF）细胞增殖和信号传导的受体，广泛分布于哺乳动物上皮细胞、成纤维细胞、胶质细胞、角质细胞等细胞表面。EGFR 属于酪氨酸激酶受体，其酪氨酸激酶区域的突变主要发生在 18～21 号外显子，其中 19 和 21 号外显子突变占该基因突变的 90%[10]。这些突变会导致酪氨酸激酶功能缺失，或者导致其所在信号通路中关键因子的活性改变，或者导致细胞定位异常，这些改变往往与肿瘤细胞增殖、血管生成、肿瘤侵袭、转移及抑制细胞凋亡有关。已经证明 EGFR 突变是重要的癌症驱动因子，我国肺癌患者的 EGFR 突变率达 30% 以上，尤其在不吸烟、女性和腺癌患者中有多达一半的 EGFR 突变。因此，EGFR 突变已经成为肿瘤的分子标志物和肿瘤治疗药物研发的重要靶点[10, 11]。

2）基因重组

所谓基因重组，广义上是指体内或体外不同 DNA 分子间发生重组（recombination），形成新的 DNA 分子，导致原来的基因功能发生改变。大家非常熟悉的间变性淋巴瘤激酶（anaplastic lymphoma kinase，ALK），其编码基因位于染色体 2p23，在中枢神经系统和外周神经系统中起重要作用，其基因全长含有 29 个外显子，编码的蛋白质含有 1 620 个氨基酸，预计相对分子质量为 177 000。该基因的羧基端激酶保守区域通过与其他多种基因的氨基端保守区域融合产生相对分子质量为 80 000 的融合肿瘤蛋白，激活与细胞增殖有关的信号通路而致癌，如 70%～80% 间变性大细胞淋巴瘤患者存在 NPM-ALK 融合，6.7% 的非小细胞肺癌患者存在 EML4-ALK 融合，在弥漫性大 B 细胞淋巴瘤和炎症性肌纤维母细胞瘤中也发现了多种类型的 ALK 基因重排，此外在乳腺癌、结直肠癌中也有所发现，证明 ALK 是强力致癌驱动基因[12]。

2011 年美国 FDA 批准的第一个 ALK 突变基因抑制剂是克唑替尼(crizotinib),用于治疗 ALK 阳性非小细胞肺癌,因为它是酪氨酸激酶受体抑制剂,所以对 c-Met[肝细胞生长因子受体(HGFR),MET]、RON(Recepteur d'Origine Nantais)也有抑制作用[12]。但是第二代 ALK 抑制剂色瑞替尼(ceritinib)和阿雷替尼(alectinib)不再抑制 c-Met,能够克服克唑替尼的耐药性,都获得了 FDA 突破性药物资格(http://www. biodiscover. com/news/industry/113434. html)。所以针对像 ALK 基因融合这样的变异,需要根据具体的融合变异情况,做更细致的基因检测才能进行更有效的个体化治疗和新药开发设计。

3) 拷贝数变异

基因拷贝数变异(copy number variation, CNV)广义上指的是不小于 1 kb 的DNA 片段的复制、插入、缺失及其他多位点复杂变异,是大小范围从 1 kb 到 3 Mb 的亚微观突变,通常指的是"复制"这种情况,是一个可能具有致病性、良性或未知临床意义的基因组改变。这种大片段的结构变异发现于 2004 年,目前确认人类基因组中约有 12% 的区域是基因拷贝数多变区,相对于 SNP 约占人类基因组约 0.5% 的比例,CNV 是更为主要的一种遗传变异多态性[参考了 Database of Genomic Variations(http://projects. tcag. ca/variation/)、dbVar(http://www. ncbi. nlm. nih. gov/dbvar)、dbSNP(http:// www. ncbi. nlm. nih. gov/dbSNP)]。

现有的研究表明,CNV 在人类的生理表型差异,特别是疾病的发生发展过程中具有重要的作用,在染色体上最常见的区域是 15q11. 2、15q13. 3、16p13. 1、17p11-12 等。CNV 致病的分子机制包括:①基因剂量效应;②基因断裂;③基因融合;④位置效应;⑤隐性等位基因显性化等。CNV 可以导致罕见疾病和呈孟德尔遗传的单基因疾病,也与人类复杂疾病相关,如 1991 年最早发现的腓骨肌萎缩症(Charcot-Marie-Tooth, CMT),就与染色体 17p11. 2-p12 上一段 1.5 Mb 片段倍增有关[13],还有一些神经系统疾病(DiGeorge/velocardiofacial、Smith-Margenis、Williams-Beuren 和 Prader-Willi syndromes 等)以及对环境适应和免疫能力的改变等疾病[13, 14]。转移性乳腺癌的生物标志物——人类表皮生长因子受体 2(human epidermal growth factor receptor-2, HER2)基因,定位于染色体 17q12-21. 32 上,其检测呈阳性患者占所有乳腺癌患者的 15%～20%。作为原癌基因,HER2 的过表达或扩增是一个危险信号和因素,HER2 具有酪氨酸激酶活性,它累积在癌细胞表面,刺激癌细胞疯狂生长,浸润性强,更容易复发和转移较快,患者无病生存期短,是乳腺癌患者的强预后标记,*HER2* 及其相关基因的过表达直接影响治疗方案的选择[15]。

因此,利用全基因组关联分析的策略对 CNV 和疾病之间的关系进行系统的统计分析将非常有意义。高通量测序技术和基于芯片的比较基因组杂交技术(array-based comparative genomic hybridization,aCGH)的发展促进了对 CNV 精细结构的研究,发现了许多含有复杂重排结构的 CNV。例如,"基因组变异数据库"(Database of Genomic Variants,DGV;http://projects.tcag.ca/variation/)对研究发表的 CNV 进行了收录和数据整理;DECIPHER(Database of Chromosomal Imbalance and Phenotype in Humans using Ensembl Resources;http://decipher.sanger.ac.uk/)是基于 Ensembl 数据信息对致病性的倒位、转座、长度大于 50 bp 的结构变异等形式进行了收录,截至 2016 年 6 月,已经收录 1 617 个变异序列,共计 20 307 个病例。随着第三代基因测序技术的问世,实现了对基因组大片段的直接测序,弥补了第二代测序"霰弹法"技术的不足,将大大提高拷贝数变异(CNV)研究的分辨率和准确率,将拓展人们对 CNV 形成、进化、在染色体上的分布以及生物学效应等问题的全面认识,为疾病诊断和药物基因组学提供准确信息[13,16]。

4) 大片段插入/缺失

大片段插入/缺失突变(insertion/deletion,InDel)也是常见的基因组变异,区别于点突变(SNP)和拷贝数变异(CNV),它主要是指染色体和蛋白质在进化过程中发生的序列长度上的改变,需要通过比较正常表型的基因组序列和疾病表型的基因组序列来推测判断哪些序列发生了插入,哪些序列发生了缺失[17]。目前认为由 DNA 双链断裂引起的非同源末端接合机制和非等位基因相似重组是基因组上 InDel 产生的主要机制[18]。这些大片段 InDel 突变可能导致某些重要基因功能缺失,或者导致那些在阻止或控制癌症生长方面发挥重要作用的基因缺失,往往引起严重疾病,如基因缺失突变引起的遗传性非息肉性结直肠癌(hereditary nonpolyposis colorectal cancer,HNPCC)、假肥大型肌营养不良症(duchenne muscular dystrophy,DMD)和脊肌萎缩症(spinal muscular atrophy,SMA)、囊性纤维化跨膜转运调节因子(cystic fibrosis transmembrane conductance regulator,CFTR)介导的疾病等。

遗传性非息肉性结直肠癌(HNPCC,也称为林奇综合征 Lynch syndrome)是一种常染色体显性遗传病,是遗传性结直肠癌中最常见的一种疾病,在所有的结直肠癌中约占

2%～5%。它与其他结直肠癌［如散发性结直肠癌（sporadic colorectal cancer，SCRC）、家族性腺瘤性息肉病（familial adenomatous polyposis，FAP）等］相比，发病机制和临床特征均不同，主要由错配修复（mismatch repair，MMR）基因突变导致，具体基因包括 MLH1、MSH2、MSH6、PMS1、PMS2 及 MLH3 六种，致病突变尤其集中在 MLH1 和 MSH2 基因上，在 HNPCC 相关基因突变中可占约 90%[19]。但是目前对于 MMR 基因的筛查大多是针对点突变，导致该基因大片段异常在 HNPCC 家系检测中常常被漏诊。由于 MMR 基因在引发 HNPCC 上所起的重要作用，国际上也有一些 MMR 突变数据库，为研究者提供了分享和获取信息的平台，其中最具权威的是 InSiGHT（http://www.insight-group.org/mutations/）数据库，由国际遗传性胃肠道癌症协会（the International Society of Gastrointestinal Hereditary Tumors，InSiGHT）创建并管理，该数据库已收集遗传性胃肠道肿瘤相关的 10 个致病基因，其中涉及 MLH1、MLH3、MSH2、MSH6、PMS1 和 PMS2 等基因。根据这些致病基因的差异，相应的治疗方案和随访方案的制订也不尽相同。

假肥大型肌营养不良症是由抗肌萎缩蛋白（dystrophin）基因突变所致，主要突变类型为基因的部分缺失或重复，如该基因的外显子 66 和 72 拷贝数增加，外显子 7、20、24、25、26、40、47、50 纯合缺失，占全部突变基因的 50%～70%[20]。脊肌萎缩症（SMA）是一类以脊髓前角运动神经元退化变性为特征的疾病，其发病机制主要与运动神经元存活基因 1（survival motor neuron gene 1，SMN 1）的外显子 7 缺失突变相关[21]。

5）表观遗传修饰

表观遗传（epigenetic）修饰是指在基因的核苷酸序列不发生改变的情况下（即基于非基因序列改变）所发生的可遗传的基因表达的改变，它阐述了具有相同 DNA 序列的细胞或生物体如何产生明显表型差异的机制，其内容包括 DNA 甲基化、组蛋白修饰、染色质重塑、非编码 RNA、随机染色体失活、遗传印记等现象[22]。

对于表观遗传现象的深入研究有助于揭示基因组学不能解释的现象，如环境因素和生活习惯等对癌症、精神类疾病（抑郁症、成瘾性、记忆障碍、Rett 综合征等）、心血管疾病、代谢综合征、自身免疫病及衰老等发生的影响和治疗。值得注意的是，与前述几种 DNA 序列改变引起的疾病不同，一般表观遗传变异是可逆的，不稳定的，受外界影响能改变的，因此表观遗传异常引发的疾病相对容易治疗，这使表观遗传学成为生物医学研究领域的新热点之一。随着分子生物学和测序技术的发展，表观遗传学在分子水平上得到了更为系统的研究，将对人类健康产生深远而广泛的影响。本书中有关肿瘤和复杂疾病的章节和本系列丛书的《表观遗传学与精准医学》一书中，将详细介绍表观遗传修饰与疾病发生和治疗的研究内容，这里不再赘述。

7.1.3　药物基因组学的研究内容和目标

1）概念

药物基因组学（pharmacogenomics）是研究人类基因组遗传特征和药物反应关系的科学，即利用基因组学信息解答不同个体对同一药物存在不同反应的原因，主要阐明涉及药物吸收、转运、分布、代谢、作用靶点和排泄等各环节的相关基因多态性与药物作用（包括疗效和不良反应）之间的关系，是药物遗传学（pharmacogenetics）的发展和延伸[4-8]。药物反应的遗传多态性主要表现为药物转运体的多态性、药物代谢酶的多态性、药物受体或作用靶点的多态性等，这些多态性的存在导致许多药物在治疗中表现出不同药效或不良反应的个体差异，药物基因组学则帮助人们从基因水平全面揭示这些差异的遗传特征，鉴别基因序列中的个体差异，在基因水平研究药效的差异，并以药物效应及安全性为目标，指导个体化用药和新药研制，提高药物使用效率和安全性。

2）研究内容

药物基因组学不同于一般的基因组学研究，它不是以发现新的基因和新的基因功能为目的，而是利用已知的基因组学理论，结合生物信息学工具，从基因水平研究基因遗传多样性因素对药物吸收、代谢和作用效应的影响，确定药物作用的靶点，揭示基因序列多态性与药物效应多样性之间的关系，阐明药物反应的个体差异原因，是在遗传学、药理学、基因组学、生物信息学、临床医学基础上发展起来的一门新兴交叉学科。

药物基因组学也不以研究疾病的发生机制和诊断为内容，而是探讨药物作用在人群中的遗传分布规律，以满足临床上同一种药物针对不同人群或个体使用时的药效和安全需要。因为人的基因序列在个体之间存在着遗传多样性，每个基因的功能又由两个等位基因共同调控，而且人的绝大部分性状是由多基因、多代谢途径共同参与和调控，所以基因的微小或局部突变往往并不在表型性状上表现出来，正常条件下也不会导致疾病,但是对药物相关基因作用的影响却往往比较明显,导致药物治疗效果在个体间存在较大差异。因此,药物基因组学更关注药物效应相关基因的变异,对药物吸收、转运、活化、代谢、排泄等一系列过程相关的候选基因进行比较研究,鉴定基因序列的变异位点,运用统计学原理开展基因突变与药效的相关性分析,进一步通过实验验证相关性显著的基因多态性在药物效应中的真实作用,为新药开发和临床应用提供指导。

此外,人体基因多态性往往存在着种族和家族的差异,欧美人的某一个基因的变异特征(变异位点和频率)可能不同于亚洲人种的变异特征。因此,某一个药物适用于欧美人种,却不一定适用于亚洲人种。随着研究的深入,这样的例子越来越多,必须建立自己国家和地区人群队列的基因变异特征数据库,为药物治疗、新药开发和疾病诊断提供基因组学数据资源基础。

因此,随着第三代测序技术与大数据存储和分析技术的发展,药物基因组学将在药学和精准医疗研究中发挥重要作用,更加深入地揭示药物代谢和作用机制,精确设计新药研发,真正实现个体化用药,并将从根本上改变药物临床治疗模式和新药开发方式。

药物基因组学的研究步骤通常是:①选定某个或多个与某药物疗效相关的候选基因或基因群;②收集已有的或开展临床试验收集与该药物疗效或与该基因/基因群有关的遗传多态性关系并进行生物信息学和统计学分析;③完成人群中该基因/基因群遗传多态性分布规律的分析,建立数据库,作为将来指导药物治疗和新药开发的基础和储备。

3) 目标

开展药物基因组学研究的目标在于通过揭示药物反应在不同人群和个体中与遗传多样性的关系,提高和完善药物疗效和安全性,降低和避免药物使用的不良反应,指导临床合理化用药和新药开发。美国 FDA 曾在 2005 年 3 月 22 日面向药厂颁布了《药物基因组学资料呈递(*Pharmacogenomic Data Submissions*)指南》,旨在敦促药厂在提交新药申请时,必须提供所申请药物的药物基因组学资料,以便更有效地推进“个体化用药”进程,最终实现根据“每个人的遗传特征”用药,使患者获得最大药物治疗效果,面临最小的药物不良反应危险,同时也节约社会资源,提高经济效益。近年来,在某些药物,尤其是在恶性肿瘤的某些新型靶向治疗药物的临床使用上,更是需要对患者进行相关基因的遗传多态性检测和分析,然后判断是否可以用药及用药的剂量与方式,是实现个体化用药和精准治疗的起步。我国国家食品药品监督管理总局(CFDA)为了提高个体化治疗效果,也公布了重要的药物代谢酶和药物作用靶点基因检测项目及其用药指导方案(详见本章7.5)。

此外,随着药物基因组学研究的开展,尤其是我国"十三五"启动的多种重大疾病大型人群队列研究,为科研和临床人员提供了更多、更全面、更新的药物反应相关基因及其信息的大数据,有利于系统建立药物靶点数据库和构建高通量药物靶点筛选模型,为加速发现新的药物靶点提供了基础,将推动我国具有自主知识产权的新药设计和精准医疗的发展。

7.2 药物基因组学研究方法

药物基因组学研究的主要策略是选择药物吸收、转运、活化、代谢、起效、排泄等过程相关的候选基因进行研究,鉴定基因序列的变异,再用统计学原理分析基因变异与药效的关系,并通过实验验证,确定基因变异在药物作用中的意义。因此,药物基因组学的发展需要行之有效的检测技术来准确揭示药物相关基因变异情况,为鉴定遗传变异对药物作用的影响提供前提条件。随着科技的发展,从最初的凝胶电泳技术,到聚合酶链反应技术、等位基因特异性扩增技术,再到荧光染色技术,最后是当前广泛应用的DNA芯片技术、高通量测序技术、蛋白质组学技术、生物信息学技术、正在兴起的基因分型技术,先后为研究药物相关基因变异提供了多种研究手段和思路,同时也对药物基因组学的发展和完善做出了重大贡献。以下对最经常使用的基因组学相关技术和方法作一简要介绍。

7.2.1 芯片技术

生物芯片技术兴起于20世纪90年代,是生命科学领域中发展非常迅速的一项高新技术,它主要是指通过微加工技术和微电子技术在固相载体(如玻璃、塑料等)的表面构建的微型生物化学分析系统,以实现对细胞、DNA、蛋白质及其生物组分的准确、快速、高通量信息的检测。进入21世纪,随着相关物理、化学和生物等技术的发展,推动生物芯片技术日趋稳定,产品愈加丰富,已经从最初的表达谱芯片发展到基因组多态性芯片、SNP检测芯片、甲基化芯片、chip-on-chip、microRNA芯片等多种专业芯片,广泛应用在药物研发、疾病检测与诊断、生命科学、环境科学、农林业、司法等领域[23, 24]。

生物芯片技术在药物基因组学和疾病的发生、发展、诊断和机制等领域发挥了重要作用。因为药物基因组学的研究和个体化合理用药的应用,都依赖于人类基因组中大量基因变异的确定,这些基因变异跟药物疗效的个体化差异关系密切。生物芯片的主要特点就是高通量、微型化和自动化,尤其适用于对已知基因序列多态性进行大样本量分析。因此,在核酸突变的检测及基因组多态性的分析上,利用基因芯片技术已经对人 *BRCA1* 基因外显子 11,*CFTR* 基因,β-地中海贫血,*Ras* 基因单碱基突变,人线粒体 16.6 kb 基因组多态性,HIV-1 反转录酶及蛋白酶基因,人类基因组单核苷酸多态性的鉴定、作图和分型等开展了众多研究[25]。因此生物芯片在药物基因组学研究中,尤其是在已知基因序列突变的检测上,提供了快速、低成本、广泛的技术支持,在一定程度上推进了药物基因组学和个体化用药在临床上的应用。

杂交测序是基因芯片技术的另一重要应用,在快速检测大量基因方面比一代测序技术大大提高了效率,但对于每个目的基因需要通过大量重叠序列探针的杂交才能推导出其 DNA 序列,所以杂交测序主要应用于已知基因,并需要制作大量的探针。如果检测的目的基因少于 120 个,可以用 PCR 技术和一代测序解决;如果检测的目的基因远远多于 120 个,如美国 Affymetrix 公司当前生产的 PharmacoScan Solution 针对 1 191 个与药物吸收、分布、代谢和排泄相关的基因提供了 4 627 个探针,可以一次性检测已知的重要药物相关基因的变异,大大提高了检测效率并降低了成本(https://www. thermofisher. com/cn/zh/home/life-science/microarray-analysis/human-genotyping-pharmacogenomic-microbiome-solutions-microarrays/pharmacogenomics-solutions-microarrays. html)。

尽管基因芯片技术已经取得了长足的发展,尤其在已知基因的高通量检测上得到广泛应用,但仍然存在着许多难以解决的问题,如技术成本比较昂贵、数据分析复杂、检测灵敏度较低、重复性差、检测基因范围较狭窄等,表现在样品的制备、探针合成与固定、分子的标记、数据的读取与分析等几个方面,相信随着技术的发展和进步将逐步完善。

7.2.2 测序技术

二代测序技术,又称下一代测序技术,是与基因芯片技术同时发展起来的新型测序技术,是对一代测序技术的革命性变革,可以一次完成数十万甚至数千万条 DNA 分子的序列测定,使得在极短时间内对人类转录组和基因组进行细致研究成为可能,比基因芯片更加高效、准确、快捷。而且,与基因芯片相比,其最大的优势是可以对未知基因的变异进行检测,而基因芯片只能对已知基因进行检测。经过二十几年的发展,淘汰了几种测序方法和机型,目前 Illumina 高通量短序列测序技术平台 HiseqX-Ten 等,能在一天之内完成人类基因组的重测序,成本更是降至万元以内,使得测序技术成为了准确揭示染色体和基因变异、基因表达调控、表观遗传修饰的强有力的研究工具,在基本分子生物学研究(包括基因表达、基因调控、基因变异等)、癌症等复杂疾病的发生发展机制、疾病的预防和治疗、药物靶点的预测、新药的研发、个体化医疗等领域发挥越来越大的作用,大大推动了生物医学的发展和进步。本书的第 2 章中详细介绍了测序技术的原理、发展历程及其在精准医学研究中的应用,这里不再赘述。

7.2.3　测序相关技术

1) 目标序列捕获技术

新一代测序技术的发明,带来了现代基因组学研究的快速发展,很多物种的基因组都开展了测序研究,但是基因组的复杂程度给全基因组测序带来困难,测序成本也给科研造成压力。很多情况下,科研人员其实不需要对细胞的全基因组进行测序,而只是希望研究与表型相关基因的遗传和表达情况。2009 年,目标序列捕获技术的出现,使得专门针对目标基因开展高深度测序和精确分析成为可能,而且效率上比传统 PCR、一代测序和基因芯片技术更高,同时能节省大量的时间及成本,有效解决了上述问题。尤其是在相同成本下,样本数量是发现致病基因及其变异的关键指标,目标序列捕获技术与二代高通量测序技术的联合应用被证明是一个强大、有效的技术,并迅速取得了很多令人兴奋的成果,被 *Science* 评为 2010 年最重要的技术发明,具有广阔的应用空间。

目标序列捕获技术是针对目标基因组区域定制特异性探针,再与基因组 DNA 进行杂交(固相或液相),将目标基因组区域的 DNA 片段进行富集后再利用二代高通量测序技术进行测序和解析。目前有两种基本富集方法:PCR 法和杂交法。第 1 种方法:PCR 法捕获目标序列,受 PCR 扩增能力的限制,一般每个扩增片段的长度在 500 bp 左右性价比最佳,但是分析的通量小,而且需要特殊的酶和特殊的 PCR 条件;如果分析

100 kb 以下的片段,可以通过多次 PCR 的方式实现,但是成本高昂,稳定性差。代表性产品有 Life Technologies 公司的 Ion AmpliSeq™ 和 RainDance Technologies 公司的 ThunderStorm™ 系统,都实现了目标区域的高覆盖度捕获。第 2 种方法:杂交法捕获目标片段,是根据 DNA/RNA 碱基互补杂交原理,基于目标基因组序列设计杂交探针,再将这些探针固定在惰性支持物上(用于后续分离与探针杂交的目标序列片段);同时将目的基因组打断,加上接头(用于测序)后,与上述探针杂交,洗脱掉未杂交上的 DNA 片段,回收杂交上的目标 DNA 片段,最后对目标片段进行建库和 DNA 测序。代表性产品有安捷伦(Agilent)公司的 SureSelect 目标序列捕获系统(DNA Capture Array 及 Target Enrichment System)和罗氏公司开发的 NimbleGen Sequence Capture Array 序列捕获技术。

目标序列捕获技术大大推动了外显子组测序的进展,它能将基因组中全部外显子区域富集作为研究对象,鉴定各种复杂疾病中反复突变的编码基因,协助确定传统的单基因疾病的分子缺陷,并为人类进化和群体遗传学提出新见解;而且在相同的时间和成本下,可以研究更多的样本,大大降低了实验成本和分析难度,已经发表了成百上千篇的研究成果。

目标捕获技术还可以用于 SNP 芯片中未包含的罕见 SNP、基因组中简单区域 CNV 的研究,也可以用于捕获 RNA 序列进行低丰度转录本的定量、基因的可变剪接、基因融合以及等位基因的表达等研究。例如,美国多个研究机构开展了由 1 万人和 1 000 人参加的药物基因组项目,对与药物靶点、药物转运、药物代谢等药物治疗相关的 84 个基因序列(见表 7-2)〔由美国药物基因组研究网络(the Pharmacogenomics Research Network)开发提供〕,利用罗氏 NimbleGen 序列捕获探针,从全基因组 DNA 中富集这些基因的片段,包括这些基因的全部外显子区域、UTR 区域及 2 kb 外显子上游的片段,然后利用二代测序仪进行高深度的测序,可以同步完成数十例患者、大量基因的同步测序,时间成本及检测费用都相对较少。结果表明可以获得 $500\times$ 的目标区域覆盖度,平均每个样本可以获得 1 300～1 500 个 SNV,还发现了原有测序数据中没有发现的低频率突变,其中 30%～50% 是新的 SNV,9% 被预测有功能性,如发现了利阿诺定(兰尼碱)受体 1(ryanodine receptor type 1, *RYR1*)基因一个新的无义突变,这个基因与恶性高热有关,也与一些致命性的麻醉剂不良反应产生有关[26]。

表 7-2 美国药物基因组研究网络选择的与药物靶点、药物转运、
药物代谢等药物治疗相关的 84 个重要基因

美国药物基因组研究网络基于二代测序技术捕获的 84 个药物治疗相关基因名称					
ABCA1	CACNA1C	CYP3A4	HLA-DQB3	PEAR1	SLC6A3
ABCB1	CACNA1S	CYP3A5	HMGCR	POR	SLC6A4
ABCB11	CACNB2	DBH	HSD11B2	PTGIS	SLCO1A2
ABCC2	CES1	DPYD	HTR1A	PTGS1	SLCO1B1
ABCG1	CES2	DRD1	HTR2A	RYR1	SLCO1B3
ABCG2	COMT	DRD2	KCNH2	RYR2	SLCO2B1
ACE	CRHR1	EGFR	LDLR	SCN5A	TBXAS1
ADRB1	CYP1A2	ESR1	MAOA	SLC15A2	TCL1A
ADRB2	CYP2A6	FKBP5	NAT2	SLC22A1	TPMT
AHR	CYP2B6	G6PD	NPPB	SLC22A2	UGT1A1
ALOX5	CYP2C19	GLCCI1	NPR1	SLC22A3	UGT1A4
APOA1	CYP2C9	GRK4	NR3C1	SLC22A6	VDR
ARID5B	CYP2D6	GRK5	NR3C2	SLC47A1	VKORC1
BDNF	CYP2R1	HLAB	NTRK2	SLC47A2	ZNF423

(表中数据来自参考文献[26])

上述检测的基因中既包括已知对药物使用有指导作用的基因如 *CYP2C1*、*VKORC1*、*SLCO1B1* 及 *CYP2C9* 等，也包括一些已经明确对药物代谢有影响但在指导用药上不明确的基因，如多环芳香烃受体（aryl hydrocarbon receptor，*AHR*）基因等，还有大量 *RYR1* 基因上的功能性突变，许多处于杂合子的状态，值得进一步发掘其临床意义。所有这些测序的结果都将建立电子医疗记录档案和数据库，用于更多的研究[26]。

2）单核苷酸多态性的分析技术

前面已经提到，SNP 在人类基因组中发生频率比较高，多态性丰富，已经成为广泛用于群体遗传学研究、药物基因组学、医学诊断学等领域强有力的研究工具。利用 PCR 结合一代测序技术、芯片技术和高通量测序技术都能进行 SNP 检测，而检测样本的数量和基因位点的数量对研究至关重要，这里按照检测通量从高到低的排列顺序介绍常用的 SNP 检测方法及其各自特点。

（1）全基因组测序：这是最贵的方法，但也是检测 SNP 最全面的方法，不仅可以检

测已知基因和编码区的 SNP,也可以检测未知基因和非编码区的 SNP,适用于针对全基因组 SNP 的从头研究;当前只有 Illumina 的 Hiseq3000、Hiseq4000、HiseqX-ten 测序平台能够胜任此项任务,该方法可以大大降低检测成本,每个人类样本 100×覆盖度测序量的费用约为 1 万～2 万元。

(2) 外显子组测序:通过序列捕获技术进行外显子组测序,可以得到较全面的基因编码区的 SNP 信息,也是比较贵的检测方法,一个人类样本大概需要 1.5 万元,如前面提到的 Agilent 公司的 SureSelect 和罗氏公司的 NimbleGen 基因序列捕获技术。

(3) 全基因组 SNP 芯片:利用核酸杂交和荧光扫描技术,Illumina(Infinium 和 Godengate 平台、甲基化 450K 等)和 Affymetrix(CytoScan、SNP 6.0 等)都有很著名的全基因组 SNP 芯片。其中,Illumina Human Omni ZhongHua-8 BeadChip 芯片覆盖了中国人群体约 81% 的常见变异($r2 > 0.8$),其次要 $MAF > 5\%$;稀有变异($MAF > 2.5\%$)覆盖度约为 60%($r2 > 0.8$),是目前基于千人基因组计划最新内容和 Infinium HD 分析的芯片,适用于中国人群体中发现的常见和稀有变异的全基因组关联研究。每个样本费用在 2 000～5 000 元,比全基因组测序和外显子组测序的价格要低,但是只能针对已知基因序列的检测。

(4) 质谱法:通过利用 MALDI-TOF-MS 质谱精确测量多重 PCR 反应的单碱基延伸产物的相对分子质量,可以精确检测几十个碱基序列的 SNP 位点(1～36 个)。例如,Sequenome MassArray 平台的 iPLEX GOLD 技术可以检测最高达 40× 覆盖度的 PCR 反应,无须预制芯片、预订荧光探针,但要合成常规的 PCR 引物进行多重 PCR 反应,摸索和优化反应条件难度比较大,耗材成本不低,但是适合对已经确认的、数量有限的位点进行验证和基因分型的深度研究,如用于对几十个到上百个位点进行数百至数千份样本检测验证(即中等通量的 SNP 位点检测)。

(5) SNaPshot 法:一个经典的中等通量的 SNP 检测方法,由美国应用生物公司开发,是基于荧光标记单碱基延伸原理的分型技术,也称小测序。该技术是对紧临多态位点 5′-端的不同长度延伸引物用测序酶、四种荧光标记双脱氧核苷酸(ddNTP)进行一个碱基的延伸反应,利用毛细管电泳检测延伸的碱基的荧光信号。通常用于 10～30 个 SNP 位点的分析。此方法起源于早期的多重荧光微测序法,它为开展中高通量和低成本测序进行基因型分析打下了基础。

(6) HRM 法:即高分辨率熔解曲线(high resolution melting)分析,是熔解分析的新一代应用,主要应用于 SNP 位点检测、杂合子检测、甲基化检测等基因分型研究中。其原理是:目的基因的 DNA 序列上如果存在 SNP 位点,则在升温熔解实验过程中因为碱基不匹配而使该位置的双链 DNA 先解旋,荧光染料从局部解链的 DNA 分子上释放,使升温过程中的荧光强度发生改变,通过实时监测升温过程中荧光强度-时间曲线就可以判断是否存在 SNP 变异或杂合子,进行基因分型分析。该方法不需要设计特异性探针,对目的基因片段 PCR 扩增后就可以进行高分辨率熔解曲线实验,操作简便、快速,成本低,结果准确,但需要带有 HRM 分析功能的实时定量 PCR 仪和高质量的 DNA 样本制备仪,适用于分析 100 bp 以下的基因片段。客户体验认为 HRM 更适合于寻找突变体,而非 SNP 检测[27]。

(2) TaqMan 法:一次一个 PCR 反应管中测一个位点的 SNP,通量最低,需要设计探针,但是结果准确,适用于少量 SNP 位点分析。其原理是针对基因组上可能的 SNP 位点分别设计 PCR 引物和 TaqMan 探针,进行实时荧光定量 PCR 扩增。探针的 5′-端和 3′-端分别标记一个荧光报告基团和一个荧光淬灭基团,并被磷酸化以防止探针在 PCR 过程中延伸。因为探针的 5′-端和 3′-端离得很近,探针在完整时不发光。如果探针与目的 DNA 模板杂交,形成双链 DNA。在对目的基因进行 PCR 扩增过程中,当扩增至探针杂交的位置时,由于 Taq 酶具有核酸外切酶的活性,从而将探针 5′-端连接的荧光分子从探针上切割下来,破坏两荧光分子间的 PRET,报告基团发出荧光。通过实时检测 PCR 反应过程中荧光信号强度的变化,就可对样本进行定量分析。该方法已广泛应用于医药卫生、生命科学、农林业科学和法律等方面[28]。

代表公司有:Thermo Fisher、Bio Rad、ABI 等,它们对 Taqman 探针法的 SNP 检测技术随时推出新产品,如荧光基团的改进、实时定量 PCR 检测仪器的改进等,可关注最新发表的文章和各大生物公司的更新推广,以获得最新、最合适和最有效的检测方法。

3) 基因表达系列分析

基因表达系列分析(serial analysis of gene expression,SAGE)是通过快速和详细分析成千上万个表达序列标签(expressed sequence tags,EST)寻找出表达丰度不同的一系列 DNA 标签序列,来代表不同转录本特征序列,并将 EST 以连续数据形式输入计算机中进行处理的分析技术,从而接近完整地获得基因组表达信息。该技术始于1995 年,优点是快捷、有效地进行基因表达研究,可应用于人类基因组和药物基因组研究,如人类疾病相关基因的遗传连锁分析等[29]。

SAGE 技术的原理是基于统计学上认为一个 9 碱基顺序能够分辨 262 144 个不同的转录本,而估算人类基因组仅能编码 80 000 种转录本,每个细胞瞬时表达的转录本只有 20 000 多个基因,所以理论上每一个 9 碱基标签能够代表唯一确认的一种转录本的特征序列,能满足足够多的基因分析信息量。张群宇等曾经详细地介绍了 SAGE 的实验原理和流程:用限制性内切酶处理转录组样本,使之产生 10～14 bp 的 cDNA 标签,再通过 PCR 扩增和连接,然后进行测序和计算分析,就能对数以千计的 mRNA 转录本进行分析,尤其大大简化和加快了 3′-端表达序列标签的收集和测序。1995 年,Velculescu 等首次应用此方法对人的基因组进行研究,经计算机对酶切后回收的 1 000 个 9 碱基标签数据进行分析和在 GenBank 中检索证实,95%以上的标签能够代表唯一的转录本,并且能够根据标签的出现频率计算基因的转录水平,表明 SAGE 能够快速、全面获取生物体基因表达信息,对已知基因进行量化分析[29]。目前 SAGE 标签都收录于 NCBI 的 SAGE 数据库中(http://www.ncbi.nlm.nih.gov/projects/SAGE/)。

SAGE 也能应用于发现未知序列、寻找新基因。比如当发现一个 EST 标签序列在已知序列数据库 GenBank 等中检索时没有发现同源序列,则可将该标签作为探针在 cDNA 文库中筛选得到 cDNA 克隆,再进行深入分析。SAGE 还是基因表达定性和定量研究的有效工具,可用于比较不同发育状态、不同环境条件或疾病状态的基因表达情况,进一步利用基因表达信息与基因组图谱融合绘制的染色体表达图谱,可进行基因表达模式的研究[29]。

SAGE 技术与基因芯片技术比较,能够直接读出任何一种类型细胞或组织的基因表达信息,尽可能全面地获得生物样本的基因组表达信息,大大加快了基因组研究的进展。但是与新一代高通量测序技术相比,它不能完全保证涵盖所有的低丰度 mRNA,这是 SAGE 的弱点。另外,由于需要进行大量的测序反应,所以费用成本也比较高。

4) DNA 甲基化测序

DNA 甲基化是重要的基因表观修饰方式之一,真核生物的甲基化仅发生在 DNA 序列的胞嘧啶(C)上,是经 DNA 甲基转移酶(DNA methyl transferases,DNMT)的作用使 DNA 序列的 S-腺苷甲硫氨酸的甲基转移给 CpG 二核苷酸 5′-端的胞嘧啶(C),使之成为 5′-甲基胞嘧啶(5mC)。通过 DNA 甲基化测序,可在全基因组水平上最大限度地、完整地获取甲基化状态信息及其与基因表达调控的多重关系,可对全基因组绘制 DNA 甲基化图谱[30]。

DNA 甲基化测序首先要对 DNA 样本进行前处理，保留或者富集甲基化信息。按照原理可以分为 3 种方法：亚硫酸氢盐测序法、靶向富集甲基化位点测序法、限制性内切酶测序法[30]。常用的亚硫酸氢盐测序法（bisulfite sequencing）是可从单个碱基水平分辨甲基化的高精度测序方法，它的方法是先用亚硫酸氢盐处理样本 DNA，使 DNA 中未发生甲基化的胞嘧啶（C）脱氨基转变成尿嘧啶（U），而 DNA 上发生了甲基化的胞嘧啶则保持不变；再通过 PCR 扩增目的 DNA 片段，则 PCR 产物中的尿嘧啶（U）全部转化成胸腺嘧啶（T）。最后，将 PCR 产物进行测序，并且与未经亚硫酸氢盐处理的 DNA 序列比较，判断是否有 CpG 位点发生甲基化；它的缺点是每个位点至少要有 10 次以上的测序数据才能可靠比较，因此要求测序深度高，费用昂贵。另一种常用的方法是甲基化 DNA 免疫沉淀法（methylated DNA immunoprecipitation sequencing，MeDIP-Seq）属于靶向富集甲基化位点测序法，能高效富集甲基化 DNA 片段。主要原理是把能与 5mC 特异性结合的抗体加入到变性的基因组 DNA 片段中，从而使甲基化的基因组片段免疫沉淀，形成富集。该方法灵活度高，能够直接对任意物种的高甲基化片段进行测序，无须已知的基因组序列信息；检测范围广，可覆盖全部基因组的甲基化区域；精确度比较高，能够在实际结合位点 50 bp 范围内定位；缺点是富集过程的反应条件是否合适，将直接影响到富集甲基化 DNA 的量，此外还要求样本处理过程中无污染和 DNA 量不能过少，否则 PCR 扩增过程会产生偏差，影响样本甲基化结果分析的准确性。自 2010 年以来 NCBI 开始收录 NIH 资助的表观基因组学路线图计划（NIH Roadmap Epigenomics Project）项目人类表观遗传修饰数据（http://www.ncbi.nlm.nih.gov/geo/roadmap/epigenomics/），其中也详细记录了每个表观遗传序列的研究方法。

7.2.4　疾病基因定位克隆与鉴定

在研究重大疾病或者药物治疗时会涉及关键基因的功能，往往需要克隆该基因以获取全面信息和开展验证实验。近 20 年，随着遗传病诊断技术的进步和人类基因组计划所积累信息资源的增长，基因定位克隆（positional cloning）技术也得到了改进。

开展一个基因的克隆，首先要对该基因在染色体上进行定位。基因定位的方法有细胞遗传学定位法（染色体核型分析）和遗传病家系连锁分析法，这两种策略都需要收集和使用基因在染色体上的序列和位置信息，即遗传图谱是基因定位与克隆乃至基因组结构与功能研究的基础。1994 年国际上开始构建并于 1996 年首次公布了以 cDNA

为基础的 STS 标记的物理图和以微卫星多态性[microsatellite，也称为 SSR（simple sequence repeat）、STR（short tandem repeat）]为标记的遗传图相结合的基因图谱；随着人类基因组计划的推进，人类遗传图谱的分子标签信息在染色体上的定位更加准确、可靠、精密，收录于 NCBI 公共数据库（https：//www. ncbi. nlm. nih. gov/projects/genome/guide/human/index. shtml），为从候选区域内获得疾病相关的候选基因序列提供了极大的便利，甚至可以用 NCBI 提供的模拟电子 PCR（ePCR）方法预先确认有关 STS 标签在基因组上的位置、序列、方向等信息（http：//www. ncbi. nlm. nih. gov/tools/epcr/），使得定位候选克隆成为一种有效的克隆疾病相关基因的方法。"中国人类遗传资源平台"（http：//www. egene. org. cn/nipcgr/subjects. do）提供了中国遗传疾病家系遗传资源信息。

当前采用的定位候选克隆策略（positional candidate cloning）是通过分析人类基因组染色体上已经确立的已知分子标记和突变位点的序列信息、定位信息和连锁关系，快速确定目标基因在染色体上的位置，或者搜索染色体上与遗传性疾病相关的热点位置，结合杂交或 PCR 的方法进而克隆目标基因。该策略克服了经典的定位克隆技术纯粹依靠连锁分析进行染色体定位的弊端，大大降低了工作量和加快了克隆工作的进程，可用于包括肿瘤易感基因在内的各种遗传性疾病的突变基因的定位和克隆工作。目前常用的方法是前面介绍过的外显子组捕获技术（exome capture，也称为外显子组测序技术 exome sequencing）和全基因组关联分析技术（genome-wide association study，GWAS），这两种方法都有大生物公司成熟的试剂盒产品（美国安捷伦公司的 Sureselect、瑞士罗氏公司的 NimbleGen 2. 1M SeqCap array 和 SeqCap EZ、美国 Illumina 公司的 TruSeq 等），也都有上千篇研究文章发表，可见应用范围之广[31, 32]。

7.3 药物代谢过程中的药物基因组学

药物进入人体后被吸收，通过细胞表面转运系统进入细胞内部而产生药理作用，同时也在细胞内被代谢分解而丧失其药理活性，并成为水溶性高的物质排出体外。药物在生物体内的吸收、分布、生物转化和排泄等一系列过程，就是药物代谢。在这个过程中，除了药物分子被机体吸收和运输、分布，药物在机体作用下还发生化学结构转化，这些过程都是药物研发产业链中的重要环节，贯穿药物研究过程的始终。

药物的作用包括药物代谢动力学（pharmacokinetics，PK）和药物效应动力学（pharmacodynamics，PD）两方面内容。药物代谢动力学主要是定量研究药物在生物体内吸收、分布、代谢和排泄规律，侧重于阐明药物在人体内的一系列生物化学反应过程；药物效应动力学主要研究药物对机体的作用、作用规律及作用机制，其内容包括药物与作用靶点之间相互作用所引起的生化、生理学和形态学变化，侧重于解释药物如何与作用靶点发生作用[4]。

药物作用相关基因的遗传变异和表达量变异会影响药物在体内吸收、转运和代谢效率，进而影响药物在体内的浓度和机体的敏感性，导致药物效应的个体差异，因此对这些基因的多态性进行检测就变得非常必要。开展药物基因多态性检测，将为临床上针对特定的患者选择合适的药物和给药剂量提供指导，提高药物治疗的有效性和安全性，避免严重的药物不良反应，实现个体化用药的设想，这正是开展药物基因组学研究的目标（见图7-1）。下面从药物进入人体后的吸收、转运、代谢、作用靶点、排泄过程，分别介绍所涉及的基因组学内容。

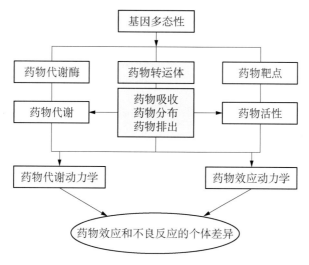

图 7-1　基因多态性对药物药效和不良反应的影响

7.3.1　药物转运体

药物进入人体后，要通过细胞膜进入组织，再进一步在组织中进行分布和代谢反应，最终排出体外。在组织的细胞表面，分布着一类跨膜蛋白，它们参与药物分子的跨膜转运，对细胞的动态平衡和药物的吸收、分布、代谢和排泄起到重要作用，这一类蛋白叫作药物转运体(drug transporters)。如果转运体的功能受到抑制或者缺失会引起药物运输障碍,甚至引起某些疾病,因此了解药物转运体的功能与相关基因多态性的关系对阐明药物的体内药物代谢动力学特征、药效及不良反应具有重要意义。

1) 药物转运体的种类和分布

人体内参与药物跨膜转运的转运体种类很多,按药物跨膜转运方向可分为参与药物进入细胞的吸收过程和参与药物从细胞向外排出过程的两大类转运体(见表 7-3)[33]:第一类介导药物进入细胞,将底物摄取至靶位以发挥药效,是限制药物进入细胞的重要因素,多是可溶性载体(solute carrier,SLC);另一类是介导药物外排出细胞的转运体,均属于腺苷三磷酸结合盒(ATP binding cassette,ABC)转运体家族,可利用水解 ATP 的能量对药物及内源性物质进行转运,是最受关注和研究最多的涉及药物特性及疗效的转运体[33]。

表 7-3 药物转运体种类

介导药物进入细胞的转运体种类	介导药物排出细胞的转运体种类
L-型氨基酸转运体 (L-type amino transporter,LAT)	P-糖蛋白 (P-glycoprotein,P-gp)
寡肽转运体 (peptide transporter,PEPT)	多药耐药蛋白 (multidrug resistance protein,MDR)
钠依赖性继发性主动转运体 (sodium dependent secondary active transporter,SGLT)	多药耐药相关蛋白 (multidrug resistance associated protein,MRP)
钠非依赖性易化扩散转运体 (sodium-independent facilitated diffusion transporter,GLUT)	乳腺癌耐药蛋白 (breast cancer resistance protein,BCRP)
一元羧酸转运体 (monocarboxylate transporter,MCT)	胆酸盐外排泵 (bile salt export pump,BSEP)
有机阴离子转运体 (organic anion transporter,OAT)	
有机阳离子转运体 (organic cation transporter,OCT)	

(表中数据来自参考文献[33])

2) 药物转运体的功能

关于药物在机体内的跨膜转运机制,包括被动转运(passive transport)、载体介导转运（carrier-mediated transport）和膜动转运（membrane mobile transport）三种范式。以往的研究多侧重于药物理化性质，近年的发现表明药物转运体系统，在调节内源分子和外源物质进入细胞及分布过程中发挥着重要作用，它们参与药物代谢动力学（因为可能在药物代谢和排泄过程中表达）、药效学（可能本身就是药物靶点，如 5-羟色胺转运体）、组织保护（如血脑屏障中的 P-糖蛋白能防止有害物质进入大脑）和某些生理现象（如普伐他汀的清除率取决于肝脏转运体的量及活性[34]。

3）转运体突变的相关疾病

（1）P-糖蛋白：也叫 ABCB1 蛋白，由多药耐药基因（*multidrug resistance 1*，*MDR1*）编码，具有多态性，最早在肿瘤细胞中发现，可以导致肿瘤细胞对抗癌药物出现多药耐药现象。它的主要功能是依赖能量将细胞内的异生物质（xenobiotics）逆浓度梯度泵出细胞外，这些异生物质范围广泛，包括胆红素、多个抗癌药物、强心甙、免疫抑制剂、糖皮质激素、1 型人类免疫缺陷病毒（HIV-1）蛋白酶抑制剂和精神类药物等。P-糖蛋白在许多正常组织（如肝、肾、肠道、胎盘、血脑屏障、血睾屏障、淋巴细胞系、心脏内小动脉、毛细血管等）中表达，它通过将异生物质和代谢产物排入尿液、胆汁及肠腔起作用，同时也限制肠腔内异生物质（包括药物）摄入肠细胞、限制异生物质（包括药物）从血液循环系统摄入脑和胎盘等，如 P-糖蛋白限制多种药物在脑中蓄积，包括地高辛、伊维菌素、长春碱、地塞米松、环孢素、多潘立酮及洛哌丁胺[35-37]。

ABCB1 基因位于染色体 7q21.1，基因全长超过 100 kb，含 28 个外显子，存在单核苷酸多态性（SNP），影响其编码的 P-糖蛋白功能，可以影响多种药物在不同个体间的药效差异，因此对 *ABCB1* 基因的 SNP 和单倍型频率进行基因分型可以指导临床上 P-糖蛋白相关药物的安全有效使用。例如：该基因第 26 个外显子上第 3 435 位碱基由 C 到 T（3 435C→T）发生一个同义单核苷酸突变（即一个不改变被编码氨基酸的单核苷酸多态性变异）与十二指肠内 P-糖蛋白基因的表达相关，此处碱基是 T 等位基因纯合子的患者中，其十二指肠中 P-糖蛋白的表达量是 CC 纯合子基因型的一半[36,37]。有报道对我国汉族人 *ABCB1* 基因的 129T→C，1236C→T，2677G→T/A 和 3435C→T 位点进行测序并构建单倍型图，分析各个 SNP 的频率与单倍型频率，结果显示突变位点 129C、1236T、2677T、2677A 和 3435T 的频率分别为 4.62%、64.23%、35.00%、12.69%和 35.38%；单倍型 T-T-T-T 和 C-T-T-T 的频率分别为 31.15%和 0.77%；说明汉族人群中*ABCB1*基因功能性的 SNP 突变位点与单倍型频率较高，在某些药物的药效上会导致差异[36]。

（2）ABCC2：又称多药耐药相关蛋白2（multidrug resistance-associated protein 2，MRP2），该基因主要在管腔膜上表达，功能是限制肠腔内药物进入肠细胞内，限制药物从血液循环进入脑和胎盘细胞内，促进肝细胞、肾小管细胞及肠上皮细胞中的药物排至临近腔隙，加快这些药物从这些组织部位的清除。因此，ABCC2在药物的吸收、分布和排泄过程中起着非常重要的作用[38]。

*ABCC2*基因共有32个外显子，基因长度约为200 kb，编码1 545个氨基酸，它能将多种化疗药物从细胞内泵出细胞以降低细胞内药物浓度，减轻对细胞的毒副作用，因此常常导致机体对多种药物产生耐药。所以，该基因的表达特征与恶性肿瘤化疗效果有密切关系，一般是该基因高表达者的化疗效果不佳，甚至无效，而低表达者的疗效较好。例如，ABCC2在肝癌细胞、卵巢癌细胞、膀胱癌细胞等癌细胞中有过表达现象，是肿瘤细胞自我保护的一种方式，也是造成肿瘤细胞多药耐药的主要原因之一[38]。

（3）OATP1B1：全称为有机阴离子转运多肽1B1（organic anion transporting polypeptides 1B1），原名为OATP-C、OATP2，基因名称为*SLCO1B1*，特异性存在于肝脏，分布于肝细胞基底膜外侧，对多种内、外源性物质被摄取进入肝脏细胞具有重要作用[39]；它的作用底物广泛，内源性物质包括甲状腺激素（T3和T4）、前列腺素E2、牛磺胆酸盐、雌酮硫酸酯、雌二醇-17β-葡萄糖醛酸苷、白三烯、游离及结合型胆红素等；外源物质包括多种他汀类药物（如普伐他汀、西伐他汀、匹伐他汀、罗素他汀、阿托伐他汀等）、血管紧张素转换酶抑制药（如依那普利和替莫普利）、抗菌药物及抗肿瘤药物等。OATP1B1在肝细胞上的量和活性，对上述药物的清除率有重要影响；它的抑制剂为吉非罗齐、利福平、HIV蛋白酶抑制剂、黄酮类等。该基因具有高度遗传多态性，在中国人群中最常见的SNP变异是388位上的A→G突变（约74%）和521位上的T→C突变（约4%）[39]。

（4）GLUT1：葡萄糖转运蛋白1（glucose transporter 1）是转运蛋白超家族（major facilitator superfamily，MFS）中的葡萄糖转运蛋白亚家族成员，它由*SLC2A1*基因编码，分布非常广，几乎存在于所有组织细胞内，功能是调节葡萄糖的摄取。从低等微生物到高等动物，包括人的大脑、肌肉、神经系统、红细胞等，葡萄糖代谢对于提供细胞能量、维持细胞正常生理功能至关重要。但是葡萄糖无法自由通过磷脂双分子层构成的疏水细胞膜，必须借助于细胞膜上葡萄糖转运蛋白（GLUT）的协助。现在发现的GLUT共有14个成员，其中的GLUT1～GLUT4对葡萄糖分子具有很高的亲和力，即使在低浓度的葡萄糖状态下也能转运葡萄糖分子跨膜移动，而且它们的分布也有一定的组织特异性,如 GLUT1 主要负责葡萄糖进入红细胞和跨越血脑屏障,GLUT2 主要在肝、脾、小肠等内脏细胞中发挥作用,GLUT3 负责为神经系统摄取葡萄糖,GLUT4 则是肌肉和脂肪组织的主要葡萄糖转运蛋白[40]。因此,*GLUT* 基因发生突变会导致多种疾病或者药效差异。

例如,如果 *GLUT1* 突变导致葡萄糖转运活性受损,则会使大脑缺乏能量供应而引发脑神经疾病。通常,GLUT1 缺陷综合征具有早发性癫痫、小头畸形和发育迟缓等症状特征,又称为 De Vivo 综合征。另外,有研究发现癌细胞比正常细胞更能适应缺氧条件,这是因为缺氧条件下的糖酵解是一种低效率的能量获取方式,癌细胞必须更加努力地获取更多的葡萄糖来维持生存。所以,在几种癌细胞中均发现 *GLUT1* 基因和 *GLUT3* 基因表达水平增高,这表明 GLUT1 和 GLUT3 是肿瘤发生的重要指标。GLUT1 的功能和结构研究已经成为当前的一个热点[40, 41]。

综上,大多数转运体转运的药物十分广泛,而且不同转运体之间的转运底物也有重叠。因此,转运体基因多态性(如 SNP)和其所涉及的功能变化或多或少存在争议。只有少数转运体的功能比较明确,如 OATP1B1 与他汀类药物的药代和药效的关系。此外,转运体多态性对药效的影响还与药物作用的器官有关,再加上代谢酶、受体等多基因联合的网络作用,使得对其功能的研究更加困难。运用药物基因组学的研究方法将有助于全面揭示药物转运、分布、代谢和作用靶点各个环节的功能及相互作用机制。

7.3.2 药物代谢酶

药物进入体内以后,主要在肝脏中靠一系列酶促反应完成代谢和转化,最后排出体外。这些酶类就称为代谢酶。药物在细胞内的代谢过程主要包括Ⅰ相反应和Ⅱ相反应两个过程。Ⅰ相反应包括氧化、还原、水解和去甲基化等反应,这些反应的作用是分别将上述极性基团(如羟基、氨基、羧基)导入药物分子中,增加药物的极性和水溶性,以利其排出体外。Ⅱ相反应是将Ⅰ相反应生成的产物或具有极性基团的原型药物进行结合反应,导入内源性小分子(如葡萄糖醛酸、磺基、甘氨酸等),进一步形成水溶性更大、极性更强和药理惰性更大的结合物,便于很快从尿和胆汁中排出体外,如葡萄糖醛酸化、乙酰化、谷胱甘肽化、硫酸化、甲基化等结合反应都是Ⅱ相反应。

药物代谢酶的活性在不同种族、不同人群中的个体差异受遗传因素和环境因素共同影响,其中遗传因素影响表现在体内关键代谢酶的基因发生变异,影响到其所编码的蛋白质的结构、功能和活性发生改变[3]。已知人类有 30 多个药物代谢酶谱系,基本上所有的谱系都具有遗传多样性,其中 CYP450 家族是最重要和最易发生个体差异的代谢酶类[42]。

1)Ⅰ相药物代谢酶

(1)CYP450:即细胞色素氧化酶 P450(cytochrome P450),是人体中最重要的药物代谢酶体系之一,它们是由一组结构和功能相关的超家族基因编码的同工酶,主要分布在肝脏中,少量分布在其他组织如肠、肺、肾和大脑中,参与大多数内源性物质(如类固醇、脂溶性维生素、脂肪酸、胆酸、前列腺素、花生四烯酸、儿茶酚等)的代谢、外源性物质(如药物、毒物)的氧化解毒、前致癌物质(如芳香类物质)的激活,在药物代谢中发挥非常重要的作用[42]。

人类的 CYP450 共有 18 个家族编码的 57 个 *CYP* 基因,其中 CYP1、CYP2、CYP3 三个亚家族在药物代谢中发挥重要作用,其他 CYP 亚家族在中间代谢中起关键作用,如 CYP4 亚家族在脂肪酸、前列腺素和类固醇的氧化中起作用[6]。表 7-4 列出了 CYP1、CYP2、CYP3 亚家族的主要酶在肝脏的含量及其对药物代谢的作用。

表 7-4　与药物代谢关系密切的主要 CYP 亚家族在肝脏中的含量及其对药物代谢的作用

CYP 亚家族	对药物代谢的作用	占肝脏 CYP 总量相对百分比(%)	对药物代谢影响相对百分比(%)
CYP1A2	咖啡因、氯氮平、茶碱、普萘洛尔、R-华法林等	13	4
CYP2A6	利托那韦、他莫昔芬等	4	2
CYP2C9	双氯芬酸、萘普生、甲苯磺丁脲、S-华法林、胺碘酮、氯沙坦、厄贝沙坦、氟伐他汀、瑞舒伐他汀、西洛他唑等	20	10
CYP2C19	奥美拉唑、埃索美拉唑、兰索拉唑、泮托拉唑、瑞舒伐他汀、伏立康唑、华法林、氯吡格雷等	2	2
CYP2D6	氯丙嗪、氟哌啶醇、氟伏沙明、美托洛尔、卡维地洛、右美沙芬、昂丹司琼、氯雷他定等抗精神病药、抗抑郁药、镇痛药	2	30
CYP2E1	对乙酰氨基酚、乙醇、三氟溴氯乙烷等	13	2
CYP3A4	红霉素、伊曲康唑、氟康唑、芬太尼、可待因、氟哌啶醇、卡马西平、辛伐他汀、洛伐他汀、阿托伐他汀、非诺贝特、吉非贝齐、非洛地平、氨氯地平、硝苯地平、维拉帕米、地尔硫、泼尼松龙、环孢素、他克莫司、格列本脲等	31	50

由于 CYP450 酶的基因最容易产生变异，且存在着显著的个体差异，所以针对 CYP450 酶开展的多态性研究最多，目前已发现至少有 53 个 *CYP* 基因变异和 24 个假基因，按照发生频率的高低统计，其中常见的遗传多态性酶有 CYP3A4/5、CYP2D6、CYP2C9、CYP1A2、CYP2C19、CYP2E，前四个酶对药物代谢影响比例分别高达 50%～55%、25%～30%、10% 和 4%[43]。已发现的 CYP450 基因突变位点有很多，如非同义 SNP 有 683C→T(P228L)、1237G→A(G413S)、1453G→A(A485T)、1738G→C(E580Q) 和 508C→T(A503V)，SNP 有 86C→T(T29M)、1648C→T(R550W)、1708C→T(R570C) 和 1975G→A(A659T) 等[44]。这些突变会影响不同的 CYP450 酶的活性，而且同一种突变对不同的 CYP450 酶活性的影响也不相同，有的使活性增强，有的使活性减弱，有的活性甚至消失，导致药物在使用时，在常用的剂量范围内对于某一些人无效甚至产生不良反应。例如，A503V 是最常见的 CYP450 酶突变位点，约 28% 的人类 CYP450 酶等位基因发生此突变，可以影响类固醇合成酶活性和药物代谢酶活性，能降低 32% 的 CYP17 活性而影响 17α-羟化作用，能降低 20% 的 CYP21 活性而影响 21-羟化作用，能增加 CYP3A 对底物咪达唑仑的活性，但是对肝脏药物代谢酶 CYP1A2 和 CYP2C19 的影响很小。又如，常见的两种发生明显遗传缺陷的酶为 CYP2D6(异喹胍羟化酶) 和 CYP2C19(美芬妥英羟化酶)，它们的等位基因变异频率均存在个体和种族差异性。*CYP2C19* 第 5 外显子上的第 681 位的碱基发生单个位点突变(G→A) 形成了一个异常的位点，使翻译过程提前终止，可导致该酶功能丧失，使个体对甲妥因、环己巴比妥等高度敏感，可解释 90% 左右的美芬妥英弱代谢症的发生原因[42]。

此外，基因变异也会影响等位基因的纯合性和杂合性改变。正常人群通常具有 CYP450 酶的纯合子和杂合子等位基因，酶的活性不变或不受显著影响，分别属于快代谢者(extensive metabolizers，EM) 和中间代谢者(intermediate metabolizers，IM)，这类人群在标准剂量或者略低于标准剂量使用药物时即有较好的药效反应；而少数人群含有由 2 个都发生变异的等位基因编码的无活性或活性缺失的 CYP450 酶，使药物代谢受阻，易蓄积体内而中毒，称为纯合子慢代谢者(poor metabolizer，PM)，约占人群的 5%～10%，这些人在用药时必须适当减量。有统计表明：在慢代谢者(PM) 中，CYP2D6 约占 10%，CYP2C9 约占 4%，CYP2C19 占 3%～21%；在中间代谢者(IM) 中，CYP2D6 约占 35%，CYP2C9 约占 38%，CYP2C19 占 24%～36%；在快代谢者(EM) 中，CYP2D6 约占 48%，CYP2C9 约占 58%，CYP2C19 占 79%～97%；有的突变还能引起超速代谢（ultrarapid metabolizers，UM），如 CYP2D6 的突变占 5%～7%，CYP2C9 与 CYP2C19 暂无资料[45]。由此可见，临床应该注意检测上述 CYP450 酶亚家族基因的多态性，尤其是那些 PM 或 UM 的患者，在用药上要特别注意用量。

经 30 年来的临床和研究积累，关于 CYP450 酶的遗传多样性与药效的种族和个体差异的研究，已经有大量的成果发表，揭示了其主要参与药物代谢的 CYP 家族基因的遗传多样性与药效个体差异的遗传学机制。但是，因为 CYP450 基因是超基因家族，基因数量多，遗传多态性多，参与的代谢多，形成复杂的药物代谢网络，亟须建立以 CYP450 基因遗传多态性为核心，结合代谢底物、抑制剂、诱导剂、临床数据的药物基因组学数据库，为研究人员和医务工作者提供准确而全面的数据信息，推动新药设计和个体化用药的精准医疗的实施。

（2）黄素单加氧酶（flavoprotein monooxygenases，FMO）：是一种重要的肝微粒体酶，主要催化作为氧化位点的含亲核杂原子（如氮、硫、磷、硒等，即含氮、磷、硫的药物）的外源性和内源性化学物质的氧化，其底物包括膳食来源的三甲胺、酪胺、尼古丁等以及某些药物，因此参与了体内大量药物、外源性物质和其他一些化学物质的氧化代谢[46]。FMO 与 CYP450 蛋白同为单加氧的 I 相代谢酶，其功能和重要性易被混淆，但两者在催化机制上完全不同，它们的共同之处是都需要辅酶辅助催化，部分底物相同，都能将亲脂化合物转化为较亲水的化合物，它们的不同之处在于 FMO 不能催化碳位上的氧化反应[46]。

FMO 基因也存在遗传多态性而使药物代谢呈现个体差异。已经在人体中发现 11 种 FMO 基因（FMO1～FMO11），但只有 FMO1～FMO5 基因能够编码有效蛋白质，其中 FMO3 是最重要的黄素单加氧酶，存在于成人肝脏的内质网膜上。FMO3 基因位于染色体 1q23-25，包含 1 个非编码区和 8 个编码区，FMO3 的一些基因突变（如 SNP）可以引起酶活性改变，甚至造成代谢方面的先天性障碍，形成一种罕见的遗传疾病即"鱼腥味综合征（trimethylaminuria）"。国内外许多研究证明 FMO3 基因有明显的个体差异和种族差异，随着 FMO 酶系越来越多底物的发现，其在药物研制和个体化治疗中起着越来越重要的作用，FMO3 基因的信息网页（http://databases. lovd. nl/shared/genes/FMO3）已经建立，全面而详尽地收录了 FMO3 基因变异及其代谢的研究成果[47]。

（3）脱氢酶类：包括乙醛脱氢酶（aldehyde dehydrogenases，ALDH）、乙醇脱氢酶

(alcohol dehydrogenases，ADH)、二氢嘧啶脱氢酶等。研究较多的是乙醇脱氢酶和乙醛脱氢酶,它们参与人体内乙醇的转化代谢也明显存在种族和个体间的遗传多态性。ADH 分为 5 个亚型,其中 ADH1B 是人体乙醇代谢中最主要的同工酶(位于人类染色体 4q21-25,长度约为 15 kb,包含 9 个外显子),该基因第 3 个外显子的 143 位容易发生 G→A 的突变,导致其编码的第 47 位氨基酸由精氨酸(Arg)变成组氨酸(His),使该酶活性大大增加。而 ALDH2 基因(位于人类染色体 12q24,长度约为 44 kb,包含 13 个外显子)的 12 号外显子 1 510 位发生 G→A 突变时,该基因编码蛋白 487 位的谷氨酸(Glu)替换为赖氨酸(Lys),即 Glu487Lys(rs671),该突变可引起 ALDH2 酶活性明显降低;在东亚人群中,这一单核苷酸多态性的突变率高达 30%～50%,而高加索人群只有不足 5%。ALDH2 活性降低导致其不能及时将由乙醇通过 ADH 酶转化生成的乙醛清除掉而累积在肝脏和人体细胞中,大大增加了毒性,因此亚洲黄种人中一部分人喝酒会出现脸红、心悸等症状,而高加索人则没有这种现象[48, 49]。近年来多项研究表明,ADH 和 ALDH 基因多态性在酒精性依赖、酒精性肝病、食管癌、胃癌、脑肿瘤、冠心病及心肌梗死发生与发展过程中发挥重要作用,酒精不耐受人群在上述疾病及其药物治疗(如硝酸甘油)的效果方面,会受到这两个基因变异的影响[49]。

2) Ⅱ相药物代谢酶

Ⅱ相药物代谢酶属于非微粒体酶系,又称Ⅱ型酶,催化药物结合反应,能够使药物或药物的第Ⅰ相代谢产物与内源性物质(如葡萄糖醛酸、谷胱甘肽、乙酰基、磺基、甲基等)结合,进一步加大药物或代谢物的水溶性,最终从肾脏排出。Ⅱ相酶类包括葡萄糖醛酸转移酶(尿苷二磷酸葡萄糖醛酸转移酶,UGT)、谷胱甘肽-S-转移酶(GST)、硫嘌呤甲基转移酶(TPMT)、N-乙酰基转移酶(NAT)等,它们的作用分别是催化底物(如药物或Ⅰ相代谢产物)与内源性小分子(如葡萄糖醛酸、谷胱甘肽、甲基和乙酰基等)结合,形成极性(更强的)化合物从尿或胆汁中排出。这些药物代谢酶的基因差异影响药物的疗效和不良反应[50]。

(1) 尿苷二磷酸葡萄糖醛酸转移酶(UDP-glucuronosyl transferases，UGT)：作用是与内源性物质(如胆红素、类固醇类)、外源性物质(酚类、药物)、致突变的化合物等亲脂性苷元底物结合(如—OH、—COOH、—SH、—NH$_2$ 等基团),将这些化合物葡萄糖醛酸化,形成 β-D-葡萄糖醛酸苷,增加其极性而容易排出体外,是药物在体内Ⅱ相代谢的主要方式之一,也是药物的主要消除步骤,还是细胞抵抗氧化应激及 DNA 损伤的一种重要途径,广泛分布于人体的肝、肾、胃肠道以及各种腺体组织[51]。

对 UGT 的研究落后于 CYP450 酶,人体中目前发现了至少 19 种 UGT,UGT 也是一个超基因家族。已有研究表明 UGT 也存在明显的个体和种族的遗传多样性。根据 DNA 序列的相似性可以将 *UGT* 基因分为两个亚家族: *UGT1A* 和 *UGT2*。两类 *UGT* 都参与了多种药物代谢,但其基因结构、定位等存在明显的差别。其中,UGT1A1 主要分布于肝脏,是胆红素及肿瘤化疗药物伊立替康的主要代谢酶,成为 UGT1A 家族中最受关注和研究最深入的蛋白,其主要变异集中在启动子区和第 1 外显子上,多达 45 种以上变异。例如,*UGT1A1* 启动子区 TATA 盒的插入性突变 *UGT1A1 * 28*(TA6→TA7)、*UGT1A1 * 36*(TA6→TA5)、*UGT1A1 * 37*(TA6→TA8)可以降低其转录水平。*UGT1A1 * 28* 是白种人中最常见的 SNP,等位基因发生频率约为 27%,但在亚洲人中的变异频率则比较低(13%);而亚洲人中 *UGT1A1 * 6*(第 1 外显子 211 位 G→T,G71R)基因变异频率较高(12%),属于特有突变,这两种突变分别是白种人和亚洲人 Gilbert's 综合征发病的主要原因,因此目前在使用依立替康前美国 FDA 推荐进行 *UGT1A1 * 28* 基因变异检测。其他 UGT 基因的遗传多态性,除造成某些疾病,也与许多抗癌药物的耐药性相关[51]。

(2) 谷胱甘肽 S-转移酶(glutathione S-transferases,GST):是一组多功能 Ⅱ 相药物代谢酶,主要存在于肝脏中,能够催化亲核性的谷胱甘肽(glutathione)与各种亲电子的外源化学物的结合反应,增加它们的水溶性以排出体外,包括化疗药物、氧化应激产物和致癌物等[52]。因为许多外源化合物在生物转化第 Ⅰ 相反应中(如在 CYP450 的作用下)极易形成具有生物活性的中间产物,可再与细胞内的重要生物大分子以共价键发生结合反应,对细胞造成伤害,而谷胱甘肽与这些具有生物活性的中间产物结合后,可防止它们与重要生物大分子的共价结合,对细胞起到解毒作用,是一组与肝脏解毒功能有关的重要酶类。

GST 基因家族是一个巨大的超基因家族,分为 α-(GSTA)、μ-(GSTM)、π-(GSTP)、θ-(GSTT)、ζ-(GSTZ)、σ-(GSTS)、κ-(GSTK)、ω-(GSTO) 8 个亚型,在人体中分布器官也不尽相同,其中 *GSTM1*、*GSTP1* 和 *GSTT1* 是最常见且研究最多的 GST 基因遗传多态性。*GSTM1* 在肝脏和淋巴系统中表达含量高,该基因纯合缺失突变在欧洲人(42%～60%)和亚洲人(41%～63%)中的发生频率相近,但在非洲人中的发生频率较低(16%～36%);而 *GSTT1* 主要在人体红细胞中表达,该基因纯合缺失突

变在欧洲人中的发生频率低（13.31％），在非洲人中变化较大（14％～57％），而在亚洲人中发生频率较高（35％～48％）；*GSTP1* 在早期胎盘、肺、肾、胃肠道、红细胞、癌细胞中表达含量高，是肿瘤细胞系中分布最广的 GST 同工酶，该基因第 5 个外显子 313 位碱基发生 A→G 突变造成其编码蛋白序列的第 105 位氨基酸由异亮氨酸（Ile）转换为缬氨酸（Val），使该酶活性明显降低，是导致其对外源有毒物质代谢能力差的主要原因，也是导致某些人群对癌症药物治疗效果表现好的遗传基础之一，被认为是多种癌症、早期病变和预后的肿瘤标志物[52]。GSTA 是人类肝脏中含量最丰富的 GST 酶之一，其过表达也被发现与氮芥、蒽醌类抗肿瘤药物的耐药性密切相关[53]。肿瘤细胞可通过表达 GST 而保护自身免受化疗药物的损害，是机体防御机制的一种表现，在药物治疗中，这一现象已经引起了研究者的广泛关注。

（3）硫嘌呤甲基转移酶（thiopurine methyltransferase，TPMT）：是一种催化硫嘌呤类化合物（如硫唑嘌呤、巯嘌呤和硫鸟嘌呤，属于芳香族和杂环化合物）甲基化的酶，即在这类化合物的硫原子上增加一个甲基，在这个过程中提供甲基的是 S-腺苷甲硫氨酸，后者被转化成 S-腺苷-L-高半胱氨酸。根据受体基团，还有 C、N 和 O 位的甲基转移酶。常见的硫嘌呤类药物包括 6-巯基嘌呤（MP）、6-硫鸟嘌呤（TG）和咪唑硫嘌呤（AT），分别用于白血病和肿瘤的化疗、器官移植时的免疫抑制治疗以及自身免疫病的治疗，因而 TPMT 的活性会影响不同患者对这类药物的敏感性和不良反应，在 Ⅱ 相药物代谢反应中具有重要作用[54]。

TPMT 基因的详细研究收录于加州大学圣克鲁兹分校（University of California，Santa Cruz）的生物分子科学与工程中心基因组生物信息团队开发的 UCSC 基因组浏览器中"人类 TPMT 基因条目（uc003ncm 1）"。TPMT 存在于肾脏、肝脏、心脏、胎盘、胰腺、小肠等大多数人体组织中，具有种族和个体遗传多样性。例如，导致 TPMT 缺陷的基因突变，一种是该酶的第 80 位密码子（第 238 位碱基）发生 G→C 颠换而导致该位置的丙氨酸（Alu）转变为脯氨酸（Pro）（该突变基因被称为 *TPMT-2*），使 TPMT 活性快速下降；另一种是 *TPMT* 基因第 460 位核苷酸发生 G→A 的转换和第 719 位核苷酸发生 A→G 的转换，导致相应的第 154 位和第 240 位氨基酸分别由丙氨酸（Alu^{154}）转换为苏氨酸（Thr），酪氨酸（Tyr^{240}）转换为半胱氨酸（Cys），造成细胞内 TPMT 蛋白的含量大幅度下降，从而导致该酶缺陷。群体研究表明，人群中约 90％ 的人 TPMT 为高活力，10％ 的人 TPMT 为中等活力，0.33％ 的人 TPMT 活力极低或缺失[54]。因此，临床治疗时应按照

TPMP 的活性调整用药剂量,以免血药浓度过低或过高,影响药效或引起中毒。

(4) N-乙酰基转移酶(N-acetyltransferase,NAT):是一类能催化乙酰基团从乙酰辅酶 A 转移到芳香胺及杂环胺类底物物质上的酶,对芳香胺有着广泛的选择特异性,在芳香胺类致癌物质的灭活或活化过程和某些药物代谢中起重要作用。NAT 具有遗传多态性和组织特异性,人体的 NAT 主要由 NAT1 和 NAT2 两个异构酶组成。NAT1 主要分布于肝外组织,催化对氨基水杨酸和对氨基苯甲酸等物质的乙酰化代谢;NAT2 主要在肝脏和胃肠道中表达,催化已羟化的芳香胺进行 N-乙酰化反应而使其解毒,同时也可对这些芳香胺进行 O-乙酰化,活化这些致癌物,因此 NAT 多态性与多种疾病,尤其是各种肿瘤的患病风险性相关[50]。

NAT1 和 NAT2 突变都可导致蛋白表达水平、热稳定性或酶催化活性改变,使其表现为快乙酰化代谢型、中间乙酰化代谢型和慢乙酰化代谢型的个体表型差异。例如,NAT2 的主要突变表现为:第 191 位碱基和第 590 位碱基发生 G→A 的突变,使蛋白稳定性减弱,酶活性下降;第 341 位碱基发生 C→T 和 857 位碱基发生 G→A 突变,使蛋白分解加快,酶活性减弱;第 499 位碱基发生 G→A 突变,降低蛋白表达水平,但不影响酶的热稳定性;第 803 位碱基发生 G→A 突变,但对酶的表达无影响。NAT1 的主要突变表现为:NAT1 * 4 和 NAT1 * 11 的第 445 位碱基发生 G→A 和第 640 位碱基发生 G→T 突变,使酶催化活性降低;NAT1 * 10 的第 1 088 位碱基发生 T→A 突变,第 1 095位碱基发生 C→A 突变,使酶活性增加;NAT1 * 17 的第 190 位碱基发生 C→T 突变,降低蛋白热稳定性,酶活性减弱;NAT 1 * 14 的第 560 位碱基发生 G→A 的突变、NAT1 * 22的第 752 位碱基发生 A→T 的突变,降低蛋白热稳定性、表达水平及催化活性;NAT1 * 21 的第 613 位碱基发生 A→G 的突变,但对酶无影响[55]。

除了上述主要Ⅱ相代谢酶系以外,还有参与内外源性物质与氨基酸结合和脂肪酸结合等反应的Ⅱ相代谢,目前的研究还很有限,本书不作详细介绍。

影响Ⅰ相和Ⅱ相代谢酶活性的因素,除了种族和人群的遗传多样性之外,年龄、底物、疾病状态、联合用药等也是重要的因素,所以需要设计周密的实验,结合统计学计算开展细致而全面的研究,深入揭示Ⅰ相和Ⅱ相代谢酶的作用机制。

7.3.3　药物作用的靶点

药物靶点(drug target)是指存在于组织和细胞内、能被药物作用且具有药效功能的特定生物大分子,是药物发挥作用的基础,在新药筛选中具有十分重要的意义。药物靶点包括蛋白质和核酸等生物大分子,涉及各种酶、转运体、离子通道、受体、免疫系统、激素、细胞因子及它们的基因等,其中98%以上的药物靶点属于蛋白质。编码靶点蛋白的基因则称为靶基因[56]。

药物作用靶点的遗传药理学研究比药物代谢酶的遗传药理学研究晚了近40年。而且,药物代谢在涉及单个催化酶的作用时,单个酶的变异就会对药物动力学产生显著影响,容易检测出表型变化。但是通常情况下,单个蛋白的差异可能不会引起重要的临床反应,即每一个基因在疾病中扮演着相对较小的角色,而疾病及其治疗往往受复杂的多基因和多途径调控,大量蛋白等参与疾病发作以及药物的药理作用(药效或不良反应),如抑郁症、高血压、糖尿病和肿瘤等,因而药物靶基因多态性也比药物代谢酶基因多态性情况复杂。所以,药物靶点的研究成果也比药物代谢酶和转运酶少得多。但是,分子生物学、各种组学等生命科学和大数据技术的发展,为开发新型药物靶点的研究提供了有力的技术支持,使得新型药物靶点的发现和确证成为生命科学领域的研究热点。

但是,药物靶点的发现和确证是药物研究的瓶颈。从理论上说,作为药物靶点的大分子物质,必须与疾病相关,而且能以适当的化学特性和亲和力结合小分子化合物。具体来说,作为药物靶点的生物大分子必须在疾病组织或细胞中存在,并且能够在细胞培养体系和动物模型实验中进行重现和验证。最终,要经过人体临床试验后才能真正确证药物靶点的价值。

1) 确定药物靶点的方法

药物靶点的遗传学基础是单核苷酸多态性和染色体变异(插入/缺失、可变串联、重复序列、拷贝数变异等)等现象的存在。现代新药开发得益于生物技术的发展,目前可以利用生物芯片、基因组学、蛋白质组学和代谢组学技术,快速而全面地获取疾病相关的生物分子信息,进行生物信息学的大数据分析,寻找疾病相关生物分子线索作为预设的靶点分子,再进行生物学功能验证,大大加快了发现药物靶点的进程,常用的方法有候选基因法(包括SNP标签法,由HapMap计划推广)、全基因组关联分析法,此两种方法已经在本章7.2中进行了介绍。此外,选择药物作用靶点要考虑如下因素。

(1) 靶点的有效性:即药物靶点与疾病的相关程度,需要将靶点与表型进行准确而严格的相关性分析,才能保证在后期治疗中通过调节靶点的生理活性达到治疗疾病的目的。

（2）靶点的不良反应：有些基因在所有细胞中都有分布，如果将其作为靶点，在治疗时对靶点的生理活性调节则不可避免地会产生严重的不良反应，因此，选择该靶点要慎重。例如，针对表皮生长因子受体（EGFR）的靶向药物通常会引起患者皮肤及其附件的损害，这是最常见的肿瘤靶向药物治疗不良反应，此外，还常引起消化系统的损伤。因此，提高靶向药物的特异性、精确性，降低不良反应是靶向药物研发的重要原则。

（3）功能研究和验证：对相关的药物靶点分子，需要在分子水平、细胞水平和整体动物水平上分别进行药理学实验研究，逐步确定候选药物对靶点的生理作用，尤其是区别随机发生的和在生物学上存在真实的遗传学关联的候选靶点，需要通过足够样本量的实验进行验证。

2）药物靶点种类

在现有药物中，超过 50％ 的药物以受体作为作用靶点，如 G 蛋白偶联受体、丝氨酸/苏氨酸/酪氨酸蛋白激酶、锌金属肽酶、丝氨酸蛋白酶、核激素受体以及磷酸二酯酶等，成为最主要和最重要的药物作用靶点；超过 20％ 的药物以酶作为作用靶点，特别是酶抑制剂，在临床应用中具有特殊地位；6％ 左右的药物以离子通道作为作用靶点；3％ 的药物以核酸作为作用靶点；20％ 药物的作用靶点尚有待进一步研究（数据引自药智数据：http://db.yaozh.com/targets）。

药物靶点还可以按照疾病种类进行分类。近十年来，越来越多的研究论文、医药公司及有关网站进行了详细的总结和更新，下面列举几大类疾病的药物靶点研究状况[57-59]。

（1）恶性肿瘤：随着肿瘤发病分子机制和信号网络的诠释和完善，针对恶性肿瘤细胞本身［如具有细胞毒性的钯（Ⅱ）化合物、铂（Ⅱ）化合物和中草药提取的化合物等］、细胞周期基因（如 CDK4/6 抑制剂）、细胞凋亡基因［如 Bcl-2、Polo 样激酶 1（PLK1）、蛋白酪氨酸磷酸酶 IV A3（PTP4A3）抑制剂、程序性死亡因子-1（PD-1）等］以及参与细胞生长和增殖调控［如针对丝裂原活化蛋白激酶（MAPK）通路，肿瘤血管生成信号通路 VEGF/VEGFR、PDGF/PDGFR、FGF/FGFR 等，细胞生长因子 HGF/c-Met、ALK 等］、DNA 修复酶缺陷｛如多聚 ADP 核糖聚合酶［poly（ADP-ribose）polymerase，PARP］等｝等的各种因子，其他如 Hedgehog 信号通路、连接细胞膜受体到细胞核的信号通路 Ras/Raf/MEK/ERK、抑癌基因 p53/MDM2、磷脂酰肌醇 3-激酶（PI3K）等和表观遗传修饰（如组蛋白去乙酰化酶 HDAC、DNA 甲基转移酶、组蛋白 H3 赖氨酸 K27 甲基转移酶 EZH2、组蛋白 H3 赖氨酸 K79 甲基转移酶 DOT1L、溴结构域蛋白 BET 等的抑制剂)而开发的肿瘤分子靶向药物,近年来更是针对 CTLA4、PD1/PDL1、4-1BB、OX40、CD27 等免疫检查点、激活 T 细胞免疫应答机制开发了免疫靶向药物,如基因工程修饰的 CAR-T、TCR-T 细胞的应用等,是新型免疫治疗技术,为癌症的治疗带来新的希望。

(2)自身免疫病:如白细胞介素 IL(interleukin)及其受体、JAK(Janus kinase)家族、p38 MAPK、脾酪氨酸激酶 Syk、TGFβ/Smad 调节剂等,治疗类风湿性关节炎、银屑病、克罗恩病、溃疡性结肠炎、哮喘等与免疫、炎症相关的疾病(详见本书 6.3)。

(3)代谢性疾病:研究较多的是糖尿病,如治疗糖尿病的内源性胰高血糖素样肽-1(GLP-1)类似物、二肽基肽酶-4(DPP-4)抑制剂、钠-葡萄糖协同转运蛋白 SGLT2 抑制剂,提高了治疗效率和安全性;组蛋白去乙酰化酶 SIRT1(sirtuin type 1)对胰岛素受体的调控;诱发血脂障碍和肥胖症风险的甘丙肽及其受体 GalR1 等(详见本书 6.3)。

(4)神经系统疾病:目前的研究认为,胆碱能神经递质不足、β-淀粉样蛋白(Aβ)沉积、Tau 蛋白异常高度磷酸化、Ca^{2+} 调节紊乱氧化应激、能量代谢等与阿尔茨海默病(AD)的发生有密切关系,因此抑制 β-分泌酶或 γ-分泌酶活性,能防止不溶性的 Aβ 生成,是潜在的药物靶点;而 Tau 蛋白过度磷酸化会导致神经纤维缠结,最终引起神经元凋亡;帕金森病(PD)的发生主要与黑质多巴胺(DA)能神经元进行性丢失有关,乙酰胆碱酯酶(AChE)活性在 AD 和 PD 中都升高,而番荔枝酰胺衍生物 FLZ 能通过激活蛋白激酶 B(Akt)/哺乳动物西罗莫司靶蛋白(mammalian target of rapamycin,mTOR,是丝氨酸/苏氨酸蛋白激酶,调节细胞周期和蛋白质合成等途径)通路和抑制 RTP801(凋亡相关蛋白)上调酪氨酸羟化酶(TH)的表达和 DA 能神经元的活性;降钙素基因相关肽 CGRP 具有很强的血管舒张作用,和偏头痛症状呈正相关,这些都是潜在的药物靶点[57]。

(5)心脑血管疾病:如能引起高胆固醇血症的 *PCSK9* 基因、与动脉粥样硬化有关的热休克蛋白 65 和 Gq 蛋白偶联的溶血磷脂酸受体 3(LPA3)、与心律失常有关的发动蛋白(dynamin,DNM,属于大鸟苷三磷酸酶分子家族)和钙调蛋白激酶Ⅱ-Ryanodine 受体信号途径、与冠心病和心肌梗死相关的 Th17 细胞与 Th3 细胞等,还有一大批新发现的潜在靶点[57]。

(6)感染性疾病:感染性疾病的药物靶点是人体之外的病原体,而肿瘤等人自身病变的药物靶点是变异的人类基因。例如,结核病,流行性感冒,艾滋病和甲、乙、丙型肝炎等感染性疾病。

针对流感病毒，其药物作用靶点的研究主要集中在以经常变异的不同流感病毒RNA聚合酶为靶点的抗病毒药物筛选上。

针对乙肝病毒 *HBsAg* 基因，已经成功开发了预防性乙肝疫苗，正在研发治疗性疫苗；而丙型肝炎病毒正在针对其 NS3/4A 蛋白酶、NS5A 和 NS5B 聚合酶的靶点开发抑制剂。针对艾滋病病毒的广泛变异，其药物作用靶点研究的热点之一是希望提高人体本身自然杀伤细胞(natural killer cell，NK)的数量，探索联合中药治疗艾滋病的有效作用途径；之二是亲环素 A 在病毒颗粒脱衣壳过程中起关键作用，成为抗艾滋病病毒的另一个重要潜在靶点[57]。

针对结核分枝杆菌，正在寻找其调控细胞增殖和活性的关键酶为靶点，例如蛋白酪氨酸磷酸酶(protein tyrosine phosphatase，mPTPB)、肽脱甲酰基酶(peptide deformylase)、莽草酸脱氢酶(shikimate dehydrogenase，SD)、苯丙氨酰-tRNA 合成酶(PheRS)等，都是相关信号传导途径中重要的调控因子，是新药研发的潜在药物靶点。

此外，病原微生物入侵时，人体会启动天然免疫防御系统，如 Toll 样受体是巨噬细胞、树突细胞表达的一种细胞膜表面受体，有 TLR1～TLR13 等多个亚型，能够识别多种微生物上的保守性分子，进而清除外源微生物；病原菌入侵人体时，巨噬细胞中血管内皮细胞生长因子(VEGF)的表达也上调，进而促进巨噬细胞中 TNF-α、IL-6、IFN-γ、MIP-2 等促炎性细胞因子的表达和杀菌分子 NO 的产生，启动免疫应答，这些现象启发了新药物靶点的设计思路。而且，由于哺乳动物细胞中不存在含有鼠李糖的低聚糖，但革兰阴性菌的细胞壁成分中含有鼠李糖，因此可以将糖脂类新化合物作为抗生素作用于革兰阴性球菌细胞壁，用于治疗某些耐药菌的感染[57]。

3) 药物靶点数据库

药物靶点的全面信息是现代新药研发的源头，是重大疾病防治的前提和基础，具有重大社会效益和经济效益。随着药物分子遗传学、各种组学、生物信息学和大数据存储分析的计算机技术的快速发展，已经积累了大量药物靶点和临床的相关数据，实现了构建各类药物靶点数据库的条件。同时，详细而全面的药物靶点数据库也能帮助研发人员和医务工作者更方便地了解药物的结构式、作用靶点、适应证、药理、毒理、相互作用等信息，利于研发人员挖掘更多信息，开发更有效的新药，利于医务工作者提高用药的精准性，使药物疗效最大化。因此，在已有的国际生物信息数据库

（GenBank、EMBL、SWISS-PROT 等）基础之上，各国都在致力于构建自己的药物靶点数据库。

根据数据库收集的药物靶点信息不同，药物靶点数据库可以分为两类，一是针对已证实的药物靶点进行整理及管理的数据库，如中国医学科学院药物研究院的药物靶点数据库（Drug Target Database，DTD，http：//pharmdata. ncmi. cn/）和中国科学院上海药物研究所药物发现与设计中心的潜在药物靶点数据库（Potential Drug Target Database，PDTD，http：//www. dddc. ac. cn/pdtd），分别包含了按疾病分为 15 个类型和 13 种生化分类的近 500 个靶点信息，内容涉及靶点相关的药物信息、配体信息和疾病信息等，基本涵盖了所有已确证的药物靶点信息；二是除了证实的药物靶点外，还包括潜在药物靶点的数据库，多数由国外科研机构和医院建立，如新加坡国立大学的治疗药物靶点数据库（Therapeutic Target Database，TTD，http：//bidd. nus. edu. sg/group/ttd/ttd. asp）、美国加州大学圣地亚哥分校斯卡格斯药学院的 BindingDB 数据库（http：//www. bindingdb. org/bind/index. jsp）、新墨西哥大学翻译信息学部的 CARLSBAD 数据库（http：//carlsbad. health. unm. edu/carlsbad/）、加拿大阿尔伯塔大学计算科学和生命科学系的 Drugbank 数据库（http：//www. drugbank. ca）、德国生理学研究所结构生物信息学团队的 SuperTarget 数据库（http：//bioinformatics. charite. de/supertarget）等，也有一些商业机构开发的数据库，包含了成千上万个已经上市和正在研究的药物靶点信息以及它们的序列信息、配体结构、生物活性、所涉及的代谢通路和疾病信息等，为科研人员开发新药提供了丰富的信息资源[56,60,61]。

药物靶点数据库的发展趋势不是仅局限于数据的收集，而是要通过这些丰富的信息进行深层次的数据挖掘，结合分子模拟技术和虚拟筛选模型技术，发现一些靶点与配体的作用规律，预测活性化合物的作用靶点、作用机制和不良反应，开发新的靶向药物或者提高药物的疗效并降低不良反应。同时，还要加强数据库的维护，提高数据的规范性和时效性，优化查询服务，提供高级检索服务，为用户充分使用数据库资源提供方便。

随着对恶性肿瘤发病和发展的分子机制以及人类基因个体差异的深入了解，针对恶性肿瘤开展个体化治疗势在必行，有必要对恶性肿瘤建立精确的分子分型和开发新的靶向药物，各国纷纷建立分子模拟技术构建本国人群的分子分型数据库和药物靶点数据库，如美国国家癌症研究所（National Cancer Institute，NCI）公开了迄今为止规模最大的肿瘤相关的变异基因数据库（https：//www. cancer. gov/research/resources/data-catalog），提供的数据可对肿瘤进行基因分型，其中的致癌基因的分子机制为靶向治疗提供了依据。中国科学院北京基因组研究所成立的生命与健康大数据中心也开始致力于收集和构建各种疾病的基因信息数据库。本书的第 3 章和第 5 章分别对生物信息学数据库以及恶性肿瘤治疗药物靶点数据库进行了详尽介绍，这里不再赘述。

7.4 药物有效性和安全性与药物基因组

前面提到，药物基因组学的目标是提高药物使用的药效和安全性，而参与药物作用过程的药物转运体、药物代谢酶和药物靶点基因的遗传多态性和表达量差异是造成药效个体差异的重要原因。随着测序技术和人类基因组学的发展，越来越多的药物作用机制和相关基因的生物标志物被确定，药物基因组学已经成为指导临床个体化用药、评估药物不良反应发生风险、指导新药研发和评价新药价值的重要工具。因此，临床上在患者使用某些特定药物前，应对已知的药物转运体、代谢酶和药物靶点等基因进行遗传多样性检测，确定患者的基因亚型和药物反应率之间的关系，辅助临床医务人员预测患者用药风险、最佳给药剂量和给药时间等，实现个体化用药，提高药物治疗的有效性和安全性，防止严重药物不良反应的发生。

目前，美国 FDA 已批准在 140 多种药物的药品标签中增加药物基因组信息，涉及的药物基因组生物标志物 42 个。部分行业指南也将部分非 FDA 批准的生物标志物及其特性［如 O^6-甲基鸟嘌呤-DNA 甲基转移酶（O^6-methylguanine-DNA methyltransferase，MGMT）基因甲基化］的检测列入疾病的治疗指南。我国国家食品药品监督管理总局（CFDA）也制定了一系列的个体化用药基因诊断试剂盒检测技术指南（见表 7-5），用于高血压、哮喘、高血脂、内分泌、肿瘤等疾病的治疗。这些标准的制定，无疑会加快临床上合理化用药的进程，推进个体化医疗的实现。

随着药物基因组学的发展，会有越来越多的疾病及其药物治疗将开展基因型检测，根据药物基因组学的数据和检测结果为患者设计最佳的药物和用药方法，提高疗效，降低不良反应，缩减成本，将给临床合理用药和新药开发带来根本性的变革，实现真正的精准医疗。

表 7-5　药物代谢酶和药物作用靶点基因检测项目及其用药指导

检测项目	用药指导
ALDH2＊2 多态性检测	携带 ALDH2＊2 等位基因的心绞痛患者尽可能改用其他急救药物,避免硝酸甘油舌下含服无效
CYP2C9＊3 多态性检测	将 CYP2C9 和 VKORC1 基因型代入华法林剂量计算公式计算初始用药剂量[62];减少携带 CYP2C9＊3 的个体塞来昔布的用药剂量;适当增加携带 CYP2C9＊3 等位基因的高血压患者氯沙坦的用药剂量
CYP2C19＊2 和 CYP2C19＊3 多态性检测	增加 PM 基因型个体氯吡格雷的剂量,或选用其他不经 CYP2C19 代谢的抗血小板药物如替格瑞洛等;PM 基因型个体阿米替林的起始剂量降低至常规剂量的 50％并严密监测血药浓度;PM 基因型患者应用伏立康唑时容易出现不良反应,建议适当减少剂量
CYP2D6＊10 多态性检测	携带 CYP2D6＊10 等位基因的患者他莫昔芬的疗效欠佳,阿米替林的起始剂量应降至常规用药剂量的 25％
CYP3A5＊3 多态性检测	减少 CYP3A5＊3/＊3 基因型患者他克莫司的用药剂量,以避免发生不良反应。可将 CYP3A5＊3 基因型代入公式计算他克莫司的起始剂量
CYP4F2＊3 多态性检测	降低 CYP4F2＊3 纯合子基因型患者华法林及香豆素类抗凝药(醋硝香豆素、苯丙香豆素)的用药剂量
DPYD＊2A 等位基因检测	携带 DPYD＊2A 等位基因的患者应慎用 5-FU、卡培他滨和替加氟,或降低用药剂量,以避免不良反应
慢型 NAT1/NAT2 基因型检测	NAT1 和 NAT2 慢代谢型基因型患者反复给予异烟肼后易出现蓄积中毒,引起周围神经炎,应引起注意
SLCO1B1 521T→C 多态性检测	携带 521C 等位基因的患者慎用辛伐他汀和西立伐他汀,以降低发生肌病的风险,具体可根据 FDA 推荐剂量表
TPMT 多态性检测	降低低酶活性基因型患者 MP 的用药剂量,杂合子起始剂量为常规剂量的 30％～70％,携带两个突变等位基因的个体用药剂量为常规用药剂量的 1/10,或 1 周 3 次给予常规剂量的药物,或换用其他药物,以避免产生严重的造血系统不良反应;携带 TPMT 活性极高基因型的患者 MP 治疗可能无效。携带 TPMT 突变等位基因的儿童患者建议用卡铂而不用顺铂,以避免引起耳毒性
UGT1A1 多态性检测	UGT1A1＊28(6/7)和(7/7)基因型个体应用伊立替康时应选用剂量较低的化疗方案,以避免引起严重腹泻;携带 UGT1A1＊6 等位基因的患者 4 级中性粒细胞减少症的发生风险增加,应谨慎使用
ACE I/D 多态性检测	D/D 基因型的高血压患者建议选用福辛普利进行降压治疗;D/D 基因型的高血压合并左心室肥大和舒张期充盈障碍的患者建议使用依那普利和赖诺普;I/I 基因型患者应用赖诺普利或卡托普利治疗时应注意监测肾功能
ADRB1 多态性检测	Gly389 基因型高血压患者建议不选用美托洛尔降压,或适当增加用药剂量
APOE 多态性检测	基因型为 E2/E2 的高脂血症患者建议选用普伐他汀治疗,以提高降脂疗效

（续表）

检测项目	用药指导
ANKK1 rs1800497 多态性检测	携带 rs1800497A 等位基因的患者应用第二代抗精神病药时静坐不能不良反应的发生风险增加，应注意
错配修复蛋白缺失（dMMR）检测	建议 dMMR 者接受不含 5-FU 的化疗方案
G6PD 基因多态性检测	携带突变等位基因的 G6PD 缺乏患者禁用氯喹、氨苯砜和拉布立酶
HLA-B 位点等位基因检测	携带 *HLA-B* ∗ *1502* 等位基因者慎用卡马西平和苯妥英，携带 *HLA-B* ∗ *5801* 等位基因者慎用别嘌呤醇，以免引起 Stevens-Johnson 综合征/中毒性表皮坏死松解症；携带 *HLA-B* ∗ *5701* 等位基因者慎用阿巴卡韦，以免引起药物性肝损害
IFNL3 多态性检测	Rs12979860T 等位基因携带者聚乙二醇干扰素 α-2a、聚乙二醇干扰素 α-2b 和利巴韦林治疗 HCV 感染的疗效差
微卫星不稳定性（MSI）检测	MSI-H 患者建议不用 5-FU 辅助治疗
PML-RARα 融合基因检测	*PML-RARα* 融合基因阳性的急性早幼粒细胞白血病患者可用 As_2O_3 进行治疗
TOP2A 基因异常（基因扩增或基因缺失）检测	TOP2A 基因异常的乳腺癌患者建议采用含蒽环类药物的治疗方案
VKORC1-1639G→A 多态性检测	携带-1639A 等位基因的个体应减少华法林的用药剂量，具体可根据华法林剂量计算公式确定华法林的起始用药剂量[62]
ERCC1 mRNA 表达检测	建议 *ERCC1* mRNA 低表达的非小细胞肺癌患者选用以铂类为主的化疗方案
RRM1 mRNA 表达检测	建议 *RRM1* mRNA 低表达的患者选用吉西他滨为主的化疗方案

［表中数据来自国家卫生计生委医政医管局于 2015 年 7 月 29 日印发的《药物代谢酶和药物作用靶点基因检测技术指南（试行）》（http://www.moh.gov.cn/yzygj/s3593/201507/fca7d0216fed429cac797cdafa2ba466.shtml）］

7.5 小结

药物遗传学和药物基因组学几十年的研究表明，多数药物代谢酶、转运体、药物作用靶点基因都表现出了相关基因的多态性，而且存在着种族、家族和个体差异，关系到个体用药的效率和安全性，也关系到社会效益和经济效益。随着生物学技术和计算分析技术的发展，药物基因组学研究具有广阔的发展前景和应用前景，最终的目标是彻底阐明药物在人体内吸收、分布、代谢、作用靶点和排泄的遗传基础及在人群中的遗传分布，为特定人群设计最佳的药物使用方案，真正实现因人而异的个体化医疗，使医疗资源的使用利益最大化。但是，药物基因组学同时也是一门新兴的交叉学科，不仅药物代谢和作用机制复杂，而且研究手段和数据分析手段也不尽完善，目前仅有几十个靶基因的研究积累，有关数据库的建设也刚刚起步，有关社会和伦理道德的问题还需完善法律法规。因此，以药物基因组学为原理指导新药开发和实现个体化医疗还任重而道远。

参考文献

［1］ Roden D M，Altman R B，Benowitz N L，et al. Pharmacogenomics：Challenges and opportunities ［J］. Ann Intern Med，2006，145(10)：749-757.

［2］ 赵志刚. 吃药打针也讲究"个性"［J］. 医药前沿，2013(1)：35-37.

［3］ Collins S L，Carr D F，Pirmohamed M. Advances in the pharmacogenomics of adverse drug reactions ［J］. Drug Saf，2016，39(1)：15-27.

［4］ 姜远英. 药物基因组学［M］. 北京：人民卫生出版社，2006.

［5］ Licinio J，Wong M. 药物基因组学——寻求个性化治疗［M］. 蒋华良，钟扬，陈国强，等译. 北京：科学出版社，2005.

［6］ 美国临床医学学院. 药物基因组学［M］. 陈枢青，祁鸣，马珂，等译. 杭州：浙江大学出版社，2013.

［7］ Sawyer J E，Chamberlain A R，Cooper D S. Pharmacogenomics ［M］. London：Springer London，2014.

［8］ Schmidt W M，Mader R M. Current concepts of pharmacogenetics，pharmacogenomics，and the "druggable" genome ［M］. Vienna：Springer International Publishing，2016.

［9］ Marshall A. Genset-Abbott deal heralds pharmacogenomics era ［J］. Nat Biotechnol，1997，15(9)：829-830.

［10］ Sharma S V，Bell D W，Settleman J，et al. Epidermal growth factor receptor mutations in lung cancer ［J］. Nat Rev Cancer，2007，7(3)：169-181.

［11］ 高云，陈嘉昌，朱振宇，等. EGFR 基因突变及其检测方法的研究进展［J］. 分子诊断与治疗杂志，2011，3(1)：51-57.

［12］ Lovly C M，Pao W. Escaping ALK inhibition：Mechanisms of and strategies to overcome resistance ［J］. Sci Transl Med，2012，4(120)：120-122.

［13］ 杜仁骞，金力，张锋. 基因组拷贝数变异及其突变机理与人类疾病［J］. 遗传，2011，33(8)：857-869.

［14］ Conrad D F，Pinto D，Redon R，et al. Origins and functional impact of copy number variation in the human genome ［J］. Nature，2010，464(7289)：704-712.

［15］ Mustacchi G，Biganzoli L，Pronzato P，et al. HER2-positive metastatic breast cancer：A changing scenario ［J］. Crit Rev Oncol Hemat，2015，95(1)：78-87.

［16］ Backenroth D，Homsy J，Murillo L R，et al. CANOES：detecting rare copy number variants from whole exome sequencing data ［J］. Nucleic Acids Res，2014，42(12)：e97.

［17］ Fan Y H，Wang W J，Ma G J，et al. Patterns of insertion and deletion in mammalian genomes ［J］. Curr Genomics，2007，8(6)：370-378.

［18］Volfovsky N，Oleksyk T K，Cruz K C，et al. Genome and gene alterations by insertions and deletions in the evolution of human and chimpanzee chromosome 22［J］. BMC Genomics，2009，10：51.

［19］Hsieh P，Yamane K. DNA mismatch repair：molecular mechanism，cancer，and ageing［J］. Mech Ageing Dev，2008,129(7-8)：391-407.

［20］Lalic T，Vossen R H，Coffa J，et al. Deletion and duplication screening in the DMD gene using MLPA［J］. Eur J Hum Genet，2005,13(11)：1231-1234.

［21］Su Y N，Hung C C，Lin S Y，et al. Carrier screening for spinal muscular atrophy（SMA）in 107,611 pregnant women during the period 2005-2009：A prospective population-based cohort study［J］. PLoS One，2011,6(2)：563-565.

［22］McQuown S C，wood M A. Epigenetic regulation in substance use disorders［J］. Curr Psychiat Rep，2010,12(2)：145-153.

［23］肖华胜,张春秀.生物芯片技术的发展与应用［J］.生物产业技术,2010(2)：53-58.

［24］Jain K K. Applications of biochip and microarray systems in pharmacogenomics［J］. Pharmacogenomics，2000,1(3)：289-307.

［25］Hirschhorn J N，Sklar P，Lindblad-Toh K，et al. SBE-TAGS：An array-based method for efficient single-nucleotide polymorphism genotyping［J］. Proc Natl Acad Sci U S A，2000,97(22)：12164-12169.

［26］Bielinski S J，Olson J E，Pathak J，et al. Preemptive genotyping for personalized medicine：design of the right drug，right dose，right time-using genomic data to individualize treatment protocol［J］. Mayo Clin Proc，2014,89(1)：25-33.

［27］陈斌,雷秀霞,周小棉.高分辨率熔解曲线技术及其在分子诊断中的应用进展［J］.分子诊断与治疗杂志,2009,1(02)：120-124.

［28］姜文灿,岳素文,江洪等.TaqMan探针法实时荧光定量PCR的应用和研究进展［J］.临床检验杂志(电子版),2015,4(1)：797-805.

［29］张群宇,刘耀光,梅曼彤.基因表达系列分析(SAGE)［J］.生命的化学,1999,19(4)：184-186.

［30］何纯刚,黄沁园,陈利生,等.亚硫酸氢盐修饰方法在DNA甲基化检测中的研究进展［J］.实用医学杂志,2014,30(6)：990-992.

［31］夏家辉.人类遗传病的家系收集疾病基因定位克隆与疾病基因功能的研究［J］.中国工程科学,2000,2(11)：1-11.

［32］王铸钢,顾鸣敏.人类遗传病致病基因克隆及其生物学功能研究进展［J］.上海交通大学学报(医学版),2012,32(9)：1171-1174.

［33］李聃,盛莉,李燕.药物转运体的研究方法［J］.药学学报,2014(7)：963-970.

［34］Giacomini K M，Huang S M，Tweedie D J，et al. Membrane transporters in drug development［J］. Nat Rev Drug Discov，2010,9(3)：215-236.

［35］Kroetz D L，Pauli-Magnus C，Hodges L M，et al. Sequence diversity and haplotype structure in the human ABCB1（MDR1，multidrug resistance transporter）gene［J］. Pharmacogenetics，2003,13(8)：481-494.

［36］李亮,李川江,江海霞,等.中国汉族人群ABCB1基因SNP与单倍型频率分析［J］.实用医学杂志,2011,27(21)：3831-3834.

［37］Wolking S，Schaeffeler E，Lerche H，et al. Impact of genetic polymorphisms of ABCB1（MDR1，P-Glycoprotein）on drug disposition and potential clinical implications：Update of the literature［J］. Clin Pharmacokinet，2015,54(7)：709-735.

［38］Hirouchi M，Suzuki H，Itoda M，et al. Characterization of the cellular localization，expression level，and function of SNP variants of MRP2/ABCC2 [J]. Pharm Res，2004,21(5)：742-748.

［39］Niemi M，Pasanen M K，Neuvonen P J. Organic anion transporting polypeptide 1B1：a genetically polymorphic transporter of major importance for hepatic drug uptake [J]. Pharmacol Rev，2011,63(1)：157-181.

［40］Sun L F，Zeng X，Yan C Y，et al. Crystal structure of a bacterial homologue of glucose transporters GLUT1-4 [J]. Nature，2012,490(7420)：361-366.

［41］Deng D，Sun P C，Yan C Y，et al. Molecular basis of ligand recognition and transport by glucose transporters [J]. Nature，2015,526(7573)：391-396.

［42］黄路,阳国平. CYP450 氧化还原酶遗传多态性对 CYP 酶影响的研究进展[J].中国临床药理学与治疗学,2013,18(7)：818-823.

［43］Zanger U M，Schwab M. Cytochrome P450 enzymes in drug metabolism：Regulation of gene expression，enzyme activities，and impact of genetic variation [J]. Pharmacol Therapeut，2013，138(1)：103-141.

［44］Zhang T，Zhou Q，Pang Y S，et al. CYP-nsSNP：A specialized database focused on effect of non-synonymous SNPs on function of CYPs [J]. Interdiscip Sci，2012,4(2)：83-89.

［45］Ingelman-Sundberg M，Sim S C，Gomez A，et al. Influence of cytochrome P450 polymorphisms on drug therapies：Pharmacogenetic，pharmacoepigenetic and clinical aspects [J]. Pharmacol Therapeut，2007,116(3)：496-526.

［46］巩政,王旗.黄素单加氧酶 3 的基因多态性及其在药物代谢和毒性中的作用[J].中国中药杂志,2015,40(14)：2701-2705.

［47］Shephard E A，Treacy E P，Phillips I R. Clinical utility gene card for：Trimethylaminuria-update 2014[J]. Eur J Hum Genet，2015,23(9)：e1-e5.

［48］刘学兵,李毅,陈红辉,等.酒精代谢与表观遗传[J].国际精神病学杂志,2011(2)：103-106.

［49］Cui R，Kamatani Y，Takahashi A，et al. Functional variants in ADH1B and ALDH2 coupled with alcohol and smoking synergistically enhance esophageal cancer risk [J]. Gastroenterology，2009,137(5)：1768-1775.

［50］石淑亚,王连生.Ⅱ相代谢及其酶的研究进展[J].中国临床药理学与治疗学,2014,19(1)：82-89.

［51］郭栋,庞良芳,周宏灏.UGT 酶的遗传药理学研究进展[J].中国新药杂志,2011,20(13)：1188-1193.

［52］Sharma A，Pandey A，Sharma S，et al. Genetic polymorphism of glutathione S-transferase P1 (GSTP1) in Delhi population and comparison with other global populations [J]. Meta Gene，2014,2(2)：134-142.

［53］Xie J P，Shults K，Flye L，et al. Overexpression of GSTA2 protects against cell cycle arrest and apoptosis induced by the DNA inter-strand crosslinking nitrogen mustard，mechlorethamine [J]. J Cell Biochem，2005,95(2)：339-351.

［54］Chouchana L，Narjoz C，Roche D，et al. Interindividual variability in TPMT enzyme activity：10 years of experience with thiopurine pharmacogenetics and therapeutic drug monitoring [J]. Pharmacogenomics，2014,15(6)：745-757.

［55］Hein D W. N-acetyltransferase SNPs：emerging concepts serve as a paradigm for understanding complexities of personalized medicine [J]. Expert Opin Drug Met，2009,5(4)：353-366.

［56］庞晓丛,刘艾林,杜冠华.药物靶点数据库的应用进展[J].中国药学杂志,2014,49(22)：

1969-1972.

[57] 江振洲,杨婷婷,李晓骄阳,等. 药物作用靶点研究最新进展[J]. 药学进展,2014,38(3):
161-173.

[58] Overington J P, Al-Lazikani B, Hopkins A L. Opinion—How many drug targets are there? [J].
Nat Rev Drug Discov, 2006,5(12):993-996.

[59] Prinz F, Schlange T, Asadullah K. Believe it or not:how much can we rely on published data on
potential drug targets? [J]. Nat Rev Drug Discov, 2011,10(9):712-712.

[60] Wishart D S, Knox C, Guo A C, et al. DrugBank:a knowledgebase for drugs, drug actions and
drug targets [J]. Nucleic Acids Res, 2008,36(Database issue):D901-D906.

[61] Pawson A J, Sharman J L, Benson H E, et al. The IUPHAR/BPS guide to pharmacology:an
expert-driven knowledgebase of drug targets and their ligands [J]. Nucleic Acids Res, 2014,42
(D1):D1098-D1106.

[62] Lenzini P, Wadelius M, Kimmel S, et al. Integration of genetic, clinical, and INR data to refine
warfarin dosing [J]. Clin Pharmacol Ther, 2010,87(5):572-578.

8

宏基因组和泛基因组研究
在精准医学中的应用

　　微生物可以说是其他物种中与人类关系最为密切的,遍布人们周围的环境和人们身体的内外表面,因此也与人类的疾病和健康息息相关。人类对于微生物的研究最早开始于那些可以体外克隆培养的病原微生物,然而病原微生物只占微生物物种很小的一部分,微生物代表了地球上最广泛的生物多样性,是物种数量最多的界(kingdom)。可是,人类对于这个丰富世界的了解才刚刚开始,比如仅仅十余年前,人类对寄生于自己体内的寄生菌的物种数量和分布都还知之甚少,更不必说这些寄生菌与人类健康的关系。令人鼓舞的是,基因组技术的到来为人们系统了解微生物世界打开了方便之门。系统研究微生物可以遵循两条策略:第一是纵向的,是通过解析同一物种(或者相近物种)的基因组了解这个物种的进化历史、其经历的生境变化等,称为泛基因组(pangenome);第二是横向的,是通过对同一个样品中所有微生物物种基因组的解析,了解生活在其中的物种间的合作、竞争关系,以及这些物种的含量(丰度)与环境压力和宿主疾病/健康状态之间的关系,称为宏基因组(metagenome)。本章将分别论述泛基因组、宏基因组与人类健康的关系及其在精准医学中的应用。

8.1　宏基因组学研究现状

8.1.1　概念的提出及应用

　　毋庸置疑,测序技术的蓬勃发展(详见第2章)催生了基因组测序时代的开启。众多动植物、微生物全基因组测序的完成正不断加深人们对其生长发育及其与环境相互作用的理解。但大部分环境微生物还不能在实验室内被分离及培养，单靠这一策略来研究环境微生物或人体微生物就显得势单力薄。因此，以环境中所有微生物 DNA 为整体的研究策略，或称宏基因组学(metagenomics)在 20 世纪 90 年代末应运而生。

宏基因组学方法不依赖于实验室培养技术，而且可以针对任意复杂环境，因此广泛应用于各种环境微生物，包括人体微生物的研究。分布最多的人体微生物当属细菌，可以说它们遍布人体的各个部位，举例来说，经常暴露在环境中的皮肤上会有很多环境细菌如放线菌(Actinobacteria)。不同部位的皮肤菌也会有显著差异：脸部或颈部由于经常用化妆品，所以以亲脂性细菌痤疮丙酸杆菌(*Propioni bacterium*)为主，而很少暴露在外的脚底以葡萄球菌(*Staphylococcus*)为主[1]。皮肤菌群的改变也逐渐被认为与皮肤病的发生相辅相成。相比之下，口腔菌主要受食物选择影响。新近一项研究通过比较古人类与现代人的口腔发现，口腔菌的菌群结构变异与工业化革命导致的饮食转变相吻合。具体来讲，工业化革命导致了面食及糖分的普及，这同时伴随着容易导致龋齿的病原菌的增加[2]。

与皮肤菌和口腔菌明显不同，消化道细菌受多重内、外环境因素选择，如受体内酸碱性、消化道氧气含量、周边免疫系统以及食物等的影响。因此，从胃到十二指肠、空肠、回肠再到大肠，菌群结构及数量均有差别。其中大肠是人体细菌最丰富的部位，据最新估计，大肠菌[以食物代谢能力旺盛的拟杆菌(Bateroidetes)和厚壁菌(Firmicutes)为主]的数目与人体细胞的比例约为 1：1，都在$(3\sim4)\times10^{13}$个。而保守估计大肠菌的基因数量却是人体基因数的 500 多倍，因此也被普遍认为是与人体健康联系最为密切的"器官"。本章将主要围绕这部分展开讨论。最新宏基因组研究发现肠道菌(按惯例如非特殊指明皆表示大肠菌)失衡与营养不良、肥胖、糖尿病、炎症性肠病、肝硬化、肠癌等都息息相关。因此肠道菌失衡对健康的影响也逐渐成为精准医学的一项重要内容。此外，肠道菌群的变化已成功被运用于糖尿病[3]、原发性硬化性胆管炎[4]及结肠癌[5]的诊断预测。

8.1.2　主要研究方法

宏基因组的研究方法主要可以分为两类：一类依据 16S rDNA 测序；一类依据全基因组鸟枪测序。16S rDNA 分布广泛，属于核心基因因而很少受横向基因转移的影响，而且既包括可以用来设计 PCR 引物的保守区域又包括足以区分大多数细菌的变异区域(V1～V9),被普遍认为是细菌分类研究或宏基因组研究的"黄金分子标记"。但这并不表示 16S rDNA 就是最理想的分子标记。近年来,随着越来越多细菌基因组全序列测序的完成,很多细菌被发现含有多拷贝甚至是十几个拷贝的 16S rDNA,使得单用16S rDNA 作为细菌分类的准确性受到挑战。另外,有比较发现,使用 16S rDNA 不同变异区域得出的细菌分类也有些许差异,而且都不如全基因 16S rDNA 的准确性高。一些其他的更好的替代标记也有报道,但均难以撼动 16S rDNA 的核心地位。一方面源于国际使用惯例——统一分子标记便于不同研究之间的相互比较,一方面源于高质量16S rDNA序列数据库的不断更新,如 RDP、SILVA、Green genes 等。但 16S rDNA分析只能回答某环境或样本中何种细菌存在或更丰富,不能回答这些细菌的基因功能和代谢特征。如果想深入研究细菌与宿主的相互作用,就必须采用全基因组鸟枪测序。这一方法不仅可以分析细菌的菌群结构还可以分析它们的基因功能。当然,相对成本也高。测序之后两者的分析策略多少类似,都是通过将测序片段比对到已知细菌分类的高质量基因或基因组数据库上,或称为注释。就不同点而言,一是比对的工具多有不同,二是比对的目标数据库不同(16S rDNA 或全基因或其他保守基因数据库)。分析16S rDNA 数据常用的工具包括 QIIME 和 MOTHUR;分析全基因组鸟枪测序数据常用的工具包括 mOTU、MOCAT、MEDUSA 及 MetaPhlAn。

8.2　人类微生物基因组计划及其他国际性研究热潮

在宏基因组概念提出后的几年里,该策略被广泛应用,一批开拓性的研究先后发表,尤其是 2004—2006 年间孕育出一批里程碑式的研究。比如,Jeffrey Gordon 实验室的 Backhed 等人率先发现与无菌小鼠相比,转化鼠的脂肪积累在 14 天内增加了 60%,而且开始产生胰岛素抵抗[6],说明肠道菌可以帮助宿主从食物中吸收更多能量甚至导致肥胖;Ley 等人通过进一步的宏基因组分析不仅在小鼠模型中还在人群中证实肠道菌失衡与肥胖有关。David Relman 实验室率先刻画了人类肠道菌主要由 Bacteroidetes和 Firmicutes 组成并发现粪便与肠道黏膜中的细菌有显著差别等。这些先驱研究直接推动了美国 NIH 于 2007 年发起人类微生物组计划(the Human Microbiome Project,HMP)。

美国 HMP 项目耗时 5 年,于 2012 年 6 月 13 日由 NIH 主管 Francis Collins 宣布

结束,共计投入 1.5 亿美元。其主要宗旨在于大规模刻画健康人群菌群结构以用于后续比较菌群失衡对人类健康与疾病的影响。这个项目中的一个重要发现就是同一个人不同部位的菌群结构各不相同,而且人与人之间也存在巨大差异[7]。比如有些人的肠道菌以 Bacteroidetes 为主,而另外一些人则以 Firmicutes 为主,但令人惊讶的是,它们在基因功能上却异常相似。一个可能的原因是现有的 KEGG 代谢途径过于宽泛,不足以反映细菌特异性代谢途径的差别,而并非不同人的菌群之间确实没有功能差异。

HMP 宣布不久,欧洲同时发起了类似的研究计划,不过这项计划着重肠道菌的研究,称为人类肠道菌的宏基因组计划(Metagenomics of the Human Intestinal Tract,MetaHIT),并提出了 3 种肠道菌生态型(enterotypes)的存在,分别以多形杆菌(*Bacteroides*)、瘤胃球菌(*Ruminoccocus*)或普雷沃菌(*Prevotella*)为主[8]。随着争论的不断增加,3 种菌群生态型是否真实存在有待进一步研究。

HMP 于 2014 年进入第 2 阶段即整合人类微生物组计划(the Integrative Human Microbiome Project,iHMP)阶段:这一阶段侧重从多组学整合方法研究微生物组随时间的动态变化及与各种疾病的关系。2015 年,*Science* 和 *Nature* 杂志先后发表声明建议"组织国际化多学科力量共同研究全球微生物组"。2016 年 5 月 12 日,美国政府又启动了预计投资 1 200 万美元的国家微生物组计划以拓展人们对微生物的了解。我国在研究人体微生物组方面拥有许多得天独厚的优势——人口多,肠道菌资源丰富,可以以此比较南北饮食、少数民族遗传差异、不同中药资源等对肠道菌的影响。随着中国政府近年来对精准医学的倡导,中国人群微生物组计划也势在必行!

8.3　影响肠道菌组成的因素

人类的肠道菌从出生的那一刻起就受到多重因素的影响,如分娩方式的不同(自然分娩与剖腹产)、哺乳方式的不同(母乳与奶粉)等。早期婴儿肠道菌的菌群结构变异本无可厚非,但问题是越来越多的证据表明这些早期菌群变异还影响后天甚至成人阶段的健康情况。另外,肠道生理环境的特异性、开放性及复杂性也不断影响着肠道菌的结构及功能。其中,肠道的特异性在于它的结构、偏中性及低氧环境;它的开放性在于不断暴露在各种食物及药物刺激中;它的复杂性在于肠道同时还受免疫系统、激素水平及人体神经系统的调节。近年来的研究证明,年龄因素、减肥手术、生物钟、遗传因素等也都对重塑肠道菌群起着重要作用。另外,细菌之间的相互作用也引起广泛关注。

8.3.1　早期因素

婴儿刚出生时,由于母体与外界环境的巨大差异,他们的肠道菌变动较大,直到3～4岁时相对稳定至成人肠道菌状态。在这一阶段已知的主要影响因素(简称早期因素)包括:婴儿的分娩方式、哺乳方式及固态食物的引入时间。新生儿的肠道内一开始相对来说是好氧环境,因此以兼性厌氧菌如肠杆菌(Enterobacteriaceae)为主,不过不久肠道内氧气含量就消耗殆尽,此时厌氧菌如梭菌(Clostridium)等开始增殖。婴儿肠道菌在一开始的几周内与母亲的皮肤及产道菌更接近,随着母乳喂养,擅长无氧代谢寡糖的双歧杆菌(Bifidobacterium)和乳杆菌(Lactobacillus)在之后的几个月内会急剧增多。断奶及固态食物的引入也会显著改变肠道菌:Bacteroides、Clostridium、Ruminoccocus 会明显增多,而 Bifidobacterium 和 Enterobacteriaceae 开始下降。但倘若一开始婴儿以奶粉为主,其肠道菌会与母乳喂养的婴儿明显不同,以 Bacteroides、Clostridium、链球菌(Streptococcus)、肠杆菌(Enterobacteria)及韦荣球菌(Veillonella)为主。与自然分娩的婴儿相比,剖腹产的婴儿肠道菌中 Bifidobacterium 和 Bacteroides 较少而且菌群丰富度低。小鼠实验揭示,这些早期肠道菌的差异对后天成鼠的免疫系统发育及营养代谢至关重要。大量流行病学研究也证明剖腹产的婴儿更容易患肥胖、气管炎、过敏及免疫缺陷病等。新近一篇研究更是首次尝试了让剖腹产婴儿接触羊水,希望减少肠道菌对后天健康的影响[9]。

8.3.2　肠道内环境

肠道的特殊内环境及其特殊功能决定了其独特的肠道菌结构。其中最主要的五大类细菌是 Bacteroidetes、Firmicutes、放线菌(Actinobacteria)、变形菌(Proteobacteria)及疣微菌(Verrucomicrobia)。随着肠道从上到下 pH 值(从弱酸性逐渐增加至偏中性)、氧气和抗菌小分子含量的变化(逐渐降低),菌群的分布也有所差异。但细菌的总量整体来讲在逐渐增加。如果对大肠做一个横截面比较,沿着肠道黏膜一直到肠腔中心氧气含量也逐渐降低,而且这一梯度性氧气分布对菌群结构也有重要影响,靠近肠道黏膜的多半是对氧气含量有一定需求量的细菌如 Proteobacteria 和 Actinobacteria,而绝对厌氧的细菌一般分布在肠腔中心。氧气变化对菌群影响的一个极端例子就是回肠造口术前后肠道菌群的变化。手术前肠道菌主要以厌氧的 *Bacteroides* 及 *Clostridia* 为主，手术后由于受体外氧气的直接影响，肠道菌群转变为以兼性厌氧菌如 *Lactobacilli* 和 *Enterobacteria* 为主，而回肠口缝合后，菌群又能逐渐恢复到先前的正常厌氧状态。pH 值对菌群的影响还主要停留在体外实验阶段，比如随着 pH 值从 6.7 降到 5.5，*Bacteroides* 菌株的相对含量从 86% 降到 27%，而产丁酸（butyrate）的革兰阳性菌如直肠真杆菌（*Eubacterium rectale*）却逐渐增加，暗示体内肠道菌也可能会随着肠道不同生态位 pH 值的变化而不同。

　　肠道菌群同时还受内分泌系统、免疫系统及神经系统的调控。比如早在 1992 年，就通过体外实验证实儿茶酚胺类激素可以促进革兰阴性菌的生长；肾上腺素可以通过与大肠杆菌（*E. coli*）的群体感应通路相互作用调节其毒性基因的表达。与激素调节相比，免疫系统对肠道菌的影响更重要也理解得更清楚，毕竟免疫系统的主要作用之一就是尽量避免细菌与人体组织接触从而减少病原菌的侵入。其第一道防线就是通过屏障：比如小肠杯状（goblet）细胞可以分泌黏液糖蛋白，使之在小肠表皮细胞上形成一道 150 μm 厚的天然屏障，大肠内更是包括两层类似的隔离带以减少细菌的侵入。肠道表皮细胞在 Toll 样受体的调节下还可以分泌 RegIIIγ 抗菌小肽抑制细菌。另外，固有层内的树突细胞还可以在培氏斑内调节 B 细胞使其产生可分泌至肠道表皮外的 IgA 来监视细菌。第二道防线就是利用各种免疫细胞将偶尔渗入的细菌隔离：比如被巨噬细胞吞噬或被树突细胞监管。其他免疫细胞如可以产生白细胞介素 22 的固有层淋巴细胞还可以遣返渗入细菌，阻止它们进一步扩散。与调节个别菌的 RegIIIγ 抗菌小肽不同，α-防御素可以对肠道菌群整体结构产生调控。近年来免疫缺陷小鼠及无菌小鼠的模型更是将对免疫系统与肠道菌相互作用的理解推向另外一个高度。比如 *Tbx21* 与 *Rag2* 双敲除小鼠中，肠道菌结构明显变化并促进了溃疡性结肠炎的发生，更重要的是肠道菌转移实验显示免疫缺陷导致的肠道菌结构本身也可以诱导野生型小鼠产生结肠炎的症状，进一步证明肠道菌失衡影响宿主健康。类似的结果也在 *TLR5* 敲除小鼠中发现，*TLR5* 敲除导致菌群结构失衡并诱导了胰岛素抵抗及高血脂等症状的发生。而神经系统对肠道菌的影响多半是通过激素及免疫系统发挥作用，如压力可以刺激去甲肾上腺素分泌并对肠道菌群产生一定的影响。

　　另外，肠道内特殊宿主代谢物也可以为肠道菌提供便利，比如 *E. coli* 可以利用宿主的代谢产物硝酸盐，而嗜黏蛋白阿克曼菌（*Akkermansia muciniphila*）可以以肠道黏膜为食获取能量。

8.3.3　食物因素

食物是影响人类健康最主要的因素之一。人类进化和社会历史进程的关键阶段也往往伴随着食物选择的重大转变,而这些食物转变也会反过来影响人的健康甚至人类基因的变异。离人类较近的一次重大食物转变始于 1 万年前的农业社会及动植物驯化。比如,牛奶的普及现被发现与不同人群中的乳糖耐性有关,如果当地奶牛种群中的产奶基因多样性更丰富,当地人乳糖耐受基因频率就更高因而患乳糖不耐性的概率就低。另外,淀粉食用的多少对人群中唾液淀粉酶的变异及拷贝数也有一定的影响。不仅如此,越来越多的证据表明食物选择还是调控肠道菌群的重要因素。最早的研究甚至可以追溯至 100 年前。近来,Turnbaugh 等人不仅利用小鼠模型[10]还在人群[11]中证实食物转变可以急剧地,甚至在一天内,改变肠道菌。肉类食物可以显著增加对胆汁有抵抗作用的细菌比如另枝菌(*Alistipes*)、嗜胆汁菌(*Bilophila*)和 *Bacteroides*;而蔬菜类食物主要与具有植物多糖代谢能力的罗斯菌(*Roseburia*)、*Eubacterium rectale* 和 *Ruminococcus bromi* 相关联。此外,随着工业化革命,人工甜味剂被广泛应用于各种食品加工中,但有证据表明人工甜味剂也可以通过调节肠道菌来导致代谢综合征的发生,这也许与与日俱增的全球性肥胖以及糖尿病危机不无联系。

2010 年的一项研究发现,与欧洲儿童相比,偏素食的非洲农村儿童体内 Bacteroidetes,尤其是 *Prevotella* 和木聚糖菌(*Xylanibacter*)更多,而后两者都能代谢纤维素和木聚糖,表明非洲儿童的长期素食习惯驱使肠道菌不断进化从而能从纤维中获取更多的能量。对塔桑尼亚以围猎为主的土著居民和意大利城市人群的肠道宏基因组比较也得出类似结论:偏素食的人群中 *Prevotella* 更多,肠道菌群丰富度也高。不仅食物选择,赵立平等人利用小鼠模型还发现节食也可以显著调节菌群[12]。赵立平本人甚至通过中药食材如山药和苦瓜进行食疗,使得体重在两年内骤降 40 斤,肠道内的抗炎性有益菌普拉梭菌(*Faecalibacterium prausnitzii*)从微量增至整个肠道菌群的 14.5%。无独有偶,去年一篇刊于 *Cell* 杂志的文章在小鼠中证实苦瓜素对治疗肥胖有显著功效甚至堪比减肥手术[13]。但需要强调的是,饮食对肠道菌群的调控不一定总能从分类结构上看出来。比如,Gary Wu 等人通过比较素食者及杂食者的肠道菌群发现,他们在菌群结构上异常相似,但血液中的细菌代谢物却大为不同[14]。

8.3.4 药物因素

肠道不仅是食物代谢的主要场所,还负责各种口服药的吸收。提到药物因素对肠道菌的影响,首当其冲的当然是抗生素。顾名思义,抗生素主要用来对抗病原菌,但一般都是广谱抗生素,因而同时会影响部分有益菌群。Martin Blaser 等人近年来通过一系列研究发现,如果在小鼠成长发育的早期给小鼠服用低剂量的抗生素,会显著影响小鼠的肠道菌群结构并促使小鼠甚至成鼠易患代谢类综合征[15]。与抗生素有关的另外一个严峻问题就是抗生素滥用,尤其是国内,这也许可以部分解释为什么中国人群中的抗生素抗性基因更多。另外,最新的证据表明消化道类药物质子泵抑制剂[16]、2 型糖尿病一线药物二甲双胍[17]等都可以影响肠道菌群的结构,但是否肠道菌的改变还会反过来影响其药效还有待进一步研究。赵立平团队还发现中药葛根芩连汤及小檗碱等也都能通过调节菌群放大其对糖尿病或肥胖的疗效,为进一步将丰富的中药资源推向精准医学奠定了基础。

8.3.5 减肥手术

就目前来讲,减肥手术如胃旁路手术、袖状胃切除手术仍是治疗肥胖的最佳方式。一项针对 2 000 多位做过减肥手术的瑞典肥胖患者随访 20 多年的调查发现,减肥手术的疗效非常稳定,术后体重一般能降低 16%～23%;而对照组中 2 000 多位肥胖患者的体重在这 20 年中基本变化不大。另外,与对照组相比,接受减肥手术患者的死亡率及糖尿病并发率都显著降低。传统观点认为,减肥手术的主要疗效在于缩小了胃的体积,从而减小了能量的吸收。而新近一项对老鼠的袖状胃旁路手术研究发现,该手术的疗效主要依赖于细胞核胆汁受体基因 FXR[18]。如果将该基因敲除,袖状胃旁路手术对体重的疗效就会大打折扣。减肥手术同时伴随着变形菌(Gamma-proteobacteria)的增加。对另外一组经过减肥手术后长达 9 年的患者肠道宏基因组的分析发现,减肥手术对肠道菌具有长时间的调控作用,与对照组肥胖患者相比,变形菌的数量仍然显著增加。进一步对无菌小鼠的粪菌转移实验显示,与正常肥胖患者的菌群相比,术后患者的菌群可以显著降低小鼠的脂肪积累,证明减肥手术与肠道菌的作用相辅相成。

8.3.6 生物钟

最新的证据表明不仅在小鼠中,人体中的生物节律也会导致肠道菌的节律性变化。

小鼠中约 60% 的肠道菌群都受生物钟调控,主要包括 Clostridiales、Lactobacillales 和拟杆菌(Bacteroidales),尤其是罗伊乳杆菌(*Lactobacillus reuteri*)和脱盐杆菌(Dehalobacterium spp.);而在人体中仅有约 10% 的细菌如 *Parabacteroides*、毛螺菌(*Lachnospira*)和布雷德菌(Bulleidia)受生物钟调控。倘若在小鼠中敲除关键生物钟基因如 *Per1*,肠道菌的节律也会跟着消失。进一步的实验表明,这种对肠道菌的节律调控其实是受进食时间的影响。如果改变老鼠的进食时间,肠道菌的周期性调控也会随之改变,给予合适进食调控,甚至可以恢复 *Per1* 敲除鼠中打乱的肠道菌节律。另外,对小鼠和人引入时差干扰也会打乱肠道菌的周期调控。研究人员进一步利用无菌小鼠的粪菌转移实验证明,被打乱节律的肠道菌群更容易导致各类代谢综合征[19]。

8.3.7 遗传因素

Willem de Vos 小组率先比较了同卵双胞胎之间以及与其他随机个体间的肠道菌群差异,他们发现与随机个体相比,同卵双胞胎之间的菌群更加相似,暗示宿主遗传因素也会对菌群结构产生一定影响。Benson 等人进一步在 645 只小鼠中对 530 个 SNP 变异(与 18 种数量性状相关)和小鼠肠道菌的相关性进行了探讨。研究发现许多菌群的相对含量都与遗传相关。比如,与胃癌相关的螺杆菌(Helicobacter)与定位在小鼠 6 号染色体的 JAX00603343 标记位点相关,而消化链球菌(Peptostreptococcaceae)变化与 1 号染色体 JAX00010715 位点的 SNP 变异相关联。Ruth Ley 及其合作者对 416 对英国双胞胎肠道菌进行分析证实,人体遗传差别影响肠道菌的构成。其中受遗传性影响最大的菌群为克里斯滕森菌(Christensenellaceae)。他们最近又发表了一个更大规模的相关分析,1 126 对英国双胞胎参与了该实验,主要实验结论与之前类似,不过他们同时比较了肠道菌的遗传性和宿主的 SNP 变异。有意思的是,他们发现 *Bifidobacterium* 与调控乳糖耐性的基因有关,而 *Akkermansia* 与唾液酸基因的表达有关。

8.3.8 年龄因素

研究肠道菌群变化的最理想状态当然是通过监视整个生长发育、生老病死过程中肠道菌的动态变化。但这取决于能否开发出更快更便宜甚至是实时测量肠道菌群变化的方法或工具。所以年龄因素对肠道菌的影响多停留在推测阶段,可能主要取决于年龄增长导致的其他环境或生理因素如前文讨论的食物、药物、免疫力、生物钟等变化的影响。比如,对 178 个老年人的宏基因组分析发现,其肠道菌变化主要跟老年人社区中心、饮食、老年人自身的健康状况等有关,而且跟年轻人相比,老年人之间的菌群差异更大。

据笔者所知,对同一人群肠道菌群跟踪调查的最长时间跨度为 5 年,由人类肠道菌研究的先驱 Jeffrey Gordon 团队完成,他们发现在这五年内肠道菌的变化还算比较稳定,平均 60％的菌株在整个 5 年跨度内都能被检测到[20]。

8.3.9　菌群内部因素

不仅体内、体外环境因素及宿主基因型可以影响肠道菌,菌群内部因素也至关重要。菌群内部因素主要包括两方面,一方面是细菌与细菌之间的相互作用;一方面是细菌自身的基因特性。比如,细菌对代谢资源的需求会在某种程度上决定它们之间是相互竞争还是互利共生。体外实验证明普通拟杆菌(*Bacteroides vulgatus*)与卵形拟杆菌(*B. ovatus*)在菊粉培养基中就可以共生:前者其实不能代谢菊粉等多糖,但它可以利用后者的多糖代谢物生存。另外一项实验证明,细菌间相互作用的群体感应信号对调节菌群也起重要作用。通过将一株遗传改造过可以表达群体感应信号 AI-2(有助于细菌与细菌之间的交流,尤其是 Firmicutes 之间)的 *E. coli* 转移到经链霉素处理过的小鼠肠道中,研究人员发现增强后的 AI-2 信号可以逆转抗生素对肠道菌的破坏。具体来讲,链霉素处理后,菌群种类急剧减少最终基本完全由 Bacteroidetes 主宰,该菌甚至可以占到整个菌群的 96％,而 AI-2 感应信号增强后,基本消失的 Firmicutes 开始逐渐增多。细菌自身的基因特性主要取决于细菌是否具备在肠道内生存的条件。Sarkis Mazmanian 等人通过一系列实验发现一个由 5 个基因组成的细菌操纵子 CFF 对 Bacteroidetes 菌株能否在肠道内共生至关重要[21]。野生型脆弱拟杆菌(*B. fragilis*)可以渗透进肠道黏膜或靠近黏膜的隐窝内,而 CCF 突变型不能依附肠道黏膜从而很难成功共生在肠道内。再比如,比较基因组学发现,Bacteroidetes 菌群一般比 Firmicutes 拥有更多的糖苷水解酶基因,所以可以推测前者应该比后者在代谢寡糖方面更有优势,因而在合适的饮食情况下应该丰度更高。

8.4　肠道菌与疾病和健康

本章前半部分介绍,很多因素都会影响肠道菌的菌群结构,如遗传因素、药物因素、食物因素等,所以说人体与肠道菌之间的相互作用颇为复杂,稍有不慎就会造成两者之间的失衡,或者说亚健康或疾病。Martin Blaser 认为各种疾病的出现和消失都跟人类生态学的变化息息相关:农业化革命极大地增加了人口数量,但同时使人类接触各种食物病原微生物的机会相应增加,因此使人类更易患麻疹、结核病、瘟疫等疾病;工业及科技革命迅速提升了医疗卫生条件,使人类可以更有效地对抗霍乱、疟疾和天花等;但现代化工业化革命也带给人类各种后现代病,尤其是各种慢性疾病如哮喘、肥胖、糖尿病等;进一步推测,多数后现代疾病都跟肠道菌的失衡有关。本节主要对肠道菌怎样影响疾病及影响哪些疾病进行探讨。

8.4.1 肠道菌群从结构到功能——多组学策略

理解肠道菌对健康的影响,首先要理解肠道菌的结构及功能。最常见的结构刻画方式就是本章一开始提到的利用宏基因组学(16S rDNA 测序或全基因组鸟枪测序)研究各细菌的相对丰度。但根据相对丰度只能推测是否有相应细菌的 DNA 存在,对应细菌是死亡还是继续活跃表达着各种基因却仍然未知。而且有证据表明停止生长的细菌跟处在指数生长期的细菌对宿主的影响不一样,所以单纯靠相对丰度并不能完全反应细菌与宿主之间的相互关系。最近一篇文章提供了一套可以基于全基因组鸟枪测序产生的数据预测细菌生长状态的方法。Eran Segal 及其合作者发现利用比对到细菌基因组复制起点及复制终点的测序片段多少的比值(PTR)可以用来刻画细菌的生长率[22]。他们发现利用此方法可以观察到许多与相对丰度不一致的结论,比如 E. coli 的生长率而非相对丰度与饭前血糖及糖尿病有关。但不容忽视的是细菌的生长同时也受多种因素如饮食、宿主基因型、生物钟等影响。所以在做关联分析时需要考虑是否有其他干扰因子影响细菌的生长。

前文提到宏基因组学只能告诉人们细菌可能在参与某项代谢活动,但并非一定在参与那项代谢,宏转录组学可以用来弥补宏基因组这方面的弱势。另外一项比较分析发现,虽说宏基因组的变化与宏转录组的变化相关性很大,但两者依然存在很大区别[23]:有些细菌(或基因)可能相对丰度较低但基因表达活跃,而另外一些细菌(或基因)的 DNA 水平可能较高但表达不活跃。近年来宏蛋白质组学及代谢组学的方法也逐渐被采用来刻画细菌与人体间的相互作用。

8.4.2　肠道菌与人体相互作用的关键——细菌代谢物

前文提到肠道菌的基因数量大约是人体基因组的 500 多倍,单就糖苷水解酶来说,人类仅有 100 多个,而人类肠道菌中已知就有 1.5 万多个,极大地拓展了人体对碳水化合物的利用。通过比较无菌小鼠与正常小鼠的血液代谢物,William 等人发现绝大多数的代谢物在两种小鼠中都能检测到,但正常小鼠特异性代谢物是无菌小鼠特异性代谢物的 3 倍多,证明正常小鼠的肠道菌对其血液代谢物贡献较大[24]。举例来说,研究人员发现血液中不少含有吲哚的分子如吲哚丙酸(indole-3-propionic acid)的产生完全依赖于肠道菌,而吲哚丙酸具有强抗氧化作用,有望用于治疗阿尔茨海默病。膳食中的色氨酸经由 *Lactobacillus* 转化成吲哚衍生物,可以抗炎[25]。赵立平等人早年还发现不少肠道菌与人体尿液中各种代谢物也有关系,但细菌跟这些代谢物之间的关系及其理化意义还需进一步探讨。最近一项大规模计算分析在肠道菌中筛选出大于 1.4 万多个可以合成小分子的基因簇[26],使寻找可以与人体相互作用的肠道菌代谢物的进程更进一步。即便如此,人们对细菌代谢物的了解还只是冰山一角,已知的可以与人体相互作用的代谢物更是屈指可数。近几年研究最多的就是短链脂肪酸和次级胆汁。

短链脂肪酸主要由肠道菌发酵碳水化合物,尤其是膳食纤维而成。短链脂肪酸主要包括醋酸、丁酸和丙酸。越来越多的证据表明短链脂肪酸是关键的细菌代谢物,对调节宿主葡萄糖代谢平衡、脂肪代谢、激素平衡等都有重要作用。相比之下,胆汁的代谢及组成更为复杂。初级胆汁(CA、CDCA)主要在肝脏内合成并转化为结合胆汁酸(与甘氨酸或牛磺酸结合),然后分泌至肠道内帮助消化脂肪。但结合胆汁酸到达肠道跟肠道菌接触后还会被代谢为次级胆汁(DCA、LCA)。但近年来胆汁逐渐被认可为重要的信号分子,成为调节代谢类疾病的首选靶点[27]。去年一篇实验通过手术将小鼠胆汁直接引流至回肠以增加胆汁的直接吸收,结果发现系统循环中胆汁的增加对降低体重、改善葡萄糖代谢作用非常明显甚至与胃旁路减肥手术的疗效相当[28],这进一步突出了胆汁代谢的重要性。

任何事情都有两面性,细菌代谢物也是,有的对宿主有益,有的对宿主有害甚至可能引发疾病。

8.4.3　肠道菌失衡对疾病的影响——从关联到因果

越来越多的关联分析及小鼠实验表明,肠道菌失衡几乎与各种疾病都有关,如营养不良、肥胖、糖尿病、心血管疾病、炎症性肠病、肠癌、肝硬化、非酒精性脂肪肝、神经性疾病等。动脉粥样硬化斑块中甚至直接检测到了细菌 DNA 的存在[如浅黄金色单胞菌(*Chryseomonas*)][29]。但背后的因果关系还有待进一步探讨：到底是肠道菌失衡导致了疾病还是疾病本身诱发了肠道菌失衡，如果是前者，可能的潜在诱发因子或肠道菌代谢物是什么？ 这也是后微生物组计划及当前肠道菌宏基因组学研究的重点。

现有的少数证据支持肠道菌对疾病的直接影响，比如细菌脂多糖可以引发炎症并可以进一步引发肥胖和胰岛素抵抗。Backhed 实验室正在进行的一项研究表明另外一种细菌代谢物也可以引发胰岛素抵抗及糖尿病。*Bacteroides fragilis* 分泌的包含荚膜多糖 A 的膜外囊泡与炎症性肠病的发病也有关。过量的细菌次级胆汁代谢物 DCA 甚至可以破坏 DNA 并引发肝癌。

从关联分析过渡到因果，势必要借助各种实验技术。常见的几种肠道菌宏基因组学相关实验技术包括肠道菌转移、肠道菌或其代谢物与体外类器官细胞团共培养、体外肠道模拟器培养肠道菌等。比如，经遗传改变的 *E. coli* NAPE 表达株可以有效降低肥胖及胰岛素抵抗[30]，通过粪菌转移可以有效治疗艰难梭菌(*Clostridium difficile*)感染[31]。

8.4.4 宏基因组精准医学——从精准饮食到益生菌

鉴于人体微生物组在不同个体间的巨大差异及其对人体健康的重要性，宏基因组学研究逐渐成为精准医学的一项重要内容。2015 年 *Cell* 杂志发表了一篇由 Eran Elinav 和 Eran Segal 实验室合作完成的一项代表性精准医学研究[32]。他们在连续一周内实时检测了 800 位以色列人的餐后血糖，并记录或检测了实验参与者的饮食、锻炼、肠道菌变化等，他们发现不同人对同一种食物的反应差异巨大因而对餐后血糖的影响不一；而且任何一种指标如饮食都不足以反映餐后血糖；但利用整合饮食及肠道菌等主要影响因子的机器学习算法，他们可以准确预测餐后血糖的变化($R=0.68$)。这一研究不仅证明了精准饮食的重要性，还勾画了肠道菌宏基因组对精准医学的应用前景。同时近年来对各种益生菌的发现，进一步突出了宏基因组在精准医学中的重要性。

8.5 泛基因组概述

8.5.1 泛基因组的由来

人类对于一个细菌物种包含哪些基因这个问题的认识经历了一个复杂的过程。以大肠杆菌为例,1997 年之前的教科书推测大肠杆菌有 3 000 个左右的基因。1997 年,第一株大肠杆菌 K-12 MG1655 完成全基因组测序,全长 4.64 Mb,共注释了 4 288 个基因[33],而之后测序的 O157:H7 菌株的基因组全长则有 5.5 Mb,尽管与 K-12 共有很多基因,但是有 1 632 个蛋白编码基因和 20 个 tRNA 基因为 O157 所特有[34]。同一物种的基因组组成存在这样大的差异在当时是十分惊人的,因为在高等生物,同一物种的正常个体之间的基因组差异是非常小的,一般不会超过 1%。后来的人体微生态研究也发现,很多物种的不同菌株之间序列相似性大都在 75%~95%,说明在细菌界,种内基因组存在显著差异是一种普遍存在的现象。

随着基因组变异机制研究的逐渐深入,人们发现,细菌的基因组存在多种变异机制。由于细菌是无性繁殖的物种,在 DNA 复制过程中,除了碱基突变以外,还有染色体重排和 DNA 重组两种最主要的机制导致子代细菌的基因组与父代不同。其中 DNA 重组有同源重组和非同源重组两种方式,分别需要或者不需要重组的 DNA 片段与目的区域 DNA 具有同源性。通过 DNA 重组,细菌可以从外界获得新基因,也可以丢弃不需要的基因。当细菌处于"感受态"时,可以从环境或其他生物体获取 DNA 片段,通过重组机制,可以将这些片段插入自身的基因组。这种并非从父代获得遗传物质的方式称作水平基因转移(horizontal gene transfer,HGT)。HGT 在细菌之间非常频繁,而在多细胞生物之间则十分罕见。作为无性繁殖的生物,细菌在繁殖过程中,通过重组机制产生大量"单体型(haplotype)",从而形成不同的菌株,菌株之间的基因组内容物可以存在很大差异,丰富了种内的遗传多样性,从而能够在各种复杂严酷的环境中生存繁衍[35]。

由于重组和 HGT 机制的存在,一个细菌物种所有菌株的基因组中,只有一部分基因是来自这个物种共同祖先的,历经垂直遗传保留在每个菌株中,有一部分则是经历了水平基因转移,在进化的过程中,在某个小的分支中获得或丢失。为了对每一个物种的基因组及其基因池有一个清晰的认识,2005 年 Tettelin 等提出了微生物泛基因组的概念(pan-genome,pan 源自希腊语"παν",全部的意思),泛基因组即某一物种全部基因的总称,包括核心基因组(core genome)——在所有菌株中都存在的基因,以及非必需基因组(dispensable genome)——存在于部分菌株中的基因。在实际研究中,有时候,泛基因组也可以分成核心基因组(在所有菌株中都存在的基因)、非必需基因组(在 2 个及 2 个以上的菌株中存在的基因),以及菌株特有基因(strain-specific gene,仅在某一个菌株中存在的基因)[36]。从功能上看,核心基因往往是细胞生命活动必需的基因,包括细胞复制所需基因、整体调控基因、基础代谢通路基因等;而非必需基因往往是在某些特定环境下需要的基因,如非必需代谢通路或冗余代谢通路基因、耐药基因、毒性基因等对抗特殊环境压力所需的基因。

在 Tettelin 的研究中,还根据物种的泛基因组大小与菌株数目的关系,将物种的泛基因组分为开放型(open)泛基因组和闭合型(close)泛基因组。开放型泛基因组是指,随着测序的基因组数目的增加,物种的泛基因组大小也不断增加。闭合型泛基因组是指,随着测序的基因组数目增加,物种的泛基因组大小增加到一定程度后收敛于某一值。事实上,泛基因组的开放程度与核心基因组(全部核心基因的总和)在基因组中所占的比例明显相关,核心基因组的比例越小,泛基因组越开放,反之则越闭合。从生物学意义来看,具有开放型泛基因组的物种,其非必需基因池很大,能够适应更复杂的环境,因此这些物种的生境往往比较广泛,比如链球菌。与之相反,闭合型泛基因组的物种基因池很小,生境往往比较狭窄,比如专性寄生的细菌如鼠疫耶尔森菌[37]。

由此可见,要了解一个细菌物种的基因组及其与生境的关系,需要对同一物种的多个菌种进行基因组测序。该物种的生境越广泛,非必需基因池越大,就需要测序更多的菌株,以大肠杆菌这种生境比较广泛的物种为例,需要对数百株菌株进行测序。在选择测序菌株时,除了数量要求外,还需要根据研究意图,兼顾多态性需求,也就是说菌株的来源尽可能广泛,代表研究的全部生境。

8.5.2 泛基因组研究揭示物种内部的多态性和演变

8.5.2.1 基因组多态性的种类

一个细菌物种的基因组变异包含 3 个层次:基因组结构、基因组的组成和序列变异。在泛基因组概念的框架下,随着二代测序技术的广泛应用和测序成本的持续走低,大量以物种为单元的基因组测序研究逐渐开展,这些研究的结果展示了一个细菌物种内部不同菌株之间的基因组变化。由于二代测序技术的短读长特征,导致测序拼接只能得到基因组的草图(draft),而非完整的环状基因组完成图(complete genome)。随测序质量而异,一个基因组草图可以包含多至数百个基因组片段(scaffold),即便测序质量很好,一般也只能将基因组片段的数量降至数十个。经过 PCR 实验可以判断这些草图基因组片段之间的相邻关系,再经一代测序可以将基因组片段之间的间隙(gaps)补充完整,俗称"补洞",形成基因组完成图。由于补洞的过程十分烦琐耗时,大部分基于二代测序技术的泛基因组研究得到的是大量的草图。草图可以用来研究基因组的组成(即包含哪些基因)以及基因的位点变异,而只有完成图可以用来清晰地研究染色体结构变异[38]。

1) 染色体结构和重排

大部分细菌的染色体呈环状,基因按一定次序排列在染色体上。导致基因的位置(或者相对次序)改变的机制有两种:①DNA 重组,在不同的菌株中,重组可以将相同的非必需基因插入染色体上的不同位置;②染色体重排,分子机制还不清楚,可以肯定的是,染色体在重排过程中经历了双链断裂,然后与不同的断端相连,再次连成环状的过程。由于 DNA 重组的频率一般比染色体重排的频率高,导致垂直遗传的核心基因在染色体上的位置相对固定,形成染色体框架,而核心基因之间的间隙可以成为 HGT 的插入热点。每个物种具有独特的染色体重排的频率和方式,有些物种的染色体很少重排,导致核心基因在染色体上的位置基本不变。但也有一些物种会发生频繁的重排,最典型的例子是鼠疫菌。在重排方式上,革兰阳性菌(主要有厚壁菌门和放线菌门)只能发生对称性重排,而革兰阴性菌(主要是变形菌门)的重排方式更为多样,也可以不对称[39]。染色体重排的意义还不清楚,由于基因在染色体上的一维顺序必然会影响其在染色体三维结构中的位置,而已知染色体的三维空间位置会影响基因的表达和功能,因此推测,染色体重排可能是某些细菌物种调整其基因表达水平的方式之一。

2) 基因组的组成

基因组组成的变化只存在于非必需基因组。在同一物种中,由于基因组大小的变化范围有限,核心基因组大小固定,因此非必需基因的数量不会有太大变化,一般不超过基因组的 10%。但不同物种的非必需基因所占比例不同,从 40%~80% 不等。一个物种的非必需基因组和基因池的数量决定其生境的广泛程度,细菌在适应环境的过程中,不断从外界环境获取能够帮助其应对环境压力的基因,如耐药基因,而丢弃不再需要的基因,从而保持非必需基因组的大致适当的比例。非必需基因组的组成会随着环境而变化,其所携带的各种代谢通路上的基因、耐药基因、毒性基因等反映了其在较长时期内所处的环境,包括营养来源、是否寄生、抗生素、捕食者、与其他物种的竞争等条件因素。理论上,细菌无法主动挑选需要的基因,并将其整合到自身染色体,人们观察到的非必需基因组与环境的适应性可能是细菌随机整合来自环境的 DNA 片段,然后环境压力选择了能够适应的菌株的结果。

3) 基因的序列变异——突变

除了基因组成的变化,泛基因组研究还会揭示同一基因家族在不同菌株中的序列变异情况。核心基因之间的序列变异度比非必需基因小,序列相似度(identity)一般都在 95% 以上,而非必需基因则依不同的同源基因的阈值而变化,一般可以低至 70%~80%。同时,同一物种的核心基因的密码子偏好性、GC 含量都集中在一个比较窄的范围内,而许多非必需基因由于是近期从外源物种水平转移而来,其密码子偏好性和 GC 含量的变异范围则更广。从基因功能上看,核心基因受到的选择压力更大,因此不改变氨基酸序列的同义突变(synonymous SNP)多于改变氨基酸的非同义突变(non-synonymous SNP),导致 dN/dS(非同义突变与同义突变的比值)小于 1;与之相反,非必需基因的 dN/dS 往往大于 1。

8.5.2.2 多态性的有限性

细菌的基因组研究发现了大量的物种内部的变异和 HGT,HGT 甚至可以来自远隔的物种,如此频繁的水平遗传让人们开始怀疑细菌的物种进化是否遵循达尔文进化论——所有物种来自共同的祖先,然后逐渐在进化中分离,形成物种间树状亲缘关系。垂直遗传(即不同世系可以追溯至共同祖先)是形成树状亲缘关系的主要因素,而水平遗传则会打破谱系结构,导致物种间亲缘关系不可追溯,形成网状结构。基于细菌的高 HGT 频率,有人甚至提出细菌不存在物种的概念,不过是具有合作关系的基因在同一个染色体上的组合而已[40]。

然而这样的论点需要一个前提条件,即 HGT 在不同个体、物种之间的频率是相同或随机的。但事实上,人们发现 HGT 的频率在不同个体之间并非是相同的,而是亲缘关系越近,HGT 的频率越高,也就是说 HGT 的频率是与细菌的谱系关系相匹配的,受到物种界限的限制,因此高频率的 HGT 并不能使细菌界成为推翻达尔文进化论的"法"

外之地。目前，物种界限限制 HGT 的机制尚不清楚。一种假说认为，由于 HGT 受到基因功能的自然选择，因此组成功能复合体的多个基因难以被单独转移[41]。又由于非必需基因常常与核心基因相互作用才能发挥生物学功能，因此其转移受到核心基因的控制。核心基因是垂直遗传获得的，遵照树状结构逐步进化，因此 HGT 在核心基因的控制下也呈现树状进化结构[42]。

研究 HGT 与进化可追溯性这个理论问题对于精准医学临床实践的意义在于——每个患者感染的病原体不尽相同，临床微生物诊断的目的是要判断每个患者感染致病菌的致病性、毒性、耐药性、传染性等各种表型，而这些表型往往是由一些经常会被水平传递的非必需基因决定的，那么在临床诊断中是否需要对物种进行鉴别，还是只需要检测与表型（如耐药、毒性）相关的基因？关于 HGT 和物种关系的理论研究终将给出最终答案，如果 HGT 受到物种界限的限制，那么诊断的顺序就应该是先判断物种，然后根据这个物种经常携带的导致其表型变化的基因再将其分型，通过检测致病菌株携带的特定基因判断其分型。事实上，这种诊断流程也与临床经验相吻合，反过来证明了 HGT 受到物种界限限制的理论是正确的。

8.6　泛基因组和精确诊断

泛基因组研究不仅帮助人们从整体上认识细菌在进化的过程中如何适应环境，尤其是寄生人体过程中基因组的变化规律，同时也能够逐个研究每个病原菌物种的分子分型，包括一个物种包含的亚种/亚型，经常携带的与临床有关的基因种类，以及这些亚种、基因的分子流行病学规律。这些研究都将为精准医疗提供必要的理论基础和数据支撑。

8.6.1　病原菌的物种鉴定

在临床病原体诊断中，先需要判断病原体的物种，不同物种引起感染的种类和严重程度有明显差异。比如，军团菌一般引起肺部感染，而空肠弯曲菌只引起肠道感染。有些情况下，亚种诊断也是需要的，比如沙门氏菌分为伤寒、鼠伤寒和副伤寒等多个亚种，不同亚种的致病力和预后也有差别。除了鉴别物种以外，病原体的定量也具有临床意义，一方面，某些病原体表达大量毒素，如果载量过大，需要同时使用抗生素与抗毒素，防止毒素大量释放导致的休克等毒性反应；另一方面，定量也可以帮助确定病原体的种类，在痰、粪便等样本中，除了致病菌还有很多正常寄生菌，而很多致病菌也可以寄生于正常人的微生态系统中，并不致病。虽然定量最高的物种并不一定就是致病菌，但是致病菌从寄生状态转变为致病状态的一个最主要的特征就是载量增加。因此通过设定恰当的阈值可以帮助判断哪个物种是致病菌[43]。

传统的病原体诊断最初都是基于培养的方法，先培养得到单克隆，然后利用细菌的生化反应特征区分不同的物种。这种方法的问题在于检出率低，而且通常需要 48 小时以上才能得到结果。近年来，核酸检测的方法应用广泛，这种方法不需要病原体的体外培养过程，检出率明显高于培养法，检测周期可以缩短至数小时，代表未来病原体检测的方向。

核酸检测方法多种多样，但一般分为扩增和杂交两大类，两类方法各有优缺点：其中扩增反应是利用各种 DNA 聚合酶的扩增特性放大目标片段，灵敏度和特异性比较好，能够准确定量，缺点是体系复杂，每个反应需要独立的反应空间，工艺相对复杂，难以提高通量同时检测数百种已知的病原体；杂交反应是利用核酸双链的杂交特性，通过荧光、酶标等技术放大杂交信号，反应只需要固相表面，很容易实现高通量，可以同时检测数百至数万种靶点，缺点是灵敏度和特异性略差，定量不够准确。

由于现有的核酸方法只能检测一段基因的有无或序列变异，一个关键问题是如何选择目标基因进行检测，即检测靶点，而每个物种的靶点选择需要基于泛基因组的理论和数据基础。最理想的靶点应该是每个物种特有的基因——该物种所有菌株都携带，而在其他物种不出现的基因。以往，由于已知基因信息的物种较少，如果病原体与其他物种的亲缘关系比较远，往往能够找到这样的"种特异"基因，比如肺炎支原体的 P1 蛋白基因。但是在亲缘关系很近的物种间，如大肠杆菌和肺炎克雷伯菌，就很难找到各自特异的基因。原因在于，HGT 受到物种界限的限制，但是其水平转移事件导致其与核心基因组的物种树不能完全吻合，因此，在基于核心基因组的物种关系理论框架下，物种只有核心基因的特异位点，而特异的基因是不存在的。所以理论上，最精准的物种鉴定靶点应该是检测所有细菌都有的核心基因的序列变异——SNP。其中最常用的核心基因为 16S rDNA，它的优点在于除了有可变区用于区分不同物种以外，还有超级保守的区域可以用于设计扩增引物[44]。此外，还有编码 DNA 聚合酶 α 亚基的 *dnaE* 基因[45]等。这些基因的特点是高度保守，在所有物种都存在，基因足够长，有足够的多态性以区分不同。然而这些高度保守基因的多态性足以区分属以上的谱系,而在区分种或亚种时往往仍显不足,此时,可以选用谱系自有的核心基因进行鉴别。鉴于细菌谱系的特征性遗传变异主要存在于核心基因的SNP,在现有的检测方法中,基因组测序和特异性足够好的杂交检测的区分效率会高于基于扩增的方法,而测序的成本目前还较高,而且不够方便、快捷,因此,开发基于杂交反应的高通量检测方法将是未来病原体物种鉴定的发展方向。

8.6.2 病原菌的基因分型

同一物种的不同菌株引起的临床表现可能相差很大,这主要与菌株的致病力、耐药性等表型特征有关。因此临床上常常将某些物种再进行若干分型,以区别其不同的临床特征。最典型的例子包括 α 溶血性链球菌、β 溶血性链球菌、非溶血性链球菌。其实,不同菌株的这些分型和临床特征往往是由某些非必需基因决定的。例如,携带志贺毒素的大肠杆菌往往导致溶血-急性肾衰综合征,携带特定耐药基因的菌株即对相应的抗生素耐药。因此,通过检测某个特异的基因将同一物种不同表型的菌株区分开,即病原菌的基因分型。病原菌的基因分型一般是在一个物种(种或属)的范围内进行的,如通过检测 mecA 基因(一种甲氧西林的耐药基因)将金黄色葡萄球菌分成 MRSA(耐甲氧西林金黄色葡萄球菌)和 MSSA(甲氧西林敏感型金黄色葡萄球菌)。常见的分型基因主要是与某些病原菌的特异毒性或耐药性有关的基因或变异。

传统的病原体分型基因的发现过程往往是这样的:先发现具有某些特殊临床特征的菌株,通过机制研究找到导致这种临床特征的基因,然后在更大范围内验证该基因与临床表现或菌株表型之间的关联,确定是否可以用于基因分型。这种基因分型的开发过程是比较盲目和随机的。此外,为了便于研究同一物种的不同菌株,微生物学家常常采用某些核心基因的序列差异来将物种内部的菌株进行分型,最常见的是各种多位点序列分型(multilocus sequence typing,MLST),即通过对 10 个左右一组的基因片段(每个片段 500 bp 左右)进行扩增后测序,然后与该物种的 MLST 数据库序列进行比对,确定其 MLST 分型[46]。虽然某些 MLST 分型具有一些临床特征,如 st131 型大肠杆菌往往导致多药耐药的肠道外感染,但是大多数 MLST 与病原菌的表型之间没有清晰的对应关系。

随着大规模细菌泛基因组研究的开展,对病原菌进行系统的基因分型已经成为可能。首先泛基因组研究能够理清每个病原菌物种的种群结构，通过广泛采集不同地域、不同表型、不同来源、不同寄生性等特征的菌株，并测序得到它们的全基因组，就可以通过生物信息学分析得出：①该物种的全部菌株大致分为几个种群（亚种、亚型）；②每个种群的数量规模，在何种生境中生存；③种群之间的亲缘关系如何；④各种群的致病性如何，有哪些临床特征；⑤每个种群经常携带的非必需基因有哪些，这些基因与表型之间的相关性如何，得出备选的分型基因；⑥每个种群的核心基因变异有哪些，可用于开发简单的种群鉴定基因。

在上述泛基因组研究的基础上，可以逐个分析每个基因与细菌表型的关联关系，然后确定可以用于分型的基因，一方面推进基因的功能研究和精确注释，一方面指导基因分型标志物的开发。除此以外，由于非必需基因受到物种界限，即核心基因序列变异的控制，可以通过每个种群的特征性核心基因序列快速鉴定种群分型，种群鉴定可以间接推测菌株携带特定非必需基因的可能性，如果同时具有该菌株所在的微生态宏基因组数据，就可以了解其所处的微生态非必需基因池，从而预警某个菌株获得重要毒性或抗性基因的可能性，对于提早预防该物种导致的感染暴发和流行将具有重要的作用。最终，所有泛基因组研究积累的基因及其变异与菌株的表型和其导致感染的临床特征之间的关联关系会形成一个逐渐积累的知识库，可以清晰地注释每一个基因及其变异的生物学内涵和临床意义，为病原体的精确分子诊断提供基础[47]。

8.6.3　全基因组测序在微生物物种鉴定中的作用

鉴于目前基因组测序的成本和方便性还不能满足日常诊断需要，只能通过检测少数基因对病原菌进行物种鉴定和基因分型，目的都是预测其致病力和耐药性等临床特征。随着纳米孔等单分子测序技术的日趋成熟和走向应用，这种技术具有便携、快捷、经济的特点，使样本的现场测序成为可能[48]。届时，将不再需要单独检测物种鉴定和基因分型的检测靶点，而是直接获得全基因组序列，通过泛基因组数据库和知识库的比对和注释，更加精确地预测菌株的表型和临床特征，满足此前所有基于单个或若干基因靶点的分子诊断需求。

除此以外，全基因组测序在流行病学研究方面的贡献也非常巨大。对于短期内流行的病原体，由于基因变异较少，现有检测方法的分辨率不足以区分不同的菌株，而全基因组测序可以获得极高的分辨率，通过进化树的构建可以清晰地追踪病原体流行的起源、路径和变化趋势，为流行病的防控提供翔实的数据基础[49]。

目前，病原体基因组测序的方法主要是通过分离培养获得单克隆菌株，然后提取DNA，进行全基因组测序。然而现实中，很多物种难以体外培养，因此很难获得其基因组序列。解决这个问题有两个办法，一是快速发展的单细胞测序技术，不经培养，直接从样本中挑选单细胞进行测序[50]；二是从宏基因组测序数据中通过共现（cooccurrence）算法拼接菌株基因组，这种方法只适用于丰度比较高的菌株[51]。这两种方法可以解决单克隆分离培养的技术障碍，为获得更多的泛基因组参考菌株提供技术保障。

8.7 泛基因组和精准治疗

8.7.1 基因诊断和分型指导下的抗感染精准治疗

治疗细菌感染最主要的方法就是选用敏感的抗生素。抗生素的作用机制主要包括：抑制细胞壁形成，破坏细胞膜，抑制核糖体的功能，抑制 DNA 或 RNA 的合成。这些机制都是细菌生长繁殖所必需的，虽然每种抗生素的作用机制不同，理论上对各个细菌物种都会有一定的杀菌或抑菌效应。

虽然抗生素和细菌不是一一对应的关系，但是由于许多细菌物种对某些抗生素具有天然耐药或者获得性耐药，导致每种抗生素都只有一定范围的抗菌谱。举例而言，肺炎克雷伯菌的核心基因中具有大量外排泵基因，能够将包括红霉素、四环素等抗生素在内的很多有害小分子排出体外，这使得其对这些抗生素具有天然耐药性，因此只要诊断病原菌是肺炎克雷伯菌，就不要选用这些抗生素。除了这些天然耐药的机制外，部分肺炎克雷伯菌菌株还可以通过水平基因转移获得一些新的耐药基因，包括各种 β-内酰胺水解酶，导致其对相应的 β-内酰胺类抗生素耐药。其中，如果获得 *KPC* 等碳青霉烯水解酶基因，则可以对其产生高水平耐药。因此根据病原体物种鉴定结果，可以判断该物种对哪些抗生素天然耐药，经常携带哪些耐药基因，从而获得对相应药物的耐药性。然后可以检测这些经常携带的基因，准确判断其耐药性。这些基因检测可以帮助选择敏感抗生素，同时避免抗生素的滥用。

除了耐药性以外，细菌的毒力判断也影响治疗方案。病原体物种鉴定之后，可以根据泛基因组研究推测其经常或可能携带的重要毒力因子,如大肠杆菌可以携带志贺毒素基因,导致严重的溶血-肾衰综合征,所以检测这些经常携带的或重要的毒力因子,可以更准确地判断预后。对于高致病性病原体菌株引起的感染,需要尽早采取监护等措施,降低病死率。对于携带高致病性基因的病原体,还需要同时检测其载量。如果载量很大,需要精细调整抗生素的用量,防止病原体短期内大量死亡,引起毒素大量释放,从而导致患者病情加重,甚至死亡。如果有相应的抗毒素制剂,还可以联合使用,以降低毒素的危害。

8.7.2 抗感染精准治疗的前景

自青霉素问世以来,人类在对抗感染的道路上已经取得了巨大的成功。然而随着耐药问题的日益严重,泛耐药细菌引起的感染再次成为威胁人类健康的不治之症,而解决细菌耐药已经成为医学领域亟须攻克的一大难关[52]。为此,首先需要了解耐药产生的机制。细菌在数十亿年来进化的过程中,积累了大量对抗各种重金属、天然抗生素、去污剂等环境中有害化合物的机制,其中抗生素耐药机制主要有三大类:①水解抗生素或改变抗生素结构;②改变自身抗生素作用靶点;③阻碍抗生素渗入体内,或促进其排出。细菌要获得稳定的耐药机制,需要改变其基因组,包括从外界环境捕获新的耐药基因或对原有基因进行突变,这都需要一定的时间和过程。一般而言,敏感细菌在抗生素的作用下,大部分个体会死亡,但群体中必然存在极少数处于休眠态的个体(处于不分裂繁殖的状态,又称为持留菌)不能被杀死,当抗生素压力消失后,持留菌会恢复生长。在反复的抗生素压力刺激下,细菌会增加变异的速率以及从外界获得基因的频率,当同一种抗生素再次出现时,获得耐药特性的菌株生存率更高,在反复的抗生素压力下,细菌的耐药程度会逐渐累积,达到完全耐药。从上述过程中可以推测,小剂量间断给予的抗生素压力最容易诱导细菌产生耐药,因为小剂量使用抗生素后细菌存活率更高,获得耐药的概率更大,同时,细菌在DNA复制过程中,更容易引入突变和基因重组,因此用药间歇期是细菌恢复繁殖和DNA复制的重要阶段,可以将耐药机制固定下来。这也是不规范滥用抗生素导致耐药菌株日益增加的重要原因。

从耐药产生的原理出发,有效降低耐药产生需要以下几个条件:①足剂量;②持续给药;③多种抗菌机制共同作用。然而目前的抗生素都不具备这样的条件,主要是因为目前的抗生素,包括青霉素在内,其实都是"广谱"抗生素,即能够对多个物种产生抗菌效应,因此会对机体正常寄生的微生态其他物种产生明显的干扰和抑制作用,不能长期大剂量使用,感染控制后需要停药。有些初步的临床研究也证实,小剂量持续使用抗生素由于剂量太小,并不能有效解决感染复发和耐药的问题。另外,目前的抗生素大部分作用机制比较单一,主要集中在攻击细菌的细胞壁或者核糖体,医疗上习惯单独使用也是产生耐药的原因之一。

抗生素的耐药还使抗菌药物的研发受到严重打击。众所周知,新药研发的成本高企不下,但是近年来新出现的抗生素经常在上市后5~7年即产生耐药问题,导致效益下滑,不足以回收开发成本,导致制药企业对于抗生素研发都持非常谨慎的态度。传统的抗生素研发追求广谱药物,策略常常是在原有的抗生素药物基础上进行结构改造,使其扩大抗菌谱,同时对抗原有药物的耐药机制。除了喹诺酮类抗生素以外,其他抗生素的化合物母核都来自天然抗生素,这意味着自然界可能天然存在对抗这些天然抗生素的水解酶或修饰酶基因,使细菌容易获得耐药性,并可通过质粒等基因转移方式,使耐药基因迅速传播。此外,细菌快速的繁殖速率和变异速率也是药物作用靶点产生变异和耐药的重要原因[53]。

为了解决抗生素耐药和新型抗生素开发的困境,泛基因组研究有可能提供全新的思路。首先,泛基因组研究从一个物种进化的角度,全面理解其生理和代谢的发展历程和变化趋势,帮助厘清关键的代谢通路、调控机制以及通路之间的协同和竞争关系。其次,泛基因组研究可以找到进化中保守的、受到强烈阳性选择的位点,这些位点往往与关键功能有关,是药物设计的关键靶点。最后,泛基因组研究可以找到一个物种或世系区别于其他世系的特征点,即那些导致物种形成的关键变异,针对这些关键位点的药物设计,可以产生针对性的抗生素,其作用范围仅限于单一物种或世系,可以称为靶向型抗生素。靶向型抗生素的最大特点是不影响人体正常寄生的其他物种,可以长期足量使用,从而有效降低耐药菌产生的速度和概率,成为解决耐药问题的新途径。

总之,人类在细菌耐药问题上的屡屡受挫源于对细菌的认识过于粗浅和片面。只有系统、全面的了解才能真正解开难题,而泛基因组研究正是系统全面了解细菌的入口,是人类解决耐药问题的必经之路。

8.8 宏基因组中的泛基因组学策略

随着肠道菌宏基因组研究的横向铺开,些许证据表明该领域还亟须向纵深发展,比如利用泛基因组研究细菌同种不同株之间的基因或功能差异。Richard Flavell 实验室通过各种实验及比较基因组方法证实两株 *B. fragilis* 由于基因差异而对炎症性肠病的影响不同[54]。Elhanan Borenstein 实验室通过大规模宏基因组及泛基因组学整合策略发现人体肠道菌同种不同株之间存在巨大的基因拷贝数差异[55]。他们进一步发现许多基因拷贝数差异同时具有重要的临床意义,例如 *Clostridium sp.* 菌中多拷贝硫氧还蛋白 1 基因与肥胖有关而单形拟杆菌(*B. uniformis*)中的多拷贝 *HlyD* 基因可能与炎症性肠病有关。Nicola Segata 实验室还开发出一款可以利用肠道菌宏基因组数据研究肠道菌株水平基因差异的 PanPhlan 工具[56]。

8.9 小结

作为当前最热门的研究领域之一及精准医学的重要研究内容,人体微生物组学正在不断完善人们对健康的理解。但为了更精确描述人体微生物对人体的影响,必须不断从实验鼠模型转移到临床研究,而且要有足够的胆量及魄力设计各种临床试验,比如饮食及益生菌干预,以弄清肠道菌与人体健康之间的因果关系。可以预见,不久的将来应该可以通过肠道菌变异帮助诊断疾病,甚至通过调节饮食及肠道菌群与人体之间的平衡来促进健康。

参考文献

[1] Bouslimani A, Porto C, Rath C M, et al. Molecular cartography of the human skin surface in 3D [J]. Proc Natl Acad Sci U S A, 2015,112(17): E2120-E2129.

[2] Adler C J, Dobney K, Weyrich L S, et al. Sequencing ancient calcified dental plaque shows changes in oral microbiota with dietary shifts of the Neolithic and Industrial revolutions [J]. Nat Genet, 2013,45(4): 450-455.

[3] Karlsson F H, Tremaroli V, Nookaew I, et al. Gut metagenome in European women with normal, impaired and diabetic glucose control [J]. Nature, 2013,498(7452): 99-103.

[4] Rühlemann M C, Heinsen F A, Zenouzi R, et al. Faecal microbiota profiles as diagnostic

biomarkers in primary sclerosing cholangitis [J]. Gut, 2017,66(4): 753-754.

[5] Zeller G, Tap J, Voigt A Y, et al. Potential of fecal microbiota for early-stage detection of colorectal cancer [J]. Mol Syst Biol, 2014,10: 766.

[6] Backhed F, Ding H, Wang T, et al. The gut microbiota as an environmental factor that regulates fat storage [J]. Proc Natl Acad Sci U S A, 2004,101(44): 15718-15723.

[7] Human Microbiome Project C. Structure, function and diversity of the healthy human microbiome [J]. Nature, 2012,486(7402): 207-214.

[8] Arumugam M, Raes J, Pelletier E, et al. Enterotypes of the human gut microbiome [J]. Nature, 2011,473(7346): 174-180.

[9] Dominguez-Bello M G, De Jesus-Laboy K M, Shen N, et al. Partial restoration of the microbiota of cesarean-born infants via vaginal microbial transfer [J]. Nat Med, 2016,22(3): 250-253.

[10] Turnbaugh P J, Ridaura V K, Faith J J, et al. The effect of diet on the human gut microbiome: a metagenomic analysis in humanized gnotobiotic mice [J]. Sci Transl Med, 2009,1(6): 6ra14.

[11] David L A, Maurice C F, Carmody R N, et al. Diet rapidly and reproducibly alters the human gut microbiome [J]. Nature, 2014,505(7484): 559-563.

[12] Zhang C, Li S, Yang L, et al. Structural modulation of gut microbiota in life-long calorie-restricted mice [J]. Nat Commun, 2013,4: 2163.

[13] Liu J, Lee J, Salazar Hernandez M A, et al. Treatment of obesity with celastrol [J]. Cell, 2015,161(5): 999-1011.

[14] Wu G D, Compher C, Chen E Z, et al. Comparative metabolomics in vegans and omnivores reveal constraints on diet-dependent gut microbiota metabolite production [J]. Gut, 2016,65(1): 63-72.

[15] Cox L M, Blaser M J. Antibiotics in early life and obesity [J]. Nat Rev Endocrinol, 2015,11 (3): 182-190.

[16] Imhann F, Bonder M J, Vich Vila A, et al. Proton pump inhibitors affect the gut microbiome [J]. Gut, 2016: 65(5): 740-748.

[17] Forslund K, Hildebrand F, Nielsen T, et al. Disentangling type 2 diabetes and metformin treatment signatures in the human gut microbiota [J]. Nature, 2015,528(7581): 262-266.

[18] Ryan K K, Tremaroli V, Clemmensen C, et al. FXR is a molecular target for the effects of vertical sleeve gastrectomy [J]. Nature, 2014,509(7499): 183-188.

[19] Thaiss C A, Zeevi D, Levy M, et al. Transkingdom control of microbiota diurnal oscillations promotes metabolic homeostasis [J]. Cell, 2014,159(3): 514-529.

[20] Faith J J, Guruge J L, Charbonneau M, et al. The long-term stability of the human gut microbiota [J]. Science, 2013,341(6141): 1237439.

[21] Lee S M, Donaldson G P, Mikulski Z, et al. Bacterial colonization factors control specificity and stability of the gut microbiota [J]. Nature, 2013,501(7467): 426-429.

[22] Korem T, Zeevi D, Suez J, et al. Growth dynamics of gut microbiota in health and disease inferred from single metagenomic samples [J]. Science, 2015,349(6252): 1101-1106.

[23] Franzosa E A, Morgan X C, Segata N, et al. Relating the metatranscriptome and metagenome of the human gut [J]. Proc Natl Acad Sci U S A, 2014,111(22): E2329-E2338.

[24] Wikoff W R, Anfora A T, Liu J, et al. Metabolomics analysis reveals large effects of gut microflora on mammalian blood metabolites [J]. Proc Natl Acad Sci U S A, 2009,106(10): 3698-3703.

[25] Marsland B J. Regulating inflammation with microbial metabolites [J]. Nat Med，2016，22（6）：581-583.

[26] Donia M S，Cimermancic P，Schulze C J，et al. A systematic analysis of biosynthetic gene clusters in the human microbiome reveals a common family of antibiotics [J]. Cell，2014，158（6）：1402-1414.

[27] Thomas C，Pellicciari R，Pruzanski M，et al. Targeting bile-acid signalling for metabolic diseases [J]. Nat Rev Drug Discov，2008，7（8）：678-693.

[28] Flynn C R，Albaugh V L，Cai S，et al. Bile diversion to the distal small intestine has comparable metabolic benefits to bariatric surgery [J]. Nat Commun，2015，6：7715.

[29] Koren O，Spor A，Felin J，et al. Human oral，gut，and plaque microbiota in patients with atherosclerosis [J]. Proc Natl Acad Sci U S A，2011，108（Suppl 1）：4592-4598.

[30] Chen Z，Guo L，Zhang Y，et al. Incorporation of therapeutically modified bacteria into gut microbiota inhibits obesity [J]. J Clin Invest，2014，124（8）：3391-3406.

[31] Youngster I，Russell G H，Pindar C，et al. Oral，capsulized，frozen fecal microbiota transplantation for relapsing Clostridium difficile infection [J]. JAMA，2014，312（17）：1772-1778.

[32] Zeevi D，Korem T，Zmora N，et al. Personalized nutrition by prediction of glycemic responses [J]. Cell，2015，163（5）：1079-1094.

[33] Blattner F R，Plunkett G 3rd，Bloch C A，et al. The complete genome sequence of Escherichia coli K-12[J]. Science，1997，277（5331）：1453-1462.

[34] Hayashi T，Makino K，Ohnishi M，et al. Complete genome sequence of enterohemorrhagic Escherichia coli O157：H7 and genomic comparison with a laboratory strain K-12[J]. DNA Res，2001，8（1）：11-22.

[35] Ochman H，Lawrence J G，Groisman E A. Lateral gene transfer and the nature of bacterial innovation [J]. Nature，2000，405（6784）：299-304.

[36] Tettelin H，Masignani V，Cieslewicz M J，et al. Genome analysis of multiple pathogenic isolates of Streptococcus agalactiae：implications for the microbial "pan-genome" [J]. Proc Natl Acad Sci U S A，2005，102（39）：13950-13955.

[37] Medini D，Donati C，Tettelin H，et al. The microbial pan-genome [J]. Curr Opin Genet Dev，2005，15（6）：589-594.

[38] Land M，Hauser L，Jun S R，et al. Insights from 20 years of bacterial genome sequencing [J]. Funct Integr Genomics，2015，15（2）：141-161.

[39] Kang Y，Gu C，Yuan L，et al. Flexibility and symmetry of prokaryotic genome rearrangement reveal lineage-associated core-gene-defined genome organizational frameworks [J]. MBio，2014，5（6）：e01867.

[40] Doolittle W F. Phylogenetic classification and the universal tree [J]. Science，1999，284（5423）：2124-2129.

[41] Jain R，Rivera M C，Lake J A. Horizontal gene transfer among genomes：the complexity hypothesis [J]. Proc Natl Acad Sci U S A，1999，96（7）：3801-3806.

[42] Abby S S，Tannier E，Gouy M，et al. Lateral gene transfer as a support for the tree of life [J]. Proc Natl Acad Sci U S A，2012，109（13）：4962-4967.

[43] Kang Y，Deng R，Wang C，et al. Etiologic diagnosis of lower respiratory tract bacterial infections using sputum samples and quantitative loop-mediated isothermal amplification [J].

PLoS One，2012,7(6)：e38743.

[44] Janda J M，Abbott S L. 16S rRNA gene sequencing for bacterial identification in the diagnostic laboratory：pluses，perils，and pitfalls [J]. J Clin Microbiol，2007,45(9)：2761-2764.

[45] Timinskas K，Balvociute M，Timinskas A，et al. Comprehensive analysis of DNA polymerase III alpha subunits and their homologs in bacterial genomes [J]. Nucleic Acids Res，2014,42(3)：1393-1413.

[46] Baker S，Hanage W P，Holt K E. Navigating the future of bacterial molecular epidemiology [J]. Curr Opin Microbiol，2010,13(5)：640-645.

[47] Klemm E，Dougan G. Advances in understanding bacterial pathogenesis gained from whole-genome sequencing and phylogenetics [J]. Cell Host Microbe，2016,19(5)：599-610.

[48] Deamer D，Akeson M，Branton D. Three decades of nanopore sequencing [J]. Nat Biotechnol，2016,34(5)：518-524.

[49] Croucher N J，Harris S R，Grad Y H，et al. Bacterial genomes in epidemiology-present and future [J]. Philos Trans R Soc Lond B Biol Sci，2013,368(1614)：20120202.

[50] Lasken R S，McLean J S. Recent advances in genomic DNA sequencing of microbial species from single cells [J]. Nat Rev Genet，2014,15(9)：577-584.

[51] Sangwan N，Xia F，Gilbert J A. Recovering complete and draft population genomes from metagenome datasets [J]. Microbiome，2016,4：8.

[52] Amabile-Cuevas C. Society must seize control of the antibiotics crisis [J]. Nature，2016,533(7604)：439.

[53] Chellat M F，Raguž L，Riedl R. Targeting antibiotic resistance [J]. Angew Chem Int Ed Engl，2016,55(23)：6600-6626.

[54] Palm N W，de Zoete M R，Cullen T W，et al. Immunoglobulin A coating identifies colitogenic bacteria in inflammatory bowel disease [J]. Cell，2014,158(5)：1000-1010.

[55] Greenblum S，Carr R，Borenstein E. Extensive strain-level copy-number variation across human gut microbiome species [J]. Cell，2015,160(4)：583-594.

[56] Scholz M，Ward D V，Pasolli E，et al. Strain-level microbial epidemiology and population genomics from shotgun metagenomics [J]. Nat Methods，2016,13(5)：435-438.

9 比较基因组学在精准医学中的应用

1977 年,弗雷德里克·桑格(Frederick Sanger)发展出一种技术测定 DNA 序列,这就是著名的"双脱氧链终止法"。两年之后,他利用此技术成功测定出噬菌体 Φ-X174 的基因组序列,这也是首个完整测序的基因组。这项技术后来成为人类基因组计划等研究得以快速展开的关键。2001 年,人类基因组草图公布,为基因组学研究揭开了新的一页。近十年来,随着二代测序技术的迅猛发展,越来越多的基因组被测序。截至2016 年6 月,在美国国家生物技术信息中心(National Center of Biotechnology Information,NCBI)的基因组数据库中登记测序的真核生物物种已经超过 1 900 个。这些物种的基因组序列为比较基因组学的研究提供了重要的数据基础。比较基因组学通过对不同物种基因组序列的比较,尤其是对模式生物和人类基因组的比较分析,揭示人类疾病基因的功能,阐明疾病产生的分子机制,为疾病的诊治提供科学依据。而这也正是 30 年前人类基因组计划草案提出的重要目的和意义。

本章将重点介绍比较基因组学的一些基本概念、研究方法和内容,以及比较基因组学在精准医学应用中已经取得的一些重要成果。

9.1 比较基因组学

9.1.1 比较基因组学概念

比较基因组学(comparative genomics)是基因组学的一个重要分支,是对不同物种的基因组特征进行比较的学科。这些用以比较的基因组特征可以分为两个层次:第一层次的基因组特征包括基因组序列、链不对称性、基因、基因次序、调控基序和基因组结构地标等；第二层次的基因组特征包括动态的转录组、蛋白质组、密码子-反密码子适应，基因的功能关联和基因互作网络等[1]。作为基因组学的重要分支，比较基因组学通过比较不同物种的全部或大部分基因组研究物种间的相似性和差异，以及不同物种间的进化关系。

比较基因组学的主要原理是：两个物种的共同特征往往是由它们之间进化上保守的 DNA 编码的。因此，比较基因组学方法都是从不同形式的基因组序列比对开始的，在比对的基因组中寻找同源序列（拥有共同祖先的序列）并计算这些序列的保守程度，然后在此基础上推断基因组和分子的演化过程。

9.1.2 比较基因组学研究历史

比较基因组学的研究历史可以追溯到 20 世纪 80 年代早期对病毒基因组的比较研究。1984 年发表在 *Nucleic Acids Research* 杂志上的一篇文章，比较了感染动物和感染植物的小 RNA 病毒（animal picornaviruses and cowpea mosaic virus），揭示了蛋白序列的同源性和基因组织（gene organization）的相似性[2]。1986 年，第一个较大规模的比较基因组文章发表，对水痘-带状疱疹病毒（varicella-zoster virus）和 EB 病毒（Epstein-Barr virus）基因组超过 100 个基因进行了比较[3]。

1995 年，第 1 个完成全基因组测序的自由生存的生物——流感嗜血杆菌（*Haemophilus influenzae* Rd）基因组发表在 *Science* 杂志上[4]；第 2 篇基因组测序文章——寄生细菌生殖系统支原体（*Mycoplasma genitalium*）基因组也于同年发表在 *Science* 杂志上[5]，从这篇文章开始，所有新基因组的报道都不可避免地变成了比较基因组学研究。

1998 年，美国基因组研究所（the Institute for Genomic Research，TIGR）的 Arthur L. Delcher 和他的同事共同开发了第 1 个高分辨率全基因组比对系统——MUMMER，并将其应用到微生物近缘物种基因组比较分析中，相应的成果发表在 1999 年的 *Nucleic Acids Research* 杂志上[6]。该系统可以帮助研究人员确定大段的基因组重排、单碱基突变、反转、串联重复扩张和其他的多态性。在细菌中，MUMMER 可以帮助鉴定和毒力、致病性以及抗生素抗性相关的多态性。后来，TIGR 又将 MUMMER 应用到著名的"最小物种计划"（Minimal Organism Project）项目和许多其他比较基因组学项目中。

1996 年，第 1 个获得完整序列的真核生物基因组——酿酒酵母（*Saccharomyces cerevisiae*）基因组发表在 *Science* 杂志上[7]；1998 年，秀丽隐杆线虫（*Caenorhabditis elegans*）基因组发表在 *Science* 杂志上[8]；2000 年，黑腹果蝇（*Drosophila melanogaster*）基因组发表在 *Science* 杂志上[9]。同年，Gerald M. Rubin 和他的团队在 *Science* 杂志上发表了题为"*Comparative genomics of the eukaryotes*"的文章，对三者的基因组进行了比较分析。他们发现，果蝇和线虫在编码蛋白数目上很接近，仅仅为酵母蛋白编码数目的两倍左右，但是在果蝇和线虫基因组中存在不同的基因家族扩张；另外，在多结构域蛋白和信号传导途径方面，果蝇和线虫都要比酵母复杂得多[10]。同样是 2000 年，Bonnie Berger 和 Eric Lander 团队在 *Genome Research* 杂志上发表了一篇比较人和小鼠基因组的文章，文章中描述了一种通过跨物种比较分析进行基因识别的新方法[11]。这两篇文章都可以称得上比较基因组学研究领域的里程碑，正式开启了比较基因组学研究时代。

进入 21 世纪，随着大型脊椎动物（包括人类、小鼠、河豚等）基因组发布，越来越多的比较基因组分析结果得以发表并可供下载。不同的研究团队开发了多个基因组浏览工具，实现了比较基因组结果的可视化，这使得越来越多的研究者加入到比较基因组学研究的行列。2007 年，二代测序技术问世。随着二代测序技术的迅猛发展，产生了大量的基因组数据，比较基因组学研究也得到了快速发展。基因组数据的爆炸式产生，研究方法和工具的开发，使得比较基因组学研究得以应用到农业、医药等多个领域，并取得了多项重要的研究成果。

9.1.3　比较基因组学研究内容

比较基因组学研究是在基因组测序图谱和序列分析的基础上，对已知基因和基因的结构进行比较，从而研究基因的功能、表达调控机制和物种进化过程。其研究内容一般包括以下两个方面：

（1）与近缘物种的成对基因组比对。利用两个基因组之间编码顺序上和结构上的同源性，通过已知基因组的信息定位另一个基因组中的功能区域，包括编码区、非编码区以及基因调控区域，从而揭示潜在的基因功能及基因组的内在结构变化。

（2）多基因组比对。当在两种以上的基因组间进行序列比较时，实质上就得到了序列在系统发生树中的进化关系。多基因组比对使得在基因组水平上研究分子进化及基因功能成为可能。通过对多个物种基因组数据的比对,能够对物种的演化过程进行研究。

9.1.4　比较基因组学研究方法及常用工具

比较基因组学研究的主要方法包括序列比对、直系同源基因鉴定、基因组变异分析以及数据可视化等。其中序列比对是比较基因组学研究的基础,能够为后续研究提供重要的数据支持;直系同源基因鉴定可以得到来自于同一祖先的基因簇,进一步进行基因保守性和进化分析;基因组变异分析,能够从区域、基因、碱基等多个角度观察基因组变化,进而为功能分析和进化分析提供更多的信息;数据可视化则是对比较基因组学分析结果进行快速而且直观的展现。表9-1列出了一些常用的比较基因组学分析工具。

表9-1　常用的比较基因组学分析工具

功　能	软件名称	链　接
序列比对	BLAST	http://blast.ncbi.nlm.nih.gov/Blast.cgi
	BLAT	http://genome.ucsc.edu/cgi-bin/hgBlat? command=start
	MUSCLE	http://www.ebi.ac.uk/Tools/msa/muscle/
	MUMmer	http://mummer.sourceforge.net/
直系同源基因鉴定	OrthoMCL	http://orthomcl.org/orthomcl/
	eggNOG	http://eggnogdb.embl.de/#/app/home
基因共线性分析	MCScanX	http://chibba.pgml.uga.edu/mcscan2/
	SyMAP	http://www.symapdb.org/
比较基因组数据可视化	EvolView	http://www.evolgenius.info/evolview/
	Circos	http://circos.ca/
	Mauve	http://genome-alignment.org/mauve/

9.1.4.1　序列比对

序列比对(sequence alignment)是将两个或多个核苷酸序列或者氨基酸序列进行比较,通过比对结果判断参与比对的序列之间的相似性和同源性,从而进一步判断基因组在结构、功能以及进化上的关系。根据比对范围,序列比对可以分为全局比对(global alignment)和局部比对(local alignment)。全局序列比对通常应用于序列大致相似并且长度大致相同的情况用以考察序列的全局相似性。局部序列比对通常应用于整体序列相似性不高,但是局部区域相似性较高,或者有相同功能域的情况。根据进行比对的序列数量,序列比对也可以分为双序列比对(pair-wise sequence alignment)和多序列比对(multiple sequence alignment)。

1)双序列比对

双序列比对一次只能比对两条序列,但是计算效率通常较高,常应用于对准确性要求不是特别高的时候(比如在数据库中搜索相似序列)。研究者通常应用双序列比对来寻找最匹配的区段(局部双序列比对)或者两条最匹配的序列(全局双序列比对)。双序列比对算法包括动态规划算法、字符算法(又叫 K 元组算法)和后缀树(suffix tree)算法。

常见的基于动态规划的算法有 Needleman-Wunsch 算法和 Smith-Waterman 算法。Needleman-Wunsch 算法是由 Needleman 和 Wunsch 于 1970 年提出的[12],其主要思想是利用迭代方法计算出两条序列所有可能的子比对的相似性分值,存储在一个得分矩阵中,然后根据该得分矩阵,通过动态规划的回溯方法寻找最优的全局相似性比对。Smith-Waterman 算法[13]则是在 Needleman-Wunsch 算法的基础上,给出可以实现局部最优比对的动态规划算法。这种算法可以独立生成局部比对的最优片段。这两种算法共同的优点是灵敏度都很高,缺点是时间消耗比较多。

为了解决这个问题,Lipman 和 Pearson 于 1985 年提出局部比对的 FASTA 算法[14]。FASTA 算法基于 K 元组算法,该算法的基本原理是首先将查询序列打碎成较短的索引序列,只搜索很短一段相同的序列片段,成为 K 元组(K-tup);基本依据是一个能够表示真实序列关系的比对至少包含一个所有序列都拥有的片段。在数据库搜索时,FASTA 算法会查询索引来检索出可能的匹配。值得注意的是,FASTA 算法对 DNA 序列搜索的结果要比蛋白质序列搜索的结果更敏感。原因是 FASTA 算法对数据库的每一次搜索都只有一个最佳比对,而对于蛋白质序列来说,一些有意义的比对可能被错过。使用 K-元组算法的软件还有 BLAST[15]、MUSCLE[16]、BLAT[17]等。BLAST 算法是由 Altschul 等人于 1990 年提出的。其基本原理是在 K 元组算法的基础上加入启发式思想,用于搜索两条序列中长度完全相同并且能够完全匹配的子序列,通过寻找数量较少但是质量更好的匹配,提高比对速度。BLAT 算法是由 Kent 于 2002 年在 BLAST 算法的基础上提出的,在处理有高重复序列时会比 BLAST 消耗时间更多,但显著提升了非高度重复序列的比对速度,从而减少了平均比对时间。MUSCLE 是

Edgar 于 2004 年提出的,除了使用数串(k-mer counting)方法构造序列间的全局比对和局部相似度,还引入了对数期望打分(log-expectation score)和依赖树结构的划分算法,使得比对速度和准确性都得到了提高。

使用后缀树算法的有 MUMmer 和 AVID 等,后缀树算法可以在线性时间和线性空间内找到两个序列的所有最大唯一匹配(maximum unique match)。

2)多序列比对

多序列比对是双序列比对的推广,能够一次处理多条序列。多序列比对通常用于在一组假定有进化相关性的序列中鉴定其中的保守区域。这些保守区域极有可能在功能或者结构上具有重要意义(比如可能是催化结合位点)。多序列比对也可以用来通过建立系统发生树构建进化关系。

目前常见的多序列比对算法包括渐进序列比对算法和迭代序列比对算法。渐进序列比对算法是在动态规划算法和双序列比对算法的基础上发展起来的。其基本思想是,假设比对的序列在进化上是相关的,可以根据其进化关系,从最紧密的两条序列开始,由远至近地按双序列比对算法逐步进行比对,并不断重新构建比对,直到所有序列都被加入为止。使用渐进序列比对算法的有 ClustalW、T-Coffee、MAVID 和 BLASTZ 等。迭代序列比对算法基于一种能产生比对的算法,通过迭代的方式精细地进行多序列比对,直到比对结果不再更改为止。这种算法由于是启发式算法,因此不一定能得到最优的比对结果。但由于算法本身具有鲁棒性,即算法的时间和空间消耗不会因为比对序列的个数变化而发生显著变化,因此这种算法在进行多序列比对时非常节省时间和空间。常见的基于迭代序列比对算法的软件有 MGA 和 Mauve[18] 等。Mauve 是用于局部多序列比对的常用工具,其比对算法的基本思想是先两两比对找出局部比对序列,用这些比对序列构造系统发生树,然后在系统发生树的基础上迭代添加比对序列从而完成多序列比对。Mauve 软件可以快速识别局部保守区域,可以用于基因组之间共线性关系的比较,以及鉴定基因组结构变异等。

9.1.4.2　直系同源基因鉴定

遗传上来自于共同祖先序列的基因,被称为同源基因(homology)。同源基因是比较基因组学的基本概念,一般包括直系同源基因(ortholog)和旁系同源基因(paralog)两种类型[19]。其中位于不同物种间,在物种形成过程中源自共同祖先、只是经过物种形成而分离的基因,叫作直系同源基因;而位于一个特定的基因组中由于基因复制而产生并分离的基因,叫作旁系同源基因。一般认为直系同源基因比旁系同源基因更有可能在进化时间里保守独特的功能,这类基因通常具有更为相似的功能。这种直系同源基因的保守性假说是很多比较基因组学研究的基础,可以通过预测直系同源基因推测不同物种中基因的功能,从而进行基因注释,同时也可用于基因、蛋白质的进化研究。

直系同源基因的鉴定方法通常分为两类:进化树法和分组法。进化树法,即使用系统发生树鉴定直系同源基因。利用进化树法的直系同源基因鉴定工具包括PhylomeDB、MetaPhOrs 等。这种方法需要先生成可靠的系统发生树,并准确地找到树根。由于进化树法依赖于可靠的物种树,这使得此方法不能大规模应用。分组法,即使用序列比对的相似性结果来鉴定直系同源基因。应用分组法的直系同源基因鉴定工具有 OrthoMCL[20]、eggNOG[21]、COG、OMA 和 QuartetS 等。分组法不需要考虑更广的系统发生环境,因此可以用在大规模基因组中。但是当直系同源基因缺失的情况下(当基因注释不完整或者发生基因缺失时,会发生直系同源基因缺失),分组法在直系同源基因鉴定时容易产生假阳性。但是在和进化树法进行比较时,分组法总是表现得更好。

直系同源基因的鉴定结果可以用来直观地发现基因保守性(gene conservation)和基因共线性(gene synteny)。在进化过程中,基因组中的基因可能发生缺失的现象,因此基因保守性的主要评价指标是参与比较分析的基因组中含有该基因的直系同源基因的数量。而基因共线性则是指在基因组中基因相对位置和排列顺序的一致性。在进化过程中,基因组中的基因可能会发生复制现象(gene duplication),即一个基因可能在基因组中产生多个拷贝。同时基因可能会发生位置的变化,基因组结构变异会使得基因在基因组中的相对位置发生改变。基因组共线性分析软件有 ColinearScan、MCScanX、SyMAP、FISH 和 CYNTENATOR 等。基因保守性和基因共线性是评价基因组结构变异的重要标准。

9.1.4.3　基因组变异分析

基因组变异(genome variation)是指基因组 DNA 分子发生的可遗传的变化,可以分为基因组结构变异(genomic structural variation)和基因组位点变异(genomic site variation)。

如图 9-1 所示,基因组结构变异通常是指长度在 50 bp 以上的长片段序列的缺失(deletion)、插入(insertion)、重复(duplication)、倒位(inversion)、异位(translocation)、重排(rearrangement)以及 DNA 拷贝数变化(CNV)[22]。

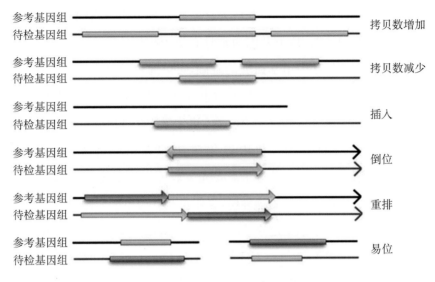

图 9-1　基因组结构变异类型

基因组位点变异包括单核苷酸多态性(SNP)及单个位点的插入或缺失(InDel)。单核苷酸多态性是指在基因组水平上由单个核苷酸的变异所引起的 DNA 序列多态性。如果某一基因或某一 DNA 片段中发生的基因组位点变异数目高于某一阈值,可以将该基因或 DNA 区段定义为高突变基因或高突变区域。高突变基因通常代表同源基因中该基因功能发生改变或者失活。

9.1.4.4　比较基因组数据可视化

如何直观地查看和展示序列比对、直系同源基因鉴定和共线性分析所产生的结果,一直是令生物学家头疼的问题。比较基因组学可视化分析工具正好解决了这个问题。

目前,可视化分析工具和软件有很多,按照功能侧重可以分为不同的类别。比如:侧重于进化树编辑和可视化的 EvolView[23]、ggtree,侧重于基因位置分布的 GenomePixelizer[24],侧重于基因组序列相关性分析及可视化的 Circos[25],提供多基因组序列比对及可视化分析的 Mauve 等。

9.2　模式生物基因组

人类基因组计划的研究目的是解码生命,了解生命的起源,了解生命体生长发育的规律,认识种属之间和个体之间存在差异的起因,认识疾病产生的机制以及长寿与衰老等生命现象，为疾病的诊治提供科学依据。要达成这一目的，仅测定人类基因组本身是不够的。关于这一点，美国国家研究委员会（United States National Research Council，NRC）在1988年发布的《图解与测定人类基因组序列》报告中有详细的说明："为了取得成功，项目不能仅仅局限于人类基因组，还必须针对其他物种的基因组开展大量的序列分析"[26]。这里的"其他物种"指的就是模式生物。随后，报告中重点列出了一些模式生物名称，包括细菌、酵母、果蝇和秀丽隐杆线虫等。通过比较基因组学，可以在模式生物中研究基因的结构和功能；同样人类的生理和病理过程也可以选择合适的模式生物来模拟，从而揭示人类疾病基因的功能，阐明疾病产生的分子机制。所以说，模式生物是比较基因组学应用到精准医学的重要媒介，对模式生物基因组的深入理解对于比较基因组学在精准医学中的应用至关重要。

9.2.1　模式生物概念

生物学家通过对选定的物种进行科学研究，用于揭示某种具有普遍规律的生命现象。此时，这种被选定的物种就是模式生物。比如，孟德尔在揭示生物界遗传规律时选用豌豆作为实验材料，而摩尔根选用果蝇作为实验材料，在他们的研究中，豌豆和果蝇就是研究生物体遗传规律的模式生物。

作为模式生物的物种有一些基本的共同点：

（1）容易获得并易于在实验室内饲养和繁殖；

（2）繁殖快、世代短、子代多、遗传背景清楚；

（3）容易进行实验操作，特别是具有遗传操作的手段和表型分析的方法；

（4）基因组和其他许多方面都与人类有着极大的相似性。

目前，在人类疾病与健康领域应用最广的真核模式生物包括酿酒酵母、果蝇、秀丽隐杆线虫、斑马鱼和小鼠等。这些模式生物与人的进化关系如图9-2所示。

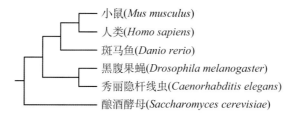

小鼠(*Mus musculus*)
人类(*Homo sapiens*)
斑马鱼(*Danio rerio*)
黑腹果蝇(*Drosophila melanogaster*)
秀丽隐杆线虫(*Caenorhabditis elegans*)
酿酒酵母(*Saccharomyces cerevisiae*)

图9-2　模式生物与人的进化关系

9.2.2 酿酒酵母基因组

酿酒酵母($Saccharomyces\ cerevisiae$)细胞为球形或者卵圆形,直径 5～10 μm,其繁殖方法为出芽生殖。它是第一个完成基因组测序的真核生物,测序工作于 1996 年完成并发表在 $Science$ 杂志上[7]。

酿酒酵母的基因组包含大约 1 200 万个碱基对,分成 16 组染色体,共有 6 275 个基因,其中可能约有 5 800 个真正具有功能。据估计,其基因约有 23% 与人类同源。酵母基因组数据库(http://www.yeastgenome.org/)包含酵母基因组的详细注释,是研究真核细胞遗传学和生理学的重要工具。

通过对酿酒酵母的完整基因组测序,发现在 12 068 kb 的全基因组序列中共有 5 885 个编码蛋白质的开放阅读框。这意味着在酵母基因组中有 72% 的核苷酸序列是由开放阅读框组成的,平均每隔 2 kb 就存在一个编码蛋白质的基因。这说明酵母基因比其他高等真核生物基因排列紧密(在线虫基因组中,平均每隔 6 kb 存在一个编码蛋白质的基因;在人类基因组中,平均每隔 30 kb 以上才能发现一个蛋白编码基因)。酵母基因组的紧密性是因为基因间隔区较短,并且含有内含子的基因非常少。酵母基因组的开放阅读框平均长度为 1 450 bp 即 483 个密码子,其中最长的开放阅读框是位于 XII 号染色体上的一个功能未知的开放阅读框(长度为 14 730 bp,包含 4 910 个密码子),还有极少数的开放阅读框长度超过 1 500 个密码子。在酵母基因组中,也有编码短蛋白的基因,如编码细胞膜蛋白脂质的 $PMP1$ 基因就由 40 个氨基酸组成。此外,酵母基因组中还包含:约 140 个 rRNA 基因,排列在 XII 号染色体的长末端;275 个 tRNA 基因,散布于全部 16 条染色体上;40 个编码 snRNA 的基因,也广泛分布于基因组中。

酵母基因组测序揭示了其基因组中大范围的碱基组成变化规律。多数酵母染色体由不同程度的、大范围的 GC 含量高的 DNA 序列和 GC 含量低的 DNA 序列镶嵌组成。GC 含量高的区域通常位于染色体臂的中部,这些区域的基因密度较高;GC 含量低的区域一般靠近端粒和着丝粒,这些区域内基因数目较少。这种 GC 含量的梯度变化与染色体的结构、基因的密度及重组频率都有关系。

酵母基因组测序发现其基因组的另一个明显特征是遗传冗余(genetic redundancy),即含有许多 DNA 重复序列。研究表明,染色体末端重复、单个基因重复与成簇同源区是导致酵母基因组遗传冗余的主要原因。酵母多条染色体末端具有长度超过几万碱基对的高度同源区,它们是遗传冗余的主要区域,这些区域至今仍然在发生着频繁的 DNA 重组事件。遗传冗余的另一种形式是单基因重复,其中以散在重复最为典型,另外还有一种较为少见的类型是成簇分布的基因家族。成簇同源区(cluster homology region,简称 CHR)是酵母基因组测序揭示的一些位于多条染色体的同源大片段,各片段含有相互对应的多个同源基因,它们的排列顺序与转录方向十分保守,同时还可能存在小片段的插入或缺失。这些特征表明,成簇同源区是介于染色体大片段重复与完全分化之间的中间产物,因此是研究基因组进化的有利材料,被称为基因重复的"化石"。

9.2.3 果蝇基因组

黑腹果蝇(*Drosophila melanogaster*)是双翅目昆虫,具有个体小、生活史短、易饲养、繁殖快、染色体少、突变型多等特征,是一种非常重要的模式生物,被广泛应用到胚胎发育、器官形成、免疫和神经退行性疾病研究中。从摩尔根首次利用果蝇进行遗传学研究开始,果蝇研究者已经 5 次荣获诺贝尔奖。

黑腹果蝇基因组于 2000 年发表在 *Science* 杂志上[9]。基因组的总大小约为 180 Mb,含有 3 对常染色体和 1 对性染色体(X,Y),共注释到 13 600 个基因,75% 的人类已知致病基因在果蝇基因组中都可以找到同源序列。这一版本的基因组只包含了 120 Mb 的常染色质区域(约占基因组的 2/3),异染色质由于含有大量重复序列,且重复元件在克隆、测序和拼接上十分困难,直到 2 007 年异染色质才测序成功。在这一过程中,注释结果也不断更新。第 3 次发布的注释结果将蛋白质编码基因数增加到 13 792 个,并报道了 rRNA 基因 102 个、tRNA 基因 288 个、microRNA 基因 23 个、snRNA 基因 28 个、snoRNA 基因 28 个、假基因 40 个、非蛋白编码基因 58 个和转座子插入 7 761 个。第 5 次发布的注释结果中更新了异染色质的注释情况,包含 613 个蛋白编码基因、13 个非蛋白编码基因和 32 个假基因[27]。截至 2016 年 6 月,NCBI 基因组数据库中黑腹果蝇基因组共注释基因 17 651 个、假基因 301 个、rRNA 基因 120 个、tRNA 基因 319 个。

在第一个果蝇基因组(黑腹果蝇基因组)发表后,科学家们针对果蝇开展了广泛的比较基因组学研究。其中,2007 年发表在 *Nature* 杂志上的文章报道,研究人员完成了 12 种"近亲"果蝇的基因组比较分析,其中首次测序完成的果蝇基因组有 10 种[28]。他们发现,黑腹果蝇和其他 11 个种类的果蝇只共享大约 77% 的蛋白编码基因。研究人员同时发现,果蝇基因组的不同区域进化速度并不相同,进化最快的是与果蝇味觉和嗅觉、解毒和代谢、性别和繁殖以及免疫和防御相关的基因。这表明,果蝇基因的进化在很大程度上是适应环境变化和性别选择的结果。比如,生活在印度洋岛屿上的 *D. sechellia* 果蝇由于食物来源较为单一,与味觉相关的基因损失速度是其他种类的 5 倍。而另一种 *D. willistoni* 果蝇是科学家发现的唯一一种不含有硒蛋白(selenoproteins,有助减少机体摄入的硒矿物质量)的动物。研究人员推测,该类果蝇可能以未知的特殊方式合成硒蛋白。除了进化上的认识,研究人员还发现了数千个新的基因和功能元件。利用进化分析,他们发现了 1 193 个新的编码蛋白序列,并且对此前报道的黑腹果蝇基因组中的 414 个编码蛋白序列提出了质疑。新发现的功能元件包括非蛋白编码基因、转录调控元件以及负责染色体结构和动力学调控的 DNA 序列等,共有数百个。

模式动物"DNA 元件百科全书"计划(the model organism Encyclopedia of DNA Elements,modENCODE)是美国国家人类基因组研究所于 2007 年启动的重要研究计划,目标是描绘黑腹果蝇和秀丽隐杆线虫基因组的所有功能元件,从而为人类基因组破译工作提供帮助。在 2014 年 8 月 28 日的 *Nature* 杂志上,modENCODE 同时发表了 4 篇论文,比较了人类和两种模式生物——果蝇及线虫的基因组和表观基因组图谱[29-32]。由耶鲁大学生物医学信息学教授 Mark Gerstein 等人领导的研究小组,分析了人类、果蝇和线虫的转录组。他们利用 ENCODE 和 modENCODE 计划生成的大量基因表达数据,发现了 3 个物种共享的一些基因表达模式,这些共有的基因表达模式在一些发育基因中尤为突出。他们的研究证实,在许多方面 DNA 包装到细胞中的方式是相似的,并且在许多情况下,这些物种共享开启和关闭一些基因的程序。具体来说,他们利用了一些基因表达模式来匹配线虫和果蝇的一些发育阶段,发现它们彼此平行地利用了数组基因。他们的研究还发现一些在线虫和果蝇胚胎中特异性表达的基因,也在蝇蛹(幼虫和成虫之间的一个中间阶段)中再次表达。研究人员的另一个重要发现是:根据一些基因启动子处染色质的某些特征就可以在所有 3 个生物中定量预测一些蛋白质编码基因和非编码基因的表达水平。一个基因的启动子告知了细胞机器从哪里开始将 DNA 转录为 RNA。DNA 被包装在细胞的染色质中,这种包装发生改变可以调控基因的功能。第 2 个小组重点研究了 3 个物种中染色质的组织机制及其对于基因调控的影响。研究人员利用 ENCODE 和 modENCODE 的数据,比较了细胞访问内部 DNA 必需的染色质修饰模式,以及这些修饰所导致的 DNA 复制模式的改变,同样发现 3 个物种具有许多相似的染色质特征。在第 3 项研究中,科学家们将探究基因组调控的焦点放到了一些转录调控因子上。这些关键的转录调控因子决定了哪些祖细胞最终会变为皮肤细胞、肾细胞和眼细胞。研究人员发现,一些转录因子往往结合到 3 个物种基因组中一些相似的 DNA 序列上,这表明了调控信息在基因组中的排布方式,有一些普遍特性在 3 大物种中存在保守性。不过,他们也发现了一些差异。一些转录因子结合的靶标在 3 个物种中极少相同,它们大多在不同的时期表达。

9.2.4　秀丽隐杆线虫基因组

秀丽隐杆线虫(*Caenorhabditis elegans*)是一种营自由生活的线虫,其个体小,成体仅 1.5 mm 长,为雌雄同体(hermaphrodites)。因其遗传背景清楚、个体结构简单、生活史短、基因组测序完成等,在遗传与发育生物学、行为与神经生物学、衰老与寿命、人类遗传性疾病、药物筛选等领域得到广泛应用。

1974 年,Brenner 发表了"*The genetics of Caenorhabditis elegans*",被认为是线虫分子遗传研究的开山之作[33]。通过甲基磺酸乙酯(EMS)诱变他们一共获得 300 多个线虫突变体,其中多数为隐性突变。突变表型涉及行为、运动和形态结构等方面,这些突变被分别定位到线虫的 6 条染色体上,影响到约 100 个基因的功能。Sulston 使用微分干涉显微镜(differential interference contrast,DIC)对线虫的胚胎发育和细胞迁移途径进行了持续的观察,在 1983 年完成了线虫细胞谱系(cell lineage)图[34]。这张细胞谱系图清楚地揭示了从受精卵到成虫全部 1 090 个体细胞的身世和命运,使科学家们能够在活体线虫的单个细胞水平上研究遗传发育的调控机制,也是发育生物学史上里程碑式的发现。在细胞谱系的研究中发现,线虫在发育过程中有 131 个细胞会在特定的时期消失。Horvitz 发现这些消失的细胞发生了细胞凋亡。运用正向遗传筛选和基因图位克隆,他找到了十几个与细胞凋亡相关的基因,并发现了控制凋亡的信号通路及其生化机制,揭示了这一保守机制在不同物种发育过程中的重要作用。Brenner、Sulston 和 Horvitz 因在线虫的遗传与发育方面的成就,获得 2002 年诺贝尔生理学或医学奖。1998 年,Fire 和 Mello 在线虫中首先发现了 RNA 干扰(RNA interference,RNAi)的现象,并对其机制进行了初步研究。RNAi 技术可以方便地沉默特定的基因,即通过反向遗传学(reverse genetics)研究特定基因的功能,在生命科学的许多领域得到应用。

2006年,两人被授予了诺贝尔生理学或医学奖。1994年,Chalfie将水母荧光蛋白GFP的编码序列转入线虫体内并观察到绿色荧光,这是人们第一次在生物体内通过转基因表达GFP。随后,GFP作为分子标签被广泛运用于生命科学研究的各个领域,成为必不可少的技术手段之一。Chalfie作为开创该技术的先驱之一,与别人分享了2008年的诺贝尔化学奖。这些研究和发现为将线虫作为模式生物应用到细胞凋亡、衰老与长寿及药物筛选等领域提供了重要支持。

秀丽隐杆线虫基因组于1998年发表在Science杂志上,是第一个被测序的多细胞生物[8]。基因组大小约为97 Mb,有5对常染色体和1对性染色体,注释到19 000个基因。2010年,modENCODE项目在Science杂志上发表文章绘制了线虫的表观基因组图谱[35]。研究产生了大量的数据集,包括不同发育时间的转录组图谱、全基因组范围内的转录因子结合位点鉴定和染色质结构图谱;构建了更加完整和准确的基因模型,包括选择性剪接形式和非编码RNA;构建了转录因子结合和microRNA相互作用的分层网络,并发现了一个不寻常的大量转录因子结合的染色体上的位置。

9.2.5 斑马鱼基因组

斑马鱼(*Danio rerio*)是一种常见的热带鱼。鱼体长4~6 cm,呈纺锤形,全身布满多条深蓝色纵纹似斑马,故此得名。由于养殖方便,繁殖周期短,产卵量大,胚胎体外受精,体外发育,胚体透明,斑马鱼已成为一种常用的重要模式生物。经过30多年的研究应用和系统发展,已形成多个斑马鱼品系,并建立了国际斑马鱼资源中心(Zebrafish International Resource Center,ZIRC)。斑马鱼的细胞标记技术、组织移植技术、突变技术、单倍体育种技术、转基因技术、基因活性抑制技术等已经成熟,特别适合进行发育研究,还可作为人类疾病模型。

斑马鱼基因组测序工作是由英国桑格研究所(Welcome Trust Sanger Institute)完成的,相关的工作于2013年4月分为两篇文章同时发表在*Nature*杂志上[36, 37]。研究人员比较了斑马鱼与人类基因组的异同,并进行了系统性的全基因组分析,深入解析了斑马鱼蛋白编码基因的功能。斑马鱼基因组大小约为1 400 Mb,染色体数目为25对,注释到26 000个蛋白编码基因。研究人员发现,斑马鱼共享了人类70%的蛋白编码基因,而且人类疾病相关基因中有84%可以在斑马鱼中找到对应基因。这说明斑马鱼作为模式生物,对于人类疾病研究非常重要。此外,斑马鱼基因组也具有一些区别于其他脊椎动物的特性。在之前报道的脊椎动物基因组中,斑马鱼基因组中的重复序列含量最高,几乎是其近亲鲤鱼的 2 倍。与人类基因组相比,斑马鱼基因组中的假基因很少。研究人员在斑马鱼基因组中鉴定了 154 个假基因,而人类基因组中的假基因约有13 000 个。此外,研究人员还在斑马鱼基因组中发现了影响性别决定的独特染色体区域。在高质量参考基因组的基础上,研究人员对斑马鱼各基因的功能展开了研究,分析了基因突变对斑马鱼的影响。到文章发表时,他们已经对 40% 的斑马鱼基因进行了突变分析,这将成为人们进行疾病研究的重要工具。研究人员在斑马鱼基因组中引入随机突变,并将这些突变与生理/生化改变联系起来。文章发表时他们已经鉴定了与人类疾病有关的 3 188 个基因突变。这项研究生成的高质量斑马鱼参考基因组,将帮助人们更好地理解人类基因功能,大大推动相关疾病的研究。

美国俄勒冈大学(University of Oregon)在 NIH 的资助下建立了斑马鱼模式物种数据库(Zebrafish Model Organism Database,ZFIN),该数据库是斑马鱼研究工作中经常用到的核心数据库。ZFIN 主要包含了以下几个方面的信息。① 斑马鱼基因信息:包括斑马鱼基因、各种分子标记和克隆等。每个基因的页面中,包含了跟这个基因相关的表达信息,已知突变或基因敲低(knock down)的研究报道、表型,以及到其他相关数据库的链接等。②斑马鱼相关资源:包括各种质粒克隆、已报道的抗体、转基因载体等,这些均和相应的基因相互链接;同时也收集各类斑马鱼野生型品系、突变品系、转基因品系资源,分别链接到相应的资源中心数据库。③斑马鱼基因组图谱和作图(mapping)相关的信息,提供 GBrowse 和 BLAST 等在线工具。④斑马鱼研究工作及交流资源信息:ZFIN 收集了大量斑马鱼相关的工作、会议,在网站注册的斑马鱼研究机构、公司和实验室/个人的信息,同时也提供斑马鱼研究相关的新闻,其他交流资源还包括各种实验操作技术、*The Zebrafish Book* 的在线版本等。⑤ZFIN 同时也具体负责斑马鱼组织结构的解剖学定义、斑马鱼品系和基因命名规范等工作。

9.2.6 小鼠基因组

小鼠(*Mus musculus*)生长快,成熟早,繁殖力强,体型小,容易饲养,易于控制,已拥有大量的近交系、突变系和封闭群,现已成为使用量最大、研究最详尽的哺乳类实验动物,在研究人类基因功能、建立人类疾病模型和药物筛选等方面都发挥了重要作用。

1999 年,人类基因组 3 个主要测序中心[维康信托基金会桑格研究所(the Welcome

Trust Sanger Institute），怀特黑德生物医学研究所基因组研究中心（the Whitehead Center for Genome Research）和华盛顿大学基因组研究中心（Washington University Genome Sequencing Center）]成立了一个相互协作的小鼠基因组测序机构，小鼠基因组测序项目正式启动。在这以后，不断有研究机构加入到小鼠基因组的研究行列中。到2016 年 6 月，NCBI 基因组数据库中登记的完成基因组测序的小鼠品系已经达到 22 个。2002 年 5 月，Richard Mural 等人对塞莱拉公司测得的小鼠 16 号染色体序列进行了分析，并将结果发表在 *Science* 杂志上[38]。他们发现该染色体上有一大段区域与人类 21 号染色体序列高度相似。2002 年 12 月，小鼠基因组测序协会在 *Nature* 杂志发表了高质量的小鼠基因组序列草图，并且同时对 C57BL/6J 株系小鼠进行了分析[39]。该小鼠基因组大小约为 2.5 Gb，比人类基因组小 14% 左右；预计的基因接近 30 000 个，与人类基因数目相当。约有 40% 的人类基因组序列和小鼠具有高度相似性，80% 的小鼠基因在人类基因组中能找到单拷贝的直系同源基因，与人类基因完全没有同源性的小鼠基因只有不到 1%（反之亦然）。与人类相比，小鼠有更多繁殖、免疫和嗅觉基因，并且前两种基因的进化也比人类快得多。同年，日本理化研究所（RIKEN）在 *Nature* 杂志发表了他们的小鼠转录组研究[40]。研究人员手动注释了 60 770 个小鼠全长 cDNA 序列，这些全长序列聚类成 33 409 个转录单元。这些转录单元中，有 4 258 个是新的蛋白编码序列，有 11 665 个是新的非编码序列，这表明非编码 RNA 是转录组的主要组成部分。这个研究为小鼠功能基因组研究提供了宝贵资源。

小鼠基因组信息学网站（Mouse Genome Informatics，MGI）是 Jackson Laboratory 建立的实验室小鼠国际数据库资源，整合了小鼠遗传学、基因组学和其他生物学的各类数据，以促进人类健康和疾病的研究。MGI 主要包含了以下几个方面的信息：①小鼠基因组数据库，包括基因特征、命名、作图、脊椎动物间的基因同源性、序列链接、表型、等位基因变异和突变体等数据；②基因表达数据库，整合了不同类型的小鼠基因表达信息，并提供了已发表的内源性基因表达实验的搜索索引；③小鼠肿瘤生物学数据库，提供遗传定义的小鼠品系（转基因、目标突变和近交系）肿瘤发生频率、遗传学和病理数据，这些数据来源于已经发表的科学文献或者是向该数据库直接提交的数据。

9.3　比较基因组学在精准医学中的应用实例

在"精准医学"这个概念提出之前，利用上面介绍的几种模式生物，通过比较基因组学对疾病基因功能和疾病产生的分子机制的研究,已经取得了一系列的重要成果。事实上,精准医学这一概念的首次出现也并非是在奥巴马的国情咨文中。早在 2011 年 11 月,NRC 在发表的《迈向精准医学:建立生物医学与疾病新分类学的知识网络》报告中就提出了这一概念,这或许是最早对精准医学进行全面、详细叙述的重要文件[41]。该报告的要点是在对疾病进行重新"分类"基础上的"对症用药",创建生物医学的知识网络和疾病新的分类分型。"精准医学"的短期目标是为癌症治疗找到更多更好的治疗手段。在这方面,比较基因组学已经发挥了重要作用。

9.3.1 比较基因组学与癌症驱动基因的鉴定

近年来的研究发现了一些与癌症发生发展相关的重要基因,称为驱动基因。对于同一癌种的不同分型而言,其主要驱动基因都是不一样的,知道了驱动基因,就知道了有哪些药物可以对抗它,从而实现"精准治疗"。在精准医学时代,研究人员可以通过大数据、多组学整合分析的方法获得更多的候选驱动基因;再把候选驱动基因转到模式动物模型中,验证它们的驱动作用;对于验证了功能的驱动基因,研究人员再利用群体遗传学的方法在患者和对照人群中寻找驱动基因上的突变位点将其作为靶向治疗的候选靶点。

2011 年 Ceol 及其合作者在 *Nature* 杂志上发表文章,介绍了一种方法,使用斑马鱼来筛查导致黑色素瘤的基因突变[42]。他们从携带 *braf* 突变的斑马鱼开始。BRAF 是丝氨酸/苏氨酸激酶,这种突变出现在至少一半的黑色素瘤患者身上,也是靶向药物 vemurafenib 的靶点。在鱼类中,这种突变也导致皮肤肿瘤。但大部分黑色素瘤还有其他的驱动突变,且 vemurafenib 只是瞬时起作用。因此,研究小组试图了解哪些突变驱动了斑马鱼中更快或更恶性的肿瘤生长。研究人员筛查了 35 个基因中的突变。他们创建了带有目的基因和 *braf* 的不同组合的斑马鱼,并且每周进行黑色素瘤的筛查。最终,他们在一个名为 *SETDB1* 的基因中发现了一个突变,导致黑色素瘤生长速度提高 50%,并更具侵袭性(见参考文献[42]中图 1)。研究小组接着转向对 *setdb1* 功能的研究,发现此基因编码了一个甲基转移酶,能够甲基化组蛋白 H3 赖氨酸 9(H3K9)。它对基因组上的多个位点甲基化,并广泛影响癌症相关通路。他们发现 *setdb1* 的敲除导致黑色素细胞异常分化。这一研究建立的斑马鱼模型可以用于更多驱动基因的鉴定,为新药设计带来更多的机会。

9.3.2　比较基因组学与肿瘤发生发展机制研究

肿瘤的发生与演化起源于遗传和表观遗传的异常变化。这些变异导致癌基因的激活、抑癌基因的失活以及其他分子和信号通路的变化，使正常细胞发生转化、癌细胞进一步恶化。

表皮生长因子受体 EGFR(epidermal growth factor receptor)是表皮生长因子受体(HER)家族成员之一，在许多类型癌细胞的表面异常高水平表达，大约 10% 的肺癌患者有 *EGFR* 癌基因突变。尽管 EGFR 细胞信号作用与癌症生长之间的关系早已为人们所知，且有几种 EGFR 抑制剂已经上市用于对抗癌症，但这一过程的确切作用机制仍然是一个谜。来自德克萨斯大学西南医学中心的研究人员于 2013 年发表在 *Cell* 杂志上的研究发现，活性的 EGFR 结合自噬蛋白 Beclin1，导致其多位点酪氨酸磷酸化，磷酸化的 Beclin1 与抑制剂的结合增强，进一步导致 Beclin1 相关的 VPS34 激酶活性下降[43]。细胞通常通过自噬过程再循环不需要的元件。这项研究表明，EGFR 能够直接与 Beclin 1 互相作用并关闭自噬，这直接导致移植非小细胞肺癌的小鼠体内肿瘤更快速地生长。这项研究的第二个发现与化疗耐药有关。目前有一些正在进行中的临床试验，正是采用自噬抑制剂克服许多肿瘤形成的化疗耐药。这项研究发现了相反的结果：实际上自噬抑制有可能会让带有某些特定癌症突变的患者化疗结局变得更差。研究人员证实，自噬减少的癌细胞相比于自噬正常的癌细胞生长速度更快，对化疗更加耐药。该研究提供了一种克服 EGFR 靶向治疗耐药的全新方法。

究竟哪个基因突变会驱动肿瘤形成以及在疾病发展和治疗过程中癌细胞如何进化是癌症生物学研究中的两个关键问题。2015 年，来自美国和德国的科学家们在 *Nature* 上发表了一项最新研究进展，他们通过对慢性淋巴细胞白血病(chronic lymphocytic leukemia，CLL)患者样本进行全外显子测序分析，发现了一些可能发生反复突变的癌症驱动基因，这对于了解肿瘤形成过程以及癌细胞进化过程具有重要意义[44]。在这项研究中，研究人员对 538 个 CLL 患者的样本及与其相对应的生殖细胞 DNA 样本进行了全外显子测序比对。通过比较分析，他们发现了 44 个会反复发生突变的基因以及 11 个反复发生拷贝数变异的基因，这些突变基因中包括一些之前未报道过但可能驱动癌症发生的新基因(*RPS15*、*IKZF3*)，同时还发现 3 个参与 CLL 的重要途径，分别是 RNA 加工和转出过程、MYC 活性以及 MAPK 信号。研究人员对这一大数据集进行进一步的克隆形成能力分析,重新建立了癌症驱动因素之间的时间联系,在对 59 名患者治疗前以及复发后的癌细胞样本进行直接对比之后,发现癌细胞出现了高频的克隆进化(见参考文献[44]中图 5)。这一研究有助于了解不同癌症驱动因素之间的网络关联,以及预测基因突变对疾病复发和临床结果产生的影响。

9.3.3 比较基因组学与肿瘤靶向药物研发

随着基础研究和医学的发展,癌症治疗观念正在发生根本性的改变,即由经验科学向循证医学、由细胞攻击模式向靶向性治疗模式转变。应用靶向技术向肿瘤区域精确递送药物的"靶向治疗"和利用肿瘤特异的信号传导或特异代谢途径控制的"靶点治疗"是肿瘤研究的热点。在这方面,比较基因组学也发挥了重要作用。

肿瘤的生长和转移依赖于肿瘤新生血管的理论是 Judah Folkman 教授于 1971 年提出的,自此之后肿瘤血管生成逐渐成为近几十年肿瘤研究领域的热点问题。同时,由于针对肿瘤血管的抗肿瘤抗体具有广谱性好、抗耐药性、渗透性好等优势,靶向肿瘤血管生成的治疗性抗体也成为肿瘤治疗的新策略。中国科学院生物物理研究所阎锡蕴院士的研究工作在这一研究领域处于领先地位。2003 年,阎锡蕴课题组首次在国际上报道了肿瘤血管新靶点 CD146 及其抗体的功能[45]。2012 年,阎锡蕴研究组发现 CD146 促进肿瘤细胞运动的分子机制。研究人员发现,CD146 通过直接结合 ezrin-radixin-moesin (ERM)接头蛋白与细胞骨架相连促进细胞伪足的伸长和细胞运动。同时,CD146-ERM 复合物可以结合小 G 蛋白的抑制分子 Rho-GDI 从而激活 RhoA,而 Rho-PI4P5K通路的激活又进一步增强了 CD146 与 ERM 的结合并参与肿瘤细胞的迁移。这项研究成果为临床上过度表达 CD146 的黑色素瘤高转移性提供了新的分子机制,也为靶向 CD146 治疗肿瘤提供了新的理论基础[46]。随后,阎锡蕴研究组又发现并报道了 CD146 分子作为 VEGFR-2 的受体,在肿瘤血管生成、上皮细胞间充质转化以及肿瘤转移中发挥了重要的作用[47]。血管内皮细胞生长因子 VEGF 是肿瘤血管生成过程中最重要的调控因子,因此靶向 VEGF 治疗已经成为靶向肿瘤血管治疗的热点,其中最有效的抗体药物是贝伐珠单抗(bevacizumab),即抗 VEGF 的单克隆抗体,它通过阻断 VEGF 与其受体 VEGFR-2 的结合,阻断 VEGF 引起的内皮细胞活化和血管生成,从而抑制肿瘤生长。bevacizumab 自 2004 年作为第一个有效抑制肿瘤血管生成的抗体药物被美国 FDA 批准上市后,已经被批准应用于治疗结直肠癌、乳腺癌、非小细胞肺癌、肾癌等癌症,年产值约为 60 亿美元。阎锡蕴课题组研究发现,CD146 是血管内皮细胞生长因子受体 VEGFR-2 的共受体,调节 VEGF 诱导的 VEGFR-2 活化及下游信号的传递,进而促进肿瘤血管生成。基于 CD146 是 VEGFR-2 共受体这一分子机制,研究人员利用抗 CD146 单克隆抗体 AA98 及抗 VEGF 单克隆抗体 bevacizumab,建立了靶向血管生成的抗体联合治疗模型,该联合策略的有效性在接种人胰腺癌细胞和人黑素瘤细胞的荷瘤裸鼠模型中得到验证,即与单一抗体给药相比,AA98 及 bevacizumab 联合给药具有协同效应,其抑瘤率是 bevacizumab 单独给药组的1.5倍(见参考文献[47]图 7)。CD146 相关成果已经完成转化,研发出的 CD146 人源化抗体靶向药物已获得中国药品生物制品检定所检验报告,获得全国杰出发明专利并正在进行临床前研究。

9.4　小结

本章重点介绍了比较基因组学的一些基本概念、研究方法和研究内容,模式生物基因组研究进展,以及比较基因组学在精准医学中应用的实例。近年来,利用模式生物,通过比较基因组学对疾病相关基因功能的鉴定和疾病发生发展机制的研究,已经取得了一系列重要成果。随着精准医学研究的深入开展,比较基因组学必将在精准疾病分型和个性化诊疗方案制订等方面发挥更加重要的作用。

参考文献

[1] Xia X. Comparative Genomics [M]. Cham: SpringerBriefs in Genetics,2013.

[2] Argos P,Kamer G,Nicklin M J,et al. Similarity in gene organization and homology between proteins of animal picornaviruses and a plant comovirus suggest common ancestry of these virus families [J]. Nucleic Acids Res,1984,12(18): 7251-7267.

[3] McGeoch D J,Davison A J. DNA sequence of the herpes simplex virus type 1 gene encoding glycoprotein gH,and identification of homologues in the genomes of varicella-zoster virus and Epstein-Barr virus [J]. Nucleic Acids Res,1986,14(10): 4281-4292.

[4] Fleischmann R D,Adams M D,White O,et al. Whole-genome random sequencing and assembly of Haemophilus influenzae Rd [J]. Science,1995,269(5223): 496-512.

[5] Fraser C M,Gocayne J D,White O,et al. The minimal gene complement of Mycoplasma genitalium [J]. Science,1995,270(5235): 397-403.

[6] Delcher A L,Kasif S,Fleischmann R D,et al. Alignment of whole genomes [J]. Nucleic Acids Res,1999,27(11): 2369-2376.

[7] Goffeau A,Barrell B G,Bussey H,et al. Life with 6000 genes [J]. Science,1996,274(5287):

546,563-547.

[8] C. elegans Sequencing Consortium. Genome sequence of the nematode C. elegans: a platform for investigating biology [J]. Science, 1998,282(5396): 2012-2018.

[9] Adams M D, Celniker S E, Holt R A, et al. The genome sequence of Drosophila melanogaster [J]. Science, 2000,287(5461): 2185-2195.

[10] Rubin G M, Yandell M D, Wortman J R, et al. Comparative genomics of the eukaryotes [J]. Science, 2000,287(5461): 2204-2215.

[11] Batzoglou S, Pachter L, Mesirov J P, et al. Human and mouse gene structure: comparative analysis and application to exon prediction [J]. Genome Res, 2000,10(7): 950-958.

[12] Needleman S B, Wunsch C D. A general method applicable to the search for similarities in the amino acid sequence of two proteins [J]. J Mol Biol, 1970,48(3): 443-453.

[13] Smith T F, Waterman M S. Identification of common molecular subsequences [J]. J Mol Biol, 1981,147(1): 195-197.

[14] Lipman D J, Pearson W R. Rapid and sensitive protein similarity searches [J]. Science, 1985, 227(4693): 1435-1441.

[15] Altschul S F, Gish W, Miller W, et al. Basic local alignment search tool [J]. J Mol Biol, 1990, 215(3): 403-410.

[16] Edgar R C. MUSCLE: multiple sequence alignment with high accuracy and high throughput [J]. Nucleic Acids Res, 2004,32(5): 1792-1797.

[17] Kent W J. BLAT-the BLAST-like alignment tool [J]. Genome Res, 2002,12(4): 656-664.

[18] Darling A C, Mau B, Blattner F R, et al. Mauve: multiple alignment of conserved genomic sequence with rearrangements [J]. Genome Res, 2004,14(7): 1394-1403.

[19] Jensen R A. Orthologs and paralogs—we need to get it right [J]. Genome Biol, 2001,2(8): INTERACTIONS1002.

[20] Li L, Stoeckert C J Jr, Roos D S. OrthoMCL: identification of ortholog groups for eukaryotic genomes [J]. Genome Res, 2003,13(9): 2178-2189.

[21] Jensen L J, Julien P, Kuhn M, et al. eggNOG: automated construction and annotation of orthologous groups of genes [J]. Nucleic Acids Res, 2008,36(Database issue): D250-D254.

[22] Feuk L, Carson A R, Scherer S W. Structural variation in the human genome [J]. Nat Rev Genet, 2006,7(2): 85-97.

[23] Zhang H, Gao S, Lercher M J, et al. EvolView, an online tool for visualizing, annotating and managing phylogenetic trees [J]. Nucleic Acids Res, 2012,40(Web Server issue): W569-W572.

[24] Kozik A, Kochetkova E, Michelmore R. GenomePixelizer—a visualization program for comparative genomics within and between species [J]. Bioinformatics, 2002,18(2): 335-336.

[25] Krzywinski M, Schein J, Birol I, et al. Circos: an information aesthetic for comparative genomics [J]. Genome Res, 2009,19(9): 1639-1645.

[26] National Research Council (US) Committee on Mapping and Sequencing the Human Genome. Mapping and Sequencing the Human Genome [M]. Washington DC: National Academies Press (US), 1988.

[27] Smith C D, Shu S, Mungall C J, et al. The Release 5. 1 annotation of Drosophila melanogaster heterochromatin [J]. Science, 2007,316(5831): 1586-1591.

[28] Drosophila 12 Genomes Consortium, Clark A G, Eisen M B, et al. Evolution of genes and genomes on the Drosophila phylogeny [J]. Nature, 2007,450(7167): 203-218.

[29] Araya C L, Kawli T, Kundaje A, et al. Regulatory analysis of the C. elegans genome with spatiotemporal resolution [J]. Nature, 2014,512(7515): 400-405.

[30] Boyle A P, Araya C L, Brdlik C, et al. Comparative analysis of regulatory information and circuits across distant species [J]. Nature, 2014,512(7515): 453-456.

[31] Gerstein M B, Rozowsky J, Yan K K, et al. Comparative analysis of the transcriptome across distant species [J]. Nature, 2014,512(7515): 445-448.

[32] Ho J W, Jung Y L, Liu T, et al. Comparative analysis of metazoan chromatin organization [J]. Nature, 2014,512(7515): 449-452.

[33] Brenner S. The genetics of Caenorhabditis elegans [J]. Genetics, 1974,77(1): 71-94.

[34] Sulston J E, Schierenberg E, White J G, et al. The embryonic cell lineage of the nematode Caenorhabditis elegans [J]. Dev Biol, 1983,100(1): 64-119.

[35] Gerstein M B, Lu Z J, Van Nostrand E L, et al. Integrative analysis of the Caenorhabditis elegans genome by the modENCODE project [J]. Science, 2010,330(6012): 1775-1787.

[36] Howe K, Clark M D, Torroja C F, et al. The zebrafish reference genome sequence and its relationship to the human genome [J]. Nature, 2013,496(7446): 498-503.

[37] Kettleborough R N, Busch-Nentwich E M, Harvey S A, et al. A systematic genome-wide analysis of zebrafish protein-coding gene function [J]. Nature, 2013,496(7446): 494-497.

[38] Mural R J, Adams M D, Myers E W, et al. A comparison of whole-genome shotgun-derived mouse chromosome 16 and the human genome [J]. Science, 2002,296(5573): 1661-1671.

[39] Mouse Genome Sequencing Consortium, Waterston R H, Lindblad-Toh K, et al. Initial sequencing and comparative analysis of the mouse genome [J]. Nature, 2002, 420 (6915): 520-562.

[40] Okazaki Y, Furuno M, Kasukawa T, et al. Analysis of the mouse transcriptome based on functional annotation of 60,770 full-length cDNAs [J]. Nature, 2002,420(6915): 563-573.

[41] National Research Council (US) Committee on A Framework for Developing a New Taxonomy of Disease. Toward Precision Medicine: Building a Knowledge Network for Biomedical Research and a New Taxonomy of Disease [M]. Washington DC: National Academies Press (US), 2011.

[42] Ceol C J, Houvras Y, Jane-Valbuena J, et al. The histone methyltransferase SETDB1 is recurrently amplified in melanoma and accelerates its onset [J]. Nature, 2011, 471 (7339): 513-517.

[43] Wei Y, Zou Z, Becker N, et al. EGFR-mediated Beclin 1 phosphorylation in autophagy suppression, tumor progression, and tumor chemoresistance [J]. Cell, 2013, 154 (6): 1269-1284.

[44] Landau D A, Tausch E, Taylor-Weiner A N, et al. Mutations driving CLL and their evolution in progression and relapse [J]. Nature, 2015,526(7574): 525-530.

[45] Yan X, Lin Y, Yang D, et al. A novel anti-CD146 monoclonal antibody, AA98, inhibits angiogenesis and tumor growth [J]. Blood, 2003,102(1): 184-191.

[46] Luo Y, Zheng C, Zhang J, et al. Recognition of CD146 as an ERM-binding protein offers novel mechanisms for melanoma cell migration [J]. Oncogene, 2012,31(3): 306-321.

[47] Jiang T, Zhuang J, Duan H, et al. CD146 is a coreceptor for VEGFR-2 in tumor angiogenesis [J]. Blood, 2012,120(11): 2330-2339.

索　　引